植物细胞工程

主 编 胡尚连 尹 静

科学出版社

北 京

内 容 简 介

本书以植物细胞工程基本原理为切入点，以植物细胞工程的无菌操作技术、植物愈伤组织诱导形成和形态建成、体细胞胚状体发生和人工种子的研制、细胞悬浮培养和原生质体培养、转基因技术、植物离体快速繁殖和脱毒技术为骨架，做到理论基础知识与实验技术并重，深入浅出，充分体现植物细胞工程作为综合性学科具有的多学科渗透融合的内涵，同时纳入了植物细胞工程研究领域近些年来取得的成果与成就，还讨论了该领域存在的问题和今后的发展趋势，使学生能够更好地掌握植物细胞工程研究领域的发展动态。此外，本书在附录中整理了一些基本实验技术，可供参考。

本书可作为生物技术、农学、园艺、林学等专业本科生教材，也可作为从事植物生物技术研究和应用的科技工作者的参考书。

图书在版编目（CIP）数据

植物细胞工程/胡尚连，尹静主编. —北京：科学出版社，2018.12
ISBN 978-7-03-060153-7

Ⅰ．①植… Ⅱ．①胡… ②尹… Ⅲ．①植物–细胞工程 Ⅳ．① Q943

中国版本图书馆 CIP 数据核字（2018）第 290944 号

责任编辑：丛 楠/责任校对：郑金红
责任印制：张 伟/封面设计：迷底书装

科学出版社出版

北京东黄城根北街 16 号
邮政编码：100717
http://www.sciencep.com

北京凌奇印刷有限责任公司 印刷
科学出版社发行 各地新华书店经销

*

2018 年 12 月第 一 版 开本：787×1092 1/16
2023 年 11 月第四次印刷 印张：20 1/4
字数：539 000

定价：79.80 元
（如有印装质量问题，我社负责调换）

《植物细胞工程》编写委员会

前　言

生物技术是 21 世纪主导技术之一，也是 21 世纪高新技术的核心，在解决人类面临的食物、资源、健康、环境等重大问题中发挥重要作用。近年来，世界生物技术发展迅猛，在基础研究和应用开发等方面都取得了令人瞩目的成就，生物技术的研究成果越来越广泛地应用于农业、医药、轻工食品、海洋开发及环境保护等多个领域。发展生物技术及其产业已成为世界各国经济发展的战略重点。生物技术作为 21 世纪主导技术，对人类社会的生产、生活各方面必将产生全面而深刻的影响。

生物技术的快速发展推动了生物科学各个领域的发展，其中，植物生物技术也迅速发展，在农业产业结构改善和产量增加方面起到很大作用，已引起世界各国政府和科学家的高度重视。目前，植物生物技术领域中研究最活跃的是应用转基因技术，即将目的基因导入植物体内，从而获得高产、优质、抗病虫害等转基因植物新品种，以达到充分提高资源利用效率和降低生产成本的目的。但外源基因的遗传转化技术必须以植物组织、细胞和原生质体培养及植株再生技术体系为基础，因此了解和掌握植物生物技术的基本原理和相应实验操作技术显得尤为重要。

本书以植物细胞工程有关概念、基本原理和关键技术为主线，结合国内外有关报道，介绍该领域的研究历史和发展动态、消毒灭菌技术、培养基、愈伤组织诱导与植株再生、植物体细胞胚状体发生、植物细胞悬浮培养与细胞突变体筛选、植物原生质体培养与遗传操作、转基因植物、人工诱发单倍体及其应用、植物离体快速繁殖技术等内容，共十四章，并附相应实验技术、植物细胞工程基本概念等。本书系统性强，内容简练，概念明确，图文并茂。

本书由西南科技大学生命科学与工程学院胡尚连教授和东北林业大学生命科学学院尹静副教授共同担任主编，西南科技大学生命科学与工程学院曹颖教授和中国科学院东北地理与农业生态研究所孙霞副研究员担任副主编。本书的具体编写分工如下：胡尚连编写第一、第二、第三、第六、第七、第十章，附录一的实验一、二、三、四、五、七、九、十、十三，附录二、三、四；胡尚连和尹静共同编写第五章和第十一章；尹静编写第八章和附录一的实验十七、十八、十九；尹静和郑桂玲共同编写第十二章；孙霞编写第四章及附录一的实验六；曹颖编写第九章和第十四章；向珣朝编写第十三章及附录一的实验八、十六和实验七中的水稻花药培养实例；黄艳编写附录一的实验十一、十二、十四和十五。

本书得到了西南科技大学教育教学改革项目（XNJC1408；17YZKC01）和东北林业大学教育教学改革项目（DGY2017-34）的支持。本书适合作为生物技术、农学、园艺等专业本科生教材，也可作为从事植物生物技术研究和应用的科技工作者的参考书。

由于本书涉及学科面较宽，加之编者水平有限，书中难免存在不妥之处，望读者批评指正。因引用资料来源较多，仅列出主要参考文献，并在引述处标注著者和年份以便查阅。

编　者

2018 年 12 月

目　录

植物细胞工程是在植物组织培养和植物细胞融合技术等基础上发展起来的一门实验性、实践性、综合性较强的新兴学科，是现代生物技术的重要组成部分，也是现代生物学研究的重要技术手段，其涉及许多理论原理和实际操作技术，是对细胞进行遗传操作及细胞保藏的基础。

随着现代遗传学、分子生物学和细胞生物学的快速发展，植物细胞工程的发展也十分迅速，在植物细胞工程基础理论和实际应用方面都取得了令人瞩目的成就，这些成就都与研究方法的改进和实验技术的革新密切相关。现在，人们可以利用细胞融合和DNA重组等现代生物技术在细胞和分子水平改良现有品种，甚至创造新品种。因此，植物细胞工程越来越引起科学工作者的重视。

第一节　植物细胞工程的概念和应用

植物细胞工程对现代人们生活的影响越来越大，为了使植物细胞工程能更好地为人类服务，了解和掌握其概念及应用显得十分必要。

一、植物细胞工程的概念及其主要技术

（一）植物细胞工程的概念

植物细胞工程（plant cell engineering）是生物技术中的重要分支，是指在植物细胞水平上进行的遗传操作，是现代遗传学、植物细胞生物学、植物发育生物学和分子生物学的一个复杂集合体，它是以生命科学为基础，利用生物体系和工程原理生产生物制品和创造新物种的综合性科学技术，是以植物组织培养和细胞的离体操作为基础的实验性很强的一门新兴学科。细胞培养、细胞遗传操作和细胞保藏是植物细胞工程的上游工程，而将已转化的细胞应用到生产实践中，以生产生物产品的过程是植物细胞工程的下游工程。

（二）植物细胞工程主要技术及其研究的重要领域

植物细胞工程所涉及的技术很多，主要包括植物组织与细胞培养、植物细胞大批量培养、植物细胞融合、植物染色体工程、植物细胞器移植、DNA重组与外源基因导入、细胞保藏及以上技术与物理、化学技术的结合等。其中细胞培养技术是细胞遗传操作和细胞保藏技术的基础，而细胞遗传操作是植物细胞工程中最具挑战性也是最为重要和关

键的步骤，它依赖于植物细胞工程发展过程中基础理论原理、技术操作和仪器设备的发展。

植物细胞工程技术可为生物科学的基础研究提供重要的技术手段，主要表现如下。

1）离体培养的器官发生和体细胞胚状体发生与调控是研究植物形态建成的实验技术体系，促进了植物发育生物学的发展。

2）植物薄层细胞培养技术已成为研究离体条件下植物再生、生理生化和遗传转化的技术体系。

3）利用离体培养技术研究花器官发育，已在多种植物上实现了试管内开花和结实。

4）原生质体培养是单细胞研究的良好技术体系，已在植物细胞分裂、基因表达、核质关系、细胞壁生物学、植物激素的作用机理、物质跨膜运输等领域得到广泛应用。

5）利用离体突变技术分离和鉴定与植物发育有关的基因，为揭示植物遗传与发育调控的分子机理奠定基础。

6）利用花药离体培养加倍单倍体技术获得纯系，可用于有性繁殖植物遗传分离群体的构建，为遗传图谱的构建、基因定位提供稳定的基础材料。

7）建立高效的植物再生体系是植物细胞工程研究的重要领域，是实现植物遗传转化的基础。其中，植物激素诱导的信号传递在细胞分裂、极性确定、器官分化、胚状体的发育等离体培养过程中起重要调控作用。

8）植物组织培养技术为植物矿质营养、有机营养代谢和植物病理学等研究提供了技术手段。

9）植物离体受精技术是植物细胞工程的重要实验技术，为研究植物胚状体发育机理提供了技术手段，也为研发新的植物转基因途径提供了可能。

二、植物细胞工程技术的应用

通过植物细胞工程改良作物是 20 世纪 70 年代以后农业科学中最重要的发展之一，对了解、操作、修饰和保护农作物种质具有潜在价值。20 世纪 70 年代以后，随着生物技术和分子生物学的发展，植物细胞工程备受重视，并开始应用于作物品种改良。但对于体细胞无性系变异的存在，曾经有过怀疑和争论，焦点在于这种变异有无遗传基础，后代能否稳定遗传，在作物品种改良中有无实际应用价值。直至 20 世纪 90 年代初，随着研究手段的提高，大量研究证明，体细胞无性系变异确实存在并可以遗传，可应用于作物品种改良，并且在有些作物上获得成功，如小麦（胚培养和细胞培养）、水稻（原生质体培养）、大豆（原生质体培养）等。不断有许多成功的实例应用于生产，进展速度比过去预期要快，但困难和障碍仍有待克服。随着科学发展和人们对生命科学的深入探索，植物细胞工程技术在农业、工业、资源保护和利用等领域将发挥重要的作用，如应用于花卉和苗木离体快速繁殖、植物新类型的创造和品种改良及次生代谢物质生产等领域；其与植物遗传育种相结合，如花粉单倍体育种、细胞突变体筛选、植物茎尖脱毒培养和快速繁殖及植物体细胞胚状体发生与人工种子生产等，直接为植物的遗传改良服务；植物细胞工程技术与次生代谢物质的生产相结合，可以为药物生产服务。

植物细胞工程在植物品种改良和次生代谢产物生产及脱毒培养等中的应用具有很多优点，尤其是在作物品种改良中的应用，其与传统育种方法相比具有如下优点：①应用植物细胞工程进行作物品种改良可以省时省力；②进行品种改良可以更有的放矢；③可供选择的变异范围广；④可作为拯救远缘杂交杂种胚发育的手段。但由于传统育种方法可以为植物细胞工程技术的应用提供变异基础，因此植物细胞工程手段必须与传统育种方法相结合才更有生命力。

植物细胞工程的应用主要有以下几个方面。

（一）胚、胚珠、子房和胚乳及离体受精克服远缘杂交不育性，扩大遗传变异范围

植物胚、胚珠、子房和胚乳的离体培养技术广泛应用于植物胚状体发育机理，克服杂交不亲和性，胚拯救，克服珠心胚的干扰及打破种子休眠等方面的研究，并缩短植物育种周期，获得体细胞胚和人工种子，建立植物高效再生体系，并在农作物、园艺植物、林木和药用植物上得到广泛应用。

幼胚培养作为解决种间、属间等远缘杂交中杂种胚停止发育问题的手段已在许多作物的远缘杂交育种中广为应用。早在 20 世纪 20 年代，Laibach（1925）通过培养亚麻种间杂交形成的幼胚成功地获得了杂种，从而开创了植物胚状体培养的先河。其后，20 世纪 30 年代，不少人在果树胚状体上做了很多工作，所培养的胚都较大。LaRue（1936）通过研究认为，小于 0.5 mm 的胚的培养不能成功。从 20 世纪 40 年代起，人们对离体幼胚培养中的营养需要进行了大量研究，主要是在培养基中加入椰乳、麦芽提取液等物质，从而使培养心形期或比心形期更早时期的胚（0.1～0.2 mm）获得了成功。我国胚培养（简称胚培）开始较早，但主要用于裸子植物。1949 年后，中国科学院植物研究所、遗传与发育生物学研究所和北京大学相继开展这一工作，并取得一定进展，如大麦和小麦杂种幼胚、小麦和山羊草胚培养等。东北农业大学小麦研究室自 1983 年以来也开展这一工作。胚培养成功地用于远缘杂交育种和种内杂交育种实践，同时胚培养技术也广泛地用于研究胚状体发育和与胚状体发育有关的内外因素，以及与其发育有关的代谢生理生化变化。

在胚状体发生初期就停止发育的胚，不但取胚困难，而且对培养条件要求很高，但通过胚珠培养或子房培养可以获得完全成熟的种子。

胚乳培养可应用于获得具有利用价值的三倍体植株。我国已在马铃薯、小麦、水稻、苹果、桃、猕猴桃等 10 多种植物上获得了胚乳再生植株。此外，胚乳培养还可提供研究淀粉等营养物质合成和代谢的实验体系。

植物离体受精通过离体柱头授粉、离体子房授粉和离体胚珠授粉等方法实现，可以用于克服植物授粉不亲和的问题，同时也可以进行胚状体、种子和果实发育机理等的基础研究。Kanta（1963）直接将花菱草等植物的花粉散布在置于培养基上的未受精胚珠上，受精成功。随后，中国科学院西北高原生物研究所在小麦和烟草等作物上进行的试管授精试验均获成功。这一技术的成功运用使远缘杂交在作物改良中的利用前景更广阔。

（二）离体条件下诱导孤雌生殖、花药和花粉培养进行单倍体育种

雌核发育是植物存在的自然现象，在离体条件下诱导未受精的子房和胚珠，或者在活体条件下通过授以不同种类的花粉或经辐照等物理方法处理的花粉，诱导产生雌核发育，

产生单倍体植株，已在小麦、水稻、玉米、甜菜、向日葵、马铃薯、西葫芦、洋葱、黄瓜、非洲菊、百合、小黑杨、三叶橡胶、烟草、矮牵牛等 10 多种植物上获得成功。

利用花药、花粉培养（简称花培）育成的单倍体植株，经过染色体加倍，可在短期内育成遗传变异稳定的株系，有利于缩短育种年限，已在小麦、大麦、水稻、烟草、玉米、辣椒等 250 多种植物上获得成功，中国、加拿大、澳大利亚、欧盟等在花培育种方面取得了突出的研究成果。我国花培在 20 世纪 70 年代后发展迅速，处于世界领先地位，并首次成功获得小麦花培单倍体植株，培育出许多有实用价值的品种，如冬小麦'京花一号'、水稻'单丰 1 号'、水稻'中花 9 号'、油菜'华油一号'和烟草'单育 1 号'等。我国的花培技术日趋完善，虽然研究单位在减少，但工作逐渐深入，如利用花培中产生的异源代换系和附加系等材料进行遗传学和细胞学方面的研究，并在实际应用中将花培与常规育种技术密切结合。

（三）原生质体融合产生体细胞杂种，扩大遗传变异范围

通常在受精时可以看到细胞融合，雌雄配子体融合而形成合子，但在远缘植物及无亲缘关系的植物间，甚至动植物间，这种生殖细胞的融合困难很大，甚至完全不可能，但通过体细胞融合技术就可以克服有性杂交不亲和性，创造新的物种或类型，实现植物种间、属间或科间的体细胞杂交，如番茄×马铃薯、甘薯栽培种×野生种、甘蓝×白菜、拟南芥×甘蓝型油菜、酸橙×甜橙、红橘×枳壳的杂种培育等。利用细胞融合技术，还获得了一些特异的新种质，如细胞质雄性不育水稻、细胞质雄性不育烟草等。典型的例子是 1978 年 Melchers 将番茄叶肉细胞与马铃薯块茎组织细胞融合获得新的体细胞融合杂种，这种植物虽然不结果，但可形成薯块，说明通过细胞融合可以创造出新的体细胞杂种。但目前成功的实例不多，有实际应用价值的实例尚未出现，体细胞融合过程的细胞学方面研究资料尚显不足，远缘不亲和性及属科间杂种细胞分化等问题仍未克服。此外，融合产物中存在两个亲本的两套遗传物质，比有性杂交更为复杂，细胞器和基因组间的相互关系，以及它们之间发生重组或排斥的机理尚不清楚，尽管目前已在多种植物上建立了体细胞杂交和遗传操作的技术程序，但还有相当多的植物在原生质体培养上存在技术困难，仍需进一步加强多学科的交叉研究及技术集成和创新。

（四）植物快速繁殖技术的应用

无性系的快速繁殖（简称快繁）在 20 世纪 70 年代未受到应有的重视，80 年代后才逐渐成为热门，原因在于它可以直接产生经济效益，且操作比较容易。由于组织培养繁殖植物的突出特点是快速，因此对一些繁殖系数低、不能用种子繁殖的"名、优、特、新、奇"植物品种的繁殖意义更大，并在高附加值经济植物、珍稀濒危植物、转基因植物、育种原种及植物脱毒苗培育方面得到广泛应用。

在脱毒方面，植物脱毒和离体快速繁殖技术是目前植物细胞工程中应用最多、最有效的一个领域，在发达国家和发展中国家均有商业化应用，且联合国粮食及农业组织（FAO）将这一技术作为成本效益高效型技术向发展中国家推广。在农业生产中，许多农作物都带有病毒，无性繁殖的植物如马铃薯、甘薯、大蒜等尤为严重，但感病植株并非每个部位都带有病毒。White 早在 1943 年就发现植物生长点附近的病毒浓度很低甚至无

养）。在培养器官范围内，应用茎尖培养技术加速植物无性繁殖已取得一定的成功，但存在不恰当地应用"分生组织培养"或"生长锥培养"两个词的现象，造成概念上的混淆。真正的分生组织，如茎尖分生组织仅限于顶端圆锥区，长度不超过 0.1 mm。这样一种外植体实际上不易取得，而且培养存活率很低，生长也缓慢。所以在用组织培养技术加速植物繁殖时往往并不是用这么小的外植体，而是用较大的茎尖组织。但是，用较大的外植体时，再生植株不一定能去除可能已感染母体植株的病原体，为了重新获得无病原体植物，则需培养分生组织或尽可能小的茎尖。

（三）植物细胞和原生质体的培养及体细胞杂交

植物组织、器官、细胞、原生质体的培养及体细胞杂交培养所获得的变异是随机的、不可预测的，但只要注意用于培养的起始材料的筛选（起始材料遗传背景的复杂性），获得有利变异的概率就会很大，且供筛选的可遗传变异的范围也会很宽。

（四）外源基因的遗传转化

利用基因工程进行作物品种改良比上述技术更具明显的目的性和可操作性，所需时间也比上述各技术短。应用这一方法进行品种改良的前提是须明确作物的生理生化特性和每一个性状的遗传基础和位点，只有这样才有可能将基因工程更好地应用于作物品种改良。

二、研究任务

植物细胞工程的研究任务：通过植物细胞工程这一技术在离体培养条件下研究植物组织、器官、细胞、原生质体经离体诱导形成的愈伤组织的形态发生规律，外界环境条件和培养基对它的作用，以及由其诱导形成的培养物和再生植株群体的遗传稳定性和变异性。

第三节　植物细胞工程的基本理论依据及其发展过程

一、植物细胞工程的理论基础——细胞全能性

植物细胞全能性（totipotency）是指植物的细胞具有发育为胚状体和植株的潜能。实践证明，在适宜的离体培养条件下，许多类型的植物细胞都可以发育为胚状体或者植株。因此，植物细胞全能性是植物细胞工程的理论基础。

广义的细胞全能性是指一个细胞发育成一个完整有机体个体的潜能或特性，是在细胞学说和组织培养实践的基础上建立起来的。自 1665 年英国 Robert Hooke 第一个发现细胞以来，不少学者陆续对细胞的显微结构进行观察。1838 年，德国植物学家 Schleiden 在他的"植物发生论"中提出植物结构的细胞学说（cell theory），提出细胞是一切植物结构的基本单位，是一切植物借以发展的实体；最简单的植物是由一个细胞构成的，大多数植物由多个细胞组成。1839 年，德国动物学家 Schwann 发表了《动植物结构和生长相似性的显微研究》，把 Schleiden 的细胞学说成功地引入动物学，建立起了生物学中统一的细胞学说。Schleiden 和 Schwann 奠定了细胞学说的基础，他们的观点形成了作为 19 世纪三大发现之一的细胞学说，这一学说的基本观点是：生物是由细胞组成的，细胞是生物

的结构、功能和发育的基本单位。细胞的发现给生物科学的发展以极大的推动。

　　植物细胞的类型多种多样（图 1.2），大量的实验证明，并不是植物体内的每一个细胞在离体培养条件下都能发育成完整植株，如高度分化或特化的细胞（纤维细胞、筛管细胞等）已失去分裂和分化能力，在离体培养条件下不能获得再生植株。只有植物体的胚性细胞或分化程度不高的细胞，经离体诱导可发育成完整植株，如合子和早期胚状体细胞、茎端分生组织细胞和成熟组织中遗留的胚性细胞（包括被子植物胚囊中的细胞、珠被和珠心细胞、营养体中的薄壁细胞）及由分化细胞诱导获得的胚性细胞。

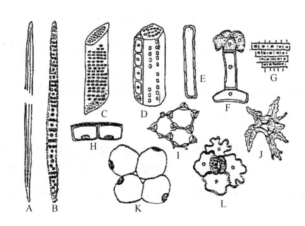

图 1.2　种子植物各种形状的体细胞

A. 纤维；B. 管胞；C. 导管分子；D. 筛管分子和伴胞；E. 木薄壁组织细胞；F. 分泌毛；
G. 分生组织细胞；H. 表皮细胞；I. 厚角组织细胞；J. 分枝状石细胞；K. 薄壁组织细胞；
L. 表皮和保卫细胞

二、植物细胞工程的发展史

　　植物细胞工程的发展可以追溯到 20 世纪初，从 1902 年德国著名植物学家 Haberlandt 用小野芝麻栅栏细胞、大花凤眼兰叶柄木质部髓细胞等，首次进行高等植物细胞培养试验开始，此后，许多科学家对植物细胞培养技术进行了创新和改进。植物细胞工程的发展主要经历了以下 3 个阶段。

（一）培养技术探索阶段（1902—1929）

　　植物细胞的离体培养源于 1902 年德国著名植物学家 Haberlandt 首次进行的高等植物叶肉细胞离体培养试验，当时由于技术原因，未能取得成功，只观察到组织和细胞体积的膨大。1904 年，Hanning 成功地培养了萝卜和辣根菜的幼胚，发现离体胚可以充分发育，并有提早萌发形成小苗的现象。1922 年，Kottet 和 Robbins 分别报道了离体根尖培养获得一定的成功。同年，Knudson 采用胚培养法获得大量兰花幼苗。1924 年，Blumenthal 和 Meyer 利用胚乳汁液诱导胡萝卜根外植体形成愈伤组织。1925 年，Laibach 通过培养亚麻种间杂交形成的幼胚成功获得了杂种。1929 年，Laibach 通过胚状体培养克服了亚麻植物种间杂交不亲和现象。这期间多人的试验都由于技术原因进展甚微，虽然有时细胞可以在培养条件下存活很长时间，甚至体积还会增大，但仍不能分裂而形成细胞团。

（二）培养技术建立阶段（1930—1959）

20 世纪 30 年代（1933 年），我国学者李继侗等离体培养老银杏幼胚，并发现植物胚乳汁液能够促进银杏离体胚的生长，为后人使用植物胚乳汁液、幼嫩种子及果实提取液等天然物质促进培养物生长提供了启示。1934 年，当美国 White 用番茄根建立了第一个生长活跃的无性繁殖系时，有关离体根的培养试验才获得真正成功，这也是非胚器官的培养首次获得成功，并发现离体培养感染烟草花叶病植株的根和根尖病毒浓度很低。此后，很多学者如 Gautheret（1934，1937，1938）和 White（1937）等，在培养基中加入了维生素和生长素等，使植物离体培养技术取得一定进展。1939 年，White 在烟草种间杂种幼茎切段的原形成层组织建立了类似的组织培养，并成功进行了继代培养。Gautheret 和 White 在工作中建立起来的植物组织培养基本方法，成为以后各种植物进行组织培养技术的基础。这一时期是组织培养技术创建的阶段。20 世纪 30 年代末之后的 10 年内，很多植物组织培养的研究与探讨培养器官形成和个体发生及组织的营养需要有关。Overbeek 等（1941）用椰乳作为培养基添加物，促进了曼陀罗心形幼胚的发育，以后椰乳在培养基中得到广泛应用。1944 年，Overbeek 利用烟草愈伤组织研究器官发生时，发现 IAA 对根的发生具有促进作用，对芽的形成具有抑制作用。

20 世纪 40 年代末及 50 年代初，随着植物生理及实验形态研究的深入，植物组织培养的研究进入了一个新的活跃期。各国学者开展了多项研究，使培养组织能够增殖，并逐渐明确从增殖组织能形成不定芽或不定根，并可能再生形成新个体，也就是说，构成组织的已分化的细胞可以返回未分化的状态（脱分化），使未分化细胞的集团形成愈伤组织且增殖，由此形成一定的组织结构，进而分化（再分化）为芽和根等器官，最后再生成植株。在这段时间的研究中，Skoog 和 Tsui（1948）发现在添加 IAA 和腺嘌呤的培养基上，烟草茎段髓组织的细胞可以分裂和生长，并分化形成不定芽，腺嘌呤或腺苷可以解除培养基中 IAA 对芽的抑制作用，IAA 和腺嘌呤的比例是调控芽或根发生的一个重要条件。此后，Miller 等（1955）从 DNA 降解物中分离出 6-呋喃氨基嘌呤（激动素），发现它诱导细胞增殖和分化的能力比腺嘌呤高 3 万倍。Skoog 等在 20 世纪 50 年代的一系列研究具有重要意义，明确了脱分化和再分化取决于添加到培养基里的生长素和细胞分裂素的数量与比例。1952 年，Morel 等用茎尖培养法获得无病毒植株。1954 年，植物单细胞培养获得成功，Muir 将培养的万寿菊和烟草悬浮细胞植入长有愈伤组织的培养基上得到它们的单细胞克隆，建立了看护的培养方法。Steward 等（1958）对胡萝卜根部组织诱导的愈伤组织细胞进行离体培养，单个细胞经过胚的发育过程，发育成一个完整的胡萝卜植株。由此证实，在植物体构成单位的细胞中，包含全部遗传信息，细胞具有发育成完整植物体的能力，即证实了植物细胞的全能性。

（三）培养技术迅速发展阶段（1960—2000）

1960 年，英国植物生理学家 Cocking 首先用酶解法从番茄幼苗的根分离得到原生质体获得成功，分离出的原生质体经过培养，可以重新长出细胞壁，并进行分裂和分化形成根和芽。此后，植物原生质体研究成为一个热门领域。1962 年，Murashige 和 Skoog 在烟草培养中筛选出至今仍被广泛使用的 MS 培养基。1964~1966 年，印度科学家 Guha 和 Maheshwari 在曼陀罗花药培养中首次由花粉诱导得到了单倍体植株，为植物快速遗传改良提供了一条新的途径。1972 年以来，我国在小麦和水稻等植物的花药和花粉培养上发展迅速，获得了在生产上应用的新品种 20 多个。

　　自 1972 年 Carlson 通过两个种的烟草原生质体融合培养，获得了第一个体细胞杂交的杂种植株以来，原生质体培养及融合的研究发展迅速。利用酶可从各种组织中将细胞分离并去除细胞壁获得原生质体，并在技术上发展到可使不同种植物的原生质体相互融合形成融合细胞，进而培育成新的杂种植物。例如，1978 年 Melchers 采用这种方法使番茄的叶肉细胞与来自马铃薯块茎组织的细胞形成融合细胞，育成新的杂种植物。

　　20 世纪 80 年代后，植物细胞工程技术在植物生物学和生物化学基础研究领域及分子生物学和农业生物技术领域都得到了广泛应用，并随着植物基因工程技术的迅猛发展，目的基因的分离与克隆、转化手段的创新、检测方法的改进及转基因的表达与遗传稳定性的研究等各方面都有许多新突破，植物细胞工程技术也成为植物外源基因遗传转化的一个重要手段。

─ 本 章 小 结 ─

　　本章主要叙述了植物细胞工程的理论基础及应用，要求掌握植物细胞工程的概念、植物细胞工程主要技术及其研究的重要领域和应用，以及植物细胞工程的理论基础——植物细胞全能性，了解植物细胞工程的 3 个主要发展阶段。

─ 复 习 思 考 题 ─

1. 基本概念部分

植物细胞工程；植物细胞全能性。

2. 基本原理和方法部分

1）植物细胞工程研究内容主要包括哪几个方面？

2）植物细胞工程主要技术及其研究的重要领域包括哪些内容？

3）植物细胞工程技术有哪些应用？

4）植物细胞工程有哪 3 个主要发展阶段？

─ 主要参考文献 ─

胡尚连，王丹. 2004. 植物生物技术. 成都：西南交通大学出版社.

潘瑞炽. 2006. 植物细胞工程. 广州：广东高等教育出版社.

钱迎倩，王亚辉，祁国荣. 2004. 20 世纪中国学术大典. 福州：福建教育出版社.

汪勋清，刘录祥. 2008. 植物细胞工程研究应用与展望. 核农学报，5：635-639.

肖尊安. 2005. 植物生物技术. 北京：化学工业出版社.

朱至清. 2003. 植物细胞工程. 北京：化学工业出版社.

Thorpe T A. 2007. History of plant tissue culture. Molecular Biotechnology, 37 (2): 169-180.

植物细胞工程实验室的建立与基本操作技术

第二章

第一节　实验室的设计和基本设备

植物细胞培养及其遗传操作是植物细胞工程研究的主要内容，进行研究时，能够很好开展工作的实验室是必需的。标准的植物细胞工程实验室一般由以下几部分构成：①洗涤室；②培养基准备和灭菌室；③无菌操作室；④培养室；⑤显微操作和观察室；⑥人工气候室或温室。

由于离体培养技术完全是在人工控制的条件下进行的，实验室设计不仅要根据培养材料的要求设定适宜的温度、光照和湿度等，尤其重要的是要保持无菌的环境。实验室的整体设置既要便于各个环节的工作，又要保证便于灭菌，无菌操作室应与外界隔离。

一、洗涤室

洗涤室用来清洗玻璃和塑料等试验用器皿，一般面积为 $40\sim60$ m^2，内设有中央实验台和用于干净玻璃器皿贮存的实验柜，在实验台的两端设有水槽，用于玻璃器皿的洗涤。需要 1 或 2 个洗液缸，用于洗涤对洁净度要求较高的玻璃器皿。配备 1 或 2 台烘箱，温度控制在 $80\sim100$℃时，用于快速烘干玻璃器皿和器具；温度控制在 160℃时，用于玻璃器皿等的高温干燥灭菌。

二、培养基准备和灭菌室

植物细胞工程培养基的准备和灭菌是在培养基准备和灭菌室内完成的，其面积一般为 $60\sim70$ m^2，内设有中央实验台，在实验台的两侧设有水槽，实验台的中缝处设有长形药品架。此外，还设有存放药品的药品柜及存放玻璃器皿和小工具的器械柜，以及通风橱和灭火设备。

配备的主要仪器设备有冰箱，用于培养基母液、贵重药品和植物材料等的保存；精密 pH 计，用于培养基和缓冲液 pH 的测定；精确度为万分之一和百分之一的电子天平，用于配制培养基药品的称量；微波炉或电炉，用于培养基的熬制；手提式高压灭菌锅和立式全自动灭菌锅，用于培养基、玻璃器皿、无菌操作的剪刀和镊子等工具及无菌水等的灭菌。

另外，还有常用的玻璃器皿，包括各种规格的锥形瓶和培养皿，以及带刻度的烧杯和量筒；各种规格的移液管及微量加样器（图 2.1）。

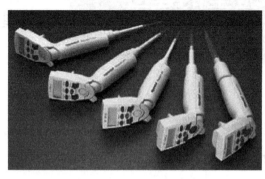

图 2.1　不同规格的微量加样器

三、无菌操作室

无菌操作室又称为接种室，通常由里外两间构成。外间是缓冲室，用于准备工作，可以放置工作人员的工作服、工作帽和拖鞋等，以减少室外杂菌直接进入无菌室，起到防止污染的作用；里间是无菌操作室，是进行无菌操作的重要空间，其面积大小可根据工作量的需要而定，室内墙壁和地面要光滑，便于清洗和灭菌，无菌操作室门的安置要和缓冲室的门错开。无菌操作室内安装有紫外线灯，用于操作前房间的灭菌处理。

无菌操作室内的主要设备有超净工作台（简称超净台），超净台内有酒精灯和装有酒精棉球的广口瓶及接种用的无菌小型器具（如接种用的镊子、手术剪刀、解剖刀等），用于实验材料的无菌操作；小型台式离心机，转速为 500～4000 r/min，用于收集原生质体和培养中的细胞等；小型双目解剖镜，在无菌操作时将其放置在超净工作台内，用于观察、解剖和分离较小的外植体；基因枪，用于外源基因的导入。

工作人员进入无菌操作室前，应穿上经过灭菌的工作服和拖鞋。无菌操作室还应定期用甲醛溶液和高锰酸钾进行熏蒸灭菌。

四、培养室

一般将接种后的培养物送往培养室内进行培养，因此，要求培养室能够控制温度、光照和时间。培养室一般包括两间，一间为光照培养室，另一间为暗培养室，其大小可根据工作量的需要而定，室内有培养架和摇床或旋转床等，是培养材料的场所。培养架一般为多层，每层间隔为 35～45 cm，长 130～150 cm，培养架材料常用的是铝合金型材料，隔板可用玻璃板或胶合板。

室内温度采用空调来控制，一般为 25～28℃（根据材料对温度的要求而定），光源一般采用 40 W 日光灯，每层培养架安放两支日光灯管，两支灯管间的距离为 20 cm，光照强度为 2000～3000 lx，每日光照时间为 10～16 h。为了方便，可以安装自动定时器，控制光照时间。此外，也要注意培养室内的湿度，一般保持在 70%～80%。

五、显微操作和观察室

显微操作和观察室主要用于离体培养物的观察与记录，如悬浮培养细胞和培养的原生质体的生长与发育状况的观察，其分裂、生长和分化的动态过程可以通过倒置显微镜的照相和摄像系统来完成。这个实验室安排在培养室的隔壁，并要求室内保持干燥与干净，室内主要仪器设备有倒置显微镜和实体显微镜等。

六、人工气候室或温室

经离体培养获得的小植株，一般需在可控制温度和光照的人工气候室或温室内经过炼苗，在季节允许的情况下，再移栽到室外，否则仍在人工气候室或温室内生长，直至成熟。此外，在有些情况下，由于季节的限制，用于离体培养的外植体的供体应首先在人工气候室或温室内准备，然后才能进行接种。

第二节　实验室基本操作技术

实验室基本操作技术是植物细胞工程技术的基础和必要环节，是植物细胞工程技术成功应用的前提和保证，其主要包括实验室基本灭菌技术与操作规程及细胞计量与活力检测技术。

一、常用灭菌方法

污染是离体培养中的一大障碍，在整个操作和培养过程中随时都可能发生，有时可能会造成全部材料的完全损失，甚至使培养室不经反复灭菌都无法使用。由于培养基含有高浓度的糖和丰富的营养物质，不仅适合外植体生长，还适合许多微生物生长，而且微生物往往比培养的组织生长繁殖更快，并能产生对培养物有害的毒素，最终使材料死亡。

由于污染主要来源于培养器皿、培养基、外植体、环境、用具、超净工作台，或操作过程中的一些失误，因此无菌操作和培养必须在无菌条件下进行，当在培养室内发现污染时，应立即舍弃污染物。杜绝污染源是组织和细胞培养的前提与关键。

灭菌是用物理或化学的方法完全除去或杀死器物表面和内部微生物的过程。物理方法包括热力灭菌、辐射灭菌、过滤除菌等。化学方法则采用化学药物灭菌。

（一）物理方法

1. 热力灭菌　　热力灭菌是指通过加热使微生物体蛋白质凝固、酶失活而致死的灭菌方法，致死的热力剂量为温度与时间的乘积。致死温度是指一定时间（通常10 min）内杀死某种微生物所需的最低温度；致死时间是指在一定温度下杀死某种微生物所需的时间。杀死一种微生物的热力剂量随细胞结构、组成成分和含水量而不同，如细菌芽孢内含水量低，故热致死量远高于其营养细胞。利用高温灭菌是最常用的灭菌方法，包括干热灭菌和湿热灭菌两种方法。

（1）干热灭菌　　灭菌的对象是不含水、耐高温并忌湿的物品，如玻璃、搪瓷、金属器械等。被灭菌的物品必须完全干燥，在烘箱中加热至160℃并持续2 h，或180℃维持1 h，有时还应根据对象延长灭菌时间。在微生物学操作中，一些接种工具和玻璃器皿的管口常通过火焰灼烧，这也是一种干热灭菌方法。组织培养中洗净的玻璃器皿都需干热灭菌。

（2）湿热灭菌　　热蒸汽的扩散力和穿透性强，可以在较短时间内达到灭菌效果。棉织品（实验服、毛巾等）、溶液、培养基和工具等都可以用湿热灭菌。在常压下100℃

的蒸汽中，各类微生物营养体均可被杀死，但对于抗热性强的各类休眠体，常需采用间歇蒸汽灭菌法和加压蒸汽火菌法才能达到彻底灭菌的目的。

间歇蒸汽灭菌法：在常压流动蒸汽中，分 3 次在连续 3 d 内进行，适用于不耐 100℃以上高温的物品和有机溶剂。每次加热至 100℃并持续 30 min，取出置 30℃环境中培养 24 h，使未被杀死的芽孢和其他休眠体萌发，在下一次加热时致死。

加压蒸汽灭菌法：是组织培养中最常用和不可缺少的灭菌方法。在密闭耐压的灭菌锅中，增加蒸汽压力，提高蒸汽温度，加强热穿透力，缩短灭菌时间，以迅速彻底灭菌。培养基和用具等都用这种方法灭菌。保持灭菌锅内蒸汽压力（表压，下同）为 0.5 kgf/cm^2（1 kgf/cm^2=9.81×10^4 Pa），温度 115℃，维持 30～60 min，或蒸汽压力 1 kgf/cm^2，温度 121℃，维持 20 min，可达到灭菌要求。但若被灭菌物品堆积紧密时，应延长时间，一般蒸汽压力 1.5 kgf/cm^2，维持 15 min，或蒸汽压力 1 kgf/cm^2，维持 30 min。

2. 辐射灭菌   辐射灭菌是指利用非电离辐射如红外线微波杀死微生物及利用电离辐射如紫外线、α 射线、γ 射线等通过离子化干扰代谢，引起酶系统紊乱而杀死微生物。紫外线能引起光化学反应，产生过氧化氢和有机过氧化物来杀死微生物，以 250～264 nm 波段杀菌力最强。紫外线对皮肤和黏膜有刺激作用，应避免直接在紫外线下进行操作；α 射线、γ 射线可引起核酸和蛋白质的变性。组织培养的接种室需安装 30 W 的紫外线灯。

3. 过滤除菌   具有生理活性的物质常用过滤的方法除去微生物，滤孔小于 0.2 μm 时，可除去病毒以外的所有微生物。通常用 0.45 μm 滤膜过滤酶液或少量液体培养基及不耐高温灭菌处理的抗生素、某些激素和维生素溶液等。过滤除菌可采用抽滤装置或注射过滤器进行，且所用器皿均应进行高压灭菌，温度不应超过 121℃。

（二）化学方法

化学药物灭菌是指应用杀菌药物破坏微生物的细胞结构或使酶类失活，阻止其正常代谢而杀死微生物。药物的杀菌效果与药物种类、浓度和处理时间及微生物种类对药物的敏感性有关。在组织培养中，要考虑药物对外植体本身的影响。

1. 含氯灭菌剂   常用的含氯灭菌剂有漂白粉、氯化汞和次氯酸钠，其溶于水时，自由氯和水作用产生次氯酸，分解产生新生氧，新生氧的强氧化作用和自由氯对蛋白质的破坏作用会杀死微生物，主要用于物体或外植体表面灭菌。

2. 过氧化物灭菌剂   过氧化物灭菌剂，如过氧乙酸和过氧化氢等，以强氧化作用破坏细胞结构物质和酶活性而杀死微生物。常用 0.2% 过氧乙酸或 3%～6% 过氧化氢以浸泡、擦抹和喷洒等方法对皮肤及外植体进行表面灭菌。

3. 醇类   常用 70% 乙醇涂擦物体、器皿和皮肤表面及浸泡外植体进行表面灭菌。

4. 季铵盐类   常用 0.1%～0.5% 新洁尔灭溶液以喷洒、浸泡、擦抹等方法对污染物进行表面灭菌。

5. 酚类灭菌剂   常用 3%～5% 石炭酸（苯酚）或 1%～2% 煤酚皂溶液（来苏尔溶液）对污染物进行表面灭菌。石炭酸也可喷洒灭菌房间。

6. 醛类灭菌剂   通过还原氨基酸，使蛋白质烷基化而达到灭菌的目的，常用甲醛或戊二醛，主要用于房间熏蒸灭菌。

二、实验室基本灭菌技术与操作规程

（一）玻璃和塑料器皿的洗涤与灭菌

玻璃器皿在使用之前应进行高压蒸汽灭菌或干热灭菌（160～180℃下3 h）（de Fossard，1976）。干热灭菌的缺点是不流通和穿透慢，因此烘箱的量要装载适当。玻璃器皿须冷却后才能取出，如果未充分冷却就取出，外部冷空气可能被吸入烘箱中，玻璃器皿将被重新污染。

新的玻璃器皿应该洗后再用。传统洗涤玻璃器皿的方法是用重铬酸钠或重铬酸钾（20 g溶于40 mL水中）和浓硫酸（360 mL）混合，浸泡4 h后用自来水冲洗。现在多用清洗剂清洗玻璃和塑料器皿：器皿先在清洗剂溶液中浸泡过夜，再用自来水清洗，然后用蒸馏水冲洗。如果培养瓶中琼脂干涸，应先将其浸泡溶化。如果已污染，不要在室内打开，应先经高压或用来苏尔溶液灭菌后再洗涤。洗后的设备在160℃下烘2 h，或180℃下烘1 h，并存放在清洁的柜子或容器中。

聚甲基戊烯（polymethylpentene）、异质同晶聚合物（polyallomer）可以反复在121℃下湿热灭菌。聚四氟乙烯器具也可以进行干热灭菌。聚碳酸酯（polycarbonate）经反复高压灭菌后，其机械强度会有一定受损，灭菌一次应限制在20 min内。

（二）操作工具的灭菌

无菌操作工具如镊子、解剖刀、解剖针、剪刀及器皿等，每次用后必须立即洗净，然后用牛皮纸包好进行高温高压灭菌，使用时在超净工作台上开封取出。操作过程中反复使用的工具，以及在转移开始和使用几次后的工具，通常用95%乙醇火焰灭菌。但工具用95%乙醇火焰灭菌后，不能马上接触培养材料，以免将其灼伤。

（三）植物材料的灭菌

植物表面容易被微生物污染，为了避免这些感染源的感染，外植体在置入培养基之前必须经过表面灭菌。带有病症、病毒的材料不应用作外植体。

植物材料用化学药剂进行灭菌，但不同的灭菌剂灭菌的效果不同，而且表面灭菌剂对植物组织也有一定的毒害作用。所以，不同物种及不同外植体对灭菌剂的反应也不一样。首先，应选择灭菌效果好、对植物材料损害小且易于除去的灭菌剂，其次是掌握好灭菌剂的浓度和处理时间（表2.1）。目前采用较多的灭菌剂有次氯酸钠（或钙）溶液，此种灭菌剂对许多材料均有效。在国内多用工业用漂白粉作为次氯酸钙灭菌剂，因其有效含量不稳定，常用饱和溶液过滤后使用。氯化汞灭菌效果最好，但它是几种常用灭菌剂中最难除去的一种，而且灭菌时间不能过长，以免杀伤或完全致死植物组织。氯化汞作为休眠种子的灭菌剂最为理想，使用浓度为0.1%，灭菌时间不宜超过15 min，但有较厚种皮的休眠种子或难以灭菌的材料可灭菌20 min或更长时间。幼嫩材料如幼穗、幼果、幼茎等，可以带覆盖器官灭菌，通常是先在70%乙醇中处理0.5～1 min，然后放到灭菌剂中。灭菌后应用无菌水冲洗，彻底去除灭菌剂。

表 2.1　灭菌剂浓度和灭菌时间对植物材料的作用（张冬生，1989）

灭菌剂	使用浓度	去除难易程度	灭菌时间 /min	效果
次氯酸钙	9%～10%	易	5～30	好
次氯酸钠	2%	易	5～30	好
氯化汞	0.1%～1%	最难	2～10	最好
过氧化氢	10%～12%	最易	5～15	较好
溴水	1%～2%	易	2～10	好
硝酸银	1%	较易	5～30	较好
抗生素	4～50 mg/L	易	30～60	相当好

灭菌处理的顺序应视植物种类和器官不同灵活掌握，但基本步骤相同。取回材料后，先在自来水中清洗干净，然后转置 70%～75% 乙醇中浸泡 0.5～1 min（种子 3～5 min），去除乙醇，用无菌水冲洗 2 或 3 次，而后将其置于灭菌剂中处理（灭菌剂的种类、浓度和灭菌时间视材料而定，一般使用 0.1% 氯化汞溶液），最后再用无菌水冲洗 3～5 次。灭菌过程需在超净工作台无菌条件下进行。

（四）培养基的灭菌

微生物污染通常从开始培养时就存在。培养基配制好并分装于培养器皿内，封好培养器皿，以防污染，然后再在 1.06 kgf/cm^2 蒸汽压力（121℃）环境下维持 15～40 min（时间从达到要求的温度起算）。灭菌取决于温度，而不直接取决于压力。灭菌的时间随灭菌液体体积的不同而改变（表 2.2）。

表 2.2　培养基蒸汽灭菌的建议时间

灭菌液体的体积 /mL	在 121℃灭菌所需要的最少时间 /min	灭菌液体的体积 /mL	在 121℃灭菌所需要的最少时间 /min
20～50	15	1000	30
75	20	1500	35
250～500	25	2000	40

Monier（1976）曾报道，在 121℃下灭菌会降低培养基对芽属幼胚的营养价值，培养基在 100℃下高压灭菌 20 min 所得的效果最好。灭菌锅打开前压力必须降到零点（温度不高于 50℃）。

某些生长素，如赤霉素（GA）、玉米素、脱落酸（ABA）和某些维生素不耐热，不应使用蒸汽灭菌。当用这些化合物时，应先不加不耐热的化合物，使整个培养基在锥形瓶中高压灭菌，并保持在灭菌罩中直到冷却。而对不耐热化合物的溶液进行过滤除菌。在培养基冷却到 40℃左右（半固体状态，琼脂凝固前）时，加入不耐热化合物，或在液体培养基降至室温时加入。溶液过滤除菌时微孔滤膜的孔径在 0.45 μm 以下，滤膜先用无菌水泡好，安装在过滤器中，然后用铝箔包好，装在一个容器中进行高压灭菌。过滤器的灭菌临界温度是 121℃，刻度注射器装在过滤器的一端（不需灭菌）。推动注射器，注射器中的溶液便慢慢通过滤膜，过滤后的溶液或保存，或直接加入灭菌后的培养基。

培养基灭菌后一般置于培养室内，并放置 3～5 d 后再用，目的是使培养器皿内的水蒸气挥发，并观察培养基的灭菌效果，以保证外植体接种在无菌的培养基上。

（五）无菌操作室和培养室灭菌

无菌操作室和培养室内除经常保持清洁外，还需定期进行熏蒸灭菌。常用甲醛进行熏蒸。用甲醛进行熏蒸时，房间要关闭紧密，甲醛溶液（一般甲醛含量为 37%～40%）用量为 5～8 mL/m³，将其置入较大的广口容器内，再加入 5 g/m³ 的高锰酸钾进行氧化挥发，紧闭房门 10～12 h 后，打开房门放出室内的气体后，再关好门。为加强熏蒸效果，熏蒸前可以将房间预先喷湿。

培养架和地面可用 1%～2% 来苏尔溶液擦拭。无菌操作前先打开紫外线灯对室内进行灭菌。

（六）超净工作台灭菌

防止操作时的污染是非常重要的，因此操作必须在无菌条件下进行。超净工作台表面要先用酒精棉球擦净，然后将紫外线灯打开，20～30 min 后，关灯并将超净工作台打开，气流吹 20～30 min 后才能开始工作。另外，需经常检查超净工作台的出厂额定电压。

（七）操作者灭菌

工作人员在进入无菌操作室操作前，首先要洗手，穿上灭菌的工作服，再用酒精棉球将手擦净。必要时工作前可开紫外线灯照射工作服 30 min，但工作时必须关上，以防止紫外线对人的伤害，切不可开着紫外线灯操作。

（八）无菌操作规程

1）在每次无菌操作前 30 min，首先用酒精棉球擦拭超净工作台，然后把所需要的各种接种器具和培养基等移入接种室，部分器具和培养基可以直接放在超净工作台上，并用 70% 乙醇喷洒灭菌，开启超净工作台的紫外线灯和接种室内的紫外线灯，照射 20～30 min 后，再开启工作台，气流吹 20～30 min。

2）工作人员手洗干净后，进入缓冲室，穿上无菌工作服、鞋，并戴好工作帽，然后用 70% 乙醇喷洒全身。

3）进入无菌操作室，检查接种所用的各种器具和物品是否齐全。

4）接种前，用酒精棉球擦手，然后在酒精灯火焰上进行各项常规操作。操作时动作要轻捷。用过的火柴杆和酒精棉球等不要扔在地上，应放在专用的容器里。

5）对清洗过的植物材料进行灭菌，然后再进行接种。

6）接种过程中，不要与人进行交谈，不要将器具和培养基拿到超净工作台外面或将操作工具直接放在操作台面上，以免造成污染。接种时，如操作工具不慎落到台面上，应用酒精棉球进行擦拭后，再在酒精灯火焰上进行灼烧，放凉后再用；如酒精棉球着火，用湿布扑灭或用容器将其盖住，切勿用嘴吹灭，以免扩大火焰；如打碎装有培养物的容器，应及时用 5% 石炭酸溶液进行擦拭，再用酒精棉球擦手后才可继续操作。

7）工作结束后，及时将接种的材料转移到培养室，并清理操作台面，将废物拿出室外，再打开紫外线灯照射半小时后将其关闭。

三、细胞计量与活力检测技术

（一）培养细胞密度的确定

植物细胞悬浮培养和原生质体培养要求一定密度，因此在细胞和原生质体培养前首先采用血细胞计数器在显微镜下直接进行计数，确定其密度。

1. 血细胞计数器的构造　　血细胞计数器是一块特制的厚型载玻片，其上面由 4 条槽构成 3 个平台，两侧平台比中间平台高 0.1 mm。中间的平台较宽，其中间被一短横槽隔成两半，每一边的平台上各刻有一个计数室（图 2.2）。每个计数室又各刻有 9 个大方格，其中只有中间的一个大方格供细胞计数用，这一大方格的长和宽各为 1 mm，深度为 0.1 mm，盖上盖玻片后，其体积为 0.1 mm^3。中央大方格又被双线划分为 25 个中方格，每个中方格又用单线分成 16 个小方格，共计 400 个小方格，每个小方格的体积为 1/4000 mm^3（图 2.2）。

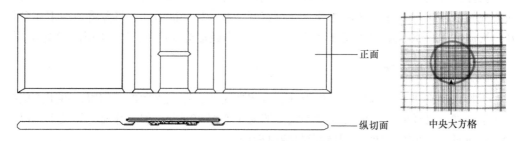

图 2.2　血细胞计数器构造

2. 细胞计数方法

1）将血细胞计数器用酒精棉球擦拭干净后，用蒸馏水冲净，再用吸水纸吸干。

2）将盖玻片擦拭干净后盖在血细胞计数器上。

3）将细胞悬浮液吸出少许，滴在盖玻片边缘，使细胞悬液沿着盖玻片和计数板间的缝隙进入计数室，直至充满为止。

4）静置 3 min。

5）检查显微镜载物台是否保持水平，然后将血细胞计数器放在显微镜载物台上，在显微镜下观察并逐一计数中央大方格内 25 个中方格里的细胞数量，压线细胞只计左侧和上方的。然后按下列公式计算出每毫升所含的细胞数：

$$每毫升细胞数 = 1 个大方格细胞总数 \times 10\,000$$

注意：若显微镜下观察细胞团总数超过 10%，说明被检测细胞悬浮液内细胞分散得不好，需重新制备细胞悬浮液。如在显微镜下偶尔观察到由两个以上细胞组成的细胞团，应按单个细胞计算。

（二）培养细胞体积的测量

植物细胞悬浮培养时，常需了解培养细胞的数目和生物量的变化。采用测定细胞体积的方法在一定程度上可以很好地反映这个问题。其方法是：将 15 mL 细胞悬浮液置于刻度离心管内，然后在 2000 g 的离心力下离心 5 min。记录离心管内沉淀的细胞体积，然后计算出每毫升细胞悬浮液中的细胞体积（mL），用来表示细胞的生物量。

（三）培养细胞鲜重和干重的测定及绘制生长曲线

1. 鲜重法　　在植物悬浮培养细胞继代培养时，取一定体积的悬浮细胞培养物，置于称重的离心管内，离心收集后，称重，得到细胞的鲜重，计算出每毫升悬浮液中细胞的鲜重。每隔 2 d 取样一次，共 7 次，每个样品重复 3 次，整个实验过程中不再往培养瓶中加入新鲜培养液。以鲜重为纵坐标，培养时间为横坐标，绘制鲜重增长曲线。

2. 干重法　　在称量鲜重之后，在 60℃ 的烘箱内将细胞烘干至恒重，称量其干重，计算出每毫升悬浮液中细胞的干重。以干重为纵坐标，培养时间为横坐标，绘制细胞干重生长曲线。

（四）植板率

培养植物细胞和原生质体时，有时采用平板培养法。植板率是细胞或原生质体平板培养中常用的一个术语，以培养中细胞能形成细胞团的频率来表示，是反映植板效率高低的一个指标。

植板率＝（平板上形成的细胞团数/平板上接种的细胞数）×100%

平板上接种的细胞数＝加入平板内细胞悬浮液的体积（mL）×每毫升细胞总数

平板上形成细胞团的计算：可以将接种细胞或原生质体的平板底部置于坐标纸上，用放大镜计数坐标纸每个小方格内的细胞团数，然后汇总所有小方格内的细胞团数，即为平板上形成细胞团总数。

（五）细胞活力检测

经过分离而获得的细胞溶液或原生质体，在进行培养前，需要检测活细胞的比例，即检查细胞活力。细胞活力的检查通常采用酚藏花红染色法或二乙酸荧光素（FDA）染色法。此外，台盼蓝染色法和四唑盐（MTT）比色法也可以用于细胞活力检测。

1. 酚藏花红染色法　　将一滴细胞悬液置于载玻片上，滴一滴 0.1% 酚藏花红溶液（用培养基配制）染色后，在显微镜下观察，不着色的为活细胞，被很快染成红色的为死细胞。

2. 二乙酸荧光素（FDA）染色法　　FDA 本身无荧光，无极性，可以自由地穿越完整的细胞质膜。FDA 一旦进入原生质体后，受到原生质体内酯酶作用，被分解形成有荧光的极性物质（荧光素）。荧光素不能自由地穿越细胞质膜，因而积累在有活力的细胞中，被紫外线照射后会产生绿色荧光，而无活力的细胞没有荧光产生。

检测方法：取培养前细胞或原生质体悬浮液 0.5 mL，置于 10 mm×100 mm 的小试管中，加入 FDA 溶液使其终浓度为 0.01%，混匀后置于室温 5 min，在荧光显微镜下观察。激发光滤光片用 QB24，压制滤光片用 JB8。发绿色荧光的为有活力的细胞或原生质体，否则为无活力的。对于叶肉原生质体而言，由于叶绿素的关系，叶肉原生质体发黄绿色荧光的为有活力的细胞，发红色荧光的为无活力的细胞。

3. 台盼蓝染色法　　经台盼蓝染色后，显微镜下死细胞为深蓝色，不着色的为活细胞。一般 0.4%～1% 台盼蓝染液就可以使死细胞染成蓝色，活细胞不着色。

检测方法：将悬浮细胞液 0.5 mL 置入试管中，加入 0.5 mL 0.4% 的台盼蓝染液，染色 2～3 min 后，吸取少许悬液置于载玻片上，盖上盖玻片，显微镜下观察，并任取几个视野，分别计数死细胞和活细胞数。

4. 四唑盐（MTT）比色法　　活细胞线粒体中的琥珀酸脱氢酶能使外源的 MTT 还原为难溶性的蓝紫色结晶物，并沉积在细胞中，其量与细胞数成正比，也与细胞活力成正比，而死细胞不着色。MTT 比色法只能测定细胞相对数和相对活力，并不能测定细胞绝对数。

检测方法：一定体积的细胞悬浮液在 1000 r/min 下离心 10 min，弃上清液后，加入 0.5～1 mL MTT 溶液（按 MTT 5 mg/mL 溶于 0.01 mol/L、pH 7.2 的 PBS（磷酸缓冲液）中，轻轻吹打至全部溶解，过滤除菌，4℃ 避光保存，保存时间一般不超过两周），吹打成悬液。于 37℃ 下保温 2 h。再加入 4～5 mL 酸化异丙醇（异丙醇中加入 HCl 使终浓度为 0.04 mol/L），充分混匀后，于 1000 r/min 离心 10 min，取上清液用酶标仪或分光光度计于波长 570 nm 处比色，比色时，以酸化异丙醇调零。

一 本 章 小 结 一

本章主要叙述了植物细胞工程实验室的建立和实验室基本操作技术，掌握实验室消毒灭菌的基本方法和技术，掌握细胞计量与活力检测基本方法，要求熟悉植物细胞工程实验室组成和设计的基本原理及其内部主要仪器设备。

一 复 习 思 考 题 一

1. 基本概念部分

热力灭菌；辐射灭菌；过滤除菌；干热灭菌；湿热灭菌；间歇蒸汽灭菌法；加压蒸汽灭菌法；化学药物灭菌；植板率。

2. 基本原理和方法部分

1）植物细胞工程实验室由哪几部分组成？各自的作用是什么？

2）常用的灭菌方法有哪些？举例说明。

3）如何对玻璃和塑料器皿进行洗涤与灭菌？

4）在离体培养前，如何对植物材料进行灭菌？

5）培养基配制好后，如何进行灭菌？

6）离体操作前，如何对操作工具进行灭菌？

7）无菌操作室和培养室如何灭菌？

8）无菌操作规程包括哪些？

9）如何确定植物悬浮培养的细胞和原生质体的密度？

10）如何测量培养细胞的体积？

11）如何测定培养细胞的鲜重和干重，并绘制生长曲线？

12）检测细胞活力的方法有哪些？各自的方法是什么？

13）怎样才能杜绝污染？

— 主要参考文献 —

胡尚连，王丹．2004．植物生物技术．成都：西南交通大学出版社．

潘瑞炽．2006．植物细胞工程．广州：广东高等教育出版社．

肖尊安．2005．植物生物技术．北京：化学工业出版社．

张冬生．1989．植物体细胞遗传学．上海：复旦大学出版社．

朱至清．2003．植物细胞工程．北京：化学工业出版社．

第三章 培 养 基

第一节 培养基的基本成分和主要培养基

培养基的组成对植物组织和细胞的培养影响甚大。离体组织的营养需求随物种的不同而有很大差别，甚至同一物种不同部位的组织和器官所需的营养物质也不完全相同（Murashige and Skoog, 1962）。因此，没有哪个培养基能完全满足各种植物组织和器官的要求。由于不同培养基的特点各异，了解和掌握培养基的组成和特点及其对植物组织、器官和细胞离体诱导的调控作用，在离体诱导过程中才能更好地选择合适的培养基和开发新的培养基。

一、培养基的研制过程

最早的一些植物组织培养基，如 White（1943）的根培养基和 Gautheret（1939）的愈伤组织培养基都是从早先用于完整植株培养的营养液发展而来的。White 的培养基是基于 Uspenski 和 Uspenskaia（1925）的海藻培养基设计的，Gautheret 的培养基是根据 Knop（1865）的盐溶液（水溶液）培养基设计的，所有后来的培养基配方的研制都以 White 和 Gautheret 的培养基为基础。

20 世纪三四十年代，植物组织培养初期所使用的培养基成分比较简单，无机盐浓度低，培养效果也差，这与当时生产的化学试剂纯度不高、含杂质较多有关。若无机盐浓度较高，对植物组织有害的物质必然也相应增多。因此，20 世纪三四十年代使用的培养基浓度偏低。

某些愈伤组织（如胡萝卜组织、黑樱桃组织及多数瘤状组织）可以在只含有无机盐和可利用糖的简单培养基上生长。而对于大多数植物来说，则需要在培养基中补充不同数量和不同比例的维生素、氨基酸和生长调节物质等，所以通常把许多复杂的营养物质组合到培养基中（图 3.1）。

当新的培养工作开始时，必须拟定适合该培养工作特殊要求的培养基。因此，20 世纪 60 年代用于植物组织培养的各种效果好的培养基配方相继诞生（表 3.1）。其中最有代表性的是 Murashige 和 Skoog（1962）的 MS 培养基，也是目前应用最普遍、适应范围最广泛的一种培养基，主要是由于它含有较高浓度的 NO_3^-、K^+、NH_4^+，对一般植物组织和细胞培养有促进生长的作用。此后，为了适应不同物种需要，在 MS 配方的基础上修改设计了多种培养基，有适合十字花科植物的 B_5 培养基（Gamborg et al., 1968）、适合木本植物的 WS 培养基（Wolter and Skoog, 1966）和 LS 培养基（Lingmal and Skoog, 1965）、适合禾本科植物花粉培养的 N_6 培养基（Zhu et al., 1975, 1987）及 Nitsch（1969）修改的 H 培养基等（图 3.2）。

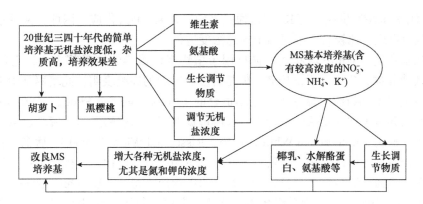

图 3.1　培养基改良过程中营养物质的变化

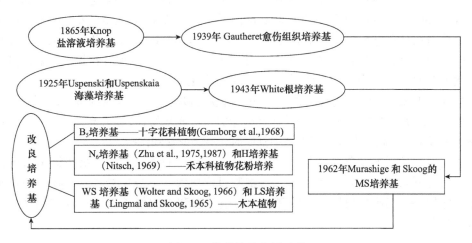

图 3.2　培养基的发展过程

二、培养基的组成

（一）无机营养物

在植物生命中矿质元素是非常重要的。例如，镁是叶绿素分子的一部分，钙是细胞壁的一个组分，氮是氨基酸、维生素、蛋白质和核酸的一个重要组成部分。此外，C、H 和 O 为植物生长所必需。已知氮（nitrogen）、磷（phosphorus）、硫（sulphur）、钙（calcium）、钾（potassium）、镁（magnesium）、铁（iron）、锰（manganese）、铜（copper）、锌（zinc）、硼（boron）和钼（molybdenum）12 种元素中，前 6 种元素植物需要的量相对较大，因此称为大量元素或主要元素，后 6 种需要的量少，称为少量元素或微量元素。通常植物所需元素的量大于 0.5 mmol/L 的称为大量元素，少于 0.5 mmol/L 的称为微量元素（de Fossard，1976）。

在水中溶解矿物盐时，各种矿质元素要经过解离和电离。在培养基中的活性因素是不同类型的离子。一种离子可能由一种以上的盐提供，如在 MS 培养基中，NO_3^- 通过

NH_4NO_3 和 KNO_3 供应，而 K^+ 则是通过 KNO_3 和 KH_2PO_4 供应。因此，两种培养基之间的比较可以通过比较其中不同离子的总浓度进行。

如前所述，White 培养基是最早用于植物组织培养的培养基之一，它包含了所有必需的营养物，广泛用于根培养。但是许多研究者的经验表明，此培养基中无机营养物在数量上对愈伤组织的良好生长是不适合的（Murashige and Skoog，1962）。这一缺点通过在培养基中加入复杂的混合物，如酵母提取液、水解酪蛋白、椰乳、氨基酸等较早地得到了解决（Reinert and White，1965；Risser and White，1964）。后来，有些研究者通过增加各种无机营养物，尤其是钾和氮的应用有效地取代了有机添加物。现在广泛采用的多数植物组织培养基（表 3.1），其中的矿物盐（离子）较 White 培养基更丰富。

Heller（1953）对植物组织培养中无机营养物进行了详细的研究，并特别强调铁和氮的重要性。在原来的 White（1943）培养基中，铁以 $Fe_2(SO_4)_3$ 的形式加入。但 Street 和 Henshaw（1966）换成了 $FeCl_2$ 并用于根培养，这个方案中含有锰和其他金属离子杂质，$FeCl_2$ 也没有提供一个纯粹的、满意的离子来源。铁在 pH 为 5.2 左右时对组织是有效的，然而在这个方案中，根培养开始后一周内，培养基的 pH 从开始的 4.9～5.0 升至 5.8～6.0，根开始表现出缺铁的症状。为了克服这个问题，多数培养基改为采用目前仍在使用的 EDTA-Fe，当 pH 达到 7.6～8.0 时铁仍然有效。

培养基中无机氮的供应有两种形式——硝酸盐和铵盐。作为氮的唯一来源时，硝酸盐的效果远远优于铵盐，但在单独使用硝酸盐时，培养基的 pH 易升高，加入少量铵盐能抑制这种现象。因此，大多数培养基中都同时含有硝酸盐和铵盐。

愈伤组织表现的缺素症状如下（Heller，1965）：①氮——某些愈伤组织出现花青苷，没有导管形成；②氮、钾和磷——细胞过度增大，形成层减少；③硫——很明显褪绿；④铁——细胞分裂停止；⑤硼——细胞分裂和细胞伸长迟缓；⑥镁和锰——影响细胞伸长。

（二）有机营养物

1. 含氮物质　　在组织培养中，多数细胞不能够合成生长所必需的全部维生素（Czosnowski，1952；Paris，1955，1958），为使组织生长更好，必须补充一种以上的维生素和氨基酸，其中维生素 B_1 是主要成分，维生素 B_3、维生素 B_5、维生素 B_6 和肌醇也是已知的能改良培养材料生长情况的物质。不同标准培养基的维生素和氨基酸的组成有很大差异（表 3.1，表 3.2）。植物组织培养中一般 B 族维生素的用量为 0.1～1.0 mg/L；肌醇用量为 50～100 mg/L。

许多组成不明确的复杂营养混合物，如水解酪蛋白（CH）、椰乳（CM）、玉米乳、麦芽提取液（ME）、番茄汁（TJ）和酵母提取液（YE）也被用来促进某些愈伤组织和器官生长。但是，应尽可能避免应用这些天然提取物。这些物质，尤其是果实提取物，可能会影响结果的重复性，因为在这些提取物中促进生长的物质质量和数量往往随供试验有机体的品种和组织的年龄、环境及栽培条件的不同而变化。某些情况下可用单个氨基酸有效地替代这些物质，如对玉米胚乳愈伤组织来说，单独用 L-天冬酰胺可替代酵母提取液和番茄汁（Straus，1960）。同样，Risser 和 White（1964）证实

表 3.1　植物组织和细胞培养的培养基（1）

（单位：mg/L）

成分	MS (Murashige and Skoog, 1962)	White (1963)	B₅ (Gamborg et al., 1968)	Nitsch (1951)	HE (Heller, 1953)	SH (Schenk and Hildebrandt, 1972)	Nitsch-Nitsch (1967)	Kohlenbach-Schmidt (1975)	Knop (1965)	ER (Eriksson, 1965)	Nitsch (1969)	NT (Nagata and Takehe, 1971)	N₆ (Zhu et al., 1987)	C17 (Wang et al., 1986)	D (Zang et al., 1982)
$(NH_4)_2SO_4$	—	—	134	—	—	—	—	—	—	—	—	—	463	—	463
$MgSO_4 \cdot 7H_2O$	370	720	500	125	250	400	125	185	250	370	185	1233	185	150	185
Na_2SO_4	—	200	—	—	—	—	—	—	—	—	—	—	—	—	—
KCl	—	65	—	—	750	—	—	—	—	—	—	—	—	—	—
$CaCl_2 \cdot 2H_2O$	440	—	150	—	75	200	—	166	—	440	—	220	166	150	220
$CaCl_2$	—	—	—	—	—	—	—	—	—	—	166	—	—	—	—
$NaNO_3$	—	—	—	—	600	—	—	—	—	—	600	—	—	—	—
KNO_3	1900	80	3000	125	—	2500	125	950	250	1900	950	950	2830	1400	950
$Ca(NO_3)_2 \cdot 4H_2O$	—	200	—	500	—	—	500	—	1000	—	—	—	—	—	—
NH_4NO_3	1650	—	—	—	—	—	—	720	—	1200	720	825	—	300	—
$NaH_2PO_4 \cdot H_2O$	—	16.5	150	—	125	—	—	—	—	—	—	—	—	—	—
$NH_4H_2PO_4$	—	—	—	—	—	300	—	—	—	—	—	—	—	—	—
KH_2PO_4	170	—	—	125	—	—	125	68	250	340	68	680	400	400	275
$FeSO_4 \cdot 7H_2O$	27.8	—	27.8	—	—	15	27.85	27.85	—	27.8	27.8	27.8	27.8	27.8	17.85
$EDTA-Na_2 \cdot 2H_2O$	37.3	—	37.3	—	—	20	37.25	37.25	—	37.3	37.3	37.3	37.3	37.3	37.3
$MnSO_4 \cdot 4H_2O$	22.3	7	10	3.0	0.1	10	25	25	—	2.23	25	22.3	4.4	11.2	—
$MnSO_4 \cdot H_2O$	—	—	—	—	—	—	—	—	—	—	—	4.4	—	—	22.3
$ZnSO_4 \cdot 7H_2O$	8.6	3	2	0.05	1	0.1	10	10	—	—	10	1.5	1.5	8.6	8.6
$ZnSO_4 \cdot 4H_2O$	—	—	—	—	—	—	—	—	—	—	—	8.6	—	—	—
$EDTA-Zn(NO_3)_2$	—	—	—	—	—	—	—	—	—	15	—	—	—	—	—
$CuSO_4 \cdot 5H_2O$	0.025	—	0.025	0.025	0.03	0.2	0.025	0.025	—	0.0025	0.025	0.025	—	0.025	—
$Fe_2(SO_4)_3$	—	2.5	—	—	—	—	—	—	—	—	—	—	—	—	—
$NiCl_2 \cdot 6H_2O$	—	—	—	—	0.03	—	—	—	—	—	—	—	—	—	—
$CoCl_2 \cdot 6H_2O$	0.025	—	0.025	—	—	0.1	0.025	0.025	—	0.0025	—	—	—	0.025	—

续表

成分	MS (Murashige and Skoog, 1962)	White (1963)	B₅ (Gamborg et al., 1968)	Nitsch (1951)	HE (Heller, 1953)	SH (Schenk and Hildebrandt, 1972)	Nitsch-Nitsch (1967)	Kohlenbach-Schmidt (1975)	Knop (1965)	ER (Eriksson, 1965)	Nitsch (1969)	NT (Nagata and Takehe, 1971)	N₆ (Zhu et al., 1987)	C17 (Wang et al., 1986)	D (Zang et al., 1982)
$CoSO_4 \cdot 7H_2O$	—	—	—	—	—	—	—	—	—	—	—	0.03	—	—	—
$AlCl_3$	—	—	—	—	0.03	—	—	—	—	—	—	—	—	—	—
$FeCl_3 \cdot 6H_2O$	—	—	—	—	1	—	—	—	—	—	—	—	—	—	—
$FeC_6O_5H_7 \cdot 5H_2O$	—	—	—	10	—	—	—	—	—	—	—	—	—	—	—
KI	0.83	0.75	0.75	—	0.01	1	—	—	—	—	—	0.83	0.8	0.83	0.83
H_3BO_3	6.2	1.5	3	0.5	1	5	10	10	—	0.63	10	6.2	1.6	6.2	6.2
$Na_2MoO_4 \cdot 2H_2O$	0.25	—	0.25	0.025	—	0.1	0.25	0.25	—	0.025	0.25	0.25	—	—	—
蔗糖或葡萄糖 /%	3	2	2	2	2	3	2~3	1	—	4	2	1	5	9	9
肌醇	100	—	100	—	—	1000	100	100	—	—	100	100	—	100	100
烟酸	0.5	0.3	1	—	—	5	5	5	—	0.5	5	—	—	0.5	—
盐酸吡哆醇	0.5	0.1	1	—	—	0.5	0.5	0.5	—	0.5	0.5	—	0.5	0.5	—
盐酸硫胺素	0.1~1	0.1	10	—	1	5	0.5	0.5	—	0.5	0.5	1	1	0.5	—
泛酸钙	—	1	—	—	—	—	—	—	—	—	—	—	—	—	—
生物素	—	—	—	—	—	—	0.05	0.05	—	—	0.05	—	—	1.5	0.5
甘氨酸	2	3	—	—	—	—	2	2	—	2	2	—	2	2	—
叶酸	—	—	—	—	—	0.5	0.5	0.5	—	—	0.5	—	—	—	—
谷氨酰胺	—	—	—	—	—	—	—	14.7	—	—	—	—	—	—	—
甘露醇 /%	—	—	—	—	—	—	—	—	—	—	—	12.7	—	—	—
pH	5.8	5.6	5.5	6	—	5.8	5.8	—	—	5.8	5.8	5.8	5.8	5.8	5.8

表 3.2　植物组织和细胞培养的培养基（2）

成分	WPM (McCown and Lloyd, 1982)	正14 (母秋华等, 1980)	W14 (欧阳俊闻等, 1988)	T (Bourgin and Nitsch, 1967)	RM (Reinert et al., 1967)	Miller (Miller, 1963)	改良Nitsch (Kanta et al., 1963)	H (Bourgin and Nitsch, 1979)	AA (Thompson et al., 1986)	DCR (Gupta et al., 1985)	FHG (Huter, 1988)	GD (Gresshoff et al., 1972)	LS (Linsmaier and Skoog, 1965)	GS (曹孜义等, 1986)	GHB (Chu et al., 1990)
$(NH_4)_2SO_4$	—	150	—	—	400	—	—	—	—	—	—	—	—	67	232
$MgSO_4 \cdot 7H_2O$	—	450	200	370	400	35	125	185	370	370	370	35	370	125	93
$MgSO_4$	370	—	—	—	—	—	—	—	—	—	—	—	—	—	—
KCl	—	—	—	—	500	65	—	—	2940	—	—	65	—	—	—
K_2SO_4	990	—	—	—	—	—	—	—	—	—	—	—	—	—	—
$CaCl_2 \cdot 2H_2O$	96	150	140	440	—	1000	125	166	440	85	440	—	440	150	83
KNO_3	—	3000	2000	1900	1000	1000	125	950	—	340	1900	1000	1900	1250	1415
$Ca(NO_3)_2 \cdot 4H_2O$	556	—	—	—	—	347	500	—	—	556	—	347	—	—	—
NH_4NO_3	400	400	—	1650	—	1000	—	720	—	400	1650	1000	1650	—	—
$NH_4H_2PO_4$	—	—	380	—	—	—	—	68	—	—	—	—	—	—	—
KH_2PO_4	170	600	400	170	250	330	125	—	170	170	170	300	170	—	200
NaH_2PO_4	—	—	—	—	—	—	—	—	—	—	—	—	—	—	—
$FeSO_4 \cdot 7H_2O$	27.8	27.8	27.8	27.8	10.67	—	3	27.8	27.85	27.8	27.8	27.8	27.8	13.9	—
$EDTA\text{-}Na_2 \cdot 2H_2O$	37.3	37.3	37.3	37.3	22.4	—	0.05	37.3	37.25	37.3	37.3	37.3	37.3	18.65	—
$EDTA\text{-}FeNa_2$	—	—	—	—	—	32	—	—	—	—	40	—	—	—	32
$MnSO_4 \cdot 4H_2O$	22.5	—	8	25	7.5	4.4	3	25	22.3	22.3	22.3	—	22.3	5	5
$MnSO_4 \cdot H_2O$	—	10	—	—	—	—	—	—	—	—	—	10	—	—	—
$ZnSO_4 \cdot 7H_2O$	8.6	2	3	10	0.03	1.5	0.05	10	8.6	8.6	8.6	3	8.6	1	5
$CuSO_4 \cdot 5H_2O$	0.25	0.025	0.025	0.025	0.001	—	0.025	0.025	0.025	0.25	0.025	0.25	0.025	0.0125	0.0125
$NiCl_2 \cdot 6H_2O$	—	—	—	—	—	—	—	—	—	0.025	—	—	—	—	—
$CoCl_2 \cdot 6H_2O$	—	0.025	0.025	—	—	—	—	—	0.025	0.025	0.025	0.25	0.025	0.0125	0.0125
$FeC_6O_3H_7 \cdot 5H_2O$	—	—	—	—	—	—	10	—	—	—	—	—	—	—	—

续表

成分	WPM (McCown and Lloyd, 1982)	正14 (母秋华等, 1980)	W14 (欧阳俊闻等, 1988)	T (Bourgin and Nitsch, 1967)	RM (Reinert et al., 1967)	Miller (Miller, 1963)	改良Nitsch (Kanta et al., 1963)	H (Bourgin and Nitsch, 1979)	AA (Thompson et al., 1986)	DCR (Gupta et al., 1985)	FHG (Huter, 1988)	GD (Gresshoff et al., 1972)	LS (Linsmaier and Skoog, 1965)	GS (曹孜义等, 1986)	GHB (Chu et al., 1990)
KI	—	0.75	140	—	—	0.8	—	—	0.83	0.83	0.83	0.8	0.83	0.375	0.4
H₃BO₃	6.2	3	3	10	0.03	1.6	0.5	10	6.2	6.2	6.2	3	6.2	1.5	5
Na₂MoO₄·2H₂O	0.25	0.25	0.005	0.25	—	—	0.025	0.25	0.25	0.25	0.25	0.25	0.25	—	0.0125
蔗糖或葡萄糖/%	2	1.5	1.1	1	2	3	5	3	3	3	—	3	3	1.5	7.1
麦芽糖/%	—	—	—	—	—	—	—	—	—	—	6.2	—	—	—	—
聚蔗糖-400/%	—	—	—	—	—	—	—	—	—	—	2	—	—	—	—
肌醇	100	—	—	—	—	—	—	100	100	200	100	10	100	25	300
烟酸	0.5	1	0.5	—	0.5	0.5	1.25	—	—	0.5	—	0.1	—	1	0.5
盐酸吡哆醇	0.5	1	0.5	—	0.5	0.5	0.25	0.5	—	0.5	—	0.1	—	1	0.5
盐酸硫胺素	1	10	2	—	0.1	0.4	0.25	0.5	0.5	1	0.4	1	0.4	10	2.5
泛酸钙	—	—	—	—	—	—	0.25	—	—	—	—	—	—	—	0.25
生物素	—	—	—	—	—	—	—	0.05	—	—	—	—	—	—	0.25
甘氨酸	2	2	2	—	2	2	7.5	2	75	2	—	0.4	—	—	1
柠檬酸	—	—	—	—	150	—	—	—	—	—	—	—	—	—	—
维生素C	—	—	—	—	—	—	—	—	—	—	—	—	—	—	0.5
叶酸	—	—	—	—	—	—	—	0.5	—	—	—	—	—	—	—
谷氨酰胺	—	—	—	—	—	—	—	—	—	—	730	—	—	—	—
L-谷氨酰胺	—	—	—	—	—	—	—	—	877	—	—	—	—	—	1000
L-天冬氨酸	—	—	—	—	—	—	—	—	266	—	—	—	—	—	—
L-精氨酸	—	—	—	—	—	—	—	—	228	—	—	—	—	—	—
pH	5.8	5.8	6	6	5.4	5.8	6	5.5	5.6	5.8	5.6	5.8	5.8	5.9	5.4

L-谷氨酰胺能替代 Reinert 和 White（1956）较早用于白云杉（*Picea glauca*）组织培养物的 18 种氨基酸。

2. 碳源 植物组织培养的培养基中，需要添加糖类作为碳源物质。通常使用最多的碳源是蔗糖，一般使用浓度为 2%～5%，葡萄糖和果糖也是已知的用来维持某些组织良好生长的碳源。Ball（1953，1955）证明高压灭菌的蔗糖比过滤除菌的蔗糖对红杉属（*Sequoia*）愈伤组织生长的效果更好，高压灭菌可使蔗糖水解产生更多可有效利用的糖。例如，通常切下的双子叶植物的根有蔗糖时生长更好，而单子叶植物的根有右旋糖（葡萄糖）时生长最好，苹果的组织培养有蔗糖或葡萄糖时的生长和有山梨醇（sorbitol）时效果相同（Chong and Taper，1972）。

已知植物组织中可利用的其他形式的碳源包括麦芽糖（maltose）、半乳糖（galactose）、甘露醇（mannitol）和乳糖（lactose）等。

3. 生长激素 除营养物质外，培养基中通常还需要加入一种以上的生长物质，如生长素、细胞分裂素和赤霉素，以维持组织和器官的良好生长。不同组织对这些物质的需要不同，但可以认为培养效果主要取决于激素的种类、水平和激素之间的平衡状态。

（1）生长素 这类激素伴随着茎和节间的伸长、向性、顶端优势和生长等而存在，在组织培养中主要用于细胞分裂和根的分化。通常用于组织培养的生长素有吲哚丁酸（indole butyric acid，IBA）、萘乙酸（naphthalene acetic acid，NAA）、萘氧乙酸（naphthoxyacetic acid，NOA）、对氯苯氧基乙酸（para-chlorophenoxyacetic acid，p-CPA）、2,4-二氯苯氧基乙酸（dichloro-phenoxyacetic acid，2,4-D）、2,4,5-三氯苯氧基乙酸（2,4,5-trichlorophenoxyacetic acid，2,4,5-T）、吲哚乙酸（indol-3-acetic acid，IAA）。其中，IBA 和 NAA 广泛用于组织生长，与细胞分裂素结合用于芽的增殖；2,4-D 和 2,4,5-T 对愈伤组织的诱导和生长非常有效。通常生长素既可在乙醇中也可在稀氢氧化钠溶液中溶解。

（2）细胞分裂素 这类激素与细胞分裂、顶端优势改变和芽的分化等有关，在培养基中则主要是与从愈伤组织和器官上分化不定芽有关。这些化合物也用于减弱顶端优势的腋芽的增殖。常用的细胞分裂素有苄氨基嘌呤（benzylamino purine，BAP）、异戊烯基腺嘌呤（isopentenyl-adenine，2-ip）和激动素（kinetin，KT）。细胞分裂素常溶于稀盐酸溶液或氢氧化钠溶液。

（3）赤霉素 已知的赤霉素超过 20 种，一般用的是 GA_3。与生长素和细胞分裂素相比，赤霉素使用很少。有报道称，赤霉素可促进高粱不定胚再生小植株的正常发育。GA_3 可完全溶于冷水直到 1000 mg/L。

（4）其他生长活性物质 在植物组织和细胞培养中除应用以上生长调节剂外，有时根据离体诱导的需要，还要使用多胺或一些生长抑制剂。多胺对有些植物的体细胞胚的诱导具有促进作用。在蔷薇、胡萝卜和唐菖蒲等植物的试管苗增殖中，有时要应用对其繁殖具有促进作用的三苯碘甲酸（2,3,5-triiodobenzoic acid，TIBA）、多效唑（paclobutrazol）、矮壮素（CCC）和嘧啶醇（ancymidol）等。

（三）琼脂

当采用液体培养时，静置培养中的培养物会由于缺氧而致死。为了避免这种现象，培养基可用琼脂［从海草（seaweed）中得到的一种多糖］固化，使培养物处于培养基的表面，这种培养基称为固体培养基。通常琼脂的使用浓度为 0.8%～1.0%，浓度过高，培养基会变硬，营养物不易扩散到组织中。广泛采用的固体培养基由于与培养物紧密接触，对多数培养都非常适合，但琼脂不是培养基必需的营养成分。进行营养研究时，应避免使用琼脂，因为商业用琼脂不纯，含有 Ca、Mg 等元素。Heller（1953）为了避免这种影响，在液体培养基上采用纸桥的方法。

三、常用培养基的分类与特性

根据目前常用培养基配方中含盐量多少可将培养基分为以下四大类。

（一）含盐量较高的培养基

这类培养基含较高浓度的硝酸盐、铵盐和钾盐，微量元素种类也很多，如 Murashige 和 Skoog 于 1962 年设计的 MS 培养基及改良的 MS 培养基。此外，LS 培养基（Linsmaier and Skoog，1965）、BL 培养基（Brown and Lawrence，1968）、ER 培养基（Eriksson，1965）也属于这类培养基。这类培养基有利于愈伤组织的诱导、生长和细胞培养。其中 MS 培养基在各类植物的组织、器官、细胞和原生质体培养中都取得了很好的效果，是应用范围最广和适应性最强的培养基。

（二）硝酸钾含量较高的培养基

这类培养基盐浓度也很高，尤其是硝酸钾的含量较高，如 B_5 培养基（Gamborg et al.，1968）、N_6 培养基（Zhu et al.，1987）、SH 培养基（Schenk and Hildebrandt，1972）。培养基中的 NH_4^+ 和 PO_4^{3-} 由 $NH_4H_2PO_4$ 提供。

B_5 培养基含有较低浓度的铵。实践证明，有些植物的愈伤组织和悬浮培养物在 B_5 培养基上生长更适宜，比在 MS 培养基上生长得要好，尤其是那些对铵比较敏感的植物组织和细胞的离体培养效果更好。

N_6 培养基中也含有较低浓度的铵离子，尤其是氨态氮和硝态氮的比例很合理，在禾谷类植物的花药、花粉和原生质体培养中得到广泛应用。

（三）含盐量中等的培养基

这类培养基中大量元素含量为 MS 的 1/2，微量元素种类减少，但含量增加，维生素种类比 MS 多，如 H 培养基（Bourgin and Nitsch，1979）。

（四）低盐浓度的培养基

这类培养基包括 White 培养基（1943）、WS 培养基（Wolter and Skoog，1966）和 HE 培养基（Heller，1953）等，其中 White 培养基由于无机盐的数量比较低，更适合木本植物的组织培养。

以上四类培养基中，前两类培养基比较适合愈伤组织诱导和细胞培养，但选用哪一类培养基，应依植物种类、基因型和外植体等而定；后两类培养基有利于根的形成。诱导愈伤组织常用的培养基为 MS 培养基和 B_5 培养基。高盐浓度的培养基可能对培养过程中愈伤组织数量及鲜重的增加有利。

四、培养基的化学组成对愈伤组织诱导、形成及器官分化的作用

（一）生长激素的作用

培养基的化学成分中，无机和有机营养物质及植物激素等都不同程度地影响愈伤组织和胚状体诱导、形成及器官分化，其中激素的作用尤为明显。20世纪50年代，Skoog等发现，通过改变激动素与吲哚乙酸的比例可以控制芽和根的形成，比例高时形成芽，比例低时形成根，并在许多种植物中得到验证。除比例外，激素的绝对使用量也十分重要。此外，同一类型不同种类生长激素的组合在作用上也有很大差异。例如，在油菜花药愈伤组织的分化中，将BA（氨基腺嘌呤）与NAA配合使用诱导芽的形成比KT与IAA配合使用时的效果要好得多。

当从愈伤组织中诱导芽形成时，一般需要把原来诱导愈伤组织增殖培养基中的2,4-D浓度降低或完全去除。例如，在有关水稻组织培养的分化及脱分化与激素的关系研究中，发现这些过程仅与外加的生长素有关，而细胞激动素并非必需因素。在无激动素的培养基上，水稻和小麦的花粉愈伤组织也能正常分化出植株，分化率在一些情况下与加有IAA和KT的相同。但在实际工作中，很多情况下，有细胞激动素时对芽的形成有促进作用。此外，在个别情况下，也有生长素促进芽分化的现象。很多研究发现，不同激素可以诱导不同植株的再生方式，如在矮牵牛的组织培养中，低浓度的2,4-D（0.1~0.5 mg/L）可以促进胚状体形成，而用细胞激动素则促进芽形成。因此，认为添加2,4-D的培养基不适于诱导胚状体形成的概念未必完全正确，但其浓度通常比愈伤组织增殖所需要的要低。

细胞激动素对胚状体形成的作用，通常与对芽的促进效应相反，表现有明显的抑制作用，但不同植物反应不尽相同。一旦胚状体原始细胞形成后，细胞激动素对胚状体的发育形成几乎没有影响。

赤霉素虽然对一些材料形成愈伤组织有促进作用，但通常会抑制芽的形成，在烟草和水稻中均有发现。在烟草中发现，GA_3对愈伤组织芽的形成的抑制作用，并不能通过与GA_3拮抗的物质如矮壮素（CCC）和丁酰肼（比久，B9）等相抵消。此外，一般来说，赤霉素能促进已经形成的器官或胚状体的生长，在一些植物的茎尖培养时，似乎是十分必要的。为了促进已形成的胚状体的生长，有时甚至还必须使用较高浓度的赤霉素，如柑橘胚乳培养形成的胚状体。至今还发现在某些情况下，GA_3可以促进芽的形成，同时在烟草的组织培养中，还发现再生植株株形和叶形受GA_3与细胞激动素比例的调节。

除前面所述三大类激素外，还有另两类激素——脱落酸（abscisic acid，ABA）和乙烯（ethylene），其在组织培养中的作用研究较少。在香菜（伞形科）的细胞培养中，加入10^{-7} mol/L和10^{-6} mol/L的ABA，对胚状体的生长发育无影响。相反，原来常见的胚分化不正常的现象大为减少，从而使胚的发育更接近于正常的合子胚。另外，在山芋根的组织培养中，发现细胞激动素可以促进根的形成，而使用ABA代替细胞激动素时则促进芽的形成。

乙烯抑制胡萝卜细胞培养中胚状体的形成，与2,4-D所引起的抑制作用相似，由此认

为在 2,4-D 抑制培养细胞形成组织结构的过程中，部分原因可能是诱导形成内源乙烯。也确有一些证据说明，在有生长素的培养基上培养的组织，乙烯含量比没添加生长素的培养基上的高。此外，其他可以影响培养物内激素作用的物质，也影响器官或胚状体的形成，如整形素、2,4,5-T 和三碘苯甲酸（triiodobenzoic acid，TIBA）等。

（二）有机营养物质的作用

培养基中无机物与有机物的影响，相对来说没有激素的作用那么明显。尽管如此，在胡萝卜细胞培养中发现，培养基中氮的含量与胚状体形成之间有密切关系，并已引起人们的注意。在烟草的花药培养中则可以看到另一元素——铁对胚状体形成的良好作用，其他元素如锌、锰等均不能代替铁的作用。

一般而言，在芽形成后，根的诱导形成需要用较低浓度的无机盐，并去除原来分化培养基中的细胞分裂素，或再加入一种生长素（NAA、IAA、IBA）。为此，通常采用 White 或 1/2 MS 培养基，在水稻、油菜、烟草和兰花等植物中均获得良好效果。

在很多情况下，培养基中糖的浓度与种类对培养的组织或细胞的增殖及以后的分化也有明显的影响。这一方面由各种糖被植物细胞利用时的代谢特性所决定，另一方面也与其改变培养基的渗透压密切相关，后者在花药培养中的作用似乎更为明显。在胡萝卜的细胞培养中，高浓度蔗糖条件下形成的胚状体较少，但发育更接近合子胚的情况。在由烟草开花植株茎形成的愈伤组织及猪耳草茎、叶组织的再生组织中，葡萄糖促进花芽形成。在某些试验中发现，在同一激素比例下，随糖浓度的不同，器官形成的类型也可能不同。

一般而言，在培养基的其他有机成分中，肌醇、腺嘌呤、酪蛋白水解物（CH）、酵母提取物（YE）和椰乳等，对胚状体和芽的形成有良好的影响。活性炭在花药培养中对提高诱导率的良好作用早已引起人们的注意，已发现在胡萝卜、洋葱等植物的体细胞培养中，加入活性炭可以促进胚状体和器官的形成。活性炭的作用可能与吸附了大量的酚类物质及其他抑制器官或胚状体形成的代谢产物有关。

由于促进培养物增殖的培养基的激素成分往往不适于器官分化，而且器官原基及胚状体原始细胞的形成与随后的分化所需条件也不同，在很多情况下，还需要注意改变培养基激素成分及无机盐浓度。前培养对下一步分化的影响在花药培养方面已有大量报道。

综上所述，在培养中为促进离体培养物的器官分化和胚状体形成，培养基中的化学组成应注意以下几点。

1）降低或去除原来细胞增殖培养基中的生长素，或用 NAA、IAA 代替 2,4-D。这一点在用 2,4-D 诱导细胞脱分化时尤应注意，在某些培养中低浓度的 2,4-D 对胚状体形成有促进作用。

2）调整培养基中生长素与细胞激动素的比例。一般较高浓度的细胞激动素利于芽的分化，而较高浓度的生长素利于生根，但细胞激动素一般不利于胚状体的形成。

3）除激素比例外，应注意所添加激素绝对量的影响。

4）应注意生长素和细胞激动素的种类，同类激素的不同化合物在不少情况下作用不同。在有些情况下也可以考虑配合使用其他类激素如 ABA、赤霉素或生长抑制物质等。

5）提高培养基中的氮含量及其他盐的浓度。

6）在不少情况下，应注意改变培养基激素成分及其他营养物质。

（三）培养基物理性质的影响

按物理性质，基本上可以将培养基分成两类：一类为液体培养基，另一类为固体培养基，后者一般加入琼脂等物质使之凝胶化。

用液体培养基时，可以进行静止培养、振荡培养及旋转培养等。不同性质的培养基及培养方式形成了不同的培养环境，包括含氧量、温度和养分的供应等，并由此得到不同的结果。一般而言，用液体培养基进行振荡培养和旋转培养时，组织的生长较快。通过试验发现，及时改变培养基的形式可以有效控制形态发生过程，加速再生植株的形成，如兰花茎尖培养。在很多情况下，改变培养基的形式及培养方法，往往必须与前面所述的改变培养基激素成分及其他营养物质结合起来。在有的情况下，培养基的物理性质决定了器官分化的类型。例如，在菊芋根切段的培养中，发现当培养物在液体培养基中的滤纸桥上时，形成营养芽，而置于琼脂培养基上时则形成花芽，且形成花芽的比例也随所用琼脂浓度的增加而增加。进一步的研究表明，培养基的水分状况影响氨基酸代谢，在形成花芽的组织中脯氨酸的含量增加。外加脯氨酸可以促进置于非合适条件下液体培养基中根未春化材料的花芽形成。与固体培养相比，不同方式的液体培养（静止培养、振荡培养等）在很大程度上改变了培养材料的营养物质的供应及氧气供给，尤其是振荡培养，可能与形态建成过程关系更大一些。早期 White 就认为氧的梯度在调节器官形成中可能是重要的。根据需要，有时采用固体与液体相结合的双层培养基的培养方法。

（四）培养基 pH 的影响

培养基的 pH 一般以 5.0～6.0 比较合适，但在 Straus 和 LaRue（1954）的试验中，玉米胚乳愈伤组织鲜重生长在 pH 为 7.0 时最高，而干重生长量则在 pH 为 6.1 时最高。一般 pH 高于 6.0 时培养基硬度太大，低于 5.0 时琼脂不能很好胶化。

第二节　培养基的选择及制备

一、培养基的选择

在开始对新的一个植物进行组织或细胞培养时，首先遇到的关键问题是选择什么样的培养基对其进行离体诱导培养。培养基的选择通常可以采用以下两种方法：① 根据以往的研究进行确定；② 选一种通用培养基。

通过查阅以往发表的相关文献资料，确定所应用培养基的类型，是高盐浓度的培养基，还是较低盐浓度的培养基，然后在此基础上通过一系列实验，对培养基中的某些成分进行调整，尤其是培养基中应用激素的种类、浓度和配比的调整，直到获得一种可以适合实验要求的培养基配方。培养基中合适的生长素和细胞分裂素的用量与比例在控制离体培养物生长及分化上起决定性作用。

在对一个新的植物物种进行离体诱导时，很难确定应用哪种培养基，这时一般选用通用的培养基，如 MS 培养基。然后在保持其他成分不变的条件下，用 MS、1/2 MS 和

1/4 MS 水平的无机盐配制培养基，测试高、中、低盐浓度的诱导效果。

二、培养基的制备（母液的配制和基本培养基的配制）

培养基的制备有两种方法：一种是配制前逐一称取所有的药品；另一种是事先配制成母液，然后逐一量取事先配制好的母液制备成所需培养基，这种方法很通用，具体操作如下。

第一步，配制母液。

以 MS 培养基为例，配制 5 种不同的母液：①大量盐（10 倍浓度），含有 N、P、K、S、Ca、Mg 盐溶液；②微量盐（200 倍浓度），除 Fe 以外的 B、Mn、Cu、Zn、Mo 等无机盐的混合溶液；③铁盐（200 倍浓度）；④除糖以外的有机营养物（200 倍浓度）；⑤植物激素（浓度为 0.5 mg/mL）。

配制的母液贮藏在冰箱中。铁溶液用棕色瓶保存。椰乳从果实中提取后应煮沸，然后于 −20℃以下贮存。使用前母液必须摇匀。

提示：水为纯水；化学药品用分析纯以保证高纯度；配制大量盐母液时，为了避免沉淀发生，常将各个化合物分别溶解后，再按照一定的先后顺序混合，混合时要将 Ca^{2+}、SO_4^{2-} 和 PO_4^{3-} 分开溶解。

第二步，按培养基要求将各种母液和糖加到容量瓶中并定容。

第三步，测定 pH，用 0.1 mol/L NaOH 或 0.1 mol/L HCl 调节。

第四步，加入琼脂，在水浴锅中熔化混匀。

第五步，分装。

第六步，灭菌。

在许多文献中，培养基中有机物、无机物的浓度一般用质量浓度（mg/L）表示。

一本 章 小 结一

本章主要叙述了植物组织和细胞培养的培养基组成及作用，要求掌握培养基的主要成分及其对植物离体培养的调控作用，掌握常用培养基的类型与特性及培养基选择原则与制备，了解培养基的研制过程。

一复习思考题一

1. 基本原理和方法部分

1）通过框图表示培养基改良过程中营养物质的变化过程。

2）通过框图表示培养基的发展过程。

3）培养基的无机营养和有机营养都包括哪些？

4）愈伤组织表现缺素的症状包括哪些？

5）离体培养时培养基中为什么要应用碳源？应用的碳源有哪些？

6）离体诱导时，常用的植物激素有哪几种？

7）根据目前常用培养基配方中含盐量多少可将培养基分为几类？各有什么特性？

8）在培养时为促进离体培养物的器官分化和胚状体形成，培养基中的化学组成应注意什么？

9）在进行植物离体诱导时如何选择培养基？

10）如何制备培养基？

2. 综合能力部分

培养基的化学组成对愈伤组织诱导、形成及器官分化有哪些调控作用？

— 主要参考文献 —

胡尚连，王丹. 2004. 植物生物技术. 成都：西南交通大学出版社.

潘瑞炽. 2006. 植物细胞工程. 广州：广东高等教育出版社.

肖尊安. 2005. 植物生物技术. 北京：化学工业出版社.

朱至清. 2003. 植物细胞工程. 北京：化学工业出版社.

第四章 细胞分化与器官培养

第一节 细胞分化和器官分化

一、植物细胞的全能性

在自然界固有的植物再生现象——有性繁殖和无性繁殖的启迪下，德国植物学家 Haberlandt（1902）大胆地提出：高等植物的器官和组织可以不断地分割至单个细胞，并预言"植物体细胞在一定条件下可以如同受精卵一样，具有潜在发育成植株的能力"。1958 年，Steward 等通过胡萝卜根韧皮部细胞振荡悬浮培养获得完整小植株，并开花结实（图 4.1），首次证明植物细胞在体外具有发育成植株的潜在能力，即"细胞全能性"。随后，印度德里大学 Guha 等（1964）培养毛叶曼陀罗花药获得由小孢子发育而成的小植株，继而证明生殖细胞在离体条件下也具有发育成完整植株的潜在能力。

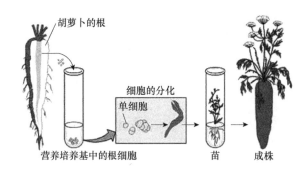

图 4.1 植物细胞的全能性

（一）植物细胞全能性的定义

植物细胞全能性（totipotency）是指植物的细胞具有发育为胚状体和植株的潜能，即植物细胞具有该植物体全部遗传的可能性，在一定条件下具有发育成完整植物体的潜在能力。因此，植物细胞全能性的概念具有两层含义。

1）植物细胞（体细胞或生殖细胞）均含有该物种全部的遗传信息。生物体的每一个细胞都包含有该物种所特有的全套遗传物质，即发育成完整个体所必需的全部基因。

2）每个植物细胞均具有发育成完整植物体的潜在能力。但植物体中不同组织、器官或生长发育阶段的细胞，其全能性具有一定差异。一般而言，受精卵的全能性最高；受精卵分化后的细胞中，体细胞的全能性比生殖细胞的全能性低，而植物潜在全能性的原因是基因的选择性表达。

（二）植物细胞全能性的实现途径

植物细胞全能性是通过生命周期（孢子体或配子体的世代交替）、细胞周期（又称核质周期，即核质的相互作用、DNA 复制、转录 mRNA 并翻译为蛋白质）和组织培养周期来实现的，三者之间联系密切，使植物细胞全能性得以充分实现与利用（图 4.2）。生命周期是通过细胞周期来实现全能性，而伴随 DNA 重组技术的成功，克隆的基因必须经组织培养周期实现转化和表达；组织培养周期又必须通过生命周期来实现细胞的全能性。

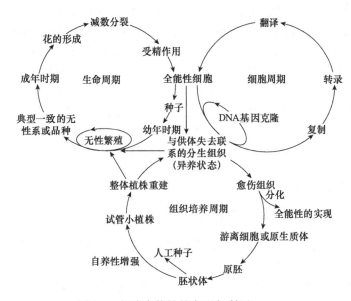

图 4.2　细胞全能性的实现与利用

离体培养技术的作用在于将离体状态下的植物细胞，在人工调控的理化因子作用下发育成完整植物体。因此，离体培养条件下的植物细胞全能性的实现大体有 5 种途径。

1）以植物的体细胞（如根、茎、叶、花、果、木质部、形成层、韧皮部、中柱鞘等）为培养材料，诱导形成完整植物体。该植物体为全套染色体组，可正常开花结实。

2）以植物的生殖细胞（如小孢子和大孢子细胞）为培养材料，诱导形成完整小植物体。该植物体为单套染色体组，不能正常开花结实。

3）培养去壁的原生质体，使原生质体发育成为植物体。

4）利用诱导剂，促使两个不同种的原生质体相互融合后进行培养，使之发育为杂种植物体。

5）将遗传信息（基因）利用不同基因载体（Ti 或 Ri 质粒）导入植物细胞，通过离体培养使之再生成具有新性状的植物体——转基因植物。

二、细胞分化

同一植物的所有细胞均来自于受精卵，它们具有相同的遗传物质，却可以分化成不同的形态；即使同一个细胞，在不同的内、外条件下也可能分化成不同的类型。因此，细胞分化是一个复杂的过程。

在个体发育中，细胞分化（cellular differentiation）是指细胞后代在形态结构和功能上发生差异的过程。细胞分化的机理极其复杂，但实质是基因的差别表达（differential expression），而这取决于细胞的内部特性和外部环境，前者与细胞的不对称分裂（asymmetric division，细胞内获得的基因调控成分不同）及随机状态有关；后者表现为细胞对不同环境信号的应答，启动相关基因，产生不同的细胞行为，如分裂、生长、凋亡等。

胚状体细胞随着分化发育的进程，从全能性到多能性，再到单能性，最后失去分化潜能成为成熟定型的细胞，丧失分化潜能。正常的自然状态下，细胞分化是稳定、不可逆的。

组织培养过程中，失去分化能力的细胞回复到分生状态并进行分裂，形成无分化的细胞团即愈伤组织的现象（或过程）称为"脱分化"（dedifferentiation）。经过脱分化的细胞如果条件合适，就可以长久保持旺盛的分裂状态而不发生分化。由无分化的愈伤组织细胞再转变成为具有一定结构、执行一定生理功能的细胞团和组织，构成一个完整植物体或植物器官的现象（或过程）称为"再分化"（redifferentiation）。一个已分化细胞全能性的表达需经过脱分化和再分化的过程，这也是植物组织和细胞培养所要达到的目的。因此，植物组织和细胞培养的主要工作就是设计和筛选培养基，探讨和建立适宜的培养条件，从而促使植物组织和细胞完成脱分化和再分化。

三、器官分化

（一）植物器官分化的概念和途径

植物器官分化（器官发生）是指离体植物组织或细胞在组织培养的条件下形成无根苗、根和花芽等器官的过程。

培养的植物组织或细胞经过脱分化和再分化（特别是再分化）时可经两条途径重新生成植物体：一条是器官分化（或器官发生）途径，即由愈伤组织的部分细胞先分化产生芽（或根），再在另一种培养基上产生根（或芽），继而形成一个完整的植株；另一条是胚状体发生（或无性胚状体发生）途径，与种子中胚的形成和种子萌发形成幼苗的过程相似，愈伤组织中产生出类似种子胚的两极性结构，然后再在另一种培养基上同时发展成带根苗。植物再生的途径随植物和培养基的不同而变化，两种发育途径的频率因基因型不同和培养条件的改变而差异显著，有时同一种植物在同一条件下，还同时存在胚状体发生途径和器官分化发生途径。

（二）植物器官分化的主要影响因素

影响植物器官分化的因素很多，但归纳起来主要受培养基成分、pH、温度、空气、无菌环境、适时光照等几个方面的影响。

基因型是影响植物器官发生、植株再生的主要因素。春小麦不同品系的成熟胚在诱导率、再生率和组培苗在形态特征上存在明显差异。外植体来源、发育阶段、生理状态或部位（极性）也是影响植物器官发生、植株再生的重要因素。在茶树子叶柄培养中，近胚轴端不定芽的分化率高，随着子叶柄断面离胚轴距离的增大，其分化率降低。在月季的茎培养中，腋芽在茎段上的位置、嫩茎顶芽的去除、嫩茎的长度等都会影响其增殖。

植物器官发生、植株再生所用的培养基以 MS 为主，但器官发生的不同时期对培养基的要求是有差异的。诱导银杏茎段愈伤组织产生以 MS 培养基最适宜；分化芽以 1/2 MS 培养基最适宜；诱导根却是以 White 培养基最适宜。培养基的最适碳源也因植物种类和不同的诱导阶段而异，如大麦花药培养过程中使用甘露醇的效果要明显优于其他碳源。番茄离体根培养常使用改良的 White 培养基，培养基中的氮源以硝酸盐效果为好，碳源以蔗糖为佳。降低培养基中矿质元素和蔗糖的浓度等也是诱导不定芽生根的常用手段。培养基中增加 0.38 mg/L 的碘利于番茄根生长，硼则具有加速根尖细胞的分裂速度、促进细胞伸长等作用。在植物器官发生过程中，细胞分裂素和生长素对芽的诱导和生长发育均起着重要的作用，一般诱导不定芽形成时细胞分裂素高于生长素的用量或只用细胞分裂素；而诱导不定根发生只用生长素或配合使用较低浓度的细胞分裂素，常用的细胞分裂素有 BA、KT、ZT 等，其中以 BA 为主。不同种类的植物对细胞分裂素的要求不同，而不同种类和浓度的激素对同种植物的作用也不相同。浓度同为 0.5 mg/L 时，BA 对山楂茎尖分化成芽的效果最佳，ZT 次之，KT 最差；而为 5 mg/L 时，使用 KT 的分化率为 76.9%，BA 为 23.8%，ZT 为 0。用不同的植物种或品种的根进行离体培养时，对生长素的反应也存在差别，表现为三种情况：生长素促进离体根的生长（如玉米、小麦等）；离体根的生长依赖于生长素的作用（如黑麦、小麦的一些变种等）；生长素抑制离体根的生长（如樱桃、番茄等）。另外，培养基中添加的附属物质有时也起一些关键作用。银杏茎段培养中，活性炭对外植体芽的分化和增殖，具有非常重要的作用，随着活性炭浓度的提高，分化率、增殖率呈上升趋势。

光照、温度等培养条件对诱导植物器官发生、植株再生起着重要的调控作用。多种桉树愈伤组织都能在 12 h 光周期条件下形成根，但在暗处没有根或芽的形成。而苹果叶片暗培养比光培养有利于促进不定根再生。对于再生植株来说，长时间光照不足易引起再生植株玻璃化苗的出现。

（三）植株再生的生理生化基础

植物通过器官分化途径再生植株的过程也是外植体内部产生生理生化变化的过程。因此，了解植株再生过程中外植体内部发生的 DNA、RNA 和蛋白质的合成、氮同化和氨基酸代谢、碳水化合物的代谢与利用、内源激素的平衡等生理生化变化规律，有助于认识植株再生的本质。目前对这一方向的研究正处于不断丰富和深入之中。

蛋白质（同工酶）是基因表达的产物，可作为研究分化的指标。胡杨愈伤组织器官发生能力与特异蛋白的表达有关，随着愈伤组织形成分生细胞团块和不定芽原基，明显地表达了 20 kDa 和 55 kDa 蛋白带。杜克久等的研究发现杨树茎尖诱导分化的愈伤组织中，有芽和根分化的酯酶同工酶、可溶性蛋白谱带条数比没有芽和根分化的多。

在形成芽的愈伤组织中与苹果酸代谢有关的酶活性高于非器官形成的组织，可产生更多的烟酰胺腺嘌呤二核苷酸磷酸（NADP），还原型辅酶Ⅱ（NADPH）的利用更完全。在多种草本植物的器官发生或体细胞胚状体发生过程中，愈伤组织分化芽之前有一个淀粉积累的高峰出现，形成芽的组织比不形成芽的组织有较高的全氮、蛋白氮、亚硝态氮，且硝酸还原酶活性较高。

植物再生植株及其正常发育的过程，最终是外植体内部和器官形成部位激素平衡或相互调节的结果，也就是说外源激素是通过调节内源激素的平衡而起作用的。程淑婉研究认为，通过外源激素的调节，能够诱导小叶杨愈伤组织内源激素种类增多、细胞分裂素含量升高、细胞分裂素/生长素的值增高，分化频率高。杨树外植体内源 IAA/ABA 值高于苹果，比苹果易于形成胚性愈伤组织和诱导芽发生，苹果形成的愈伤组织则只分化出根。

第二节　器官培养

器官培养（organ culture）是指将植株上的各种器官（即植物根、茎、叶、花、果实、芽原基和根原基等）从母体上分离出来，放在无菌的人工环境中让其进一步发育，最终长成幼苗的过程。相对于细胞或组织培养而言，植物器官培养适用的植物种类最多，应用范围最广，不仅为植物生理生化等研究提供了最好的材料与方法，还具有重要的生产实践价值，如利用茎、叶、花等培养进行快速繁殖；利用茎尖进行脱毒培养，解决品种的退化问题，提高产量和质量；将植物器官做诱变处理，得到突变株，进行细胞突变育种；利用高度分化的茎、芽等进行培养，获得高含量次生代谢物的研究等。

一、器官培养的过程

器官培养根据外植体的不同可分为植物的根、茎、叶、花药等的培养。下面对于器官培养过程予以简单介绍。

（一）培养材料的采集

理论上来讲，具有全能性的植物细胞有三类：受精卵，发育中的分生组织细胞，雌雄配子及单倍体细胞。

一般而言，快速繁殖中，常用长度 0.5 cm 左右的茎尖作为外植体；脱毒培养中，仅取茎尖长度在 0.1 mm 以下的分生组织部分。不同植物外植体的获取部位也存在差异，一般阔叶树在一二年生的枝条上采集，针叶树种多为种子内的子叶或胚轴，草本植物多采集茎尖。

（二）培养材料的消毒

1）将材料用流动自来水洗净后，再用蒸馏水冲洗，用无菌纱布或吸水纸吸干材料上的水分，再用消毒刀片切成小块。

2）在无菌环境中将材料放入 70% 乙醇中浸泡 30～60 s 后，用无菌水冲洗 2 或 3 次。

3）将材料移入漂白粉饱和液或 0.1% 升汞（$HgCl_2$，m/V）溶液中消毒 6～12 min。

4）取出后用无菌水冲洗 3～6 次。

（三）制备外植体

在无菌环境中，用已消毒的刀、剪、镊子等剥去芽的鳞片、嫩枝的外皮或种皮胚乳（叶片则不需剥皮），然后切成 0.2～0.5 cm 厚的小片或 1 cm 左右的小段（严禁操作过程中用手直接接触材料）。

（四）接种和培养

在无菌环境下，将外植体接种在适宜培养基上，封口培养。待新芽等形成后继代培养或把材料分株、切段转入增殖或分化培养基中继续培养。

培养的环境条件一般是温度 25℃左右，光照 12 h/d，但因外植体的种类及材料部位的不同而存在差异。

（五）根的诱导

继代培养形成的不定芽或侧芽一般没有根，必须转到相应的生根培养基上进行培养，大约 1 个月后即可获得健壮根系。

（六）炼苗与移栽

组培苗进入自然环境前必须进行炼苗。一般先打开培养容器，放置在室内自然光照下 3 d 后取出，用自来水小心洗净根系上的培养基，再栽入已准备好的基质中（基质使用前最好消毒，且不宜过湿，以防烂苗）。移栽前要适当遮阴，加强水分管理，空气保持98% 左右的相对湿度。

二、器官培养的范例

（一）根的培养

离体根培养由于具有生长迅速、代谢活跃及在已知条件下培养可根据需要增减培养基中成分等特点，多用于探索植物根系的生理及代谢活动。由发根农杆菌（*Agrobacterium rhizogenes*）感染双子叶植物形成的毛状根培养系统，具有遗传比较稳定、生长迅速、产生的次生代谢物在质量与数量方面和母本相近等特点，多用于生产高价值的植物次生代谢物。目前已在长春花、烟草、紫草、人参、颠茄、丹参、黄芪、甘草、青蒿等 40 多种植物中建立了毛状根培养系统（图 4.3）。

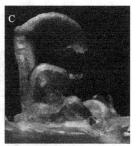

图 4.3　人参根的培养（张唯勤，1982）

A. 人参根的组织在培养初期形成金黄色的愈伤组织，并有少许根发生，这些愈伤组织很松软，是做细胞悬浮培养的好材料；B. 人参根的愈伤组织分化成许多胚状体，呈花状，每个小胚状体可以形成植株；
C. 一个人参胚状体发育出人参植株幼苗

由于对土壤中生长的根系进行彻底的表面消毒很难，离体根培养多采用无菌苗的根为外植体。无菌条件下将表面常规消毒的种子放置在含有少量培养液浸湿的脱脂棉上，密封后在 25℃条件下萌发。待胚根伸长至一定长度（1～2 cm）后，从根尖一侧切取 10 mm 长接种于改良固体培养基中，暗条件下培养约 7 d 后切下侧根的根尖作为新的培养材料再进行扩大培养。通过这种由单个根衍生而来，并经继代培养而保持遗传性一致的根系培养物也可称为离体根的无性系。

（二）茎的培养

茎的培养是指将植物的茎或茎尖分生组织进行离体培养。根据取材部位的差异，茎的培养可分为茎尖培养和茎段培养，茎尖培养也是获得脱毒幼苗的好方法。

自然界中的植物，如芦荟等自花授粉不结实，采用分株很难快速、大量地繁殖种苗，而采用茎尖培养快速繁殖试管苗，就能在短期内繁殖出上百万株的种苗，具有成本低、效益高的特点。

茎段培养是指带有腋（侧）芽或叶柄、长数厘米茎节段的离体培养。由于嫩茎段（即当年萌发或新抽出的尚未完全木质化的枝条）的细胞可塑性大，容易离体培养，因此其也是快速繁殖的外植体。利用茎段培养获得完整再生植株的流程如下：

$$茎段 \longrightarrow 不定芽 \longrightarrow 再生苗 \longrightarrow 生根 \longrightarrow 移栽$$
$$\downarrow \qquad\qquad\qquad \uparrow$$
$$愈伤组织 \longrightarrow 芽分化$$

（三）叶的培养

很多植物如非洲紫罗兰、香叶、天竺葵、秋海棠等的叶片具有很强的再生能力，由于取材方便、数量多且均一性较强，可以作为适宜的外植体。

选取植株嫩叶，流水冲洗数小时。无菌条件下进行表面常规消毒（注意消毒时间的确定，时间略长，叶片容易缩水、刚脆；时间略短，材料去污染效果不好），切成 0.5～1 cm^2 的小块平铺接种于固体培养基上，光照条件下培养，待分化出许多丛生芽后，将小丛生芽转接于生根培养基上进行生根诱导（图 4.4）。

图 4.4　麻风树组织培养及植株再生
A. 叶片愈伤组织诱导；B. 芽的诱导；C. 芽的增殖；D. 根的诱导；E, F. 移栽

第三节 胚状体培养

一、胚状体培养的内容及意义

（一）胚状体培养的内容

1904 年，Haning 最早成功地培养了萝卜和辣椒的胚，并萌发形成小苗。20 世纪 30 年代科学家成功地把兰科植物的胚培养成小植株。40 年代在苹果、桃、柑橘、梨、葡萄、山楂、马铃薯、甘蓝与大白菜的种间杂种的胚状体培养、胚乳培养及子房与胚珠培养等方面均取得了不同程度的进展。自此，胚状体培养已成为植物组织培养的一个重要领域。植物胚状体培养（embryo culture）是指对植物的胚（成熟胚、幼胚）及胚器官（如子房、胚珠、胚乳）进行人工离体无菌培养，使其发育成幼苗的技术。广义的胚状体培养研究还包括试管受精等技术。

（二）植物胚状体培养的意义

1. 克服杂种胚的败育，获得稀有植物　　长期自然选择的结果使植物界产生两种隔离机制，即自交不亲和性和杂交不亲和性。而胚状体培养最有效和最常用的领域是通过不亲和杂交的胚状体救援培育稀有杂种。张晓玮等（2001）对甘蓝和大白菜种间杂交采用胚培养和子房培养人工合成甘蓝型油菜。Guha 和 Johri（1966）利用葱属植物种间杂交后代的子房和胚珠培育成新的植株。

2. 获得单倍体和多倍体的植株　　多倍体品种因具有生长或产量的优势、无籽及观赏价值高而备受育种工作者的重视，胚乳培养可产生多倍体、单倍体及非整倍体。王莉等（1985）用开花后 20 d 左右的枸杞胚乳，诱导愈伤组织并分化出苗，移栽成活获得不同倍性的 20 棵胚乳植株。

1976 年，San Noeum 从未受精子房培养首次诱导出单倍体植株以来，科学家已从禾本科、茄科、百合科、葫芦科等 9 科 21 种植物的未受精胚珠与子房诱导出单倍体植株。远源杂种的胚进行培养时，通过染色体排除法（chromosome elimination）也可获得单倍体，如大麦（*Hordeum vulgare*）（♀）与鳞茎大麦（*H. bulbosum*）（♂）杂交，受精正常，但此后鳞茎大麦染色体消失，产生只有大麦单倍体的胚状体，这种胚状体可以通过幼胚培养救援。同样，用冰草植物与大麦及其他禾谷类植物杂交，也能获得单倍体植株。

3. 打破种子休眠，促进胚萌发　　种子休眠的原因很多，但是能利用幼胚培养打破种子休眠的情况有两种：一是种胚发育不全；二是抑制物质抑制种胚发芽。鸢尾属（*Iris*）植物，由于种皮、胚乳、珠心组织中均不同程度地存在抑制胚发育的物质，种子收获后需休眠数月至两三年，经冷藏处理后播种也需经 30 d 以上才能发芽，而将鸢尾幼胚剥出，接种在适宜培养基中 2～3 个月即可长成健壮的具有叶、根的幼苗，并能提前开花。

4. 快速繁殖良种，缩短育种周期　　利用胚培养技术，可以缩短这些植物的育种周期 1～2 年，如鸢尾属植物的育种周期减少到一年以内。胚培养也是针叶树和禾本科植物无性系快速繁殖的基本途径。

5. 克服种子生活力低下和自然不育性，提高种子发芽率　　长期营养繁殖的植物，虽具有形成种子的能力，但种子常是无生活力的。例如，芭蕉属野蕉（*Musa balbisiana*）属于结籽品种，但自然情况下种胚不萌发，利用胚状体培养可以促进种子萌发，形成幼苗。利用胚状体培养也可能使早熟核果的不育种子萌发获得实生苗。

6. 提高后代抗性，改良品质　　试管内受精可获得常规方法得不到的远缘杂交种子，对抗病育种有重要意义，它使异种异属植物抗病基因的利用成为可能。胚珠是病毒含量极低或不带病毒的组织器官，通过胚珠离体培养可以成功地获得无病毒植株。

7. 种子活力的快速测定　　Tukey（1944）发现未经层积处理的和经层积处理的木本植物种胚，在离体培养条件下萌发速率一致。因此，取胚进行萌发实验被认为是快速测定种子，特别是休眠种子活力的可靠方法。

8. 种质资源的搜集和保存　　长期继代培养的胚性愈伤组织，不仅是建立细胞无性繁殖系的一种材料，也是作为种质资源保存的理想材料。张进仁等长期继代培养柳橙胚愈伤组织达八年半共32代，证明长期继代培养的柳橙胚愈伤组织主要遗传性状是较一致和稳定的，而且染色体也未发生变异。赖钟雄和叶新荣等分别建立了可长期保存的龙眼和柑橘的胚性细胞系。

9. 用于理论研究　　干燥合子胚的质膜一般具有较大的微孔，根据这一特征，Topfer等（1989）将机械分离的合子胚浸入携带嵌合基因 *npt II* 的质粒 DNA 溶液中，遗传转化一些禾谷类和豆科植物，进而开展在胚状体生长和分化机制方面的研究。

胚状体培养可研究胚状体发育过程、胚发生的条件及影响因素、胚乳生长发育及形态建成过程、胚乳与胚之间的相互关系及生理生化机制、受精过程机制等问题。目前，胚培养中一个重要的问题是心形胚或之前原胚的培养还有许多困难，需进一步研究。

二、胚培养

胚培养是指在无菌条件下将从胚珠或种子中分离出来的胚（合子胚）置于培养基上进行离体培养的方法。根据培养目的的差异，剥取不同发育时期的离体胚，依据离体胚的发育时期将胚培养分为成熟胚培养和幼胚培养。成熟胚培养一般指子叶期至发育成熟的胚培养，易成功，仅提供一定温度、湿度就可以发芽长成植物体，如种子发芽。幼胚培养则指胚龄处于早期原胚、球形胚、心形胚、鱼雷形胚的培养，这几个时期幼胚从生理至形态尚未成熟，提供一定温度和湿度均不能发芽。

离体胚培养的成功率与胚龄有着密切的关系。如果胚的发育尚处于原胚期，甚至更早些的时期，则很难获得成功。虽然幼胚培养不易成功，但它在远缘杂交育种上有极大的利用价值，现可使心形胚或更早期的长度仅 0.1～0.2 mm 的胚生长发育成植株，已成功的有大麦、荠菜、甘蔗、甜菜、胡萝卜等。基因型对离体胚培养有重要影响，材料基因型不同，胚培养的难易程度也不同。胚的成熟程度不同，所用的培养基种类也不相同。常用的成熟胚培养基有 Tukey、Randilph and Cox、White 培养基等；未成熟幼胚培养基则是 Rijven、Rappaport、Rangaswamy、Norstog、Nitsch、MS 培养基等。而对于同一作物而言，培养基类型的选择对其幼胚培养的效果具有很大影响。

对于大多数植物的胚来说，温度以 25～30℃为宜。而有些必须经过一定的低温春化阶段，胚才能正常萌发生长。另外，光照可以促进某些植物胚的转绿，利于胚芽生长；黑暗则利于胚根生长。因此，一般光暗交替培养较为有利。

三、胚珠培养

胚珠培养是指未受精或受精后的胚珠离体培养。未受精胚珠培养的目的是为试管受精（即离体受精）提供雌配子体，也可诱发大孢子发育成单倍体植株用于育种；而受精后的胚珠培养对研究合子及早期原胚的生长发育、促进胚的发育等具有意义，如有些植物（如兰科）种子很小，胚尚未分化完全，缺少有功能的胚乳，种皮高度退化，所以只能整个胚珠进行培养，然后取出种子、继代、发芽，形成植株。棉花种间杂交时利用胚珠培养可以防止棉铃在成熟前脱落而丢失杂种胚。胚珠培养后代中无核的比例较高，已成为近期无核葡萄选育的一个有效途径。

影响胚珠培养的因素很多，但主要有胚珠剥离时期的选择、胎座的有无、接种前的预处理、培养基、培养条件等几个因素。

四、子房培养

子房培养是指授粉和未授粉子房的离体培养。Nitsch（1951）研究果实发育时最先在试管内培养出漂亮的红色番茄，并在同一培养基上培养了小黄瓜、草莓、番茄、烟草、菜豆等的离体子房，由已授过粉的花中剥离出小黄瓜和番茄子房可以发育成成熟的果实，里面着生有生活力的种子。此后，科学家以各种植物进行试验，研究控制果实生长的必要因素、果实成熟的生理、离体受精等问题。但基因型的选择、外植体的发育程度、接种前预处理、培养基、培养条件、花被组织等多种因素影响植物子房的培养。

五、胚乳培养

胚乳是独特的组织，为胚发育和种子萌发提供营养，被子植物的胚乳多是由单倍体的两个极核和一个精子融合而成的三倍体均质薄壁组织（豆科、葫芦科等种子无胚乳）。通过离体胚乳培养第一个得到的三倍体植物是罗氏核实木（大戟科）（Sruvastava，1973）。据不完全统计，至今已获得49种植物的胚乳愈伤组织，其中25种有不同程度的器官分化，24种再生形成完整三倍体植株，11种再生植株移栽成活。其中，中华猕猴桃、枸杞的胚乳试管苗已大量移栽大田成活。

胚乳培养是指处于细胞期胚乳组织的离体培养。在自然条件下，胚乳细胞以淀粉、蛋白质和脂类的形式贮存着大量的营养物质，以供胚状体发育和种子萌发之需。胚乳是研究这些天然产物代谢过程的一个理想的系统，如培养的咖啡胚乳能够合成咖啡因。同时，胚乳中含有的天然生长因子具有非特异性，胚乳组织培养的产物中也具有促进幼胚生长的能力。远缘杂交中把即将夭折的极幼龄杂种胚置于某一亲本培养的胚乳上，可使杂种胚长成完整的植株。因此，胚乳培养在理论研究上可用于胚乳细胞全能性、生长发育和形态建成、胚与胚乳的相互关系、胚乳细胞生理生化机制等方面的研究。此外，胚乳培养获得单倍体、多倍体及非整倍体植株对育种工作也有一定应用价值。

影响植物胚乳培养的主要因素有基因型、胚乳的发生类型和发育程度、胚的参与、培养基和培养条件。

六、离体受精

杂交不亲和或自交不亲和常会限制种以上远缘杂交或自交系培育，而胚培养又难以解决这一问题，植物离体授粉技术能部分克服这一普遍现象，为解决远缘杂交障碍提供了新的途径。由 Kanta 等（1962）设计，Balatkova 等（1968）以烟草为材料，利用"植物组织培养"和"子房内传粉"技术最先进行试管受精获得成功，此后该方法在多种植物杂交组合中得到应用。目前已在罂粟科、茄科、石竹科、玄参科、十字花科、锦葵科、报春花科、百合科、禾本科等中获得远缘杂交可萌发的种子或部分成功的杂交组合；自交不亲和的矮牵牛已实现了自花传粉并结出有生活力的种子。

1. 离体受精的概念　　离体受精（又称植物试管受精）是指在无菌条件下培养离体未受精的子房或胚珠和花粉，使花粉萌发产生的花粉管进入胚珠从而完成受精过程。20 世纪 90 年代前，在无菌环境里接种胚珠或雌蕊到培养基后，授以无菌花粉实现双受精，并在胚珠及子房的孕育下结出种子的技术称试管受精，这是离体受精研究的初级阶段，也称离体授粉。20 世纪 90 年代，精、卵离体融合成功才是严格意义上的离体受精或试管受精。

2. 离体受精的方法　　在无菌条件下，将表面消毒的未授粉子房切开，取出胚珠，接种在适宜的培养基上进行培养；然后，在试管内散播花粉。花粉萌发后，花粉管伸入胚珠内受精。受精后的胚珠进一步发育形成种子，种子能在培养基上发芽长成植株。因此，离体受精或试管受精是从花粉萌发到受精形成种子，从种子萌发到幼苗形成的整个过程，均在试管内完成。

完成受精过程的具体做法有 5 种：一是从胎座上切下单个胚珠（裸露胚珠），接种在培养基上，然后散播花粉。二是带着完整胎座或部分胎座接种并散播花粉。三是带着完整子房或部分子房壁接种并散播花粉。由于带着完整子房，对于解决花粉和柱头、花粉管和花柱两种形式的受精障碍不起作用，因此后来发展为切去柱头和花柱，直接在子房上散布花粉。四是柱头接近法。将花粉散在本种植物的柱头上，切下柱头接种在培养基上，然后在柱头周围接种异种裸露胚珠，花粉发育后，花粉管伸长并进入胚珠受精，这是解决花粉萌发与胚珠培养在培养基组成上相互发生矛盾的一种方法。五是哺育法。将表面蘸满有助于花粉萌发培养基的胚珠接种培养后，再在胚珠上散播花粉使之受精，这是解决胚珠存活率低和花粉萌发、花粉管伸长在培养基组成上发生矛盾的方法。

3. 影响离体受精成功的因素

（1）培养基　　离体受精的成功率与胚珠的成活率有着密切联系。提高离体胚珠成活率的关键是选择合适的培养基，因此要对培养基的各种成分进行详细的筛选（如基本培养基类型、激素种类和浓度、渗透压、pH 等）。在多数植物培养过程中发现，适宜胚珠离体培养而且成活率很高的培养基，往往不能使花粉萌发或不能使萌发后的花粉管伸长，因而胚珠无法受精。

试管内散粉后，保证花粉萌发的速度与数量，花粉管能迅速伸长，在受精允许时间内到达胚囊的关键仍是培养基。因此需对花粉萌发和花粉管伸长的适宜培养基进行筛选（注意钙和硼对花粉萌发和花粉管伸长的促进作用）。

（2）花粉的灭菌　　离体受精是在无菌条件下进行，所以必须先对花粉进行灭菌。操作过程中常用的方法有两种：一是用新鲜花蕾浸渍灭菌，然后剥出花粉使用。这种方法易造成花粉粘连，散播不均匀，影响散播质量。若待药囊自行裂开后再用，又不能保证花粉具有高萌发率和受精力（率）。二是紫外线照射灭菌，照射时间约 15 min。灭菌效果与受精率呈负相关，故应在灭菌率、发芽率、受精率三者之间筛选最适宜的照射时间。

（3）鉴别受精的标记性状 试管内授粉后的胚珠是否受精要依靠标记性状鉴别。玉米"胚乳直感"现象是试管受精的优良标记性状。选用具有紫色胚乳的品种为父本，采用白色胚乳的品种为母本。受精后如 F_1 代胚乳表现紫色，证明试管受精成功，所得结果无须进行其他鉴定。通过受精后标记性状的研究发现，对多数植物来说寻求适宜的标记性状是极不容易的事。对于没有标记性状的植物，只能等待最后结果，因而鉴别受精与否的时间较长。

（4）母体组织的影响 柱头是某些植物受精的障碍，应切除柱头和花柱。但对烟草等植物的研究表明，保留柱头或花柱有利于离体受精。此外，胎座组织对受精也十分有利，试管受精成功的大部分例子都是带胎座的胚珠（子房）材料授粉。

一本 章 小 结一

本章主要叙述了植物细胞分化与器官培养的理论基础及应用，要求掌握植物细胞工程的理论基础——植物细胞全能性、细胞分化与再分化的概念及其影响因素，以及器官培养和胚状体培养的内容，了解植物器官培养和胚状体培养的过程、意义和应用。

一 复习思考题 一

1. 基本概念部分

植物细胞全能性；细胞分化；脱分化；再分化；器官培养；胚状体培养。

2. 基本原理和方法部分

1）离体培养条件下哪些途径可以实现植物细胞的全能性？

2）简要说明实现器官培养的过程需要哪些步骤。

3）器官培养和胚状体培养的内容有哪些？

4）器官培养和胚状体培养在农业上具有哪些应用？

一 主要参考文献 一

程强强，庄东红，许大熊，等. 2011. TDZ 高效诱导蝴蝶兰叶片不定芽及植株再生. 植物科学学报，29（4）：524-530.

胡尚连. 2004. 植物生物技术. 成都：西南交通大学出版社.

李守岭，庄南生. 2006. 被子植物胚乳培养研究及其影响因素，广西农业科学，37（3）：228-232.

李志勇. 2003. 细胞工程. 北京：科学出版社.

潘瑞炽. 2003. 植物组织培养. 3版. 广州：广东高等教育出版社.

沈海龙. 2005. 植物组织培养. 北京：中国林业出版社.

王蒂. 2003. 细胞工程学. 北京：中国农业出版社.

元英进. 2004. 植物细胞培养工程. 北京：化学工业出版社.

周维燕. 2001. 植物细胞工程原理与技术. 北京：中国农业大学出版社.

周亦. 2017. 白木香离体根培养条件优化及 2-（2-苯乙基）色酮类物质诱导. 广州：广州中医药大学硕士学位论文.

朱至清. 2003. 植物细胞工程. 北京：化学工业出版社.

Razdan MK. 2006. 植物组织培养导论. 肖尊安，祝扬译. 北京：化学工业出版社.

第五章　愈伤组织培养

植物愈伤组织培养（plant callus culture）是植物生物技术的最基本内容，无论是细胞培养和原生质体培养，还是组织培养和器官培养，一般都要经过愈伤组织培养这个过程。因此，愈伤组织培养在离体培养过程中占有重要的地位，其用途也极为广泛，最为直接和主要的用途包括：①无性繁殖并大量扩繁被培养的植物；②为细胞悬浮培养和次生代谢产物生产与利用、原生质体培养和细胞融合提供易于操作的起始材料；③为植物体细胞无性系变异、细胞突变体筛选创造适宜的体系和基础；④为外源基因的遗传转化提供便于保存和利用的操作对象；⑤为种质资源的保存提供新的形式；⑥为离体研究植物组织和细胞分裂、分化、代谢和状态的转变创造适宜的材料和体系。

愈伤组织培养的主要技术包括愈伤组织的诱导、继代和分化。愈伤组织诱导主要是通过合适的外植体（explant）诱导产生愈伤组织，大多数植物都可以诱导出愈伤组织；愈伤组织的继代是愈伤组织的保存与扩繁及其质量改良的重要环节；愈伤组织的分化是通过愈伤组织进一步诱导获得再生植株，是组织培养最难的环节。

第一节　愈伤组织的诱导与继代

植物体的任何部分在适宜的离体培养条件下，都可以诱导出愈伤组织，但获得的愈伤组织的质量、繁殖速度的快慢、诱导愈伤组织发生时间的长短和愈伤组织的类型有差异。根据研究的需要，人们期望有针对性地对愈伤组织的诱导进行调控。因此，只有了解和掌握愈伤组织诱导与形成特点及形态建成方式与调控规律，才能充分发挥愈伤组织的用途。

一、愈伤组织的诱导和形成特点

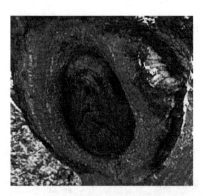

图 5.1　桉树树干创伤后形成的愈伤组织

在自然界中经常会看到一些植物，尤其是树木的树干，受到机械创伤后由其韧皮部附近的细胞分裂形成突起的"疤"或"瘤"（图 5.1），这种"疤"或"瘤"就是愈伤组织（callus）。这种创伤愈伤组织的概念后来被引入生物技术领域。

生物技术中的愈伤组织是在离体培养条件下，经植物细胞脱分化和不断增殖所形成的无特定结构的组织（图 5.2）。经一段时间的生长和增殖以后，在其内部出现一定程度的分化，产生出一些具有分生组织结构的细胞团、色素细胞或管状分子。在离体条件下，植物细胞全能性的表达，是通过细胞发生分裂形成愈伤组织而实现的。

（一）愈伤组织的诱导

1. 外植体的类型与培养条件 植物外植体在培养基和外界环境的作用下，经过一个复杂的过程形成愈伤组织。

（1）外植体的类型与生理状态 外植体的类型和生理状态对愈伤组织诱导和形态建成影响很大。一般而言，分化水平较低的

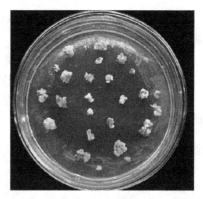

图 5.2 梁山慈竹种子成熟胚诱导的愈伤组织

薄壁细胞和处于分裂时期的分生组织细胞较易诱导出愈伤组织。薄壁细胞分化水平较低，有较大发育的可塑性，进行分裂的潜力可保持很多年，如 25 年树龄的椴属茎的薄壁细胞仍可诱导形成愈伤组织。分生组织细胞分裂潜能强，而细胞分裂是脱分化形成愈伤组织的前提。

大多数植物都可被诱导获得愈伤组织，但有些植物却很难诱导产生愈伤组织，主要是由于外植体中含有较多的不利于细胞分裂的物质或外植体生理年龄过老。因此，合理选择外植体是植物愈伤组织诱导的前提和关键。一般而言，应选择细胞分化水平较低或含低分化细胞多的器官或组织；选择幼嫩、分生能力强、不含发育抑制物或其含量较低的器官或组织作为诱导愈伤组织的外植体。

（2）培养基的选择 培养基是诱导细胞脱分化和再分化及控制愈伤组织生长和分化的关键。目前，用于植物组织培养的培养基种类很多，根据培养基配方中含盐量多少可将培养基分为含盐量较大的培养基、硝酸钾含量较高的培养基、含盐量中等的培养基、低盐浓度的培养基。其中，前两类培养基比较适合愈伤组织诱导和细胞培养，但选用哪一类培养基，应根据植物种类、基因型和外植体等而定；后两类培养基有利于根的形成。诱导愈伤组织常用的培养基为 MS、B_5 和 N_6 培养基。高盐浓度的培养基可能对培养过程中愈伤组织数量及鲜重的增加有利。

在诱导愈伤组织过程中，除根据不同培养对象选用不同的基本类型培养基外，还需在此基础上添加不同种类和浓度的激素或生长调节剂来调控细胞和愈伤组织的状态。常用的植物激素包括生长素（如 2,4-D、IAA 和 NAA 等）和细胞分裂素（如 KT、6-BA、ZT 等）。对于禾本科植物而言，一般在附加 2～4 mg/L 的 2,4-D 培养基上即可诱导出愈伤组织，不需附加任何种类和水平的细胞分裂素；对于茄科和其他大多数双子叶植物而言，除在培养基中添加一定浓度的生长素外，还要附加细胞分裂素。

（3）其他培养条件 除外植体和培养基是影响愈伤组织诱导的主要因素外，其他培养条件，如温度和光照等，对愈伤组织的诱导也起到一定的调控作用。诱导愈伤组织的温度一般以 25～28℃为宜，但对于喜温植物愈伤组织诱导的适宜温度为 28～30℃，如棉花愈伤组织的诱导。植物愈伤组织的诱导需要适宜的光照，如大多数双子叶植物愈伤组织的诱导，一般要求光周期为每天 12～16 h，光照强度为 1500～2000 lx；而有些植物愈伤组织的诱导则需要较弱的光。

2. 愈伤组织的类型　　外植体细胞经过诱导启动、分裂和分化等一系列变化后，形成无任何结构的愈伤组织。

从愈伤组织的颜色上划分，新鲜愈伤组织的颜色为奶黄色，也有白色且有光泽的类型，少数呈淡绿色。老化的愈伤组织则转变为黄色乃至褐色。

从愈伤组织的质地上划分，包括疏松易碎的愈伤组织、坚硬并木质化的愈伤组织、黏稠状愈伤组织（图5.3）。

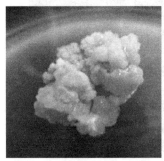

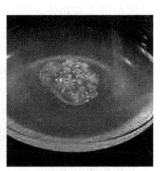

　　疏松易碎的愈伤组织　　　　　　　　坚硬并木质化的愈伤组织　　　　　　　黏稠状愈伤组织

图5.3　从质地上划分的愈伤组织类型

从是否形成胚性愈伤组织划分，包括胚性愈伤组织和非胚性愈伤组织。不同物种、基因型或外植体在不同培养条件下，可以形成不同类型的愈伤组织，有的仅能诱导形成非胚性愈伤组织，而有的在适宜条件下则被诱导形成胚性愈伤组织，二者具有明显不同的特点。例如，春小麦胚性与非胚性愈伤组织在颜色、表面光滑度、质地、胚性细胞的多少、细胞形态、细胞质和细胞核及核仁上，都表现出很大的差异（表5.1）。胚性愈伤组织是体细胞胚状体发生的前提和基础。

表5.1　春小麦胚性与非胚性愈伤组织的特点（明凤等，1999）

项目	胚性愈伤组织	非胚性愈伤组织
颜色	淡黄	白色
表面光滑度	光滑	粗糙
质地	坚硬但易碎	松散，水渍状
胚性细胞的多少	大量	极少或无
细胞形态	小，圆球形	管状或不规则形状
细胞质	浓厚，染色深	稀薄，染色浅
细胞核及核仁	核明显、大，核仁大	核小，核仁小，或无核

（二）愈伤组织形成特点

愈伤组织的形成一般可分为三个时期：诱导期（induction stage）、分裂期（division stage）和分化期（formation stage）（图5.4）。

1. 诱导期　　愈伤组织诱导期又称为启动期（initiation stage），是愈伤组织形成的起点，是指外植体组织受外界条件刺激后，开始改变原来的分裂方向和代谢方式，合成

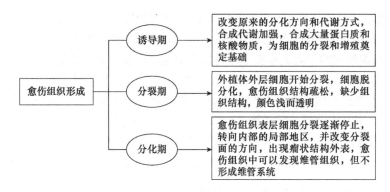

图 5.4　愈伤组织的形成特点

代谢活动加强，大量合成蛋白质和核酸物质，为细胞分裂做准备。在外观上未见明显变化，但在细胞内部，DNA、RNA 和蛋白质都表现出明显的变化，为愈伤组织的形成奠定基础。

　　诱导期的长短因植物种类、外植体的生理状态和外部因素而异，即使是同一种物种不同基因型同一外植体的愈伤组织，其诱导期也不同。有的植物愈伤组织诱导期只有 1 d（菊芋），而有的植物诱导期需要数天（胡萝卜）。刚收获的菊芋块茎的诱导期仅 22 h，但经贮藏 5 个月后，诱导期延长为 2 d。

　　2. 分裂期　　外植体在培养基上经过离体诱导后，在切口边缘开始膨大，外层细胞开始发生分裂，细胞脱分化，形成一团具有分生组织状态细胞的过程。愈伤组织的细胞分裂快，结构疏松，缺少组织结构，颜色浅而透明（图 5.5）。分裂期的细胞分裂局限在愈伤组织的外缘，主要是垂周分裂。

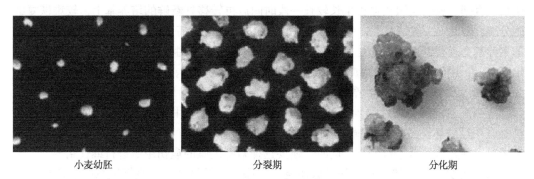

小麦幼胚　　　　　　　　　　　分裂期　　　　　　　　　　　分化期

图 5.5　小麦幼胚愈伤组织诱导的分裂期与分化期（李文雄和曾寒冰，1994）

　　愈伤组织进入分裂期时，外植体的脱分化因植物种类、基因型、外植体种类和生理状况而有很大差异。烟草、胡萝卜等的脱分化很容易，而禾谷类则较难；花器官脱分化较易，茎叶较难；幼茎组织脱分化较易，而成熟的老组织较难。

　　进入分裂期的愈伤组织，如仍在原来的培养基上继续培养，某些愈伤组织将不可避免地发生分化，产生新的结构，但将其及时转移到新鲜的培养基上（继代培养），则愈伤组织可无限制地进行细胞分裂增殖，维持不分化的状态。

3. 分化期　　愈伤组织分化期，是指停止分裂的细胞发生生理生化代谢变化，形成由不同形态和功能细胞组成的愈伤组织。分化期细胞体积不再减少，最明显的特征是生长着的愈伤组织细胞的平均大小突然不再发生变化，而保持相对稳定。

愈伤组织分化期开始后，愈伤组织表层细胞的分裂逐渐减慢直至停止，细胞分裂活动突然转向愈伤组织内部深处的局部地区，并改变分裂面方向，细胞数目进一步增加，出现瘤状结构外表和内部分化（图 5.5）。细胞分裂主要是平周分裂。此时，愈伤组织中出现瘤状结构的拟分生组织成为暂不再进一步分化的生长中心。分化的愈伤组织中有维管组织出现，但不形成维管系统，呈分散的节状和短束状结构。

二、愈伤组织继代培养与遗传稳定性

（一）继代培养与周期

愈伤组织在原来的培养基上保持一段时间后，由于培养基水分或营养物质的减少，以及愈伤组织本身分泌的代谢产物的不断积累，达到产生毒害的水平后，愈伤组织不再生长，如继续培养，愈伤组织开始老化，直至死亡。因此，愈伤组织培养一段时间后，将其由原来的培养基上转移到新鲜的培养基上，以保持培养物的继续正常生长，这个过程就称为愈伤组织的继代培养（subculture）。第一次继代的时间培养取决于愈伤组织的生长速度，当愈伤组织生长到直径为 2～3 cm 时，才将其与外植体分离，进行继代培养。

愈伤组织由原来的培养基上转移到新鲜的培养基上 3～7 d 即可恢复生长，随后 2～3 周生长达到高峰，愈伤组织细胞分裂处于最活跃时期。到这一时期结束时，愈伤组织生长开始缓慢下来，此时愈伤组织体积达到最大。因此，通常在愈伤组织生长达到高峰前进行继代培养，这时愈伤组织中的细胞处于旺盛分裂状态，继代培养后有利于愈伤组织的恢复生长。否则，愈伤组织在停止生长较长一段时间后再转移到新鲜的培养基上，较难恢复细胞分裂。因此，一般情况下，愈伤组织在原来的培养基上保持 2～3 周后，必须转移到新鲜的培养基上进行继代培养。继代培养的方法是将原来的愈伤组织分割成小块转移到新鲜的培养基上，用于继代培养的愈伤组织块必须达到一定的大小，一般直径为 5 mm，重量约为 100 mg，否则在新鲜的培养基上难以迅速恢复分裂和生长，或者生长十分缓慢。

应当注意的是，继代培养时愈伤组织不能硬性分割，因愈伤组织生长时有一个生长核心，一旦破坏，愈伤组织就难以恢复分裂和生长。因此，在分割愈伤组织时要根据具体情况，顺其自然地进行分割，同时，还要选择新鲜健康的愈伤组织进行继代培养。

研究表明，24℃和弱光有利于愈伤组织的保存。据报道，大豆细胞系的愈伤组织在这种条件下可以保存 15 年。

（二）继代时间与遗传稳定性

愈伤组织经长期继代培养会出现遗传上的不稳定性和变异性，使染色体发生倍性和结构上的改变及分子水平上的变化。由其诱导产生的再生植株，也会相应产生遗传上与用于培养的原始亲本不同的遗传变异和遗传组成的不一致性。利用这种特性可进行作物品质改良及次生代谢产物的生产。

有些研究认为，愈伤组织经长期继代培养后会失去再生能力。到目前为止，多数研究表明，经长期继代培养的愈伤组织仍有再生能力。

愈伤组织遗传上的不稳定性因基因型、外植体、培养基成分和培养时间的不同而异。同基因型的同一种外植体在不同培养基上会产生不同的变异。组织培养中涉及的遗传变异，主要是细胞核组成的改变，且变异不可逆。这种遗传上的改变包括染色体畸变、细胞核破碎及由细胞内复制引起的多倍性和分子水平上的改变等。培养基成分中外源激素的成分与变异的产生密切相关。此外，培养时间对变异的产生影响也很大，如烟草和胡萝卜的愈伤组织经几个月继代培养，细胞多倍性水平提高。但也有例外，经长期继代培养后，愈伤组织细胞的倍性仍保持不变，处于稳定状态，如桉属愈伤组织经3年和10年的继代培养未发现多倍体和非整倍体细胞。

第二节　愈伤组织的形态建成与调控

愈伤组织形态建成（callus morphogenesis）又称为愈伤组织形态发生，其包括器官建成和体细胞胚状体建成两条途径。

外植体细胞经离体诱导所形成的愈伤组织并不全都具有形态建成的能力。具有形态建成能力的愈伤组织有一定的形态结构特点。但具形态建成和不具形态建成能力的愈伤组织之间的差异是相对的，有时通过调控培养条件，尤其是生长调节物质和继代方式，可以调控形态建成，将无形态建成能力的愈伤组织调控成具有形态建成能力的愈伤组织。如调控不当，也可以使具有较强形态建成能力的愈伤组织变为具形态建成能力较弱的愈伤组织。

一、愈伤组织形态建成的方式

愈伤组织细胞分裂常以无规则方式发生，尽管此时发生细胞分化，但并无器官发生。只有在适宜的培养条件下，愈伤组织才能进一步分化，进行器官发生，产生苗或芽的分生组织，进而再生植株。

愈伤组织的形态建成主要有以下几种方式（图5.6）。

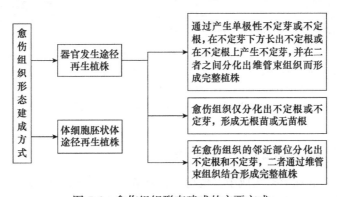

图5.6　愈伤组织形态建成的主要方式

1. 先芽后根　通过产生单极性的不定芽，在不定芽的下方长出不定根，同时在二者之间形成维管束组织，进而形成完整植株。多数植物属于这种类型。

2. 先根后芽　通过产生单极性的不定根，在不定根的上方产生不定芽，并在二者之间分化出维管束组织，形成完整植株。这种类型在双子叶植物中较常见，而单子叶植物中则少有。

3. 单极分化　　愈伤组织仅分化出不定根或不定芽，形成无根苗或无苗根。

4. 双极分化　　在愈伤组织邻近部位分化出不定根和不定芽，然后二者再结合起来，形成完整植株，根和芽的维管束必须相连，否则植株不能成活。丛生苗属于此种形成方式，根和芽的连接方式同正常胚状体形成。

5. 通过体细胞胚状体途径再生植株　　这也是一种较为常见的类型。

图 5.7 和图 5.8 分别是梁山慈竹和小麦愈伤组织的形态建成与植株再生。

图 5.7　梁山慈竹愈伤组织的形态建成与植株再生（胡尚连等，2012）

A. 丛芽丛生根同时发生的再生植株；B. 浅绿色丛芽；C. 再生小植株；D. 由紫红色斑点愈伤组织分化出白化苗；
E. 愈伤组织先分化出丛生根再分化出芽；F, G. 愈伤组织先分化出芽，然后在下方诱导生根；H. 体细胞胚状体；
I. 由体细胞胚状体再生的小植株；J, K. 单极性不定根

二、愈伤组织形态建成的生理生化基础

在愈伤组织形成和形态建成中，植物生长调节物质可能起着"开关"的作用，首先诱导组织使其成为对随即发生的发育信号产生应答的感受态，发生一系列细胞和分子水平上的变化，包括特定的基因表达及调节。细胞分裂素和生长素是诱导愈伤组织增殖的基础，其中细胞分裂素起重要作用。

图 5.8　小麦愈伤组织的形态建成与植株再生（李文雄和曾寒冰，1994）

A. 芽开始分化；B，D. 分化出不定芽；C，G，H. 丛生苗；E. 无根苗；F，I. 再生植株；图中箭头指芽

（一）芽的分化

愈伤组织在培养基上生长，在一定条件下首先导致类形成层的细胞成群出现，称为分生原基，也称为"节"或"生长中心"。在生长中心出现管胞细胞，并进一步维管化，为愈伤组织中器官形成部位。最初的分生原基具有可塑性，可形成根或芽，一般根在内部形成，而芽起源于外部（图 5.9），但也有内部分化芽的例子。

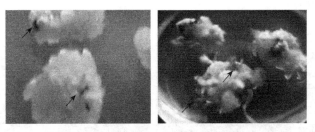

图 5.9　愈伤组织芽的分化（李文雄和曾寒冰，1994）

图中箭头指芽

在芽的分化过程中，淀粉、内外源激素水平及分化标志性酶活性发生变化。

1. 淀粉积累 Thorpe和Murashige（1970）在测定烟草分化和未分化愈伤组织中核酸和蛋白质及碳水化合物的变化时，发现在愈伤组织的芽形成区RNA和蛋白质含量较高，且有淀粉的大量积累，为芽的形成提供物质和能量。

2. 内源激素水平变化 生长在同一种培养基上，处于分化和未分化的愈伤组织间，内源激素水平明显不同。刘涤等（1986）的研究表明，在含6-BA培养基上生长的分化组织，内源激素含量与未分化的组织差别很大，其中细胞激动素含量为未分化愈伤组织的4倍，GA$_3$为两倍。但IAA含量明显下降，仅为未分化的1/20，导致分化和未分化组织中细胞激动素与IAA的比例明显不同，两者相差85倍。已知愈伤组织中IAA的利用能力与IAA氧化酶活性有一定关系。

3. 外源激素与器官分化 研究表明，芽器官分化过程中对蛋白质合成的依赖高于核酸，这种差异与外源激素对愈伤组织的作用直接有关。细胞激动素类化合物在器官发生过程中可能作用于基因表达的翻译阶段。

4. 分化标志酶活性的变化 相关的研究报道有很多，目前已公认与分化有关的标志酶为过氧化物酶、苯丙氨酸解氨酶、甲基转移酶。Galston（1969）指出，遗传、激素和外界环境对植物生长发育的调节作用与过氧化物酶同工酶的变化有关。在植物形态发育和细胞、组织功能特化的过程中，甚至在细胞生长周期中，都会发生过氧化物酶同工酶的变化。许多事实说明，过氧化物酶与植物的生长分化密切相关。Rawal（1982）认为某些过氧化物酶同工酶可能是器官分化的指标。沈宗英等（1985）研究表明，花椰菜下胚轴外植体在6-BA诱导的芽分化和2,4-D诱导的脱分化过程中，过氧化物酶活性逐渐升高，但分化过程中的酶活性远高于脱分化过程，有时相差可达24倍。此外，分化过程中过氧化物酶同工酶谱带也多于脱分化过程，说明这两个过程中生理生化活性的异质性。芽分化过程中的酶谱带变化出现较早，在肉眼可见芽出现的前后，酶谱带无明显变化。

（二）不定根的分化

1. 不定根发生与分化的形态学变化 组织培养中不定根发生有三种情况。

1）在外植体上已存在根原基，即根原基不是重新发生的，常与取材部位有关。

2）在外植体上重新分化根原基而发生不定根，如从茎尖、茎切段分化不定根。

3）从愈伤组织分化不定根（图5.10）。通常有两种类型，即外周分化型和维管组织附近分化出不定根原基的类型。同种植物的外植体由于所处条件不同，可能会出现不同的发生类型或两者并存。

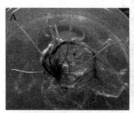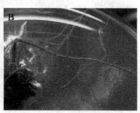

图5.10 梁山慈竹从愈伤组织分化的不定根（胡尚连等，2012）

A. 辐射状的不定根系；B. 初始不定根上长出侧根；C, D. 初始不定根上无侧根长出

外周分化型是指由形成的外周分生组织，在愈伤组织的表层形成不定根。这类不定根数量多，并先伸向空中，而后再长入培养基中。

在维管组织附近分化出不定根。愈伤组织生长一段时期后，在大量的愈伤组织中出现维管组织团，在其周围不断形成不定根原基，不定根原基的细胞经多次分裂后逐渐成为长形细胞。

2. 不定根分化的生理基础　　在组织培养过程中，不定根和芽的分化存在许多相似的特征，但也存在互相矛盾的现象。

（1）蛋白质与核酸的合成　　愈伤组织在生长素的刺激下，RNA 和蛋白质的合成便很快开始。不定根形成的初期可分为两个时期：第一时期为 RNA 和蛋白质的合成期（可能包含着酶的合成）；第二时期为 DNA 的旺盛合成期。例如，绣球不定根分化的细胞分裂开始于培养的第 3 天，每个细胞的蛋白质含量增加，分裂开始后则 DNA 增加。在细胞开始分裂前，显示出 DNA 和蛋白质合成的进行，与之相对应的是核仁增大、粗面内质网核糖体增加等显微结构变化，同时看出生长素诱导根形成时似乎需要某种特殊蛋白质的合成。研究表明，形成不同器官需要不同的 RNA 碱基成分，如 Chlyah（1971）研究秋海棠叶切段中根和芽分化时 RNA 碱基的变化，发现 IAA 诱导根形成时 A/G 降低，BA 诱导芽形成时 A/G 提高。

（2）淀粉积累　　在形成根原基部位的细胞里有大量的淀粉积累，淀粉酶活性的提高为不定根的形成提供物质和能量。

三、愈伤组织诱导、增殖及形态建成调控

愈伤组织诱导、增殖及形态建成是一个连续的过程，主要受植物种类、基因型、外植体、培养基和培养环境等因素的调控（图 5.11 和图 5.12）。

1. 基因型　　基因型是离体培养过程中影响愈伤组织诱导、增殖和形态建成的一个重要因素，同一物种不同基因型作用明显不同。例如，具有不同基因型的春小麦成熟胚

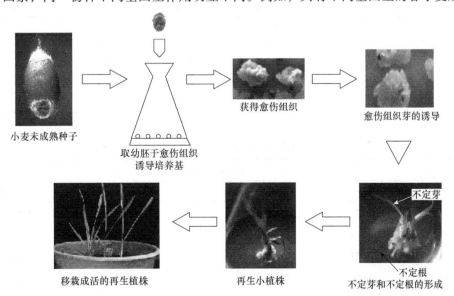

图 5.11　小麦幼胚愈伤组织诱导与植株再生示意图（曾寒冰等，1991）

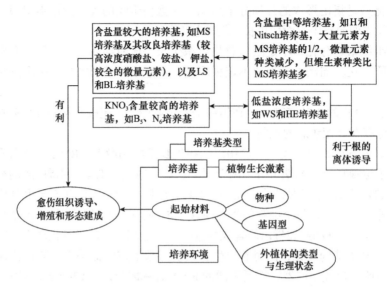

图 5.12 影响愈伤组织诱导、增殖和形态建成的因素

经离体培养后，愈伤组织诱导率和增殖速度明显不同（表 5.2 和表 5.3），所有基因型的成熟胚几乎在接种后第 2 天开始萌动，第 4 天开始形成愈伤组织，各基因型间成熟胚的愈伤组织形成时间没有差异，但愈伤组织诱导率明显不同，其高低顺序为：'辽 10'＞'东农 7742'＞'Roblin'＞'东农 7757'＞'新克旱 9'。方差分析结果表明，愈伤组织出愈率的基因型效应差异显著（$F=28.67^{**}$）。

表 5.2 不同基因型春小麦成熟胚愈伤组织诱导率（李文雄等，1994）

基因型	愈伤组织诱导率				
	重复 1/%	重复 2/%	重复 3/%	平均 /%	F 值
'辽 10'	94.3	96.8	95.1	94.4	
'东农 7742'	91.0	89.5	89.7	90.1	
'Roblin'	85.3	89.5	87.5	87.5	$F=28.67^{**}$
'东农 7757'	85.7	88.2	86.4	86.8	
'新克旱 9'	78.2	76.9	78.8	78.0	

** 表示差异显著

表 5.3 各基因型愈伤组织生长势分析（明凤等，1999）

继代时间 /d	愈伤组织鲜重 / (g/ 单胚)				
	'东农 7757'	'辽 10'	'东农 7742'	'Roblin'	'新克旱 9'
0	0.003	0.003	0.003	0.002	0.002
10	0.033	0.032	0.037	0.030	0.017
20	0.054	0.049	0.052	0.039	0.028
30	0.080	0.067	0.069	0.052	0.030
40	0.107	0.093	0.093	0.069	0.034

续表

继代时间 /d	愈伤组织鲜重 /（g/ 单胚）				
	'东农 7757'	'辽 10'	'东农 7742'	'Roblin'	'新克旱 9'
50	0.136	0.120	0.120	0.079	0.042
60	0.171	0.149	0.150	0.093	0.048
70	0.213	0.185	0.181	0.107	0.056
80	0.253	0.227	0.219	0.124	0.063
90	0.312	0.279	0.255	0.144	0.069
100	0.390	0.361	0.329	0.165	0.078
相对生长率	130	120	110	82.5	39
生长势	++++	+++	+++	++	+
S 形曲线拟合方程	$y=0.395/[1+33.27\exp(-0.0548x)]$ $F=65.17^{**}$	$y=0.364/[1+35.16\exp(-0.053x)]$ $F=62.33^{**}$	$y=0.333/[1+26.74\exp(-0.053x)]$ $F=53.08^{**}$	$y=0.168/[1+17.00\exp(-0.0523x)]$ $F=42.60^{**}$	$y=0.0796/[1+10.33\exp(-0.0478x)]$ $F=49.43^{**}$

++++表示强，+++表示较强，++表示中度，+表示弱。** 表示差异显著

各基因型在接种前单胚重量没有显著的差异（$F=5.15$）。但随着培养时间加长，基因型间单胚发生的愈伤组织鲜重出现明显差异，继代达 100 d 时，各基因型间单胚愈伤组织鲜重差异极为显著（$F=20.94^{**}$）。5 个基因型在继代过程中，单胚愈伤组织鲜重虽均为上升趋势，但生长势强弱差异明显（图 5.13），基因型间生长势强弱顺序为：'东农 7757'＞'辽 10'＞'东农 7742'＞'Roblin'＞'新克旱 9'。

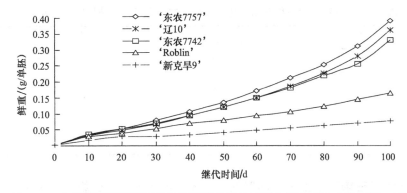

图 5.13　小麦不同基因型单胚愈伤组织在继代过程中鲜重变化（明凤等，1999）

基因型对离体培养条件反应的差异在以往的报道中多有涉及，离体培养起始材料的选择十分重要。曾寒冰（1988）对小麦未熟胚离体培养的研究表明，不同基因型差异明显，最终成苗率最少只有 9.8%，最高达 100%。

基因型是控制愈伤组织形态建成的关键，不同物种外植体诱导的愈伤组织器官分化明显不同，如烟草、胡萝卜、苜蓿等较易发生器官分化，而禾谷类、豆类、棉花等愈伤组织形态建成相对较难。同属不同种，甚至同一物种不同基因型的愈伤组织器官分化的能力也不一样，如高单宁含量高粱栽培品种的 8 个基因型幼花序外植体诱导的胚性愈伤

组织，分化成植株的能力不同，最低者 SC 0167-14E 仅获得 11 株，IS3150 最高，达 948 株（表 5.4）。

表 5.4 高粱花序外植体供体基因型及其愈伤组织年龄对其分化成植株的影响（Cai and Butler，1990）

基因型	再生植株数	不同年龄的愈伤组织再生植株的数目		
		40～160/2～4（天数/继代数）	160～220/5～6（天数/继代数）	220～310/7～9（天数/继代数）
IS3150	948	900	33	15
IS8260	599	154	163	282
IS0724	489	322	167	0
IS6881	516	322	118	76
IS2830	246	213	33	0
IS4225	520	446	73	1
IS8768	290	111	41	138
SC 0167-14E	11	4	7	0
总数	3619	2472	635	512

2. 外植体的类型与生理状态   以不同器官作为外植体诱导的愈伤组织，其器官发生能力因植物而异，有的植物差别不大，如烟草和水稻；有的明显不同，如翅鞘莎以根、茎和叶为外植体时，愈伤组织的分化带有器官来源的特征，如根外植体的愈伤组织易分化出根。

外植体的生理年龄也影响愈伤组织器官发生的能力，如油菜植株的茎段自下而上进行培养，下部茎段器官形成率较低，而上部茎段形成的愈伤组织，苗分化率则较高（表 5.5）。

表 5.5 油菜茎不同节位与苗分化的关系（23 号油菜）（颜昌敬，1990）

部位（由上而下）	苗分化率/%	每块苗数	部位（由上而下）	苗分化率/%	每块苗数
1	73.3	4.0	5	0.0	0.0
2	53.9	5.1	6	0.0	0.0
3	22.2	0.5	7	0.0	0.0
4	7.1	0.1			

3. 愈伤组织在培养基上保持的时间   大多数物种的愈伤组织经长期继代培养，其再生能力降低，且受遗传因素控制，依不同基因型而异。但也有例外，有的植株再生往往出现在愈伤组织多次继代后。不同基因型的高粱幼花序外植体诱导的胚性愈伤组织，随继代时间延长，除 IS8260 和 IS8768 仍具有较高植株再生能力外，其他基因型植株再生能力均表现为降低，在继代 220～310 d，有的基因型甚至失去植株再生能力（表 5.4）。

4. 培养基成分

（1）生长调节物质   培养基中的生长调节物质对愈伤组织诱导及增殖起重要的调节作用。

1）生长素和细胞分裂素。在愈伤组织诱导、增殖和形态建成过程中，调控幅度最大的是植物生长调节物质，主要调节生长调节物质的种类、浓度和比例，其中生长素和细胞激动素的浓度和配比对外植体愈伤组织的诱导、增殖和形态建成的调控起重要作用。大量研究证明，对绝大多数培养物而言，2,4-D 是诱导愈伤组织和细胞悬浮培养的最有效物质，常用浓度为 0.2～2 mg/L。同时，为促进细胞和组织的生长，还需要加入 0.5～2 mg/L 的细胞激动素（KT）。在愈伤组织诱导、增殖和形态建成过程，对于生长素和细胞分裂素的使用，有以下几点提示需注意。

a. 2,4-D 对禾本科植物愈伤组织诱导及增殖具有特殊作用，如甘蔗在不含有 2,4-D 的培养基中不能诱导形成愈伤组织，而在含有 0.5～3.0 mg/L 2,4-D 的培养基上则很快诱导出愈伤组织。

b. KT 对禾本科植物愈伤组织的形成具有抑制作用，即使浓度低至 0.47 mg/L 都能抑制小麦、大麦、水稻及许多牧草的愈伤组织诱导。

c. 所有植物生长调节物质的种类、浓度和比例对植物材料愈伤组织诱导、增殖及形态建成的调控作用与植物种类、外植体类型、生理状态及其对生长调节物质的敏感性密切相关。

d. 研究表明，愈伤组织的诱导、增殖和器官发生及植株再生的基本培养基可相同，但对生长素和细胞激动素的数量和比例及其他生长调节物质的种类，在愈伤组织各阶段有不同要求。一般高浓度生长素和低浓度的 KT 有利于愈伤组织诱导和增殖。

e. 对愈伤组织形态结构的调控。在愈伤组织诱导和增殖后，其形态结构各异，有的质地松软，有的坚实，它们之间在培养过程中可用生长调节物质进行调控，使其互相转换。例如，N_6 培养基上 2,4-D 为 1～10 mg/L 时适合鹅观草、双穗雀稗愈伤组织形成，多数愈伤组织呈松散粒状，具胚状体和器官发生的能力，而在含 NAA、IAA、IBA 的培养基上愈伤组织诱导较弱，愈伤组织多呈硬块状。生长调节物质对愈伤组织形态结构的调控，可以通过内源生长调节物质种类和浓度变化及其形态结构的相关性加以反映。

f. 对愈伤组织形态建成的调控，植物生长调节剂起重要的调节作用。Skoog 和 Miller（1951）提出"激素平衡"假说，即高浓度的生长素有利于根的形成，而抑制芽的形成；反之，高浓度的 KT 促进芽的形成，而抑制根的形成。众多的研究表明，这一观点对组织培养的器官分化，尤其是对双子叶植物仍具有重要的指导意义。但后来一些研究的结论与之相矛盾，如苜蓿外植体对生长素和细胞分裂素的反应很特殊，在含有 2,4-D 和细胞分裂素的培养基中，可形成愈伤组织，转入无激素的培养基中则开始器官分化，但芽的分化必须先在含有 2,4-D 的培养基中培养。细胞分裂素与生长素的比例高时易生根，反之易生芽。莴苣在 MS 培养基上培养，无论生长素与细胞分裂素的比例高（BA：NAA＝2.0 mg/L：0.2 mg/L）或低（BA：NAA＝0.2 mg/L：2.0 mg/L）均有利于苗的形成和体细胞胚状体的发生。

2）乙烯。愈伤组织在培养过程中可产生大量乙烯，而且受培养基中生长调节物质的调节。生长素和细胞分裂素对愈伤组织的某些生理作用可通过乙烯起作用，而外加乙烯对愈伤组织的形态结构和形态建成也具有调节作用。

（2）抗生素　　研究表明，某些抗生素对一些植物外植体愈伤组织的生长有促进或抑制作用。

Camus 和 Lance（1955）首次发现抗生素可促进离体的正常组织生长。生长素依赖型菊芋块茎的鲜重在含青霉素 G 或普鲁卡因青霉素（不含生长素）的培养基中增加 3 倍。

烟草愈伤组织的生长可为抗生素利福平（rifamycin）和硫酸庆大霉素（gentamycin sulphate）（0.01 mg/L、0.1 mg/L、10 mg/L 和 100 mg/L）所抑制。0.01 mg/L 的利福平抑制根的生长，0.1 mg/L 的利福平则抑制芽的发生，而 10 mg/L 硫酸庆大霉素（gentamycin）则可同时抑制根和芽的器官发生。

胡萝卜根外植体在含有 100 mg/L 万古霉素（vancomycin）和 300 mg/L 羧苄青霉素（carbenicillin）的 MS 基本培养基上（无论含或不含植物生长调节物质）均可调节愈伤组织生长，但生长速率仅为含有 1 mg/L NAA 和 1 mg/L BA 的培养基中愈伤组织生长速率的 1/2。

（3）有机成分　在愈伤组织的诱导和继代培养基中，一般加入一定量的有机成分以满足愈伤组织生长和分化的要求，如糖、维生素类物质（硫胺素、烟酸、吡哆素、生物素、维生素 C 等）、氨基酸、肌醇、嘌呤和嘧啶类物质，以及酪蛋白质水解物及椰乳等。

糖的种类和浓度对组织培养物的增殖和器官分化均有明显的影响。糖既是能源物质又是渗透调节剂，一般培养基中糖浓度为 2%～3%。糖类的浓度还可以改变愈伤组织的鲜重和质地，如在西黄松子叶愈伤组织的培养过程中，葡萄糖和蔗糖对愈伤组织鲜重的影响较大，在 1%～2% 的培养基上 30 d 和 60 d 的愈伤组织鲜重增长很快，培养 90 d 时愈伤组织的快速增殖则需保持在 2% 糖浓度的培养基上，随着愈伤组织鲜重增长，需要较高浓度的糖以维持其生长。当糖浓度由 4% 降至 1% 时，西黄松子叶愈伤组织由原来非常紧密干燥状态变为松软，且周围呈黏液膜状，认为可能是培养基的渗透势改变所致。

（4）培养基 pH　培养基 pH 影响愈伤组织对营养元素的吸收、呼吸代谢、多胺代谢和 DNA 合成及植物激素对细胞的影响，从而影响愈伤组织的形成及形态建成。一般培养基 pH 为 5.5～5.8，有些培养基经高压灭菌后 pH 可降低 0.4～1，但经过 1～2 d 的贮藏，pH 会出现明显回升，如 N_6 培养基加入 0.7 mol/L 蔗糖后，pH 调节为 5.85，灭菌后 pH 为 5.10，48 h 后 pH 为 6.05。

pH 影响愈伤组织对 NO_3^-、NH_4^+ 和铁的吸收利用，高 pH 有利于愈伤组织对 NH_4^+ 的吸收利用，反之可提高对 NO_3^- 的吸收利用率。

pH 影响器官发生和体细胞胚状体的发生，它们的发生都要求合适的 pH，如烟草在 pH 为 6.8 时易形成花粉胚状体；水稻花粉愈伤组织在 pH 为 7.0 的培养基上预处理 1 d，可提高分化绿苗的潜力。

（5）活性炭等惰性物质　活性炭有时会对愈伤组织的分化起到很好的作用。大量研究表明，活性炭可促进愈伤组织的器官发生（形成根或芽）和体细胞胚状体发生，其作用方式可能为（黄学林和李筱菊，1995）：①吸附培养基中某些成分，如激素、琼脂中的不纯抑制物及培养基中的盐酸硫胺素、烟酸和铁的络合物；②吸附外植体释放到培养基中的分泌物，如激素、酚类物质等；③吸附培养基中某些气体成分；④活性炭释放到培养基中的某些杂质影响培养物代谢；⑤造成基质的黑暗，使其更接近自然土壤条件。

（6）培养条件

1）温度。愈伤组织诱导和增殖的最适温度为（25±2）℃，不同物种愈伤组织诱导和增殖所要求的温度不同，一般在 20～30℃。愈伤组织分化的最适温度为 24～28℃，过高或过低对器官发生的数量和质量均有影响。

2）光。光对愈伤组织的诱导和增殖及分化既有促进作用，又有抑制作用。光的作用反映在光照时间、方式、强度及波长上。一般光照强度为 1500～2500 lx。

—本 章 小 结—

　　本章主要介绍了愈伤组织诱导与继代，愈伤形态建成与调控。要求掌握愈伤组织形成特点，外植体的类型与培养条件对愈伤组织形成的影响，愈伤组织形成的三个时期及特点，愈伤组织的继代培养与遗传的稳定性。同时需要了解愈伤组织形态建成的方式及生理生化基础，愈伤组织诱导、增殖及与形态建成的关系。

—复习思考题—

1. 基本概念部分

愈伤组织；继代培养。

2. 基本原理和方法部分

1）植物愈伤组织诱导形成的时期及特点是什么？

2）通过框图说明影响愈伤组织诱导、增殖和形态建成的因素。

3）组织培养中不定根发生有哪三种类型？

4）简要说明如何诱导疏松易碎的愈伤组织。

5）为什么要进行愈伤组织继代培养？

6）愈伤组织的形态建成主要有哪几种方式？

3. 综合能力部分

阐述如何调控植物愈伤组织的形态建成。

—主要参考文献—

胡尚连，陈其兵，孙霞，等. 2012. 丛生竹生理生化特性与遗传改良. 北京：科学出版社.

胡尚连，王丹. 2004. 植物生物技术. 成都：西南交通大学出版社.

黄学林，李筱菊. 1995. 高等植物组织离体培养的形态建成及其调控. 北京：科学出版社.

李文雄，曾寒冰. 1994. 春小麦穗粒数调控途径. 东北农业大学学报，（1）：1-9.

明凤，胡尚连，李文雄. 1999. 小麦胚性愈伤组织发生形态、解剖构造与核酸和蛋白质代谢的关系. 东北农业大学学报，30（4）：313-317.

明凤，李文雄，胡尚连. 2000. 小麦胚性愈伤组织发生影响因素的研究. 东北农业大学学报，31（1）：1-6.

孙敬三，桂耀林. 1995. 植物细胞工程实验技术. 北京：科学出版社.

孙敬三，朱至清. 2006. 植物细胞工程实验技术. 北京：化学工业出版社.

肖尊安. 2005. 植物生物技术. 北京：化学工业出版社.

颜昌敬，赵庆华. 1980. 油菜苔茎段器官分化的初步研究. 上海农业科技，（3）：10-12, 15.

曾寒冰. 1988. 小麦未熟胚离体培养的研究——愈伤组织诱导及再生植株. 东北农学院学报，19（1）：1-9.

曾寒冰，李文雄，李福，等. 1991. 小麦未熟胚离体培养的研究——再生植株后代（IE2）主要农艺性状变异分析. 东北农学院学报，（2）：103-112.

张献龙，唐克轩. 2006. 植物生物技术. 北京：科学出版社.

周维燕. 2001. 植物细胞工程原理与技术. 北京：中国农业大学出版社.

朱至清. 2003. 植物细胞工程. 北京：化学工业出版社.

Cai T, Butler L. 1990. Plant regeneration from embryogenic callus initiated from immature inflorescences of several high-tannin sorghums. Plant Cell Tissue Organ Cult, 20: 101-110.

第六章 植物体细胞胚状体建成与调控

第一节 体细胞胚状体建成

植物体细胞胚状体的诱导与建成是制作人工种子的前提和基础。了解和掌握有关体细胞胚状体的诱导和建成特征及其调控规律方面的知识，可为人工种子的研制奠定基础。

一、体细胞胚状体建成的特征

植物组织培养中有关胚状体最早的报道始于 1948 年，Curtis 和 Michal 在培养三色万代兰和兰属杂种胚愈伤组织时，发现了许多与兰科植物正常胚相似的原球茎。到 1958 年，Steward 等由胡萝卜单细胞悬浮培养诱导形成胚状体，并发育成小植株。此后，相继有许多植物细胞被诱导产生胚状体，并获得植株。

体细胞胚（胚状体）（somatic embryo）是指在离体培养过程中由植物外植体或愈伤组织产生与受精卵发育方式类似的胚状体结构，是从一个非合子细胞诱导形成的。体细胞胚状体建成是指诱导体细胞形成体细胞胚，再形成完整植株的过程。

（一）体细胞胚状体发生与建成

1. 体细胞胚状体发生与建成途径

（1）**体细胞胚状体发生** 自 20 世纪 50 年代末 Steward 等发现胡萝卜根细胞离体培养，可通过体细胞胚状体发生形成再生植株以来，大量研究表明，在大多数植物组织培养、单细胞悬浮培养、原生质体培养或花粉培养中都观察到体细胞胚状体发生或花粉胚状体发生。其中体细胞胚为二倍体的体细胞产生的胚状结构；而花粉胚（pollen embryo）是由小孢子或其分裂产物等单倍体细胞产生的体细胞胚，可发育成单倍体植株。

体细胞胚或花粉胚都起源于植物组织培养中的一个非合子细胞，是经过胚状体发生和胚状体发育过程而形成的胚状结构。体细胞胚是离体诱导过程中组织培养的产物，与无融合生殖胚明显不同，只限于组织培养范围使用；体细胞胚起源于非合子细胞（图 6.1），明显区别于合子胚（图 6.2）；体细胞胚的形成经过胚状体发育过程，与组织培养器官发生途径中芽与根的分化不同。

（2）**体细胞胚状体建成途径** 体细胞胚状体建成可分为直接途径和间接途径。直接途径是指直接从原外植体不经愈伤组织阶段发育而成。直接发生体细胞胚状体的来源细胞可以是外植体表皮、亚表皮、幼胚、悬浮培养的细胞和原生质体。一般认为直接途径发生体细胞胚是由原来就存在于外植体中的胚性细胞——预胚状体决定细胞（pro-

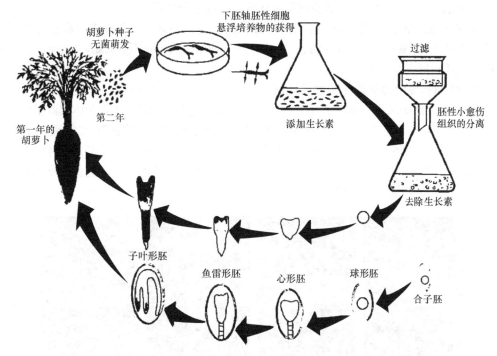

图 6.1　胡萝卜合子胚和体细胞胚的发生过程（Dodeman et al.，1997）

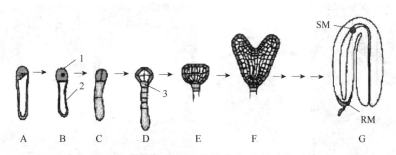

图 6.2　双子叶植物拟南芥的胚状体发育过程（蒋丽等，2007）

A. 伸长期合子。B. 合子经过第一次分裂，产生 1 个顶细胞和一个基细胞。C. 四分体胚：顶细胞经历 2 次纵向分裂，产生含有 4 个细胞的胚体和 2 个细胞的胚柄。D. 16 细胞球形胚：8 细胞胚的所有细胞经过 1 次平周分裂，产生包含 8 个细胞的表皮原和 8 个细胞的内部组织。E. 早期心形胚。F. 心形胚：子叶和胚根原基已经出现。G. 成熟胚状体。

1. 顶细胞；2. 基细胞；3. 胚根原细胞，形成未来的根尖组织中心（ROC）和根冠中央区；RM. 根尖生长点；SM. 茎尖生长点

embryogenic determined cell，PEDC）培养后直接进入胚状体发生而形成的（Sharp et al.，1980），如柑橘属的珠心组织（体内或离体）可以通过预胚状体决定细胞直接进行体细胞胚状体发生（Evans and Sharp，1981），而且是自然发生，有时甚至不需要借助外源生长调节剂的作用。在体细胞胚再生植株表皮细胞中含有预胚状体决定细胞，可以在合适条件下直接进行体细胞胚状体发生，如胡萝卜和石龙芮等。

　　间接途径是指体细胞胚从愈伤组织或悬浮细胞，有时也从已形成的体细胞胚的一组细胞中发育而成。在间接体细胞胚状体发生过程中，起始培养基中生长素或生长素/细胞

分裂素的浓度，对启动已分化细胞恢复有丝分裂活性十分重要。

间接体细胞胚状体发生中，外植体已分化的细胞先脱分化，并对进一步发育重新决定而诱导出胚性细胞——诱导胚状体决定细胞（induced embroygenically determined cell, IEDC），进而形成体细胞胚。

2. 体细胞胚状体的起源与建成特征

（1）体细胞胚状体的起源与发育　　绝大多数研究都认为体细胞胚状体起源于单细胞（图6.3和图6.4）。在多种植物中都观察到单个胚性细胞，经历不均等分裂的二细胞原胚和均等分裂的二细胞原胚、多细胞原胚、球形胚、心形胚、鱼雷形胚和子叶形胚的发育时期，最后发育成小植株，如木豆幼苗叶片愈伤组织悬浮培养体细胞胚状体的形成起源于单细胞，并且观察到体细胞胚状体发育的各个时期。

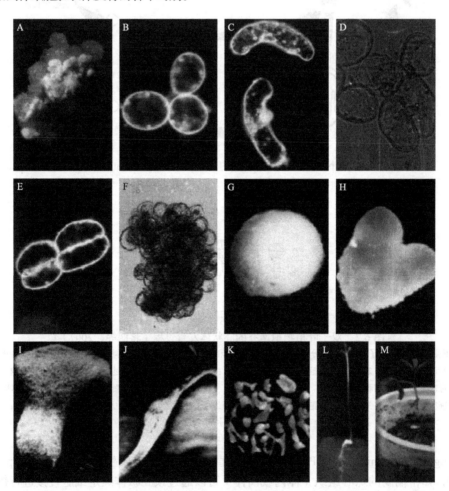

图6.3　木豆幼苗叶片愈伤组织悬浮培养体细胞胚状体的发育过程（Anbazhagan and Ganapathi，1999）
　A. 胚性叶片愈伤组织；B. 球形细胞；C. 伸长细胞；D. 两个细胞时期；E. 四个细胞时期；F. 原胚；G. 球形胚；H. 心形胚；I. 早期鱼雷形胚；J. 成熟鱼雷形胚；K. 不同时期的体细胞胚状体；L. 体细胞胚状体的萌发；M. 再生小植株

有时在同一块愈伤组织或一个胚性细胞复合体上，可以观察到一个或多个不同发育时期的体细胞胚状体（图6.5），从单个原始细胞到多细胞的原胚、球形胚、心形胚、

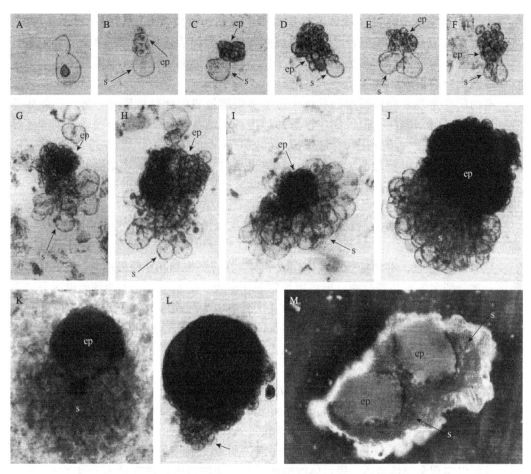

图 6.4　仙人掌科植物体细胞胚状体的早期发育（由单细胞形成球形胚）

（Rodriguez-Garay and Rubluo，1992）

A. 胚性细胞第一次分裂；B～D. 原胚第一次细胞分裂，鳄梨树形胚柄细胞仍保持单个细胞；E. 胚柄细胞开始增殖；

F～K. 原胚和胚柄发育的不同时期；L. 球形体细胞胚状体；M. 成熟胚；ep. 原胚；s. 胚柄

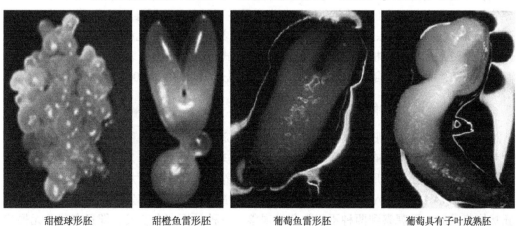

甜橙球形胚	甜橙鱼雷形胚	葡萄鱼雷形胚	葡萄具有子叶成熟胚
（Niedz et al.，2003）		（Maillot et al.，2009）	

图 6.5　不同时期的体细胞胚状体

鱼雷形胚，直至具子叶的胚状体，这是由体细胞胚状体发生和分裂的不同步所致的。王亚馥等在红豆草单细胞悬浮培养中也观察到体细胞胚状体的形成，单个胚性细胞具有明显极性，第一次分裂多为不等分裂，顶细胞继续分裂形成多细胞原胚，基细胞进行少数几次分裂形成胚柄。

有的研究也观察到体细胞胚状体来源于多细胞组成的胚性细胞复合体。王亚馥等观察到这种胚性细胞团，但经同位素脉冲标记证明这些细胞团也是由一个单细胞连续分裂而成的，经进一步分化和分裂形成不同发育时期的体细胞胚状体，因而这些体细胞胚状体实质上也可能起源于单细胞，当然也不排除有些植物的体细胞胚状体的确是起源于多胞。体细胞胚状体发生是一个非常复杂的生理过程，仍有许多问题需进一步深入研究。

（2）体细胞胚状体建成特征 植物体细胞胚状体建成与诱导器官发生相比具有明显的特点。

1）具有两极性。在体细胞胚状体建成早期就具有胚根和胚芽两极性的存在，胚性细胞第一次分裂多为不均等分裂，形成顶细胞和基细胞，继而由较小的顶细胞继续分裂形成多细胞原胚，而较大的基细胞经过少数几次分裂成为胚柄部分，在形态上具有明显的极性，发育过程与合子胚相似。体细胞胚状体一经形成，多数可生长为小植株，成苗率高。因此，常将发育至一定时期的体细胞胚状体制作成人工种子，以达到快速繁殖优良种质的目的。不定芽和不定根则为单极性。

2）存在生理隔离。体细胞胚状体形成后与母体植物或外植体的维管束系统较少连接，出现所谓的生理隔离（physiological isolation）现象，与器官发生途径完全不同（不定根或不定芽往往与愈伤组织的维管组织连接）。

3）遗传性相对稳定。体细胞胚状体是由那些未经过畸变的细胞或变异较小的细胞形成，并可以实现全能性表达，通过体细胞胚状体形成的再生植株变异小于器官发生途径形成的再生植株。正是基于体细胞胚状体的基因型与亲本相似，产生的后代植株表型也与亲本基本相同。因此，体细胞胚状体可以制作成人工种子，不仅可加速繁殖，还可保持优良种质的遗传稳定性。器官发生途径再生植株一般要经过脱分化和再分化过程，诱导分化率和成苗率都较低，且芽和根的分化也需在不同条件下诱导，需要时间较长。

4）重演受精卵形态发生的特性。植物组织培养形态发生的几种方式中，体细胞胚状体发生途径是最能体现植物细胞全能性的一种方式，因为它不仅表明植物体细胞具有全套遗传信息，而且重演合子形态发生的进程（崔凯荣和戴若兰，2000）。

（二）体细胞胚状体发育成植物的能力

一般而言，体细胞胚状体一旦分化出来甚至完成诱导后，转移到基本培养基上即可发育成熟，并可形成小植株（图6.6和图6.7）。陈东方等（1986）对棒头草幼穗培养的研究表明，体细胞胚状体形成之后，可以在原来培养基或无任何附加成分的MS培养基及加0.5 mg/L IAA或NAA和0.5 mg/L 6-BA的1/2 MS培养基上萌发形成小植株。体细胞胚状体萌发时，可观察到两种不正常萌发现象，一种是不完全萌发，即只有芽而无根或只有根而无芽；另一种是早熟萌发，即在体细胞胚状体还未表现出完整的胚结构之前就

图 6.6　三叶无患子（*Sapindus trifoliatus*）花萼外植体诱导形成体细胞胚状体和
植株再生（Asthana et al.，2017）

A. 萼片外植体的背面；B. 具有结节状的初级胚状体结构的愈伤组织；C. 结节状的胚状体结构；D. 次级结节状的胚状
体结构；E. 球形胚和心形胚分化；F. 带有子叶的体细胞胚状体；G. 一个成熟的子叶期体细胞胚状体；H. 体细胞胚状
体萌发；I. 形成完整的植株；J. 成活的植株；ns. 结节状的胚状体结构；sns. 次级结节状的胚状体结构；he. 心形胚；
ge. 球形胚；ce. 带有子叶的体细胞胚状体

已萌发，萌发时盾片膨大形成叶状体，在叶状体基部长出芽。体细胞胚状体途径的形态
发生能力要比器官分化途径保持更长久。

体细胞胚状体发育成植株，一般经历以下几个阶段：①发芽；②根系的发育；③芽
分生组织的生长和发育；④真叶的生长；⑤芽和根的连接；⑥正常植株的生长等。

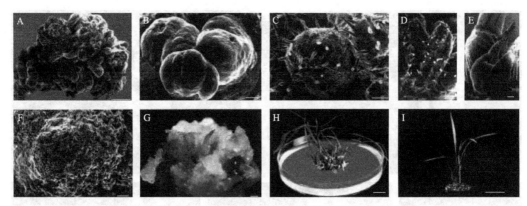

图 6.7　水稻细胞薄层培养中体细胞胚状体形成与植株再生（Duong et al., 2000）

A. 扫描电子显微镜显示见光两周后在 10 μmol/L 2,4-D 和 1 μmol/L 6-BA 培养基上水稻细胞薄层培养中类胚结构的直接形成，标尺为 1 mm；B. 在黑暗条件下这些类胚结构在直接转变成植株前呈束状，标尺为 0.1 mm；C. 转入光照后，一个类胚结构发育成叶状体，标尺为 0.1 mm；D. 转入光照后，一个类胚结构发育成毛状体，标尺为 0.1 mm；E. 转入光照后，一个类胚结构发育成芽，标尺为 0.1 mm；F. 转入光照早期的一个坏死结构，标尺为 0.1 mm；G. 光学显微镜显示呈束状存在的类胚结构，标尺为 0.1 mm；H. 转入无激素培养基后小植株的形成，标尺为 1 cm；I. 4 周后温室内小植株的驯化，标尺为 10 cm

二、影响体细胞胚状体发生的因素与生化基础

（一）影响体细胞胚状体发生和发育的因素

植物体细胞胚状体发生和发育过程与基因型、植物激素、某些有机物、培养基类型及其组分、外植体和光照条件密切有关。

1. 基因型与体细胞胚状体发生　　基因型是影响体细胞胚状体发生的重要因素。不同基因型的同一外植体接种在相同培养基上，体细胞胚状体的诱导率和每个胚性外植体上体细胞胚状体的发生率有明显差异，如费约果基因型为 53B-7 的体细胞胚状体诱导率和每个胚性外植体上体细胞胚状体的数目最低（图 6.8）；木薯基因型为 T200 的幼嫩叶裂片接种在 2,4-D（8 mg/L）培养基上，诱导产生体细胞胚状体的数量要比基因型 AR9-18 的多，而基因型 MCol2261 仅产生疏松易碎的胚性愈伤组织（图 6.9）。

2. 植物激素与体细胞胚状体发生

（1）内源激素与体细胞胚状体发生　　离体植物细胞开始时往往缺乏合成生长素和细胞分裂素的能力，但在大多数情况下，这些细胞的分裂和分化及形态建成过程，又必须要有生长素和细胞分裂素两种激素的共同作用。因此，在培养介质中添加不同种类或不同浓度的外源激素诱导形态发生已受到广泛重视。但最关键的是，组织内部和体细胞胚状体发生部位内源激素的代谢动态与平衡。早在胡萝卜细胞悬浮培养体细胞胚状体发生中发现，2,4-D 在诱导胚性细胞早期是必需的，而且 2,4-D 是通过影响 IAA 结合蛋白起作用的，其实质是促进 IAA 结合蛋白的形成，提高细胞对 IAA 的敏感性从而诱导胚性细胞的形成。在水稻细胞培养中也发现，由于 2,4-D 促进细胞内源 IAA 含量提高进而诱导胚性细胞的形成，并认为内源 IAA 含量上升或维持在较高水平，是胚性细胞出现的一个共同标志。在小麦胚性愈伤组织诱导和分化过程中，胚性愈伤组织内源激素含量远高于非胚性愈伤组织。此外，一些研究表明，脱落酸（ABA）对植物体细胞胚状体发生与发

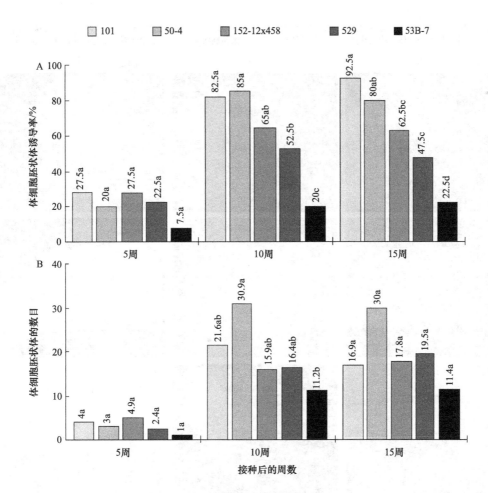

图 6.8 在相同培养基上费约果不同基因型体细胞胚的诱导（Miguel and Pereira，2001）

A. 不同基因型体细胞胚诱导率；B. 不同基因型每个胚性外植体上体细胞胚的数目。图中不同小写字母代表 0.05 水平上差异显著，下图同

育具有重要作用。在胡萝卜体细胞胚状体形成过程早期，形成胚和未形成胚的细胞中内源 ABA 含量都维持在较低水平，但在培养第 10 天，形成胚的细胞中 ABA 含量上升到最高值，而后下降。未能形成胚的细胞中 ABA 含量一直上升到第 13 天，而后下降，直至第 17 天降到最低值。研究还表明，外源 ABA 与内源 ABA 对体细胞胚状体发生起到相互调节和促进的作用，而且通过补充提高外源 ABA，可以明显提高体细胞胚状体发生的频率与质量。还有研究发现，荔枝体细胞胚状体发生早期的内源激素 ABA 与 IAA 和 ABA 与 CTK（细胞分裂素）的质量比增大，将有利于荔枝体细胞球形胚的形成，在荔枝体细胞胚状体发生早期原胚 I 阶段，内源生长素 IAA 含量先降低，达到一个最低值；随后就会逐渐上升，直到球形胚阶段，达到一个最高值；从胚性愈伤组织 I 到胚性愈伤组织 II 阶段，其内源 ABA 含量总的变化趋势为先升高，紧接着下降到一个低谷，随后在发育到球形胚阶段的过程中又逐渐升高；内源 CTK 含量变化趋势呈"M"形。

（2）外源激素与体细胞胚状体发生

1）2,4-D 与体细胞胚状体发生。2,4-D 是诱导多种植物离体培养体细胞转变为胚性细在MS2+毒莠定（12mg/L）培养基上由幼嫩叶裂片诱导产生的体细胞胚状体　　　在MS2+毒莠定（12mg/L）培养基上由腋芽诱导产生的体细胞胚状体　　　在MS2+2,4-D（8mg/L）培养基上由幼嫩叶裂片诱导产生的体细胞胚状体

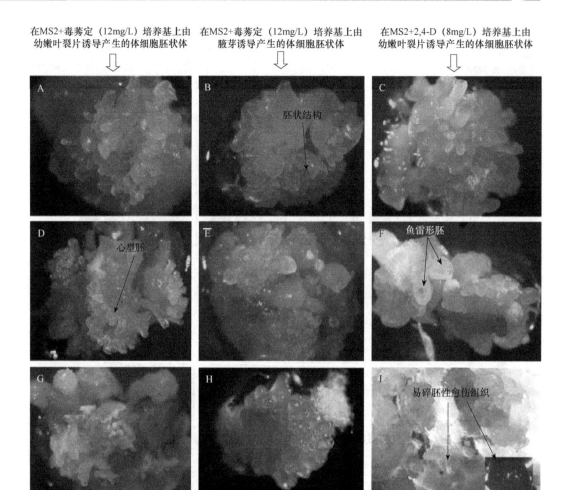

图 6.9　木薯不同基因型、外植体和培养基上体细胞胚状体的发生（Rossin and Rey，2011）

A～C. 基因型 T200 体细胞胚状体发生状况；D～F. 基因型 AR9-18 体细胞胚状体发生状况；

G～I. 基因型 MCol2261 体细胞胚状体发生状况

胞的重要激素。单子叶植物和双子叶植物诱导体细胞胚状体发生时，所要求的 2,4-D 的浓度不同。对单子叶植物而言，一般要求较高浓度的 2,4-D，其浓度范围为 0.5～5 mg/L，通常使用浓度为 2 mg/L；而对双子叶植物而言，一般要求较低浓度的 2,4-D，其浓度范围为 0.02～1 mg/L，通常使用的浓度为 0.1 mg/L。在体细胞胚状体发生的诱导阶段，培养基中必须添加 2,4-D，而在体细胞胚状体形成阶段，要降低培养基中 2,4-D 的浓度或去除 2,4-D，以保证体细胞胚状体的正常生长。

在胡萝卜细胞培养中，加入 2,4-D 后诱导一些特异性多肽或蛋白质形成，当去除生长素后，这些多肽和蛋白质也随之消失。但在诱导出胚性细胞后，及时除去培养基中的 2,4-D，胚性细胞在进一步分化和发育的同时释放糖蛋白 GP65（65 kDa）（崔凯荣和戴若兰，2000）。

拟南芥幼苗顶端分生组织和未熟合子胚在 B_5+2,4-D（4.5 μmol/L）培养基上诱导形成体细胞胚，但将其转移到 B_5+2,4-D（9.0 μmol/L）培养基上培养两周后，原来的体细胞胚的胚性能力逐渐降低（图 6.10），进一步证明 2,4-D 浓度影响体细胞胚状体形成。

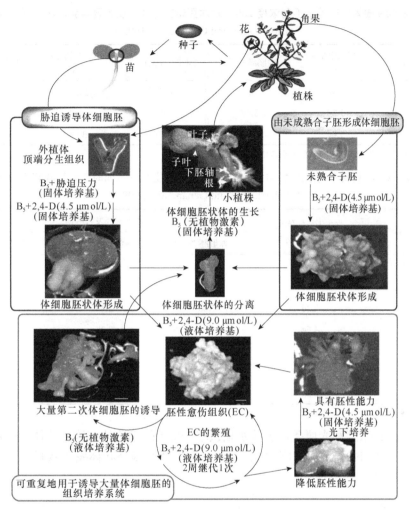

图 6.10　拟南芥体细胞胚状体诱导系统（Ikeda et al., 2006）

以木豆幼苗叶片为外植体诱导获得愈伤组织，再进行悬浮培养产生体细胞胚。在加有 6.78 μmol/L 2,4-D 的固体 MS 培养基上，诱导原胚细胞形成的频率最高；将这种愈伤组织由该培养基转移到含有 4.52 μmol/L 2,4-D 的液体 MS 培养基上诱导，获得体细胞胚的频率最高（表 6.1 和表 6.2）。体细胞胚可以在无 2,4-D 的 MS 基本培养基上萌发。不同生长素、细胞分裂素和碳水化合物对体细胞胚的诱导率有影响。在添加 4.52 μmol/L 2,4-D 和 87.64 μmol/L 蔗糖的 MS 培养基上，体细胞胚诱导率较高，但细胞分裂素对体细胞胚形成不利，并导致胚再次愈伤组织化（Anbazhagan and Ganapathi, 1999）。此外，2,4-D 对紫花苜蓿体细胞胚的诱导十分有效。其他生长素如 2,4,5-T 也是很有效的。生长素对体细胞胚形成的作用相当复杂（McKersie and Brown, 1996），某些生长素如 IAA 和 IBA 对体细胞胚状体形成没有作用，但一直刺激胚性愈伤组织的形成，不能诱导体细胞胚。培养基中的无机成分如钾和有机成分如脯氨酸，对胚性愈伤组织的形成具有调节作用，但不能取代生长素的作用（Shetty and McKersie, 1993）。

表 6.1　在 MS 固体培养基上不同浓度 2,4-D 对木豆幼苗叶片外植体诱导和原胚细胞形成的影响
（Anbazhagan and Ganapathi，1999）

2,4-D/（μmol/L）	愈伤组织诱导率/%	原胚细胞/%	2,4-D/（μmol/L）	愈伤组织诱导率/%	原胚细胞/%
0.00	0.0	0.0	6.78	38.6a	37.4a
2.26	3.2d	3.4d	9.04	18.2b	12.8b
4.52	7.4c	10.2c	11.30	3.6c	2.2c

注：表中小写字母代表 $P=0.01$ 水平差异显著性，下表同

表 6.2　在具有不同浓度 2,4-D 的 MS 液体培养基上木豆不同时期体细胞胚诱导率
（Anbazhagan and Ganapathi，1999）

2,4-D/（μmol/L）	收集细胞的体积（第 10 天）/mL	体细胞胚发育时期		
		球形胚/%	心形胚/%	鱼雷形胚/%
0.00	0.0	0.0	0.0	0.0
1.12	2.8e	2.4e	1.8e	1.2e
2.26	3.2d	7.6d	2.4d	1.6d
3.38	4.6c	20.2b	8.2b	5.2b
4.52	5.2b	36.2a	20.4a	16.4a
5.64	5.6b	18.6c	6.6c	3.6c
6.78	6.2a	7.4d	1.6e	1.2e

不同 2,4-D 浓度和光照条件影响水稻顶端分生组织细胞体细胞胚状体发生数量和发生率。黑暗条件下，2,4-D 浓度为 10 μmol/L 时，体细胞胚状体发生数量最多，发生率最高（图 6.11）。

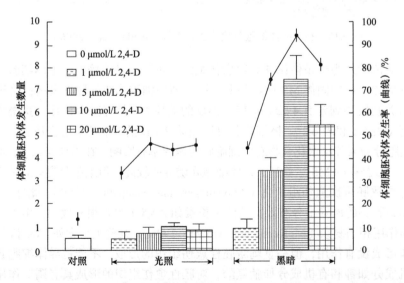

图 6.11　培养两周后 2,4-D 浓度和光照条件对水稻顶端分生组织细胞体细胞胚状体
发生数量和体细胞胚状体发生率的影响（Duong et al.，2000）

　　此外，研究还发现，整个体细胞胚状体发生可以分为需要生长素阶段和被生长素抑制阶段（图 6.12）。

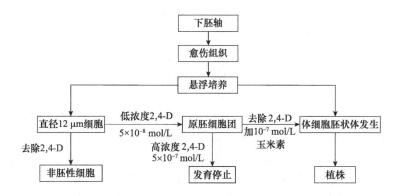

图 6.12　胡萝卜悬浮培养细胞成为胚性和非胚性状态的某些条件和途径（Wilde et al.，1988）

　　2）其他生长激素与体细胞胚状体发生。除 2,4-D 外，ABA 对植物体细胞胚状体发生也起到重要的调控作用。研究表明，ABA 具有促进体细胞胚结构正常化的显著效应。在浓度适宜时，ABA 能抑制多种异常体细胞胚状体发生，而且 ABA 加入培养基的时间越早其效应也越明显。较低浓度的 ABA 对保持籼稻愈伤组织的胚性结构具有重要意义，可明显提高这种胚性愈伤组织分化出苗率（崔凯荣等，2000）。ABA 和 PEG（聚乙二醇）对胡萝卜（*Daucus carota* L.）体细胞胚状体发生具有调控作用，研究发现，在 MS 液体培养基中（含蔗糖 30 g/L）附加 10 μmol/L ABA 或 100 g/L PEG 600 诱导体细胞胚，能使体细胞胚提早发生 7～10 d，而且使子叶胚处于调控状态。采用双向电泳分离出与 ABA 和 PEG 渗透调节密切相关的特异蛋白质多肽 S1，分子质量为 27.9 kDa。

　　ABA 浓度对植物体细胞胚宽度也有一定影响。枣椰树体细胞胚状体发生过程中，ABA 浓度对体细胞胚的长度影响不大，但在 ABA 浓度为 20 μmol/L 和 40 μmol/L 时，体细胞胚的宽度明显大于对照（图 6.13）。

　　大量的研究表明，ABA 对某些植物体细胞胚状体发生特异性基因的表达起调控作用，激活相关基因的表达，合成贮藏蛋白、晚期胚状体发生和胚状体发生的特异性蛋白。

　　在胡萝卜愈伤组织的体细胞胚状体发生中发现乙烯抑制体细胞胚状体发生，而乙烯形成酶抑制剂 Ni^{2+}、Co^{2+} 却可以促进其体细胞胚状体发生。

　　3. 某些有机物　　某些有机物对植物体细胞胚状体发生也起到重要的调控作用。图 6.14 为不同种类和浓度的有机物对不同品种花生胚轴体细胞胚诱导的作用。外源多胺对体细胞胚状体发生的作用，除取决于植物种类及其内源多胺外，还与它们如何被吸收、运输和降解等问题密切相关。多胺与体细胞胚状体发生的关系在胡萝卜的研究中较多。研究发现胡萝卜胚性细胞中腐胺、精胺含量比非胚性的高，在胡萝卜体细胞胚状体发生的前胚时期多胺含量一般较低，从球形胚、心形胚到鱼雷形胚时期，精胺和亚精胺含量逐渐升高，心形胚时期以腐胺为主，鱼雷形胚时期则富含亚精胺。在枸杞体细胞胚状体发生中发现，一定水平的内源多胺是枸杞体细胞胚状体发生的必要因素。在研究不同类

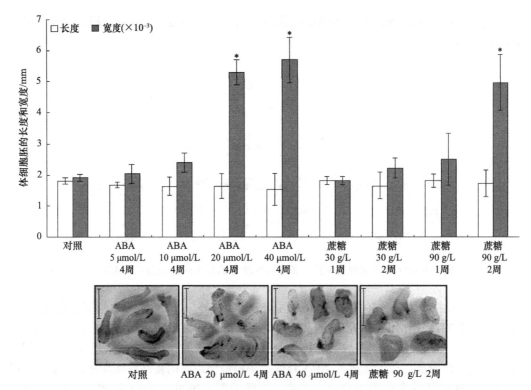

图 6.13   ABA 和蔗糖浓度对枣椰树体细胞胚长度和宽度的影响（Sghaier-Hammami et al.，2010）
*表示差异显著，$P<0.01$；图中标尺均为 1 mm

型伏令夏橙愈伤组织体细胞胚状体发生能力的差异与多胺水平的变化之间的关系时，发现胚性愈伤组织的多胺含量高于非胚性愈伤组织，体细胞胚状体发生能力与多胺水平呈正相关。研究还表明，胚性细胞只有在分化早期才与多胺生物合成关系密切。

4. 糖类和金属离子与体细胞胚状体发生   糖的种类和浓度（图 6.13）对诱导植物体细胞胚状体发生有重要影响，体细胞胚的不同生长发育阶段对糖浓度的要求也不同（图 6.15）。在枸杞体细胞胚状体发生中，蔗糖浓度在 3%～6% 时，体细胞胚诱导率可维持在较高水平，但蔗糖浓度达到 9% 时，由于影响细胞生长渗透势，抑制体细胞胚状体发生与发育，因此体细胞胚诱导率显著下降。在木豆的研究中发现，在加有 4.52 μmol/L 2,4-D 和 87.64 μmol/L 蔗糖的 MS 培养基上，体细胞胚的诱导率比其他处理要高（表 6.3）。研究发现，小麦的愈伤组织一旦分化为胚性细胞后就有淀粉粒的积累，在整个胚性细胞分化与发育过程中，淀粉的两次合成高峰均在发育的重要转折期，为体细胞胚的进一步发育和分化提供必要物质和能量基础，这表明淀粉的积累与胚性细胞分化能力和体细胞胚发育时期的转折密切相关。茴香胚性细胞中也富含淀粉粒，在体细胞胚发育中同样出现两次峰值，同时认为淀粉出现的峰值与核酸和蛋白质合成密切相关，表明淀粉为蛋白质和核酸的合成奠定物质基础。

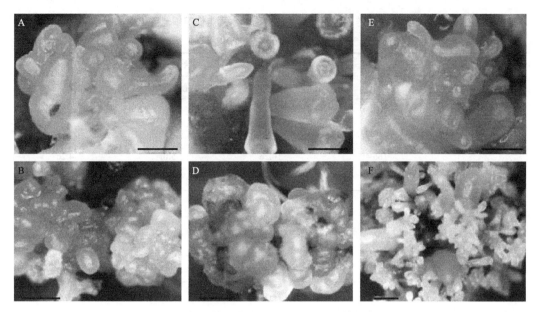

图 6.14 含不同种类和浓度有机物固体培养基上成熟花生胚轴体细胞胚诱导（Little et al., 2000）

A、C、E 为离体培养 6 周后的体细胞胚；B、D、F 为离体培养 5 个月后形成的体细胞胚

A. 品种 'GK7'，在添加 83.0 μmol/L 盐酸甲氯芬酯培养基上；B. 品种 'AT120'，在添加 124.4 μmol/L 盐酸甲氯芬酯培养上；

C. 品种 '59-4144'，在添加 12.4 μmol/L 麦草畏培养基上；D. 品种 'AT120'，在添加 83.0 μmol/L 麦草畏培养基上；E. 品种

'VC1'，在添加 83.0 μmol/L 毒莠定培养基上；F. 品种 'VC1'，在添加 124.4 μmol/L 毒莠定培养基上；图中标尺均为 1 mm

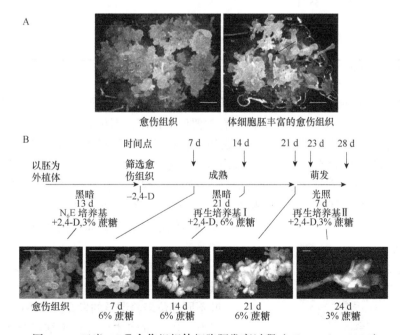

图 6.15 玉米 Hi Ⅱ 愈伤组织体细胞胚发育过程（Che et al., 2006）

A. 生长在 N_6E 培养基上整块愈伤组织和具有丰富体细胞胚的愈伤组织（箭头所指为胚性愈伤组织转向多个体细胞胚中

的一个）；B. 体细胞胚发育、成熟和萌发的过程，具有丰富体细胞胚的愈伤组织转移到再生培养基 Ⅰ（2,4-D，6% 蔗糖）

上使体细胞胚成熟；成熟的体细胞胚转移到再生培养基 Ⅱ（2,4-D，3% 蔗糖）上在光照条件下使其萌发；图中标尺均为 1 mm

表 6.3   在 4.52 μmol/L 2,4-D 培养基上不同碳水化合物对木豆愈伤组织悬浮培养体细胞胚发生的影响
（Anbazhagan and Ganapathi, 1999）

碳水化合物	浓度 /（mmol/L）	胚状体发育时期		
		球形胚 /%	心形胚 /%	鱼雷形胚 /%
葡萄糖	55.49	2.4f	1.2h	1.2g
	110.99	6.8f	2.6h	2.4f
	166.48	10.2e	5.0f	4.2e
	221.98	13.6c	7.2d	6.4d
果糖	55.49	6.2f	2.8g	2.4f
	110.99	12.4c	5.2f	4.6c
	166.48	6.4f	5.0f	4.2e
	221.98	2.4h	1.2h	1.2g
蔗糖	29.21	12.4c	6.8c	6.2d
	58.43	20.2b	16.2b	14.6b
	87.64	36.2a	20.4a	16.4a
	116.86	12.6d	10.2c	8.4c
麦芽糖	27.75	2.4h	1.2h	n.d
	55.51	5.4g	2.6g	1.2g
	83.26	1.2i	n.d	n.d
	111.02	n.d	n.d	n.d

注：n.d 代表未检测出

金属离子对体细胞胚状体发生也有影响。在小麦愈伤组织诱导体细胞胚状体发生中，发现 Zn^{2+}、Cu^{2+}、Co^{2+}、Mn^{2+} 等金属离子有重要促进作用，不仅提高诱导率，且加速胚性愈伤组织的形成。在培养基中加入一定量的外源 Ca^{2+}，可明显提高枸杞胚性愈伤组织中体细胞胚状体发生的频率，而且胚性愈伤组织中蛋白质组分与活性都远高于非胚性愈伤组织，蛋白质组分种类也增加（邢更妹等，2004）。因此，在培养基中加入适当浓度金属离子可提高体细胞胚状体发生的频率（He et al.，1986）。研究还表明，金属离子可能是通过促进多胺合成而提高体细胞胚状体发生频率的。

5. 外植体   外植体来源及生理状态不同，其体细胞胚状体发生能力也不同，如胡萝卜子叶不同部位培养诱导的发育过程不同（图 6.16），只有表皮下细胞才具有真正细胞全能性和有能力直接产生体细胞胚（胚状体发生区），而不用通过愈伤组织阶段的诱导。表皮下细胞经过诱导直接形成体细胞胚，经过 12 d 的细胞质生长

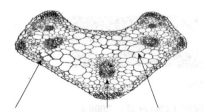

表皮下细胞   根发生区细胞 芽发生区细胞

图 6.16   胡萝卜子叶不同部位外植体示意图
（Schäfer et al.，1988）

和细胞分裂，开始进入 4 细胞期，14 d 后所有细胞完全进入 4 细胞期，经过 18 d 形成球形胚，24 d 后形成心形胚，28 d 后形成鱼雷形胚，再经过 30 d 的诱导形成成熟胚。而在子叶的根发生区细胞经诱导无体细胞胚状体发生，该区细胞经过 2 d 细胞质生长和细胞分裂，开始有根原基发生，5 d 后根原基完全形成，7～10 d 后根开始发生。芽发生区的细胞经过 5 d 细胞质生长和细胞分裂，开始有芽原基发生，12 d 后芽原基完全形成，23 d 后开始分化芽，但没有体细胞胚状体发生（Li and Neumann，1985；Neumann and Grieb，1992；Neumann，1995）。

（二）体细胞胚状体发生的生化基础

近年来，随着植物生物技术的长足发展，人们对植物体细胞胚状体发生早已不局限于形态学和细胞胚胎学的直观描述，而是在此基础上，紧密结合细胞胚胎学过程研究生理生化机制，探讨体细胞胚状体发生的分子基础。其中对体细胞胚状体发生过程中蛋白质和酶的动态变化的研究，为最终揭示体细胞胚状体发生机制奠定了基础。

1. ATP 酶活性的提高　　研究表明，在枸杞的胚性细胞早期，ATP 酶反应产物主要沉积于质膜和液泡膜上，尤其是在质膜上的 ATP 酶活性高，且呈连续分布。胚性细胞后期，ATP 酶活性从细胞质逐渐转入细胞内，在细胞质、液泡和细胞核中均有 ATP 酶活性反应，进一步表明 ATP 酶活性在胚性细胞发生过程中形成。胚性细胞后期，细胞内部 ATP 酶被激活，表明细胞代谢活跃。随着胚性细胞壁的加厚，细胞间隙和细胞壁上 ATP 酶活性的存在，可能为胚性细胞的分裂和发育提供能量，或者与物质和信息的传递密切相关。

2. 过氧化物酶和其他酶类的变化　　体细胞胚状体发生和发育是大量酶特异性合成及参与代谢的结果。体细胞胚状体发生和发育过程中具有较高的过氧化物酶活性和较多的同工酶种类，如过氧化物酶在小麦体细胞胚状体发生中起着重要的作用，尤其是 C2、C6、C9 三种同工酶带是胚状体发生的特异性酶带，被称为小麦体细胞胚状体发生的标志酶。对大麦形态发生中几种酶的同工酶分析结果发现，过氧化物酶、酯酶和酸性磷酸酶同工酶的结合应用，可以作为体细胞胚状体发生的标志酶。近年来在枸杞的体细胞胚状体发生中，发现超氧化物歧化酶（SOD）、过氧化物酶（POD 或 POX）和过氧化氢酶（CAT）等几种抗氧化酶的活性在胚状体发生与发育过程中有特异性变化，表明体细胞胚状体发生也与超氧化物自由基的清除有关。

3. 体细胞胚状体发生过程中存在活跃的蛋白质合成　　有关体细胞胚状体发生中可溶性蛋白含量的变化已有大量研究报道，尽管有些结果不尽相同，但变化趋势相近。在各类材料中，胚性愈伤组织的可溶性蛋白含量和合成速率远高于非胚性愈伤组织，表明前者代谢活性高于后者。

4. 体细胞胚状体发生中特异胚性蛋白的形成　　体细胞胚状体发生中不仅有蛋白质含量的变化，而且有特异的胚性蛋白形成，推测这些胚性蛋白既可作为调控因子，又可作为结构蛋白、贮藏蛋白和酶蛋白而起作用。20 世纪 80 年代，在胡萝卜、水稻、玉米和豌豆等植物体细胞胚状体发生的研究中，发现有特异性蛋白形成，而且在这些材料的胚性愈伤组织中，都存在 45～55 kDa 的胚状体发生特异性蛋白的合成。在苜蓿体细胞胚状体发生中，发现有 50 kDa 特异性膜蛋白表达，并作为苜蓿体细胞胚发生的分子标志

（崔凯荣和戴若兰，2000）。

5. RNA 代谢动态   RNA 的合成是胚性细胞发生的分子基础，也是体细胞胚正常发育的重要条件。在体细胞胚状体发生和发育过程中，不仅 RNA 合成速率远高于非胚性愈伤组织，而且不同发育时期 mRNA 种类不同，进而翻译形成多种蛋白质。此外，这些种类丰富的 mRNA 的 cDNA 文库是研究胚状体发生与发育分子机制有效的分子探针。Sengupta 等在 20 世纪 80 年代初研究发现，胡萝卜体细胞胚状体发生中 RNA 合成始于胚性细胞培养的 2～4 h，两天后细胞分裂较快，总 RNA 和蛋白质含量增加，在胚性细胞中主要合成 poly（A）+ mRNA，并认为它的出现是体细胞胚分化的重要遗传信息。

6. DNA 代谢动态   DNA 代谢动态与体细胞胚的形态学极性密切相关，它的合成为细胞分裂奠定物质基础，为细胞分化提供条件。

第二节　体细胞胚状体发生的基因调控

植物体细胞胚状体发生是一种特定细胞分化的结果，而特定细胞分化则是基因选择表达或受调控表达的结果。因此，基因表达的调控是细胞正常生长、发育和分化的基础，也与生物体对环境的适应有密切的关系。

研究已发现，在体细胞胚状体发生过程中，存在许多基因特异性表达和增强，调控体细胞胚的形成（图 6.17），如管家基因 *Top1* 在鱼雷形胚时期表达，*EF-1a* 在球形胚时期表达，*CEM6* 在球形胚或之前表达，*CGS102* 和 *CGS201* 在体细胞胚早期表达；钙信号转导基因 *swCDKs* 的表达发生在球形胚时期，*MsCPK3* 的表达发生在体细胞胚的早期，而体细胞胚状体发生的受体激酶基因 *SERKs* 则是在胚感受态细胞中表达。管家基因

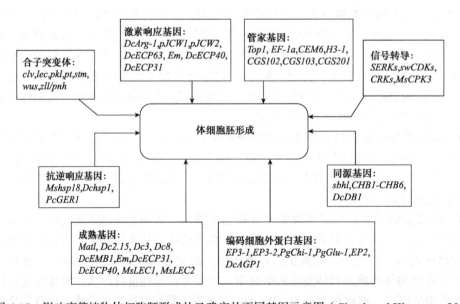

图 6.17　影响高等植物体细胞胚形成的已确定的不同基因示意图（Chugh and Khurana，2002）

和钙信号转导基因表达增强，其基因产物水平也提高。此外，体细胞胚状体发生受生长素和脱落酸诱导基因的调控。生长素诱导基因 *DcArg-1* 只在胚性细胞的诱导期得以表达，而 *pJCW1* 和 *pJCW2* 基因只在短期胚性培养物中进行表达。脱落酸诱导基因 *DcECP31*、*DcECP40* 和 *DcECP63* 的表达都发生在体细胞胚发育的后期，即鱼雷形胚时期，此时胚状体内富集了大量蛋白质。在胚性细胞时期还发现胞外分泌蛋白基因的表达，如 *EP3-1*、*EP3-2*、*EP2* 和 *DcAGP1* 等。胚成熟基因，如 *Dc8*、*DcEMB1*、*DcECP31* 等，对发育后期的体细胞胚具有调控作用。研究已表明，在胚状体发育阶段，其特定器官的相关基因已经表达，如利用 cDNA-AFLP（cDNA-扩增长段长度多态性）差异显示技术对陆地棉体细胞胚状体发生过程中的 cDNA 差异表达进行分析，经反转录获得 3 个不同时期的 cDNA，利用 180 对引物组合进行 AFLP 分析，结果表明，在总共显示的约 3000 条谱带中，其中38 条为胚性愈伤组织所特有的差异谱带。结果说明，棉属在形态建成早期，其特定器官的相关基因就已经表达。

调控体细胞胚状体发生和发育的基因很多，远不止前面所述的基因。就合子胚而言，如在拟南芥中，有 500～1000 个基因是合子胚发育必需的，其中约 40 个基因对胚极性轴的形成起调控作用。

由图 6.18 也可以证明，胚形态发育受许多基因调控，而且在胚状体不同区域特异性表达（图 6.19）。

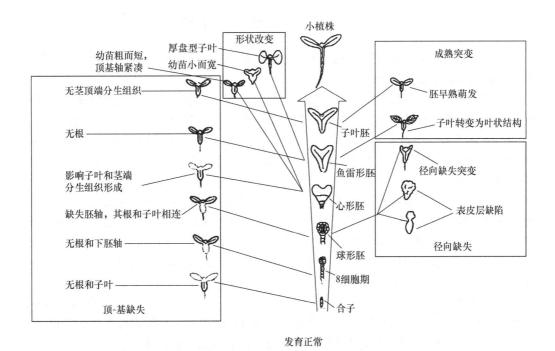

图 6.18　拟南芥合子胚发育的突变体及其表现型（Dodeman et al., 1997）

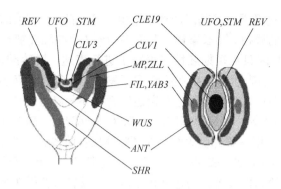

图 6.19　在胚状体不同区域特异性表达的基因（蒋丽等，2007）

STM（*SHOOTMERISTEMLESS*）. 编码一个Ⅰ型 KNOTTED1 家族转录因子；*WUS*（*WUSCHEL*）. 编码一个促进干细胞数目增加的同源域转录因子；*SHR*（*SHORTROOT*）. 编码一个 SCR 家族的转录因子；*CLV1*（*CLAVATA1*）. 编码一个富含胞外亮氨酸重复顺序的受体激酶；*CLV3*（*CLAVATA3*）. 编码 CLAVATA3 小分子蛋白，终产物是一个含 12 个氨基酸的小分子多肽；*CLE19*（*CLAVATA3/ESR-RELATED 19*）. 编码一个 CLV3 类似蛋白，可促进细胞分化；*MP*（*MONOPTEROS*）. 编码一个应答于生长素的转录因子；*FIL*，*YAB3*（*FILAMENTOUS FLOWER*，*YABBY3*）. YABBY 家族基因；*REV*（*REVOLUTA*）. 编码一个带有亮氨酸拉链结构的转录因子；*ANT*（*AINTEGUMENTA*）. 编码一个 AP2 家族转录因子；*UFO*（*UNUSUAL FLORAL ORGANS*）. 编码 SCF 复合体中的 F-Box 蛋白；*ZLL*（*ZWILLE*）. 编码一个胚状体顶端的中央及周边组织建立所必需的翻译起始因子

第三节　体细胞转变为胚性细胞的机制

体细胞胚无论是起源于单细胞还是多细胞，都存在一个共同的问题，即体细胞如何转变为胚性细胞而形成体细胞胚。

植物体细胞胚状体发生的实质是细胞分化，而细胞分化的分子基础则是基因差别表达与调控的结果。有关细胞分化的分子机制有许多理论，其中最具普遍性的是渐变理论，认为一个细胞系的细胞质因子间的互相作用是一个原发稳定基因组中基因活化的结果，从而使该细胞系与其他细胞系不同。这一理论认为细胞分化可以分为两个阶段，第一阶段为预决定阶段，细胞接受或预决定特殊发育，但并未表现出可见的特化标志，这种特性一旦建立，就可以在细胞继代培养中得以稳定保持；第二阶段是表达阶段，在适宜条件诱导下，预胚状体决定细胞（PEDC）产生一系列生理生化和形态变化，表现出分化的特性，但由于这种表达与培养过程中的诱导因素关系密切，因此表现为一种生理反应，是不稳定的（韩碧文，1989）。这一理论在某种程度上可以解释体细胞胚状体发生的细胞学机制，但并未揭示体细胞胚状体发生的实质，以及细胞的预决定性是如何实现的；未能解释经多次继代培养的细胞胚状体往往会失去胚状体发生能力，因这一理论认为预决定细胞在以后的培养过程中处于稳定状态；不能解释体细胞胚状体直接发生途径和间接发生途径可因条件不同而相互转化的问题。为了揭示体细胞胚状体发生的实质，应深入研究这些细胞在离体培养条件下细胞分化过程中基因差别表达与调控，克隆与鉴定相关的基因。因此，需建立较为稳定、体细胞胚状体发生频率高、重复性好、细胞分裂同步化高、可控的相互转化的分化程序，并在形态或生理生化上提供用于鉴定体细胞胚状体发生的准确指标及相应的突变体等的实验体系。

　　按预决定观点，从外植体组织或细胞直接形成体细胞胚的途径需要一种诱导物的合成或抑制物的消除，以恢复有丝分裂活动和促进胚状体发育。这时生长素对胚状体发生常起抑制作用，去除生长素并给以必要的条件，细胞就可进入分裂周期并进行胚状体发生的表达。而从外植体经过脱分化形成愈伤组织，间接产生体细胞胚的途径，则需要分化细胞的重新预决定，这时则需要生长素，诱导细胞进入细胞分裂周期。生长素不仅是使细胞发生分裂所必需的物质，还是使细胞进入胚状体状态所必需的因素（韩碧文，1989）。

一 本 章 小 结 一

　　本章主要叙述了植物体细胞胚状体建成与调控，要求掌握体细胞胚状体的概念、体细胞胚状体发生和合子胚发生的主要过程、体细胞胚状体发生的途径、体细胞胚状体起源与发育及其建成特征，熟悉调控体细胞胚状体发生和发育的基本原理，以及体细胞胚状体发生的基因调控，了解体细胞转变为胚性细胞的机制。

一 复习思考题 一

1. 基本概念部分

体细胞胚状体；花粉胚；体细胞胚状体发生的直接途径；体细胞胚状体发生的间接途径。

2. 基本原理和方法部分

1）植物体细胞胚状体发生的途径有哪些？并简要说明。

2）简要说明体细胞胚状体萌发时的两种不正常萌发现象。

3）体细胞胚发育成植株一般包括哪几个阶段？

4）简要说明植物体细胞胚状体起源及其发育的阶段。

5）植物体细胞胚状体发生和诱导器官发生相比具有哪些明显的特点？

6）体细胞胚和合子胚在发生和发育过程中有哪些区别和相似处？

3. 综合能力部分

论述如何诱导植物体细胞胚状体形成。

一 主要参考文献 一

车建美，赖钟雄，赖呈纯，等. 2005. 荔枝体细胞胚胎发生早期的3种内源激素含量变化. 热带作物学报，26（2）：55-61.

崔凯荣，戴若兰. 2000. 植物体细胞胚发生的分子生物学. 北京：科学出版社.

崔凯荣，邢更生，周功克，等. 2000. 植物激素对体细胞胚胎发生的诱导与调节. 遗传，22（5）：349-354.

高述民. 2001. ABA和PEG对胡萝卜体细胞胚诱导和调控的影响. 西北农林科技大学学报，2：13-16.

胡尚连，王丹. 2004. 植物生物技术. 成都：西南交通大学出版社.

蒋丽，齐兴云，龚化勤，等. 2007. 被子植物胚胎发育的分子调控. 植物学通报，24（3）：389-398.

冷春旭，李付广，陈国跃，等. 2007. 陆地棉体细胞胚胎发生过程的cDNA-AFLP分析. 西北植物学报，27（2）：233-237.

明凤，胡尚连，李文雄. 1999. 小麦胚性愈伤组织发生形态、解剖构造与核酸和蛋白质代谢的关系. 东北农业大学学报，30（4）：313-317.

明凤，李文雄，胡尚连. 2000. 小麦胚性愈伤组织发生影响因素的研究. 东北农业大学学报，31（1）：1-6.

邢更妹，黄惠英，王亚馥. 2002. 枸杞体细胞胚发生过程中内源多胺代谢动态的研究. 西北植物学报，22（1）：84-89.

邢更妹，井茹芳，李杉，等. 2004. 枸杞体细胞胚发生中外源 Ca^{2+} 的作用. 植物生理与分子生物学学报，30（3）：261-268.

颜昌敬. 1990. 植物组织培养手册. 上海：上海科学技术出版社.

Asthana P, Rai M K, Jaiswal U. 2017. Somatic embryogenesis from sepal explants in *Sapindus trifoliatus*, a plant valuable in herbal soap industry. Industrial Crops and Products, 100: 228-235.

Che P, Love T M, Frame B R, et al. 2006. Gene expression patterns during somatic embryo development and germination in maize Hi Ⅱ callus cultures. Plant Mol Biol, 62: 1-14.

Chugh A, Khurana P. 2002. Gene expression during somatic embryogenesis-recent advances. Current Science, 83 (6): 715-730.

Duong T N, Bui van L, van Thanh K T. 2000. Somatic embryogenesis and direct shoot regeneration of rice (*Oryza sativa* L.) using thin cell layer culture of apical meristematic tissue. J Plant Physiol, 157: 559-565.

He D G, Tanner G, Scott K J. 1986. Somatic embryogenesis and morphogenesis in callus derived from the epiblast of immature embryos of wheat (*Triticum aestivum*). Plant Science, 45: 119-124.

Hussain S S, Husnain T, Riazuddin R. 2004. Somatic embryo germination and plant development from immature zygotic embryos in cotton. Pakistan Journal of Biological Sciences, 7 (11): 1946-1949.

Little E L, Magbanua Z V, Parrott W A. 2000. A protocol for repetitive somatic embryogenesis from mature peanut epicotyls. Plant Cell Reports, (19): 351-357.

Maillot P, Lebel S, Schellenbaum P, et al. 2009. Differential regulation of SERK, LEC1-Like and Pathogenesis-Related genes during indirect secondary somatic embryogenesis in grapevine. Plant Physiology and Biochemistry, 47: 743-752.

Miguel W R E, Pereira J G. 2001. Cosmological constant and the speed of light. International Journal of Modern Physics D, 10 (1): 41-48.

Miho I, Mikihisa U, Hiroshi K. 2006.Embryogenesis-related genes; Its expression and roles during somatic and zygotic embryogenesis in carrot and *Arabidopsis*. Plant Biotechnology, 23 (2):153-161.

Niedz R P, Mckendree W L, Shatters R C. 2003. Electroporation of embryogenic protoplasts of sweet orange [*Citrus sinensis*(L.) Osbeck] and regeneration of transformed plants. *In Vitro* Cellular & Developmental Biology Plant, 39(6): 586-594.

Rossin C B, Rey M E C. 2011. Effect of explant source and auxins on somatic embryogenesis of selected cassava (*Manihot esculenta* Crantz) cultivars. South African Journal of Botany, 77 (1): 59-65.

Sghaier-Hammami B, Jorrín-Novo J V, Gargouri-Bouzid R, et al. 2010. Abscisic acid and sucrose increase the protein content in date palm somatic embryos, causing changes in 2-DE profile. Phytochemistry, 71: 1223-1236.

Umehara M, Kamada H. 2006. Embryogenesis-related genes; Its expression and roles during somatic and zygotic embryogenesis in carrot and *Arabidopsis*. Plant Biotechnology, 23: 153-161.

Zeng F C, Zhang X L, Cheng L, et al. 2007. A draft gene regulatory network for cellular totipotency reprogramming during plant somatic embryogenesis. Genomics, 90: 620-628.

Zhang B H, Feng R, Liu F, et al. 2001. High frequency somatic embryogenesis and plant regeneration of an elite Chinese cotton variety. Bot Bull Acad Sin, 42: 9-16.

人工种子 第七章

第一节　人工种子概况

一、人工种子发展概况

Murashige 于 1978 年提出了人工种子（artificial seed）的概念，Redenbaugh 等在 1986 年成功地利用海藻酸钙包裹制成了苜蓿和芹菜的人工种子。此后，人工种子的研究在农作物、花卉和林木等方面取得了很大进展。在农作物方面，如胡萝卜、苜蓿、芹菜、水稻、玉米、甘薯、棉花、小麦、烟草、大麦、油菜、百合、莴苣、马铃薯等都有成功生产的报道；在花卉和林木中，如长寿花、水塔花、白云杉、黄连、刺五加、橡胶树、柑橘、云杉、檀香、黑云杉、桑树、杨树等，也有成功生产人工种子的报道。目前，除人工种子的包囊材料及包囊方法外，苜蓿、芹菜、圆白菜和莴苣等培养分裂组织的方法在美国或日本也获得了专利。

在我国，人工种子的研究已列入国家高技术研究发展计划（863 计划），并已取得明显进展，尤其在胡萝卜、黄连、芹菜和苜蓿等研究中已获得大量体细胞胚，在无菌条件下其人工种子的发芽率可达 90% 以上。

二、人工种子的概念与种类

（一）概念

天然种子既是人类衣食之源，又是植物传种繁衍后代所特有的有性繁殖器官，其结构一般由胚、胚乳和种皮三部分组成。所谓人工种子，是指将细胞培养中形成的在形态上和生理上均与合子胚相似的体细胞胚（胚状体）或不定芽包埋在能提供养分（人工胚乳）的胶囊里，再在胶囊外面包上一层具有保护功能和防止机械损伤的外膜（人工种皮），造成一种类似天然种子的结构（图 7.1）。

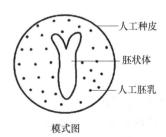

模式图

人工种皮包埋制成的人工种子

图 7.1　人工种子

（二）人工种子各部分功能

1. 体细胞胚　　为了使人工种子在一定条件下萌发生长，并形成完整植株，人工种子首先应该具备一个能够很好地发育成完整植株的胚，它具有胚根和胚芽的双极性，经原胚、球形胚、心形胚、鱼雷形胚和子叶形胚等不同阶段发育而成。

2. 人工胚乳　　人工胚乳为体细胞胚萌发提供营养物质。根据使用者的目的，可向人工胚乳内自由添加有利于胚状体正常萌发所需的各种营养成分、防病虫物质、植物激素等，这也是人工种子优越于天然种子之处。

3. 人工种皮　　包裹在人工种子的最外层，对人工种子起到保护作用，保护人工种子内部的水分和营养不致丧失和防止外部物理冲击，还要保证通气。

（三）人工种子种类

根据包裹材料的不同，可以将人工种子分为以下 4 种类型（Redenbaush et al.，1991）。

1）裸露的或休眠的繁殖体，可以直接播种，如休眠的微鳞茎和微型薯等。

2）人工种皮包裹的繁殖体（图 7.2）。

3）水凝胶包埋的胚状体（图 7.3）、不定芽及休眠的小鳞茎等繁殖体，水凝胶中可含多种养分和激素，促进繁殖体的生长。

4）液胶包埋的繁殖体。

三、人工种子特点及研制涉及的问题

（一）人工种子特点

与天然种子比较，人工种子具有以下特点。

1）人工种子主要来源于体细胞胚，而体细胞胚是通过无性繁殖体系实现的，因而可以用于固定优良基因组合杂种优势；而优良基因组合杂种优势通过天然种子的有性繁殖，必然导致大量分离，难以稳定，使一些需要的特性丧失。

2）由生物工程产生的转基因植株和植物组织与细胞培养筛选获得的突变体，通过体细胞胚状体发生制作人工种子，迅速扩大繁殖，不受季节限制，可以大批量生产，提供充足种源，成本低，发芽速度和生长速度比较一致，体积小，运输方便，还可以直接播种和进行机械化操作等。

3）在制作人工种子过程中，加入农药、菌肥、激素等可以提高农作物抗病虫害的能力，加速作物生长和发育。

4）节约粮食。

5）保存和快速繁殖脱病毒苗。

（二）人工种子研制涉及的问题

人工种子研制过程中涉及的问题较多，主要包括如下几点。

1）要求高频率诱导体细胞胚状体发生，而且数量多、质量高。

2）为使人工种子出苗整齐一致，必须使体细胞胚同步化。

图 7.2　愈伤组织诱导、植株再生和人工种子转换（Wang et al.，2007）

A. 由成熟种子诱导的愈伤组织；B. 在再生培养基上由愈伤组织再生的不定芽；

C. 由一块愈伤组织再生的不定芽；D. 移栽后成活的植株；E. 在 MS 基本培养基上不定芽的生根；

F. 继代培养 2 年的愈伤组织；G. 由继代培养 2 年的愈伤组织再生的不定芽；

H. 应用 3% 的海藻酸钠和 1% 的活性炭包被不定芽，然后形成海藻酸钙胶囊；

I. 人工种子的萌发和完整植株的获得；J. 生长在灭菌土壤和蛭石（2∶1）中的健康植株

　　3）人工种皮材料必须不损害体细胞胚，同时又有利于发芽和生长，并经得起加工、贮藏和运输。

　　4）人工胚乳必须保证体细胞胚正常发育和提供充足营养，同时能防腐和防干。

　　5）能够进行机械操作以便大量制种。

　　6）提高体细胞胚产生正常植株的转换率。

　　7）掌握胚状体遗传变异的抑制技术。

　　8）改进胚状体的包囊材料和包埋方法。

　　由此可见，体细胞胚状体发生频率的高低、胚的质量和体细胞胚状体发生同步化是生产人工种子的基础和关键。

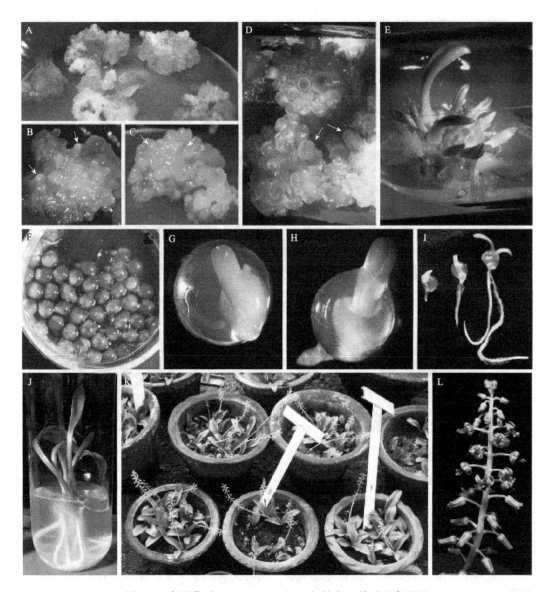

图 7.3　白屈菜（*Chelidonium majus*）的人工种子生产过程

A. 胚性愈伤组织诱导；B. 胚性愈伤组织初步形成；C. 球形体细胞胚；D. 伸长的体细胞胚；E. 萌发的体细胞胚；

F. 15℃条件下贮藏一个月的人工种子；G. 单个人工种子；H. 单个人工种子萌发；I. 人工种子萌发的不同时期；

J. 人工种子萌发形成完整植株；K. 人工种子萌发形成完整植株移栽后开花；L. 人工种子萌发形成完整植株的单个花序；

图中箭头所指为体细胞胚

第二节　人工种子的制备技术

　　人工种子的制备主要包括体细胞胚的诱导与同步化控制、人工种子的包埋、人工种皮的研制、人工种子转换和人工种子的贮藏与萌发等内容。

一、高质量和高产量体细胞胚诱导与同步化

体细胞胚是人工种子研制的核心和关键，在人工种子研制中，诱导和获得高质量与高产量体细胞胚是开展人工种子研究考虑的首要问题。

在体细胞胚状体发生中的一个普遍现象是体细胞胚状体发生的不同步性，在同一外植体上常常可以观察到不同发育时期的大大小小的体细胞胚，导致不能一次性获得大量的成熟胚用于人工种子的制作。因此，体细胞胚诱导的同步化是人工种子研制需要解决的一个重要问题。

高质量的体细胞胚是指获得的体细胞胚必须具有发育完整、生长健壮并具明显的胚根和胚芽的两极性结构，在无菌条件下有 90% 以上的体细胞胚能够正常萌发，并发育成完整小植株。高质量体细胞胚的大小因物种而异。就目前已研制的人工种子来看，所用的体细胞胚均为子叶期，其体积也较大，如芹菜的长度为 7～10 mm，苜蓿的长度为 8～10 mm，胡萝卜、黄连和刺五加的长度均为 3～5 mm，其在无菌条件下均具有较高的转化率。

由此看来，人工种子的研制必须以同步化、高质量和高产量的体细胞胚为基础。体细胞胚一定要活力强，能够正常发育并完成全部发育过程，诱导出的体细胞胚可以单个剥离，而且再生频率高，在长期继代培养中体细胞胚状体发生和发育能力不丧失，并在激素等条件下可以同步控制体细胞胚状体发生。胡萝卜等体细胞胚诱导技术较好的植物，体细胞胚产量较高，1 L 培养基能分离出 10 万个体细胞胚。

体细胞胚的诱导可以从悬浮培养的单细胞得到，也可以通过离体诱导的愈伤组织获得，只有使所有培养的细胞或发育中的细胞团进入同一个分裂时期，即同步化，才能成批生产成熟体细胞胚。根据有关研究，将体细胞胚诱导与同步化控制归纳如图 7.4 所示。体细胞胚同步化控制的问题，除可以通过各种理化因素进行调节外，还受到试验材料本身的细胞敏感性和胚状体发育潜力等遗传因素的影响。因此，在诱导体细胞胚状体发生和同步化处理时，应综合考虑材料的选择、培养程序的处理和胚状体发生规律的掌握等

体细胞胚诱导与同步化控制
┌ 物理方法
│ ├ 手工选择：无菌条件下逐个筛选
│ ├ 过筛选择：胚性细胞悬浮培养液分别通过不同孔径滤网过筛、培养、再过滤
│ ├ 不连续密度梯度离心：通过不同浓度分离液产生不同密度梯度溶液，对不同密度细胞进行筛选
│ ├ 渗透压分选：基于体细胞胚不同发育阶段渗透压变化明显，可选择比较一致的同一发育时期的体细胞胚
│ ├ 植物胚性细胞分选仪筛选：根据不同发育阶段体细胞胚密度不同，通过筛选液（一般为2%蔗糖，进样速度15 mL/min，分选液流速20 mL/min）经数分钟分级筛选，以获得一定纯度的成熟胚
│ └ 低温处理同步化：冷处理或与营养饥饿相结合，以增加细胞同步化
└ 化学方法
  ├ 饥饿法：除去悬浮细胞生长所需基本成分，导致进入静止生长期，然后恢复营养，以促进细胞同步化
  ├ 阻断和解除法：适当阻断细胞循环过程，使培养细胞同步化，然后解除阻断，以控制体细胞胚发育同步化
  └ 有丝分裂阻止：利用秋水仙碱抑制细胞有丝分裂，以达同步化，但处理时间不宜过长，避免引起不正常有丝分裂

图 7.4 体细胞胚诱导与同步化控制

多方面。

二、人工种子的包埋

获得高质量和高产量且同步化的体细胞胚后，需要选择适合的材料将体细胞胚包裹起来，制成人工种子。因此，包埋剂和人工种皮是人工种子制作的重要环节。人工包埋时应注意以下几点要求：①包埋材料必须对体细胞胚无损害和无毒性，确保体细胞胚具有正常萌发的能力，而且成本低廉；②人工种子在研制、贮藏、运输和种植过程中具有耐久性，即人工种皮要有一定的硬度；③人工种子的胶囊内必须含有植物生长和发育所需要的养分、水分、植物激素和防腐剂等物质，以保证体细胞胚的正常萌发；④人工种子适合机械化播种。图7.5为人工种子制备过程。

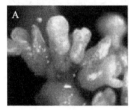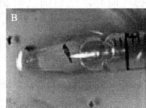

图 7.5　人工种子制备过程

A. 成熟的体细胞胚；B. 用无菌吸管吸取与包埋剂混合的体细胞胚；C. 带体细胞胚的液滴滴入 2% CaCl₂ 溶液后
形成的白色半透明的包埋丸；D. 人工种皮包埋制成的人工种子

目前，有 5 种比较好的胶体，包括褐藻酸盐、琼脂、白明胶、角叉菜胶和槐豆胶，可用于体细胞胚的包埋。这些胶体既能保证包住体细胞胚，又能保证胚的存活和正常萌发。其中，褐藻酸盐所形成的胶囊是目前最好的凝胶包埋材料。

包埋方法主要包括滴注法与装膜法。滴注法通常是指将体细胞胚悬浮于含 2%～4% 海藻酸钠的溶液中，然后用塑料吸管吸住含体细胞胚的海藻酸钠悬滴并置于 0.1 mol/L CaCl₂ 溶液中，经离子间发生交换而形成胶囊。胶囊的直径与吸管内径、吸注的速度、胶囊的大小、体细胞胚的大小和发芽能力有关。胶囊中体细胞胚的位置一般应偏向一边，以利于体细胞胚萌发。为保证体细胞胚萌发，聚合时间要适宜，聚合时间的长短与所用包埋试剂浓度密切相关。当海藻酸钠浓度控制在 2%～4% 时，在 CaCl₂ 中停留的时间不要超过 10 min，否则胶囊会太硬而影响体细胞胚萌发。在人工种皮的硬度合适的时候，立刻将人工种子转入无菌水中冲洗并停止离子交换，以免种皮太厚，不利于人工种子的萌发，而种皮太薄又不利于保存、播种和运输。形成的胶囊最后可在 1/2 MS 培养基上做发芽和转换试验，或进一步包裹人工种皮（沈大棱，1991）。图 7.6 为滴注法制作人工种子的一个基本流程。

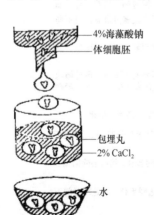

图 7.6　滴注法制作人工种子

装膜法制备人工种子是指将体细胞胚混合到温度较高的胶液中，然后滴注到一个有小凹坑的微滴板上，随着温度降低变为凝胶而形成胶丸（崔凯荣和戴若兰，2000）。

海藻酸钠和氯化钙的浓度影响包埋丸的硬度（表 7.1）。

表 7.1　不同浓度包埋剂对所形成的包埋丸质量和形成时间的影响（孙敬三和朱至清，2006）

海藻酸钠含量 /%	$CaCl_2$ 含量 /%	形成包埋丸所需时间 /min	备注
2	2	60	形状不一，颗粒不匀
3	2	30	颗粒不匀
4	2	10～15	硬度适中，颗粒圆而透明
5	2	2～5	透明度差
6	2	1～3	太硬，透明度差

因此，要得到合格的包埋丸，在人工种子包埋时，必须全面考虑体细胞胚的大小、吸注的速度和包埋剂浓度等多方面因素。

三、人工种皮的研制

人工种子的人工种皮必须保证内外气体交换畅通，以确保胚状体的活力，同时又具有防止水分及营养成分的渗漏和抵抗外界压力的作用。人工种皮一般采取双层种皮结构，内种皮通透性较高，外种皮较硬，透性小，起保护作用。

目前，已筛选出的海藻酸钠、明胶、果胶酸钠、琼脂、树胶等可作为内种皮，某些纤维素衍生物与海藻酸钠制成复合改性的包埋基质，可明显改善人工种皮的透气性。海藻酸钠中加入多糖、树胶等可减慢凝胶的脱水速度，提高干化体细胞胚的活力。

以半疏水性聚合膜作为外层种皮，可以降低海藻酸钙的亲水性，对人工胚乳起固定作用。此外，在膜上可以添加毒性小的防腐剂或溶菌酶，以防微生物的侵入。Tay（1993）用壳聚糖作为外种皮研制成的油菜人工种子，在无菌条件下，其萌发率可达 100%，但在有菌条件下萌发率仍不高。因此，研制具有一定机械强度、防渗漏、防菌的人工种皮仍是人工种子研究的热点。

美国杜邦公司生产的 Elvax4260 是一种较好的人工种皮材料，是由乙烯、乙酸和丙烯酸三种物质共聚的产物。人工种皮的制作方法为：先将 4 g 海藻酸钙胶囊置于 20 mL 含 0.1 g 葡萄糖和含 0.2 mL 甘油的 NaOH 溶液中搅拌 1 min；然后在 50 mL 环己烷中加入 10% 的 Elvax4260；在 40℃ 条件下溶解 5 g 硬脂酸、10 g 鲸醋醇和 25 g 鲸醋取代物，另加 295 mL 石油醚和 155 mL 二氯甲烷；最后将海藻酸钙胶囊置于上述混合液中浸泡 10 s，取出后用热风吹干。如此重复 4 或 5 次，最后用石油醚冲洗干净，经尼龙布过滤后在空气中风干即可（崔凯荣和戴若兰，2000）。

四、人工种子转换试验

转换（transformation）是指人工种子在一定条件下萌发、生长和形成完整植株的过程。转换的方法可分为无菌条件下的转换和土壤条件下的转换。

（一）无菌条件下的转换

无菌条件下的转换也称为离体条件下的转换，一般是将新制成的人工种子播种在1/4 MS培养基上，附加1.5%麦芽糖（麦芽糖代替蔗糖有利于体细胞胚的萌发和转换）和8 g/L的琼脂。培养后统计人工种子形成完整植株的数量，即人工种子的转换率。无菌条件转换率的高低主要取决于诱导高质量体细胞胚状体发生和同步化的培养基成分与转换条件。

（二）土壤条件下的转换

土壤条件下的转换也称为活体条件下的转换。制作人工种子的最终目的是直接播种于土壤，使其正常萌发并实现植株的正常生长发育。因此，人工种子在土壤条件下转换成功才具有更大的意义。

目前，人工种子在土壤条件下的转换率低，这可能与转换试验中为人工种子萌发提供营养的无机盐种类密切相关。此外，碳源也可能是人工种子土壤条件下转换率的一个限制因子。因此，必须在人工种子中贮藏必需的养分或供给外源营养物质。

五、人工种子的贮藏与萌发

人工种子贮藏时间的长短和萌发率的高低对人工种子的应用至关重要。人工种子寿命最理想的状态是能够与真正的合子胚种子的寿命一样长，只有这样，才有利于人工种子的贮藏和萌发。因此，在制备人工种子过程中必须要求各个环节都不受污染，以保证延长体细胞胚在人工胶囊中的寿命。大量研究表明，人工胶囊内体细胞胚的寿命要比未包裹的寿命短，比天然种子中合子胚的寿命更短，这与体细胞胚未经休眠而继续进行活跃的呼吸有关。此外，海藻酸盐胶囊本身又抑制呼吸，更加缩短了体细胞胚的寿命。因此，贮藏和萌发是人工种子研制的主要难点之一。

目前，延长人工种子贮藏时间和提高其萌发率的主要方法包括低温法、干燥法、抑制法、液体石蜡法等，以及这些方法的组合。干燥法和低温法是目前应用最多的方法。从理论上讲，干化的人工种子更像天然种子，具有更长的贮藏寿命。Gray等（1987）在23℃条件下干化鸭茅体细胞胚21 d，萌发率达到12%。Hammatt等（1987）把大豆体细胞胚干化到原体积的40%～50%后再吸水，萌发率仍达到31%。干化增强人工种子幼苗的活力，可能与其超氧化物酶和过氧化物酶的活性显著提高，从而减轻低温贮藏对体细胞胚的伤害有关。金冀毅等对芹菜人工种子的研究表明，由悬浮培养直接获得的芹菜体细胞胚基本上为玻璃化，经（22±2）℃干燥处理4～6 d后，由于体细胞胚水分丢失，逐渐由玻璃化转为正常，部分地提高了体细胞胚长成植株的数量，而且提高了体细胞胚在4℃时贮藏的生活力。通过电子显微镜（简称电镜）观察和电导值与脱氢酶的比较，发现干化有助于体细胞胚贮藏期间细胞结构、膜系统的保持和酶活性的提高，使体细胞胚具有更好的耐贮性。尽管有研究表明，干化的体细胞胚转换率较低和贮藏时间仍较短，但为体细胞胚干化后被包裹用于生成人工种子提供了可能。

低温贮藏也有利于体细胞胚转换率的提高，如在4℃条件下，苜蓿体细胞胚可贮藏28 d，其转换率由原来的50%增长到60%。但包裹后的人工种子贮藏，其转换率明显降低。

—本 章 小 结—

本章主要叙述了与植物人工种子研制有关的概念、基本原理和方法。要求掌握人工种子的概念、组成及各部分功能、人工种子优于天然种子的特征、人工种子的制备技术，熟悉人工种子贮藏的基本方法，了解人工种子研制的概况及目前人工种子研制所涉及的主要问题。

— 复习思考题 —

1. 基本概念部分

人工种子。

2. 基本原理和方法部分

1）人工种子研制主要涉及哪些问题？

2）人工种子的包埋应注意哪些问题？

3）与天然种子比较，人工种子有哪些特点？

3. 综合能力部分

阐述人工种子研制过程。

— 主要参考文献 —

胡尚连，王丹. 2004. 植物生物技术. 成都：西南交通大学出版社.

李修庆. 1990. 植物人工种子研究. 北京：北京大学出版社：71-80.

沈大棱. 1991. 农作物人工种子 // 颜昌敬. 农作物组织培养. 上海：上海科学技术出版社：79-90.

孙敬三，朱至清. 2006. 植物细胞工程实验技术. 北京：化学工业出版社.

肖尊安. 2005. 植物生物技术. 北京：化学工业出版社.

颜昌敬. 1990. 植物组织培养手册. 上海：上海科学技术出版社.

朱至清. 2003. 植物细胞工程. 北京：化学工业出版社.

Cao J L, Zhang X L, Jin S X, et al. 2008. An Efficient culture system for synchronization control of somatic embryogenesis in cotton (*Gossypium hirsutum* L.). Acta Agronomica Sinica, 34(2): 224-231.

Haque S M, Ghosh B. 2016. High-frequency somatic embryogenesis and artificial seeds for mass production of true-to-type plants in *Ledebouria revoluta*: an important cardioprotective plant. Plant Cell Tiss. Organ Culture, 127: 71-83.

Wang W G, Wang S H, Wu X A, et al. 2007. High frequency plantlet regeneration from callus and artificial seed production of rock plant *Pogonatherum paniceum* (Lam.) Hack. (Poaceae). Scientia Horticulturae, 113: 196-201.

第八章

植物细胞悬浮培养与次生代谢产物生产

李时珍（1518～1593）在《本草纲目》中所列的1000多种药物绝大多数是植物药物，目前仍有约25%的法定药品来自植物。这些药物的有效成分均为次生代谢产物。许多植物次生代谢产物是优良的食品添加剂和名贵化妆品原料，有些是生物毒素的主要来源，可以用于杀虫、杀菌，而对环境和人畜无害，是理想的环保产品。植物次生代谢产物在医药、食品、轻化工业等领域具有重要意义。植物细胞不仅具有构成一个完整植株的全部遗传信息，同时，在生化特征上，也具有其亲本植株产生次生代谢产物的遗传基础和生理功能。研究表明，通过细胞培养方法获得的次生代谢产物含量有的会远远高于植物本身。由于植物细胞培养技术不破坏植物、保护生态环境和生产的高效性，其为生产天然次生代谢产物提供了一条新途径，现已成为当代生物技术的一个重要组成部分。下面主要针对植物细胞悬浮培养体系的建立及次生代谢产物生产的技术关键加以介绍。

第一节　植物细胞悬浮培养体系的建立

一、植物细胞悬浮培养的概念与类型

植物细胞悬浮培养（plant cell suspension culture）是指将单个游离细胞或小细胞团在液体培养基中进行培养增殖的技术。这些细胞或小的细胞团来自愈伤组织，或某个器官或组织，通过物理或化学的方法进行分离而获得。

植物细胞悬浮培养包括两种基本方式，即分批培养（batch culture）和连续培养（continuous culture）。分批培养是指将细胞接种在一个与外界隔绝、只允许气体和挥发性的代谢产物进行交换，且营养液体积保持不变的密闭系统中培养。当培养基中主要营养物质耗尽时，细胞的分裂和生长即停止。分批培养所用的容器一般是100～250 mL的锥形瓶，每瓶中装有20～75 mL培养基。为了使分批培养的细胞能不断增殖，必须进行继代，方法是取出培养瓶中一小部分悬浮液，转移到成分相同的新鲜培养基中（大约稀释5倍）。

在分批培养中，细胞数目增长的变化情况表现为一条S形曲线（图8.1）。其中一开始是滞后期（lag phase），细胞很少分裂，接着是对数生长期（exponential phase），细胞分裂活跃，数目迅速增加。经过3或4个细胞世代之后，由于培养基中某些营养物质已经耗尽，或是由于有毒代谢产物的积累，增长逐渐缓慢，由直线生长期（linear phase）经减慢期（progressive deceleration phase），最后进入静止期（stationary phase），增长完全停止。滞后期的长短主要取决于在继代时原种培养细胞所处的生长期和转入细胞数量的多少。如果转入的细胞密度很低，则在加入培养单细胞或小群体细胞所必需的营养物质之前，细胞

将不能生长。另外，如果缩短两次继代的时间间隔，如每 2～3 d 继代一次，则可使悬浮培养的细胞一直保持对数生长。如果处在静止期的细胞悬浮培养液保存时间太长，则会引起细胞的大量死亡和解体。因此十分重要的一点是，当细胞悬浮液达到最大干重产量之后，即在刚进入静止期的时候，须尽快进行继代。在分批培养中细胞繁殖一代所需的最短时间，即在对数生长期中细胞数目所需的时间，因物种的不同而异：烟草为 48 h，蔷薇为 36 h，菜豆为 24 h，白桦为 72 h 左右，一般来讲，这些时间都长于在整体植株上分生组织中细胞数目加倍所需的时间。

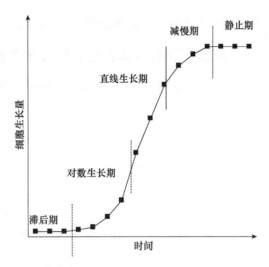

图 8.1 在分批培养中每单位容积悬浮培养液内的细胞生长量与培养时间关系示意图

连续培养是指将细胞接种在一定容积但非封闭的反应器中，在培养过程中不断注入新鲜培养基，使培养细胞连续得到营养物质补充，细胞的生长和增殖连续进行。连续培养又可分为开放式连续培养和封闭式连续培养，开放式连续培养即在加入新鲜培养液的同时，培养细胞也随同培养液一起流出，并通过调节流入与流出的速度，使培养物的生长速度永远保持在一个接近最高值的恒定水平上；封闭式连续培养即培养细胞随同培养液一起排出后，用机械的方法将培养的细胞收集起来，再放入原培养容器，使培养容器中细胞数量不断增加。

植物细胞悬浮培养体系已被广泛应用于遗传学、分子生物学、发育生物学、细胞学及生物化学等的研究，尤其是为在细胞水平上进行遗传操作提供了理想的条件，如筛选有用细胞突变体；为植物原生质体的分离、培养和杂交及遗传转化提供了良好的材料与受体；为有用次生代谢产物的生产提供了良好的途径。

二、建立良好的细胞悬浮培养体系的基本条件

悬浮培养与固体培养相比，有三个优点：一是增加培养细胞与培养液的接触面，改善营养供应；二是在振荡条件下可避免细胞代谢产生的有害物质在局部积累而对细胞自身产生毒害；三是振荡培养可以适当改善气体的交换。影响悬浮细胞生长的因素包括：起始愈伤组织的质量；接种细胞密度；培养条件（方式、温度、继代周期）等。建立一个成功的细胞悬浮培养体系（简称悬浮细胞系）必须满足以下三个基本条件。

1）细胞或小的细胞团在液体中分散性良好，细胞团一般为 30～50 个细胞或 30 个细胞以下，在实际培养中很少有完全由单细胞组成的植物细胞悬浮系。

2）均一性好，即细胞形状、大小及细胞团大小均匀一致。悬浮系外观为大小均一的小颗粒，培养基清澈透亮，细胞色泽呈鲜艳的乳白或淡黄色。

3）液体培养基中细胞分裂旺盛，细胞生长迅速，一般 2～3 d 生长量可增加一倍。

植物悬浮细胞系不仅为原生质体培养和人工种子的研制奠定良好基础，同时也为遗传转化提供良好受体，还可以用来生产植物次生代谢产物。因此，植物细胞悬浮培养是

植物细胞工程技术中很有价值的技术手段。

三、细胞悬浮培养体系建立的技术关键

建立良好悬浮细胞系的主要影响因素见图 8.2。

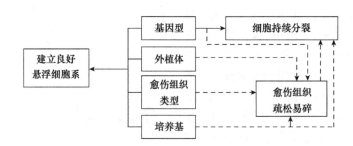

图 8.2　建立良好悬浮细胞系的主要影响因素
虚线为可能实现的

（一）选择合适的基因型和外植体

1. 基因型　　基因型是影响植物细胞悬浮培养的重要因素。有的基因型容易诱导形成愈伤组织，用其为外植体进行细胞悬浮培养，细胞可以进行分裂，并可持续分裂，进一步同步化后，获得悬浮培养细胞系。但有的基因型相反。因此，要重视起始材料基因型的筛选。

2. 外植体　　选择合适的外植体是细胞悬浮培养成功的另一重要因素。外植体的选择对以后愈伤组织的诱导十分重要，是愈伤组织诱导的重要条件。合适的外植体诱导产生疏松易碎的愈伤组织，对以后建立悬浮细胞系可以起到事半功倍的效果。双子叶植物中常用的外植体为幼胚、成熟胚、下胚轴、子叶和叶片等；单子叶植物中常用的外植体为幼胚、成熟胚、幼穗和花药等。根据大量的研究报道，无论单子叶还是双子叶植物均以幼胚为最佳（单子叶植物的幼穗也很好），诱导的愈伤组织质量好，分化能力强。某些情况下用幼胚、下胚轴、子叶等可以直接进行细胞悬浮培养，如用大麦幼胚可以直接建立悬浮细胞系，并利用此细胞系获得大麦原生质体再生植株（颜秋生等，1990）。

在林木育种方面，以白桦为例，欧洲白桦和日本白桦已建立多种外植体、多水平的再生途径。同时，在植株的分化和再生机理等方面也进行了探索。迄今，所试验的外植体有休眠芽、胚、叶片、叶柄、茎段、花药、根和种子等。用过的培养基有 WPM、MS、IS、NT4、NT、N 等。东北林业大学森林生物工程实验室以来自白桦无菌苗的茎段为外植体诱导愈伤组织可获得次生代谢产物——白桦三萜（尹静和詹亚光，2009）。

东北农业大学小麦研究室曾用小麦幼穗诱导产生愈伤组织，再以愈伤组织为外植体成功地建立单细胞悬浮培养细胞系，进一步诱导培养获得再生植株（图 8.3），并对其后代的农艺性状、生化品质性状及遗传稳定性进行研究。这充分表明体细胞无性系变异的存在和在作物品种改良中应用的可行性（李文雄等，1989～2002）。

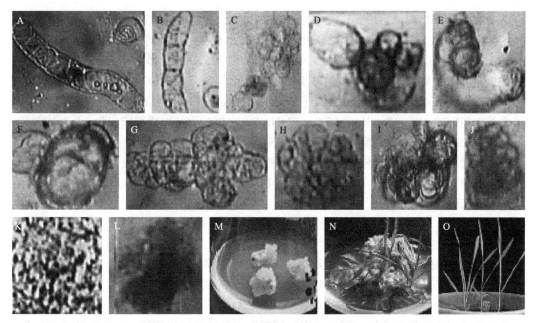

图 8.3　小麦单细胞培养与植株再生（李文雄和曾寒冰，1996）

A，B. 同步化悬浮培养细胞分裂前；C. 第一次正常分裂；D. 非正常分裂的第一次分裂；E，F. 非正常分裂的第二次分裂；G～J. 经多次分裂后形成细胞团；K，L. 愈伤组织；M. 愈伤组织芽的分化；N. 由愈伤组织直接发生的再生植株；
O. 移栽的再生植株

（二）诱导疏松易碎的愈伤组织

愈伤组织质量（外观和生理状态）直接影响悬浮细胞系的建立。最合适的愈伤组织应疏松易碎、外表湿润、颗粒细小，颜色为白色或淡黄色，经几次继代筛选后作为建立悬浮细胞系的起始材料。

诱导疏松易碎的愈伤组织，关键在于培养基类型、激素的种类和浓度，以及外植体本身和附加的有机物。对于禾谷类作物来说，适宜的外植体为幼穗、幼胚和花药，激素一般为 2 mg/L 2,4-D（或附加 0.5 mg/L BA、NAA 或 ABA），常以 MS、B_5 或 N_6 为基本培养基。在培养基中附加有机物有利于愈伤组织的诱导，如加入水解酪蛋白、L-脯氨酸、谷氨酰胺，这主要是改变培养基中铵态氮和硝态氮的比例，它们比例的改变影响愈伤组织的质量和状态。另一重要因素是培养基渗透压。培养基中蔗糖浓度为 10～30 g/L 时，有利于疏松易碎愈伤组织的形成，浓度较高时则易形成坚硬的愈伤组织和胚状体。研究表明，以白桦组培苗茎段为外植体，以 NT 为基本培养基，附加 0.01 mg/L TDZ（噻苯隆）＋0.1 mg/L BA 可获得生长速度快且松散的白桦愈伤组织（尹静和詹亚光，2009）。

此外，调整继代时间间隔可使疏松易碎愈伤组织块生长迅速，很快从大块组织块中分离出来。因愈伤组织内部的细胞不均一，生理状态和生长速度也不相同，疏松易碎的小愈伤组织块常被包埋在大愈伤组织块内。

（三）选择合适的细胞悬浮培养基

用于细胞悬浮培养的培养基可参考愈伤组织诱导培养基，但有时这些培养基并不完全适合细胞悬浮培养。当培养过程中细胞变褐、生长变缓时应重新选择培养基，包括选择培养基的种类，激素的种类、浓度、比例，以及有机附加物等。对单子叶植物而言，一般选择 MS、B_5 和 N_6 培养基；而对双子叶植物而言，一般选择 MS、B_5 和 LS 培养基。并根据培养状况调整培养基中激素种类、浓度和比例及有机附加物等。例如，不同的培养基对白桦愈伤组织鲜重积累的影响差异显著，在进行白桦细胞悬浮培养时，不同基本培养基中均附加 0.8 mg/L 6-BA 和 0.6 mg/L NAA，白桦细胞鲜重积累依次为：B_5＞WPM＞1/2 MS＞MS＞IS＞NT（王博和詹亚光，2008）。

由于悬浮细胞在液体培养基中生长迅速，容易造成 pH 下降，应及时更换新鲜培养基。一般每 3～5 d 更换 1/3 培养液。也可以在培养基中添加 pH 缓冲剂，如 MES［2-（N-吗啉）乙磺酸］等。

（四）细胞悬浮培养

开始进行细胞悬浮培养时，取约 2 g 新鲜疏松易碎愈伤组织于盛有 20～40 mL 液体培养基的锥形瓶内，在 120 r/min、（25±1）℃、黑暗或弱光条件下培养（图 8.4）。如果愈伤组织不易分散，可先用镊子将愈伤组织碎开，碎开时尽可能避免损伤。培养过程中可能出现悬浮细胞培养物呈黏稠状或因机械损伤而造成的褐化现象，从而影响细胞生长，此种情况可以通过短间隔（2～3 d）的继代培养加以解决。

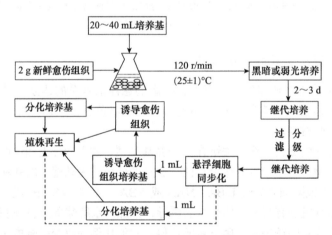

图 8.4　细胞悬浮培养与植株再生过程示意图

提示：① 细胞悬浮培养过程中要注意细胞与培养基的比例，以 120 r/min 的转速下细胞可在培养液中浮起为宜；② 新配好的培养基应放置数天，确定无污染时才能使用。

（五）悬浮细胞的继代与选择

悬浮培养刚开始时细胞生长较慢，原来许多较小的细胞团逐渐变大，同时又有新的小细胞团产生。为了细胞培养的同步化，必须将培养一段时间后的培养液中大块愈伤组织和细胞团去掉，保留小的细胞团，直至得到均一的细胞悬浮培养体系。

常用的方法有三种：① 采用尼龙网或不锈钢网（孔径 520 μm 左右）过滤去掉大块愈伤组织或大细胞团，然后收集小细胞团进行继代培养；② 在每次进行继代培养时将培养物摇匀，静止片刻，将上层液体培养基与其中的小细胞团倒入另一无菌锥形瓶内，弃去大细胞团和位于瓶底部的愈伤组织块，加入新鲜培养基进行继代培养；③将培养物摇匀，静止片刻，用吸管吸取培养基中部培养物（此处细胞团小而均一，胞质浓厚），加入另一无菌锥形瓶中，然后添加无菌新鲜培养基。

　　提示：进行继代培养时应注意培养瓶内原有的培养基和新鲜培养基的比例，一般以1∶3为宜。因为培养瓶内原有培养基经过短时间细胞培养后具有促进细胞分裂的作用（Somers et al.，1987）。操作过程中应避免污染。

（六）悬浮细胞的同步化

　　同步培养是指在培养中大多数细胞都能同时通过细胞周期的各个阶段（G_1、S、G_2 和M）。同步性程度以同步百分数表示。在一般情况下，悬浮培养细胞都是不同步的，这不适用于诱导体细胞胚状体发生及生理生化机制的研究，仍需进一步使其同步化。要使非同步培养物实现同步化，就要改变细胞周期中各个事件的频率分布。King 和 Street（1977，1980）强调，同步性程度不应只由有丝分裂指数来确定，而应根据若干彼此独立的参数来确定，这些参数包括：①在某一时刻处于细胞周期中某一点上的细胞百分数；②在一个短暂的具体时间内通过细胞周期中某一点的细胞百分数；③全部细胞通过细胞周期中某一点所需的总时间占细胞周期时间长度的百分数。

　　用于实现悬浮培养细胞同步化的方法有两类，即物理方法和化学方法。物理方法主要是通过对细胞物理特性（细胞或小细胞团的大小）或生长环境条件（光照、温度等）的控制，实现高度同步化，其中包括按细胞团的大小进行选择的方法和低温休克法等，如可通过分级过筛分离法和不连续密度梯度离心法达到。分级过筛分离法采用不同孔径尼龙网，根据细胞团的大小将各组分分开。不连续密度梯度离心法是根据细胞团各组分密度的不同而将其分开。Ficoll 是蔗糖的多聚物，常被用作密度梯度系统。不同孔径尼龙网分级过筛方法简单，效果也好。尼龙网可多次使用，但每次使用后应彻底清洗和灭菌。化学方法的原理是使细胞遭受某种营养饥饿或是通过加入某种生化抑制剂阻止细胞完成其分裂周期，即饥饿法或抑制法。饥饿法具体是指先对细胞断绝供应一种进行细胞分裂时所必需的营养成分或激素，使细胞停止在 G_1 期或 G_2 期，经过一段时间的饥饿后，当重新在培养基中加入这种限制因子时，静止的细胞就会同步进入分裂。抑制法具体是指使用 DNA 合成抑制剂如 5-氨基尿嘧啶、5-氟脱氧尿核苷（FUdR）、羟基脲和胸腺嘧啶脱氧核苷等，使培养细胞同步化。当细胞受到这些化学药物的处理之后，细胞周期只能进行到 G_1 期，细胞都滞留在 G_1 期和 S 期的边界上。当把这些抑制剂去掉之后，细胞即进入同步分裂。应用这种方法取得的细胞同步性只限于一个细胞周期。

（七）悬浮细胞的活力和生长速度

　　悬浮细胞的活力和生长速度受悬浮培养细胞起始密度的影响。当悬浮培养细胞生长积累到一定量时，必须通过继代将其分开，加入一定量培养基使细胞继续进行生长，并保持细胞应有的活力。一般继代培养 3 d 时的细胞活力最强，常以其为材料进行原生质体游离与培养和诱变处理等。如果继代时间过长（5～7 d 或更长），瓶内细胞积累量过多时，细胞自身向培养基中分泌产物增多，而且培养基成分和 pH 均发生较大变化，往往造成细胞活力下降，细胞生长缓慢。

细胞活力测定方法包括：①相差显微术法。即在显微镜下，根据细胞质环流和正常细胞核的存在与否，鉴别出细胞的死活。②氯化三苯四氮唑（TTC）还原法（Sakai，1982）。其原理为TTC是标准的氧化还原色素，氧化状态是无色的，被还原时成为红色的三苯基甲腙（TF），它在空气中不会自动氧化，相当稳定。具有生命力的愈伤组织呼吸作用产生的氢能使TTC还原成TF，因此愈伤组织细胞便染成红色。愈伤组织细胞产生的脱氢酶活性的高低伴随着氧化-还原反应的氢量不同，且脱氢酶活性与愈伤组织的细胞活力呈正相关，可根据颜色的有无及深浅或还原生成的TF量来判断愈伤组织的细胞活力。吸光值即代表细胞活力，吸光值越大，细胞的活力越强（刘华和梅兴国，2001）。③二乙酸荧光素（FDA）染色法（Widholm，1972）。应用这个方法可以对活细胞百分数进行快速的目测，FDA既不发射荧光，也不带有极性，能自由地穿越细胞质膜。在活细胞内FDA被酯酶裂解，将能发荧光的极性部分（荧光素）释放出来。由于荧光素不能自由穿越质膜，因而就在完整的活细胞的细胞质中积累起来，但在死细胞和破损的细胞中则不能积累。当以紫外线灯照射时，荧光素产生绿色荧光，据此可以鉴别细胞的死活。④伊凡蓝染色法。这种方法可用作FDA的互补法。当以伊凡蓝的稀薄溶液（0.025%）对细胞进行处理时，只有活力已受损的细胞能够摄取这种染料，而完整的活细胞不能摄取这种染料。因此，凡不染色的细胞皆为活细胞。

悬浮细胞生长速度的测定无统一标准和方法，通常是测不同时间细胞的鲜重、干重或密度积累，以此作为衡量生长速度的标准。

提示：由于悬浮培养细胞起始密度是影响细胞生长速度的一个重要因素，因此在测量时应加以考虑。

（八）单细胞培养

1．单细胞的分离

（1）愈伤组织诱导　　不同的植物采用不同的方法，使用不同的外植体诱导形成愈伤组织。反复继代愈伤组织，使组织不断增殖，提高愈伤组织的松散性。

（2）单细胞悬浮液的制备　　将愈伤组织在液体培养基中培养，建立悬浮培养物，进而通过振荡培养，使愈伤组织形成细胞团、小细胞团甚至是单细胞分散培养物，再进一步通过细胞筛过筛得到单细胞悬浮液。

2．单细胞培养方法

（1）平板培养法（plate culture method）　　是将单个细胞与熔化的琼脂培养基均匀混合后平铺一薄层在培养皿底部的培养方法。该方法是Bergmann（1960）首创，用于分离单细胞无性系，研究其生理、生化、遗传上的差异。由于它具有筛选效率高、筛选量大、操作简单便等优点，被广泛地用于遗传变异、细胞分裂分化、细胞次生代谢产物合成等多项研究。基本操作步骤：先将含有游离细胞和细胞团的悬浮培养物过滤，弃去大的细胞团，只留下有利细胞和小细胞团，进行细胞计数。根据细胞的实际密度，或加入液体培养基进行稀释，或通过低速离心使细胞沉降后，再加入液体培养基进行浓缩，以使悬浮培养液达到最终所要求的植板密度的2倍。加热与上述液体培养基成分相同，但加入了0.6%~1%琼脂的培养基，使琼脂熔化，然后冷却到35℃，置于恒温水浴中保持这个温度不变。将这种培养基和上述细胞悬浮培养液等量混合，迅速注入并使之铺展在培养皿中。在这个过程中要做到：当培养基凝固后，细胞能均匀分布并固定在很薄一层（约 1 mm 厚）培养基中。然后用封口膜把培养皿封严，置培养皿于倒置显微镜下观察，对其中的各个单细胞，在培养皿外的相应位置上用细记号笔做上标记，以保证以后能分离出单细胞无性系，最后将培养皿置于 25℃下黑暗中培养。低倍显微镜观察，记数单细胞或小细胞团，计算植板效率（也称植板率）。

植板效率＝（每个平板上形成的细胞团数/每个平板上接种的细胞总数）×100%

（2）看护培养法（nurse cultivation method）　是指用一块活跃生长的愈伤组织来看护单个细胞，并使其生长和增殖的方法，可诱导形成单细胞培养系。Muir（1954）首先用此法培养出烟草单细胞株。Sharp（1972）成功地将此法用于番茄的花粉培养，诱导花粉形成单倍体细胞系。具体步骤是：借助一个微型移液管或微型刮刀，由细胞悬浮液中或由易散碎的愈伤组织分离得到细胞。但在此之前数天，需在无菌条件下把一块 8 mm 见方的灭过菌的滤纸置于一块早已长成的愈伤组织上。愈伤组织和所要培养的细胞可以属于同一个物种，也可以是不同物种。滤纸铺上之后，逐渐被下面的看护组织块所湿润。这时，将分离出来的单细胞置于湿滤纸的表面。这项操作应敏捷迅速，以免细胞和滤纸失水变干，当这个培养的细胞长出了微小的细胞团之后，将它转移至琼脂培养基上，以便进一步促进它的生长，并保持这个单细胞无性系。此法简便易行、效果好、易于成功，但是不能在显微镜下直接观察细胞的生长过程。

（3）微室培养法（microchamber cultivation method）　这个方法是由 Jones 等（1960）设计的，是指将悬浮细胞培养在培养板的培养室中，使其分裂增殖形成细胞团。这种方法的优点是可以在显微镜下跟踪观察细胞分裂增殖形成细胞团的全过程，并可进行比较观察试验。具体做法是，先由悬浮培养物取出一滴只含有一个单细胞的培养液，置于一张无菌载玻片上，在这滴培养液的四周与之隔一定距离加上一圈液体石蜡，构成微室的"围墙"，在"围墙"左右两侧再各加一滴液体石蜡，每滴之上置一张盖玻片作为微室的"支柱"，然后将第三张盖玻片架在两个"支柱"之间，构成微室的"屋顶"，于是那滴含有单细胞的培养液就被覆盖于微室之中，构成"围墙"的液体石蜡能阻止微室中水分的丢失，但不妨碍气体的交换，最后把上面筑有微室的整张载片置于培养皿中培养。当细胞团长到一定大小以后，揭掉盖玻片，把组织转到新鲜的液体或固体培养基上培养。由于该法培养基用量少，应及时添加和更换培养基，每次更换 1/3。原生质体培养也可采用这一方法。

3. 影响单细胞培养的因素　　培养基的成分和初始植板细胞密度等是单细胞培养的成败关键。

（1）条件培养基　　在进行细胞培养时，只有细胞内合成某些进行细胞分裂所必需的化合物，且这些化合物的内生浓度达到一个临界值以后，细胞才能进行分裂。而且在培养中，细胞会不断地把它们所合成的这些化合物散布到培养基中，直到在细胞和培养基之间达到平衡，这种散布过程方才停止。细胞密度较高，可以较快地合成这些化合物，达到这种平衡状态。然而使用含有这些必需代谢产物的条件培养基，就能在相当低的密度下使细胞发生分裂。

（2）初始细胞植板密度（＞临界密度）　　临界密度：单细胞培养时，初始细胞植板密度低于某值，培养细胞就不能进行分裂和发育成细胞团，则该值就是临界密度。初始细胞植板密度应根据培养基的营养状况而改变，培养基越复杂则植板细胞的临界密度越低，反之则临界密度越高。一般要求每毫升在 1000 个细胞以上。

（3）生长物质　当以低密度植板进行细胞培养时，必须在培养基中加入一种细胞分裂素和几种氨基酸，临界密度只需 25～30 个细胞 /mL 即能分裂。若以水解酪蛋白（250 mg/L）和椰乳（20 ml/L）取代各种氨基酸和核酸碱，有效植板细胞密度则可进一步下降到 1～2 个细胞 /mL。

（4）CO_2　Stuart 和 Street（1971）的工作表明，在低密度细胞培养中，CO_2 对于诱导细胞分裂也可能具有重要意义。在假挪威槭和其他一些植物的悬浮培养中，若培养瓶内的空气保持一定 CO_2 分压，可使有效细胞密度由大约 $1×10^4$ 个细胞 /mL 下降到 600 个细胞 /mL。

第二节　植物细胞生产有用次生代谢产物

植物次生代谢产物是植物中一大类并非生长所必需的小分子有机化合物，具有一定的生理活性及药理作用，其主要是针对一些经济价值高的植物（如人参、三七、红豆杉等）进行研究，生产药物、色素、芳香原料等。

一、植物细胞培养生产次生代谢产物研究概况

自 1956 年第一个应用细胞培养技术生产天然产物的专利诞生至今，已有近 1000 种植物可以产生包括临床上需要的重要药物（如紫杉醇、地高辛、长春花碱、奎宁等）、香料、色素等在内的 600 多种天然产物。日本是利用这一技术最早的国家，1968 年古谷等用 130 000 L 的发酵罐开始人参培养的工业化生产，从而使植物细胞发酵培养进入工业化生产的实用阶段。工业化生产的人参皂苷组成及药理活性与亲本植株基本相同，而皂苷含量却为亲本植株的 3 倍，从而解决了人参需求量大、生产周期长、人工栽植不能连作等矛盾。1981 年，Tabata 等对紫草植物细胞进行悬浮培养，获得了紫草宁衍生物，到 1983 年日本科学家首先成功地进行了紫草宁衍生物工业化生产。之后，黄连细胞培养生产小檗碱、长春花细胞生产阿吗碱的规模都达到了 5000 L，长春花细胞培养生产蛇根碱（利血平）和阿吗碱都已进入工业化生产。德国人也建立 75 L、750 L、7500 L、15 000 L、75 000 L 系列搅拌式生物反应器组成的植物细胞工厂，并利用这些反应器培养了紫松果菊细胞，生产免疫活性多糖。

我国学者在此领域也开展了多方面的工作，如郑光植等进行的三分三细胞培养，周立刚等进行的西洋参、三七和人参细胞培养，董教望等进行的新疆紫草细胞培养，张宗勤等进行的红豆杉细胞培养，其中人参、紫草细胞培养技术指标达到国际水平。目前我国已建立了三七、三分三、人参、西洋参、三尖杉、紫草、洋地黄、长春花、丹参、红豆杉、毛地黄、黄连及雷公藤等十几种药用植物的液体培养系统，经过对培养基和培养条件的操作已使有效成分达到或超过原植株。在此基础上，对三七、三分三、人参、紫草、长春花、西洋参、红豆杉等进行了大规模培养的探索，其中以中国科学院植物研究所的紫草大规模培养、华中理工大学的红豆杉大规模培养为代表性成果。而中国药科大

学进行的人参 10 L 体积的大规模培养，是我国中药生物技术第一个商品化的例子。目前，国内外已进行细胞培养的药用植物还有：曼陀罗、山莨菪、颠茄、蛇根木、白芍药、山莨芥、乌药、甘草、银杏、冬凌草、苦参、杜仲、苦瓜、喜树、白桦等百余种。从细胞培养中得到的药用成分有：喜树碱、莨菪碱、小檗碱、奎宁、地高辛、天仙子胺、胆固醇、利血平、山莨芥皂苷元、胰岛素、白桦三萜等。

为加速植物细胞培养技术商业化生产进程，各国科学家一方面不断改进培养技术，如控制培养的气相环境，加入刺激剂、大孔树脂吸附剂等；另一方面发展新的培养方法，如高密度培养、连续培养等，以期得到一种适合于植物细胞工业化生产的培养方式。目前，国内外用于药用植物细胞悬浮培养的反应器主要有搅拌式、鼓泡式、气升式、振动混合式。尽管细胞培养的药用植物种类已达到百余种，但只有少数达到生产规模。一是增殖率不高，产物不稳定（含量低于原植物水平），导致成本高，不能商品化，因此高产细胞株系的遗传稳定性研究有待进一步加强。二是由于植物细胞本身所具有的一些特殊性，研究适合于植物细胞大规模培养的生物反应器，已成为这一技术实用化转化的重要问题之一。

二、植物次生代谢产物生产的概念与途径

（一）概念

植物次生代谢产物（secondary metabolites）的概念是在 1891 年由 Kossel 明确提出的，是指植物中一大类并非植物生长发育所必需的小分子有机化合物，其产生和分布通常有种属、器官、组织和生长发育期的特异性。次生产物在植物中的合成与分解过程称为次生代谢。植物次生产物种类繁多（据保守估计已超过 2 万种），根据分子结构不同大致分为：酚类化合物——黄酮类、单酚类、醌类（苯醌、萘醌、蒽醌）；萜类化合物——三萜皂苷、甾体皂苷、单萜、倍半萜、二萜；含氮化合物——生物碱（真生物碱、伪生物碱、原生物碱）、胺类（伯胺、仲胺、叔胺、季胺）、非蛋白质氨基酸、生氰苷、多炔类、有机酸等。植物次生代谢产物广泛应用于医药、农业、工业等各个领域（表 8.1）。

表 8.1　应用的重要植物次生代谢产物

应用领域	次生代谢产物
医药	生物碱：阿玛碱，阿托品，小檗碱，可待因，利血平，长春花碱，长春花新碱
	甾类：薯蓣皂苷配基
	卡烯内酯：毛地黄皂苷配基，地高辛
食品添加剂	甜味剂：卡哈苡苷，甜蛋白
	苦味剂：奎宁
	色素：藏红花色素
农业化学	除虫菊酯，印度楝素，莎拉宁
精细化学	蛋白酶，维生素类，脂类，乳胶，油脂

规模化细胞培养因可保护生态环境，提高生产效率，同时也是发展新型的生物技术产业，而成为生产植物次生代谢产物的理想途径。据统计，每年用于治疗各种疾病的植物次生代谢类药物费用高昂，仅美国用于治疗白血病的长春花碱，年销售额就达 18 亿~20 亿美元，而用于治疗心脏病的毛地黄年销售额更是达到 20 亿~55 亿美元，可见次生代谢产物药物的开发和应用具有重要的社会意义和经济价值。

（二）植物次生代谢产物生产途径

植物次生代谢产物可以直接从植物中提取，也可以利用化学合成、微生物发酵、植物细胞培养、基因工程技术等方法及利用发根农杆菌遗传转化获得。

直接从植物中提取次生代谢产物是利用传统的提取分离方法与现代先进仪器相结合，从植物中直接提取次生代谢产物的方法，但由于在植物中次生代谢产物含量很低，采用该种方法提取有效的次生代谢产物已造成大量野生植物资源数量的减少和严重破坏，因此需要寻求其他有效途径生产有用的植物次生代谢产物。

1. 化学合成   化学合成的方法是建立在充分了解和掌握次生代谢产物在植物体外反应步骤的基础上，利用化学工业，完全合成或半合成植物次生代谢产物，如广谱抗生素氯霉素、药用四环素类、维生素 B_{12} 的合成等。然而，由于很多天然产物化学结构非常复杂和独特，涉及的生物合成途径也非常多，如紫杉醇（20 步反应）、喜树碱（11 步反应）、长春新碱（18 步反应）等化合物合成均涉及一系列繁杂的酶促反应，要化学合成需要多达数十步反应，常会遇到收率低、成本高、工艺流程复杂、毒性大、产生同分异构体及造成环境污染等问题。因此，天然产物在很长一段时间内是难以依靠化学合成或者合成途径表达的方法实现原料供应的（于荣敏和周良彬，2012）。

2. 微生物发酵   微生物发酵法是利用植物内生真菌生产一些抗细菌、抗其他真菌、抗病毒等的物质。长期寄生在某种植物上的内生真菌通常能与该宿主植物协同演化，因而该宿主植物与其内生真菌之间可能存在基因重组的现象，从而使得宿主植物上的内生真菌能产生与宿主植物相同的代谢产物（Hyde，2010；Souvik et al.，2012）。植物内生真菌具有极为丰富的多样性，是极为宝贵的真菌资源库，为从中挖掘新菌种和筛选有活性的代谢产物提供了广泛的研究空间。

近来发现的天然产物中有 51% 来自植物内生真菌，38% 来自土壤微生物，11% 来自植物和动物，显然内生真菌已成为天然产物潜在的重要资源，开发与研究内生真菌资源，并从中寻找和发现新的先导化合物已成为国内外研究的热点。微生物这种高效的细胞反应器工厂的生物学特点使微生物发酵工程的药物很好地满足了人们对快速、高效、价廉的次生代谢产物药物的需求。在过去的 20 年中，已经从内生真菌中成功分离到许多抗微生物、杀虫、细胞毒性和抗癌等具有重要价值的生物活性物质。它们涉及类异戊二烯、聚酮化合物、氨基酸衍生物等合成途径代谢产物，包括萜类、类固醇、杂氧蒽酮、醌、酚类、香豆素等类别。自从 Strobel 从短叶紫杉中分离到一株能够产生肿瘤治疗剂紫杉醇的内生真菌以来，学者相继从其他内生真菌发酵产物中分离得到了生物碱类、黄酮类、苯丙素类、奎体类等抗肿瘤活性成分（Rukachaisirikul et al.，2008；李宁等，2013；战妍等，2014）。

3. 植物细胞培养   利用植物细胞培养法生产植物次生代谢产物具有如下优点：

①可以通过生物反应器进行大规模生产，实现生产工业化，提高次生代谢产物产量；②采用生物反应器的生产系统和回收工艺，可以确保产物长期、连续和均匀地生产，不受天气、地理和季节等自然条件的限制；③所获得的次生代谢产物的分离与纯化步骤要比直接从植物体内提取简单；④可以通过细胞筛选，寻找原植物体内没有的其他有效成分。但由于植物细胞生长缓慢、代谢产物含量低、成本高，阻碍了植物细胞培养法在次生代谢产物生产上应用。因此，高产细胞系的筛选、培养基的优化、培养过程代谢的调控是实现次生代谢产物规模化生产的前提和关键。此方法也是本章主要讲述的内容。

4. 植物次生代谢途径遗传操作　　对植物次生代谢途径进行遗传操作，是提高次生代谢产物含量最有效的一个手段，具有广阔的发展空间。遗传操作建立在对植物次生代谢途径有一定了解的基础之上，相关知识包括整个途径的组成步骤；催化各步反应的酶及其编码基因；调控因子及其编码基因；酶、调控因子、中间代谢物和终产物的组织定位和细胞器定位；终产物和中间代谢物的流向；途径中的能量流等。植物细胞培养体系的建立，显著提高了培养物中的酶含量，极大地改善了酶的检测和纯化手段。这些手段反过来被应用于原植物，鉴定了大量代谢途径相关酶。寻找调控特定产物合成的关键酶的基因、选择适合的载体及在受体适当部位高效特异地表达是利用该技术生产次生代谢产物的关键。

植物次生代谢途径的调控是个复杂的过程，受代谢产物水平、多酶复合物相互作用等多种因素的影响。通过遗传操作改造代谢过程，调控产物在植物体内的含量，是一条切实可行和具有广阔发展空间的途径。目前，改造植物次生代谢途径可以采取单基因操作和多基因操作两种策略进行。其中单基因操作包括转化限速酶基因、转化转录因子基因、转化转运蛋白基因、转化单链抗体基因；多基因操作包括有性杂交策略、再转化策略、共转化策略、转录单位策略、多顺反子策略、融合蛋白策略（王晓云等，2012）。

5. 植物次生代谢的合成生物学应用　　合成生物学致力于工程化地组装全新的生物学系统，合成生物学/代谢工程结合强调人工设计和构建核心生物学模块，然后利用这些标准化的生物学模块优化组合来建立人工生物体系，使生物体能按预想的方式完成各种"兴趣化合物"的合成（宿主生物体自身原来没有这种能力）（Nielsen and Keasling，2011）。合成生物学/代谢工程设计成功的前提是要对不同来源"兴趣化合物"的生物合成途径及其调控有一个比较清楚的了解，才能做到有的放矢，为核心生物学模块设计提供理论基础。人们对植物腺毛的研究已应用于合成生物学/代谢工程方面，例如，加利福尼亚大学的 Keasling 课题组有关青蒿素微生物工业化合成的研究工作堪称二者结合的典范。他们以酵母菌为宿主，通过优化酵母中 FPP（法呢基焦磷酸）合成途径，引入植物青蒿的紫穗槐二烯合成酶（amorphadiene synthase，ADS）和 P450 单加氧酶的基因（该酶可完成 3 步连续的氧化反应，催化紫穗槐二烯生成青蒿酸），并对有关代谢途径做了重新设计，解决了天然或非天然代谢物大量积累对寄主的毒性问题，改造后的菌株合成青蒿酸的能力提高到 100 mg/L（Ro et al.，2006）。2011 年 One World Health 公司（非营利性质）开始决定将这项技术用于实际生产（Westfall et al.，2012）。在这个例子中涉及的 ADS 和 P450 单加氧酶克隆和生化功能鉴定是整个项目的核心部分，也是进行青蒿素生物合成人工设计的理论基础，需要指出的是这 2 个基因都在青蒿腺毛中特异性高表达。法国里昂大学的 Legendre（2012）课题组从鼠尾草（*Salvia sclarea*）花的腺毛中成功鉴定了参与香紫苏醇（sclareol）生物合成途径的两步萜类合成酶：SsdiTPS3 和 SsLPPS。香紫苏醇是龙涎香（ambergris）生物合成的前体物质，而龙涎香主要用作香水的定香剂，价值很高，其主要成分是二萜类化合物。随后该课题组利用合成生物学的技术手段将香紫苏醇在大肠杆菌（*Escherichia coli*）中进行重组优化，在发酵条件下，其产量可达 1.5 g/L（Schalk et al.，2012）。

6. 毛状根培养体系应用　　毛状根培养是 20 世纪 80 年代发展起来的基因工程和细胞工程相结合的一项技术，通过将发根农杆菌（*Agrobacterium rhizogenes*）中 Ri 质粒含有的 T-DNA 整合到植物细胞的 DNA 上，诱导植物细胞产生毛状根（陈岑曦等，2007）。相对于常规细胞培养和组织培养，毛状根培养系统具有生长快速、不需要外源植物激素、合成次生代谢物质能力强而且稳定等优点。通过优化培养条件，毛状根甚至可以合成比原植物中高出数倍的活性物质，或原植物不合成的活性成分。由于毛状根体系在生物量增加和生物有效成分积累方面表现出独特的优越性，利用毛状根生产植物次生代谢产物具有很大潜力（孙晶等，2014），因此人们对将其应用于药物生产进行了探究和开发。

实现药用植物毛状根大规模培养的前提是低成本、高产出。通常需要在一定培养时间内尽可能提高有效药用成分的积累量。药用成分的积累量包括两方面内容：一是要提高毛状根的产量，二是要增加目标产物含量比例。目前药用广泛的植物代谢产物包括生物碱类、皂苷类、黄酮类、醌类，以及蛋白质和一些重要的生物酶，其中既有初生代谢产物，又有次生代谢产物。通常毛状根产量的提高与目标产物含量比例的提高存在矛盾，有效权衡多方面影响因素才能达到理想的效果（张辉等，2000）。

影响毛状根生长与次生代谢产物积累的因素包括物理因素、化学因素及遗传调控手段。其中物理因素有光照、pH、溶氧状况、接种量和温度等，药用植物毛状根工业化生产中，有效调控这些物理因素，针对不同植物摸索出具体培养条件，对毛状根生产意义重大，可以有效增加毛状根生物量和次生代谢产物积累量。国内外已有大量研究表明暗培养获得的毛状根能够生产药用植物的次生代谢产物，而针对某些药用植物次生代谢产物（如长春碱和长春新碱）难以获得的情况，Yoshimatsu 等发现光照培养条件下的毛状根会增加相应的药用植物次生代谢产物，可激活某些酶的活性及促进光诱导的叶绿体代谢物产生，叶绿素的含量可能与某些药用成分的合成存在相关性。这些在光照条件下培养获得的毛状根因会逐渐变绿（即产生叶绿素）而被称为绿色毛状根（green hairy root）。杨睿等（2005）通过对水母雪莲（*Saussurea medusa*）毛状根在光周期 18 h/d 条件下进行培养，发现其毛状根呈现黄绿色，生长量是全黑暗培养的 2.1 倍，是全光照培养的 1.2 倍；有效成分总黄酮的合成量为 1179 mg/L，比全黑暗培养提高了 160%，比全光照培养提高了 20%。到目前为止，毛状根已在搅拌式、气升式、喷淋床、雾化式等各种形式的生物反应器中进行培养研究。根据不同植物的毛状根的性状和培养条件的不同而应选择不同的生物反应器，以有利于毛状根生物量和次生代谢产物的积累。邱德友等利用 10 L 的球状气升式反应器进行了丹参毛状根培养的初级放大试验，发现球状气升式反应器培养 50 d 时丹参毛状根的增殖倍数为培养瓶培养时的 241.71 倍。另外，不同培养基、碳源、氮源及添加外源激素等化学因素都会对毛状根的生长及次生代谢产物的生物合成产生一定的影响，可通过改变培养基中各种化学物质种类及配比来研究最适于毛状根生长的化学因素，从而增加毛状根的产量和次生代谢产物含量（杨秀淯等，2012；Hakkinen et al.，2014）。

同时，对合成途径基因过表达及分支途径基因的 RNA 干扰（RNAi）在毛状根生产次生代谢产物过程也有了较深入的研究。

我国已开始对长春花、三七、紫草、红豆杉等珍贵药用植物毛状根的大规模培养进行探索，已在紫草、人参、长春花、曼陀罗、丹参、黄花、甘草和青蒿等 90 多种植物中建立了毛状根培养系统，其中部分已建立发根培养的药用植物形成了次生化合物，并进行了工业化生产（表 8.2）。然而，目前通过毛状根来生产天然活性物质还处于发展阶段，并且大多处于实验室中，要实现用毛状根大规模工业化生产天然活性物质还有很多问题要解决。一方面由于在生长过程中培养液中物质的转移，毛状根生长时易成团，限制了营养和氧气的进入，致使目前的生物反应器还难以满足毛状根大规模培养；另一方面毛状根发酵水平很低，生产的成本高，也无法满足工业化生产的需求。为了提高生物产量，开发新型生物反应器和建立新的培养方法也是实现工业化的重要步骤。此外，对毛状根次生代谢途径和调控机理的研究，将有利于从根本上提高毛状根次生代谢产物的产量。还应该着重考虑将反应器培养技术与工程技术、智能专控技术结合起来，提高生物反应器的使用效率，从而实现大规模培养工业化生产，这将为毛状根培养用于生产药用植物次生代谢产物的工业化发展奠定基础。

表 8.2 已建立发根培养的部分药用植物及其形成的次生化合物（孙敬三和朱至清，2006）

种名	形成的主要次生化合物
赛莨菪（*Scopolia carniolicoides*）	东莨菪碱，天仙子胺
青蒿（*Artemisia annua*）	青蒿素
紫草（*Lithospermum erythrorhizon*）	紫草宁
长春花（*Catharanthus roseus*）	长春花碱、利血平
天仙子（*Hyoscyamus mulicus*）	天仙子胺
颠茄（*Atropa belladonna*）	阿托品
曼陀罗（*Datura stramonium*）	天仙子胺
莨菪（*Scopolia japonica*）	莨菪碱
孔雀草（*Tagetes patula*）	噻吩
金鸡纳树（*Cinchona ledgeriana*）	喹啉生物碱
萝芙木（*Rauvolfia yunnanensis*）	利血平
绞股蓝（*Gynostemma pentaphyllum*）	皂苷
条叶龙胆（*Gentiana manshurica*）	龙胆苦苷
丹参（*Salvia miltiorrhiza*）	丹参酮
	次甲丹参醌
	隐丹参酮
金荞麦（*Fagopyrum cymosum*）	原矢车菊苷元
甘草（*Glycyrrhiza uralensis*）	异夏佛苷
	甘草苷
	异甘草苷
	异佛来心苷
	芒柄花苷

三、细胞培养中次生代谢物合成与细胞生长阶段的关系

次生代谢产物产量与细胞生长阶段之间的关系有三种类型。

平行型：次生代谢产物产生曲线与细胞生长曲线呈平行关系，如烟碱、蒽酮和托品碱等次生代谢产物的细胞培养生产属这种类型。

延迟型：次生代谢产物的产生曲线比细胞生长曲线稍微延迟，如皂苷类次生代谢产物的细胞培养生产即属此种类型。

相斥型：次生代谢产物产量往往要在细胞停止生长或死亡后达到最大值。红豆杉细胞的生长速率与其所含紫杉醇的量呈负相关（Fett-Neto et al., 1994），Davies（1972）报道在玫瑰细胞经过停滞期进入快速分裂阶段时，细胞内多酚合成量降低，只有当细胞进入指数生长后期，多酚的含量才有所提高，这在很大程度上是由于此时细胞分裂已停止。葫芦巴酮、花青素和蒽醌等次生代谢产物培养细胞中也存在类似现象，当细胞处于旺盛的分裂阶段，次生代谢产物的积累量降低，其主要是由于次生代谢产物的分解（如多酚、花青素），或由于次生代谢物的合成速率很低（如辣椒素）。通过减少氮和蔗糖的供给，限制辣椒愈伤组织的生长速率，可提高苯丙氨酸和缬氨酸中的 ^{14}C 向辣椒素的渗入率。在烟草上也发现烟草细胞生长速率与肉桂酸腐胺积累量呈负相关。此外，很多研究者用基因转录或翻译抑制剂（如环己酰胺和放线菌素 D 等）处理培养细胞，发现这些抑制因子的处理能够提高辣椒素和生物碱等次生代谢产物的合成与积累，说明这一类次生代谢产物的合成不依赖于细胞生长和蛋白质的合成。

四、影响植物细胞生产次生代谢产物的因素

在植物细胞培养中，选择高产的外植体、筛选高产细胞系、寻找合适的培养条件与技术等，是提高植物细胞的生长速度和次生代谢产物的产量，实现其工业化生产的先决条件。此外，利用诱导子进行有目的的次生代谢产物调控及生物合成也已得到越来越多国内外学者的关注，并成为大幅度提高培养物中代谢产物含量的重要方法之一。下面主要针对这些影响因素进行阐述。

（一）外植体

愈伤组织的诱导和分化、次生代谢产物的生产主要受外植体本身、培养基和培养条件等因素的共同影响，其中外植体是最难控制的，因此对外植体的筛选是组织培养中非常关键的部分。

不同物种或同一物种不同基因型及同一基因型的不同外植体之间，在离体培养生产次生代谢产物过程中，愈伤组织的诱发率、细胞生长速率和合成次生代谢产物的产量等均存在一定的差异。陈学森等（1997）报道，银杏叶来源的愈伤组织黄酮含量为 1.5%，茎段来源的为 1.0%，而子叶来源的仅为 0.3%；Kimersley 等（1982）用烟草试验证明，来自高尼古丁含量的烟草的愈伤组织中的尼古丁含量也高；李春斌等（2003）研究表明，杜仲不同外植体来源的愈伤组织中总黄酮含量为下胚轴＞叶片＞茎段＞子叶，绿原酸含量为叶片＞子叶＞下胚轴＞茎段。在七子花不同营养器官中黄酮、鞣质、生物碱、皂苷、木质素、绿原酸 6 种次

生代谢产物的含量都具有一定的差异，老根中木质素含量最高；黄酮、总皂苷和总生物碱的含量以叶片最高；绿原酸在花中含量最高；鞣质在幼根中含量最高（李蓓纷等，2007）。研究表明，同一立地条件下生长的 40 个杜仲无性系叶中次生代谢物含量差异显著，表明杜仲个体遗传特性是调控次生代谢产物合成和积累的重要因素；芽开绽期早的个体的次生代谢产物含量高于芽开绽期晚的个体；椭圆形叶的杜仲胶含量明显高于卵形叶的个体；光皮类型的京尼平苷酸和京尼平苷含量高于粗皮类型（高锦明等，2001）。杜仲雄花在不同花期次生代谢产物含量均有差异，总黄酮含量在花蕾期最高，始花期最低，从盛花期到末花期逐渐上升；桃叶珊瑚苷和绿原酸含量均在花蕾期最高，盛花期最低，至末花期含量上升；京尼平苷酸含量在始花期最低，从盛花期开始逐渐升高，至末花期最高；次生代谢产物总量也以花蕾期为最高。杜仲雄花的花蕾期和盛花期是兼顾质量和产量的最佳采摘期（董娟娥等，2005）。所以，在利用植物组织培养生产次生代谢产物时，选择生长快速且具有较高次级代谢产物合成能力的愈伤组织及其外植体是非常重要的。

（二）培养基

1. 基本培养基　　不同种类的基本培养基对愈伤组织的诱导、生长和次生代谢产物的形成有很大的影响。例如，紫草细胞在 White 培养基上能合成紫草宁，而在 LS 等培养基上不能合成（王黎等，1994）；MT 培养基有利于银杏叶片愈伤组织的生长，易获得较高的愈伤组织生物量，但愈伤组织中的黄酮含量较低，而 White 培养基虽然对愈伤组织生长不利，但有利于黄酮的产生和积累；B_5 和 White 培养基对黄连中小檗碱的产生有促进作用（王东和李启任，1998）；B_5 培养基有利于杜仲愈伤组织中总黄酮的形成，而 1/2 MS 培养基有利于绿原酸的积累（李琰等，2004c）。但也有对愈伤生长和次生代谢产物最有利的培养基为同一培养基，因此在组织培养时可以采用二步培养法，根据生长及代谢的需要调整培养基，在生长培养基上完成生物量的增加，在次生代谢产物合成阶段更换培养基。

2. 培养基成分

（1）碳源　　碳源是植物组织培养不可缺少的物质，它不仅能够给外植体提供能量，还能维持一定的渗透压（丁世萍等，1998）。适合组织培养的碳源很多，包括常用糖类（蔗糖、葡萄糖等）和非常用糖（乳糖、半乳糖、淀粉等），不同的培养细胞适合生长和次生代谢产物积累的碳源种类不同。大多数植物细胞对蔗糖的需求范围为 2%～3%，但不同植物材料对糖类的反应不完全相同。杨树培养基中糖类的使用浓度若超过 3%，则易使愈伤组织变黑老化；另外，糖类浓度太低也不利于愈伤组织的诱导和分化。郑穗平和郭勇（1998）在研究玫瑰茄细胞生长和花青素生成时发现，用葡萄糖作为碳源时细胞花青素的含量比用蔗糖时高，单细胞的生长量却低于用蔗糖的；Bao 等在葡萄细胞悬浮培养时，用蔗糖或甘露醇来提高培养基的渗透压，观察到细胞在低渗培养基中可获得最好的生长，而当培养渗透压增加时，在产色素细胞中，花青素的积累明显增加；赵德修等在研究雪莲培养细胞中的黄酮类形成时发现，5% 蔗糖＋1% 葡萄糖的组合对雪莲愈伤组织生长不利，但总黄酮的含量却是最高的。李琰等研究表明，以蔗糖为碳源时，杜仲愈伤组织中绿原酸和总黄酮的含量为最高，葡萄糖为最低，而且蔗糖浓度在 10～50 g/L 时，绿原酸的含量随蔗糖浓度的升高而升高。对于长春花毛状根生产长春碱而言，培养基的蔗糖有一最适浓度，低于 2% 或高于 8% 均不利于生产（Bhadra et al.，1993）；若以葡萄糖为碳源，则产生的生物碱种类和含量均将改变，这可能与葡萄糖造成的渗透压或其他相关植物生理改变有关。生长在以葡萄糖为碳源的介质中，长春花毛状根培养会积累大量的甘油，在仅含有蔗糖的介质中则无此现象。不同碳源条件下，蔗糖浓度为 30 g/L 的白桦愈伤组织中三萜类物质积累量最高，达到 4.040 mg/g 干重（DW）（王博等，2008）。

（2）营养元素   在离体培养条件下与在天然条件下生长的植物材料有某些不同之处，其中之一是植物细胞需要从培养基中摄取必需的营养元素。在离体条件下，细胞的生长对培养基营养的依赖性更大，这些元素要以适当的浓度存在，才有利于细胞生长和次生代谢产物的积累。一般来讲，无机盐浓度较高时比较适合于愈伤组织的生长，无机盐浓度较低时比较适合于次生代谢产物的积累（唐建军等，1998）。增加和减少 B_5 培养基中 NaH_2PO_4 浓度显著地抑制了愈伤组织生长和绿原酸产量及总黄酮的形成；氮源类型对次生代谢产物的产率有很大的影响，且不同植物种类甚至同一种植物的不同基因型对氮素的反应也有所差异。但一般而言，降低培养基中氮源的总浓度可促进黄酮类次生代谢产物的合成；NO_3^- 浓度降低促进次生代谢产物的积累，NH_4^+ 浓度提高抑制花色素的合成；以 NO_3^- 为唯一氮源有利于悬浮培养玫瑰茄细胞的生长，最适浓度为 80 mmol/L；随着 NH_4^+ 浓度的提高，细胞生长速度下降，但次生代谢产物的合成能力有所提高。毛堂芬等（1994）在诱导黄连愈伤组织中的小檗碱时提出，氮源采用 NO_3^- 和 NH_4^+ 配合供给的形式较好，在雷公藤培养中，提高 KNO_3 浓度有利于细胞内二萜内酯的积累；李琰等以 B_5+0.5 mg/L NAA+0.5 mg/L BA 为基本培养基，研究 B_5 培养基中 8 种主要无机盐浓度对杜仲愈伤组织中绿原酸和总黄酮含量的影响，表明 B_5 培养基中当 KNO_3 的浓度达到原浓度的 2/3 时，绿原酸和总黄酮含量及产量最高；$(NH_4)_2SO_4$ 达到原浓度的 4/3 时，总黄酮含量及产量最高，对绿原酸的含量则是其为原浓度的 1/3 时最高；$MgSO_4$ 为原浓度的 1/3 时，绿原酸和总黄酮积累最高；NaH_2PO_4、$CaCl_2$ 和 $MnSO_4$ 保持原浓度时，次生代谢产物合成最好；1/3 原浓度的 $ZnSO_4$ 和 $FeSO_4$ 时，愈伤组织的绿原酸和总黄酮含量最高。$CaCl_2$ 和 $MgSO_4$ 能明显提高萝芙木咖啡碱的含量，在紫草细胞培养中，紫草素的含量明显受 Ca^{2+} 浓度的影响（Fujita，1981）。

（3）植物激素种类及配比   基本培养基能保证培养物的生存与最低生理活动，但只有配合使用适当的外源激素才能诱导细胞分裂的启动、愈伤组织生长及根、芽的分化等合乎理想的变化。在基本培养基一致的情况下，激素种类和浓度对细胞生长和次生代谢产物的积累具有至关重要的作用。一般而言，低浓度的生长素对次生代谢有利，但 2,4-D 对次生代谢具有抑制作用，如长春花、毛曼陀罗、天仙子、颠茄、罂粟等细胞培养物在有 2,4-D 存在时不产生生物碱；NAA 促进橘叶鸡眼藤悬浮培养物中蒽醌的产生，而 2,4-D 则完全抑制蒽醌的合成；NAA 也会抑制紫草愈伤组织中紫草宁的生成（唐建军等，1998）。较高浓度的 2,4-D 对退化羊草（*Chinese leymus*）组织培养再生芽的诱导和再生非常有效（Liu et al.，2004），斜茎黄芪（*Astragalas adsurgens*）愈伤组织诱导的培养基中，高浓度的 2,4-D 结合低浓度的 BA 对提供胚性愈伤组织的发生是有利的（Baker and Bhatia，1993）。而以 MS 和 N_6 添加 0.5 mg/L 2,4-D 和 1.0 mg/L 6-BA 对虎杖愈伤组织的产生及其次生代谢产物的积累为最好（刘晓琴等，2006）。不同浓度和配比的激素直接影响灰绿黄堇愈伤组织中生物碱的合成（图 8.5）。

细胞分裂素对愈伤组织的生长分化及次生物质代谢也有很大的作用，如果浓度太低，对愈伤组织的作用力较小，而高浓度的 6-BA、KT 等则抑制生长及产物的生成；另外，不同浓度的分裂素和生长素组合对愈伤诱导及其继代分化等时期的作用也有很大差距，单独使用 2,4-D、KT 或 KT 与 IBA 组合不能诱导银杏幼叶产生愈伤组织或诱导率很低；NAA 与 KT 或 6-BA 组合最适于诱导幼叶产生愈伤组织（姜玲等，1998），继

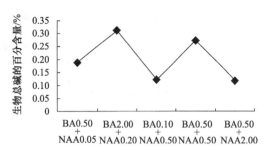

图 8.5　不同激素浓度组合下灰绿黄堇愈伤组织中生物总碱的百分含量（韩多红和孟红梅，2003）

BA 和 NAA 的浓度单位均为 mg/L

代培养过程中附加 6-BA 和 2,4-D 诱导的愈伤组织前期生长快，但继代后易褐变。还有研究表明，NAA 和 IBA 能显著促进人参毛状根的生长，其中 0.5 mg/L IBA 能明显促进毛状根生长和总皂苷的积累；细胞分裂素 6-BA 在较低浓度时，虽然对生长无明显的促进作用，但对皂苷积累有利（周倩耘等，2003）。赤霉素对某些萜类的合成很重要，在青蒿毛状根培养基中添加适量的赤霉素可明显促进发根生长和青蒿素的合成（蔡国琴，1992）。所以只有摸索出适当的生长素和细胞分裂素的配比和浓度才能有效地合成目的产物，从而提高产量，这需要进行大量试验筛选。

（4）pH　　培养基的 pH 也影响植物次生代谢产物的合成速率、产物种类及其在细胞内的积累和释放。细胞内的 pH 通常并不随环境中的 pH 改变而改变，但当环境中 pH 太高（高于 7.5）或太低（低于 4.5）时，胞内 pH，尤其是液泡内 pH 将受到影响，许多酶活性也因此而发生改变，进而影响次生代谢产物的合成。pH 对次生代谢产物在细胞内的积累或释放的影响，主要是由于次生代谢产物存在形式的改变。例如，生物碱在酸性的液泡中以阳离子的形式存在，不易穿透液泡膜，故有利于生物碱在胞内的积累，若 pH 提高，则液泡内植物碱以中性形式存在，有助于穿过液泡膜而向外释放，故不易在细胞内积累。

（三）高产细胞系的筛选

利用植物细胞培养技术生产次生代谢产物并实现工业化的关键是筛选出高产稳产的细胞系。最初诱导而来的愈伤组织生长及合成次生代谢产物的能力参差不齐，必须使用一定的方法和程序筛选出生长快、次生代谢产物合成能力强的优良细胞系，从而大大提高次生代谢产物的产量。例如，红豆杉的细胞系之间在合成紫杉醇能力上有很大差异，有的合成能力很强，达细胞干重的 0.015%，甚至高达 0.05%，有的则不产生紫杉醇。高产细胞系的筛选策略见图 8.6，主要是通过愈伤组织培养、细胞悬浮培养和单细胞培养等几个阶段，并针对不同的筛选目标采用不同的筛选方法和培养方法，从而筛选出高产细胞系。目前筛选高产细胞系的方法一般有：材料选择、克隆选择、抗性选择、诱变选择、细胞融合选择和基因工程选择。克隆选择方法在高细胞系次生物质含量的研究中得到广泛应用，目前已得到几十种次生物质产量相当于或超过亲本植株的细胞。诱变选择在各种突变体的研究中得到广泛的应用。而次生物质合成通路中有许多分支，可通过基因工

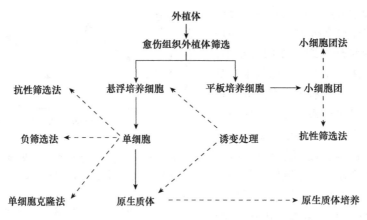

图 8.6   细胞系筛选思路及其相互关系（梅兴国，2003）

图中实线代表已确定途径；虚线代表可选择途径

程手段，关闭一些非合成目的产物的途径，从而培养出高产细胞系。

（四）光照和温度

绿色植物通过光合作用制造有机物，经过植物体内的运输和转化产生各级代谢产物，因此，光照对有效成分的形成和积累是必需的。光照条件包括光质、光照强度、光照时间等。在自然界中，光照条件随纬度、海拔、坡向、昼夜和季节变化的影响而不同；在室内进行植物栽培和组织培养时，光照条件可以人工控制。通过大量研究，人们已发现药用植物的有效成分与光照条件具有某些相关性。

1. 光质   植物界存在着由红光、远红光调节的第一类光形态建成反应和蓝光、近紫外光调节的第二类光形态建成反应。这两类反应的效应不同，如红光能促进植物体内碳水化合物的积累，蓝光能提高蛋白质的含量（李韶山和潘瑞炽，1993）。郑珍贵等研究发现在长春花激素自养型细胞中，红光比蓝光更有利于生物碱生成（郑珍贵等，1999）。赵德修等（1999）报道了在水母雪莲组织培养中蓝光对愈伤组织中黄酮合成的促进作用最强，其次是远红光和白光稍有促进作用，而红光条件下黄酮含量最低。通过设计不同组合，结果显示，每天 16 h 蓝光加 8 h 白光和 8 h 蓝光加 16 h 白光的组合能使水母雪莲愈伤组织中产生最高的黄酮含量和黄酮生产率。孙非等（1992）通过试验表明，蓝光能使西洋参中硝酸还原酶活性保持在较高的水平，促进叶片可溶性蛋白含量的提高，但蓝光下西洋参产量最低。不同光处理条件下，蓝光对白桦愈伤组织中三萜物质含量的积累最为有利，最高达到 8.413 mg/g DW（范桂枝等，2009）。Wang 等采用 385～790 nm 波长的光源，研究其对青蒿毛状根生长和产生青蒿素的影响，研究表明，在 660 nm 波长的光源下，青蒿毛状根干重和青蒿素含量都达到最大。12 h/d 光照对杜仲愈伤组织的生长及绿原酸和总黄酮的合成有明显的促进作用，黑暗不影响愈伤组织的生长，但却抑制绿原酸和总黄酮的形成（李琰等，2004a）。因此，单纯的某种光质虽然对某些物质合成有利，从植物整体生长来看，可能并非是最佳条件，如果不同光质按一定比例组合，不但能促进植物生长，而且有利于所需物质的合成。

2. 光照强度　　根据植物对光照强度的要求不同，可将其分为阳生植物、阴生植物和中间类型的耐阴植物。阳生植物要求充足直射日光，才能生长或生长良好，阴生植物要求适宜生长在荫蔽环境中，在完全日照下生长不良或不能生长。由于光照强度受纬度、海拔、坡向、季节变化的影响而不同，对一些阴生植物而言，光照成为决定其分布、生长发育和有效成分含量的重要条件。例如，人参为阴生或耐阴植物，喜光，但怕强光直射，若光照过强，则会发生日灼病（王荣生，1993）。张治安等（1994）通过试验研究，发现在20%荫棚透光率时参根人参皂苷含量最高，为干重的4.5%。袁开来等（1993）比较不同光强下伊贝母中生物碱的含量，发现在80%相对光强下，生物碱含量最高，而全光照或过度遮阴，含量均降低，因此认为适度遮阴有利于伊贝母中生物碱的积累。王万贤等（1996）研究生态因子对绞股蓝总皂苷含量的影响，结果表明，相对照度在65%左右时，绞股蓝总皂苷含量最高，当低于50%或高于85%时总皂苷均呈降低趋势。官秀庆（1991）报道了在遮光率为22%时老鹳草属植物中日老鹳草（*Geranium thunbergii*）的丹宁含量最高。朱旭祥等（1998）在研究红豆杉中紫杉醇及其半合成前体10-脱乙酰巴比亭Ⅲ（10-DAB）的含量与生态环境的关系时，调查发现林中庇荫处或无阳光直射的阴坡处的红豆杉中存在高含量的紫杉醇。对阳生植物，充足的光照则能提高有效成分的含量，如李强等（1994）调查表明生于阳坡的金银花中绿原酸的含量高于阴坡，说明充足的光照有利于绿原酸的形成和积累。刘珊等（1999）通过试验发现光照强度对麻黄当年生枝的生物碱含量无显著影响，但生物碱的产量随光照强度的升高而增加。

3. 光照时间　　光照时间与纬度、坡向、季节有密切关系，如在一定范围内，随纬度的升高，日照时间相应延长，对于药用植物的某些有效成分，延长光照时间对提高其含量有积极的影响。李昌爱等（1993）研究发现，山东平邑所产金银花中绿原酸含量最高，河南新密次之，而云南大理最低。刘珊等（1999）通过试验分析得出麻黄枝茎生物碱含量随光照时间延长而提高，呈极显著的直线正相关。曾明等（1997）测定不同采收期葛根的异黄酮类成分含量，经统计学处理得出日照时数与葛根素的积累有显著的相关性（$P<0.05$）。在组织培养中，光照时间的影响也十分明显。当光照时间为20 h/d时，青蒿芽中青蒿素的含量达到最高，约为干重的0.27%（刘春朝等，1999）。在蓝光和白光处理下，水母雪莲愈伤组织中黄酮的含量随每天照光时间延长而升高（赵德修等，1999）。因此，选择纬度适宜的地区种植药用植物，或在组织培养时人工控制光照时间，成为提高有效成分含量的途径之一。

4. 温度　　温度也是影响次生代谢产物生产的一个因素。Yu（2005）以人参毛状根为研究对象，研究每天24 h中两种温度处理方式对生长和次生代谢的影响（表8.3），结果表明，20℃（白天16 h）/13℃（夜晚8 h）的处理使得人参毛状根生物量及人参皂苷产量达到最大。研究表明，温度对植物中的苯丙烷类代谢和花青素生物合成途径有重要影响。Christie等发现，在低温条件下，玉米（*Zea mays* L.）幼苗中苯丙烷类代谢和花青素途径所涉及基因的mRNA丰度及花青素含量随寒冷程度和持续时间增加。把玉米幼苗转移至10℃ 24 h，苯丙氨酸解氨酶（PAL）和查尔酮合成酶（CHS）的转录丰度各增加8倍和25倍，4-香豆酸-CoA连接酶（4CL）和查尔酮异构酶（CHI）的转录丰度也至少增加了3倍。Mori等则发现，在高温条件下，葡萄皮中的花青素含量明显降低，高温条件下花青素积累的减少是由于花青素降解及花青素生物合成基因mRNA转录受到抑制（Kentaro et al., 2007）。

表 8.3   不同温度 [16 h（白天）/8 h（夜晚）] 条件下人参毛状根培养 4 周时的生长量和人参皂苷产量

生长温度 /℃	生物产量 /g		人参皂苷产量 /（mg/L）
	鲜重	干重	
13/20	431 ± 1.0	28 ± 1.0	31.5 ± 1.5
20/13	892 ± 0.9	65 ± 0.8	133.9 ± 0.9
25/25	889 ± 0.6	51 ± 0.7	133.4 ± 1.2
30/25	764 ± 0.8	64 ± 0.9	71.6 ± 0.5

（五）干旱胁迫

干旱也可导致渗透胁迫和氧化胁迫。干旱对植物次生代谢产物，如酚类化合物、生物碱、萜类化合物的生物合成有显著影响。有研究表明，在干旱条件和灌溉条件下，大豆异黄酮生物合成基因的表达存在差异。在长期干旱胁迫下，大豆中的异黄酮含量下降，并且下降程度与干旱严重性成正比。异黄酮合成酶 2 基因（*IFS2*）、*DFR1*、*4CL*、*CHS7* 和 *CHS8* 的表达与灌溉条件下异黄酮的积累相关，并且 IFS2 促进了干旱条件下异黄酮含量的降低。干旱还可导致其他次生代谢产物，如紫杉醇含量下降。同时有研究表明，尽管在干旱条件下，某些次生代谢产物（如生物碱、迷迭香酸、熊果酸和齐墩果酸等）的浓度增加，但是由于干旱抑制植物的生长，单株产量会下降（李乃伟等，2011；巢牡香等，2013）。

（六）诱导子与前体物的添加

1. 诱导子   诱导子是指能够刺激植物细胞合成防御性次生代谢产物的物质，是一类可以引起代谢途径改变或强度改变的物质，包括植物激素、无机离子、多糖、真菌培养物等，其主要作用是可以调节次生代谢过程中某些酶的活性，并能对某些关键酶在转录水平上进行调节，引起次生代谢途径中代谢通量和反应速率的改变，从而提高次生代谢产物的产量（李恒赫，2006）。诱导子可以分为三大类：生物诱导子、非生物诱导子、内源诱导子。

（1）生物诱导子   除真菌、细菌和病毒外，生物诱导子还包括一些病原体的非致病性生理小种、选择过的非病原体及病原体和非病原体的毒性产物，如真菌孢子、菌丝体、匀浆，真菌细胞壁成分，真菌培养物滤液。研究发现，真菌细胞提取物、微生物代谢产物等也可作为诱导子，如寡糖类、蛋白质类、糖蛋白等（杨艳芳，2003）。李家儒等（1998）用真菌橘青霉菌菌丝体的粗提物作为诱导子，对红豆杉悬浮培养细胞中紫杉醇含量的影响进行了研究，发现在细胞生长第 20 天（即指数生长期末）时，向 100 mL 培养液中加入 2 mL 诱导子诱导紫杉醇的效果最好，紫杉醇的含量可达 199.1 mg/g。Kim 等（2001）在人参培养物中添加一种真菌诱导子 24 h 后，苯醌的含量达到（46.13±10.42）mg/g；而添加一种酵母制备物 12 h 后，苯醌的含量达到（65.10±4.96）mg/g。

（2）非生物诱导子　　非生物诱导子是指不是细胞中天然成分，但又能触发形成植保素的信号因子，包括一些非生物的物理和化学因子，如各种损伤、电击、高温、低温、pH、紫外线、重金属、无机化合物等均能诱导植物产生抗病性（李洪连，1994）。此外，一些重金属离子等对细胞培养合成次生代谢产物也有影响，可能是由于这些诱导子促进了与植物防御机制有关的特异次生产物的合成。李家儒等（1999）在红豆杉细胞悬浮培养 20 d（指数生长期末）时加入 30 μmol/L CuCl$_2$，结果使紫杉醇含量达到 24.88 μg/g，并发现苯丙氨酸解氨酶（PAL）活性增强，促进了胞内苯甲酸（紫杉醇侧链合成前体）的形成，进而促进了紫杉醇的合成。另有研究表明，0.10 mmol/L 的 Ce^{4+} 在短期内可大幅度提高紫杉醇的合成速度，使紫杉醇含量达到最高积累量（胡国武，2001）。

（3）内源诱导子　　内源诱导子主要包括茉莉酸、茉莉酸甲酯（methyl-jasmonate，MeJA）、水杨酸（salicyl acid，SA）、草酸、乙烯、一氧化氮等植物内部产生的二级信号分子。茉莉酸甲酯和水杨酸是植物体内普遍存在的小分子化合物，已被证明是植物种间和种内的化学通信物质，是系统获得性抗性（systemic acquired resistance，SAR）的重要诱导因子，也是植物受病原菌侵染后活化一系列防卫反应的信号转导途径中的重要组成成分，来源于植物内部的内源性诱导子 SA 和 MeJA 不仅利于植物抗逆、抗病虫和微生物侵染，诱导植物防御系统产生植保素，而且也是介导外源真菌诱导子促进植物细胞次生代谢产物合成的重要信号分子，对多种次生代谢产物的合成具有诱导作用，被认为是非常有效的诱导子。研究证明，内源诱导子对细胞培养中多种次生代谢产物如紫杉醇、喜树碱、异黄酮、甘草皂苷、葛根素等的合成及其相应产物关键酶基因具有积极的诱导和促进作用。另有研究发现，外源 MeJA 能诱导水稻叶片中抗菌物质、化感物质萜类的合成（孔垂华等，2004），同时促进云杉、松树和椰子等单萜、二萜、多萜类树脂的合成，以抵抗病原菌侵染和虫咬，并能提高番茄和樱桃抗逆物质积累，延长保鲜期（Baktazar，2007）。2004 年，日本学者 Hiroaki 也发现，MeJA 对甘草（*Glycyrrhiza glabra*）细胞培养中三萜合成前体角鲨烯（SE）和三萜类物质 β-香树酯醇合酶的 mRNA 表达及大豆皂苷合成酶积累具有积极的促进作用。

水杨酸也是作为一种信号分子来调节控制细胞代谢产物的合成的。Wang 等（2004）证明水杨酸同样可提高红豆杉悬浮培养细胞中紫杉醇的产量，当水杨酸的浓度达 145 μmol/L 时，紫杉醇含量达到最大（0.119 μmol/L）。Chung 等（2001）研究表明，水杨酸和茉莉酸甲酯有利于花生中白藜芦醇合成酶的基因表达，尹静和詹亚光（2009）研究报道，水杨酸和茉莉酸甲酯同样可以刺激白桦悬浮培养细胞中三萜合酶基因的表达及相应三萜化合物的积累。其他相关报道也表明，在植物细胞悬浮培养中，乙烯、茉莉酸和水杨酸等激素都不同程度地影响着植物细胞的生长或代谢产物的形成（徐亮胜等，2005）。

在植物细胞培养过程中诱导子对次生代谢产物的产生和积累的效应因不同物种、同一物种不同细胞系及诱导子的浓度和添加的时间而异，同时还与培养物对诱导子的反应速度及诱导子间的协同作用有关。

目前研究报道的诱导子较多，用于毛状根的比较有效的诱导子种类见表 8.4。

表 8.4   用于毛状根的比较有效的诱导子种类（张兴等，2007）

诱导子名称	来源	获取方法
寡糖	内生胶孢炭疽菌、串珠镰孢菌、啤酒酵母	酸解提取、凝胶层析分离，高温水解、乙醇沉淀分离等
多糖	出芽短梗霉、粪链球菌、野油菜黄单胞杆菌、肠膜状明串珠菌	购买商品，如普鲁兰多糖、凝胶多糖、黄原胶、右旋糖酐等
细胞粗提物	啤酒酵母、黑曲霉、大丽花轮枝孢、葡枝根霉、束状刺盘孢、黄瓜炭疽病菌、青菜炭疽病菌、棉花枯萎病菌、疫病霉、麦角菌、铜绿假单胞菌、蜡状芽孢杆菌、金黄色葡萄球菌	破碎的细胞壁经高温水解、抽滤提取，高温裂解等
细胞体	黑曲霉、点青霉、少孢根霉、米根霉、红冬孢酵母菌、产朊假丝酵母、弯假丝酵母、双乙酰乳酸链球菌、干酪乳酸杆菌、植物乳杆菌、戊糖片球菌	干燥后磨粉
非生物源	茉莉酮酸甲酯、茉莉酮酸、甲壳素、乙酰水杨酸、水杨酸、氨基异丁酸、$AgNO_3$、$CaCl_2$ 等	购买商品

2. 前体物质的添加   在组织培养过程中，常常使用化学成分复杂的营养混合物，或者非常规的营养成分，来增加次生代谢产物的产量。加入目标代谢物质合成的前体物质，有的可大幅度地提高产量，如吕东平等在水母雪莲细胞悬浮培养体系中加入苯丙氨酸、肉桂酸和乙酸钠三种前体，促进细胞内黄酮的合成，但对细胞生长也有一定的抑制作用；将红花、人参和黑节草寡糖素分别加到培养基中，能促进西洋参和人参愈伤组织中皂苷的合成；从小檗碱合成途径来看，番荔枝碱（reticuline）是其合成中重要的中间物质（前体），适当添加对小檗碱合成有促进作用；有些则抑制生长和代谢，加入前体的浓度、时间和加入方法等都会影响结果，附加物对不同植物细胞的生长和次生代谢产物积累的影响效果是不同的。

（七）环境胁迫对植物次生代谢产物的诱导机理

目前，国内外有学者从植物生理的角度，提出了一些有意义的假说。

1. 生长/分化平衡假说   生长/分化平衡假说认为，在水、光照等资源充足时，植物以生长为主，而在资源匮乏时，植物以分化为主，任何对植物生长影响超过对植物光合作用影响的环境因子（如营养匮乏、CO_2 浓度高、低温等）都会导致次生代谢产物的增多。分析其理论背景是植物的生长发育从细胞水平上可分为生长和分化两个过程，药物活性物质作为植物的次生代谢产物，是细胞成熟和特化这一生理活动过程的产物，因此药用植物随着生长年龄的增大和老化而药效成分含量增大。

2. 碳素/营养平衡假说   碳素/营养平衡假说认为，植物体内以碳（C）为基础的次生代谢产物（如酚类、萜烯类等）与植物体内的 C/N（碳素/营养）呈正相关，而以氮（N）为基础的次生代谢产物（如生物碱等含 N 化合物）与植物体内的 C/N 呈负相关。该假说主要是解释于营养胁迫后，植物次生代谢产物的变化机理。该假说的依据是在营养胁迫时，植物的生长速度会大大降低，但是光合作用变化不大，碳、氢等元素积累加快，因此以碳为基础的酚类、萜烯类物质就会增多。该假说与生长/分化平衡假说都认为植物次生代谢产物的产生是由于外界环境条件变化而引起植物体内物质积累的一个被动过程。

3. 最佳防御假说 最佳防御假说认为，植物只有在其产生的次生代谢产物所获得的防御收益大于其生长所获得的收益时，才产生次生代谢产物。植物在胁迫环境下生长缓慢，植物受损的补偿能力较差，此时，产生次生代谢产物的成本较低，次生代谢产物的防御收益增加。因此，植物在环境胁迫下会产生较多的次生代谢产物。

4. 资源获得假说 资源获得假说认为，植物在恶劣的自然环境条件下，会生长缓慢且次生代谢产物含量高，反之，在良好的自然条件下，就会生长较快且次生代谢产物含量低，这是自然选择的结果。该假说与最佳防御假说有相似之处，都认为植物次生代谢产物的产生是随着植物自身生产成本的变化而变化的一个主动过程。

五、细胞培养生产次生代谢产物的方法

通过植物细胞培养技术生产次生代谢产物的方法有 4 种：①两步培养法；②两相培养法；③固定化培养；④生物转化。

1. 两步培养法 大多数植物细胞培养过程中细胞的生长和次生代谢产物的合成呈负相关的关系，次生代谢产物的积累是在细胞生长的静止期，但也有细胞的生长和次生代谢产物的合成呈正相关的关系，次生代谢产物的合成在细胞生长的指数期。对前者而言，有利于细胞生长的条件，对次生代谢产物的合成不利。因此，在利用植物细胞培养技术生产次生代谢产物时，采用两步培养法是一个最好的策略。所谓两步培养法是将培养分为两个阶段，第一阶段是在适合的生长培养基上使细胞快速生长，以达到最大的生物产量；第二阶段是将处于指数生长后期的细胞及时转入有利于次生代谢产物合成的生产培养基上，此时细胞生长速率低，很少或不进行细胞分裂。第二阶段使用的生产培养基的组成不同于第一阶段应用的生长培养基，前者培养基中硝酸盐、磷酸盐和糖分的含量较低，而且尽量不含植物激素，尤其是人工合成激素 2,4-D，如在藏红花素生物合成中采取固液两步培养法将在固体培养基中获得的藏红花愈伤组织转移到液体培养基中进行生物合成，可以有效解决藏红花素合成与藏红花素抑制细胞快速增殖的相互矛盾（郭志刚等，2003）。

2. 两相培养法 两相培养法不同于上面阐述的两步培养法，是建立在植物细胞培养生产次生代谢产物过程中，能够促进细胞生长和代谢，减少代谢产物的反馈抑制，提高代谢产物的产量，实现连续培养基础上，发展起来的培养技术。两相培养法是指在培养基中添加水溶液或脂溶性的有机物或具有吸附作用的多聚物，使培养体系形成上下两相，细胞在水相中生长，而分泌出的次生代谢产物被有机相吸收，如在紫草悬浮培养过程中于适合时间加入十六烷提取紫草素，使其产量明显提高了 7 倍多（Kim and Chang，1990）。

3. 固定化培养 大量研究表明，密集的或组织化的和生长缓慢的细胞培养物更有利于次生代谢产物的积累。因此，一些植物通过细胞培养生产次生代谢产物时，可将细胞固定化，并为细胞分化提供有利条件，促进代谢产物的生物合成和积累，明显提高代谢产物的产量（图 8.7）。用于细胞固定化的基质很多，如聚丙烯酰胺、胶原蛋白、藻酸盐、琼脂和聚氨酯等。例如，利用银杏细胞固定化培养法生产银杏内酯，其方法如下：用高密度、小孔径聚氨酯材料 P29，将其切成 0.5 cm×0.5 cm×0.5 cm 的小块，每瓶加 0.72 g 载体，加 65 mL 液体培养基（MS+2,4-D 8.0 mg/L+KT 0.04 mg/L+ NAA 0.4 mg/L），接种鲜重

200 g/L，可得到高达 71% 的固定化比例，载体上细胞密度达到 22 mg/cm³ DW（于荣敏等，2004）。固定化技术适用于植物次生代谢产物的合成与非生长相伴随的情况。可把悬浮体内的细胞经增殖后固定化并应用于各种目的，其制作程序如图 8.7 所示。在固定化系统中，植物细胞能长期反复利用，当产生细胞内产物时，可用连续包束处理，产物可从生物反应器中自动排出。贮存产物可通过间隙释放法而释放。

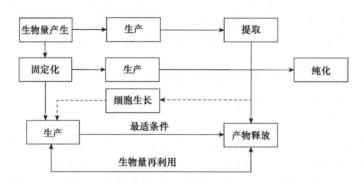

图 8.7　固定化细胞培养生产流程（何水林，2002）

图中实线代表正常程序，虚线代表可选程序

4. 生物转化　　生物转化是指以植物培养细胞为酶源，使某种前体化合物生成相应产物的技术，也叫作植物细胞转化。也就是说，在离体培养的植物细胞内含有催化酯化、皂化、氧化、甲基化、氨基化、羟基化、异构化、双键还原、环氧化、葡萄糖基化、去氧基化和醛基化等反应的酶类，可催化相应的有机化合物生成有用的化合物，如Alfermann 等通过培养希腊毛地黄细胞，β-甲基毛地黄毒苷生物转化（羟基化）为 β-甲基异羟基毛地黄毒苷。

六、植物细胞规模化生产与生物反应器的应用

植物细胞大规模培养是实现通过植物细胞培养技术进行有用次生代谢产物工业化生产的前提和关键，其主要是针对制药、食品添加剂、饮料、树胶等工业生产中一些价格高、产量低且需求量大的化合物的生产，如紫杉醇、青蒿素、长春碱、阿拉伯胶等。细胞规模培养技术要点包括细胞系的建立和选择，优良细胞系的增殖培养和大规模培养体系的建立。从工程的角度来讲，必须要进一步研究和开发适宜于植物细胞生长和生产的生物反应器，建立最佳的控制和调节系统。从培养技术方面来讲，必须满足以下三个条件：培养的细胞在遗传上应是稳定的，以得到产量恒定的产物；细胞生长及生物合成的速度快，在较短的时间内能得到较高产量的终产物；代谢产物要在细胞中积累而不被迅速分解，最好能将其释放到培养基中。

生物反应器在微生物发酵上已成功应用，在植物细胞培养生产次生代谢物生产上，由于植物细胞的特殊性，在生物反应器的设计上应有所不同。如表 8.5 所示，植物细胞远远大于微生物细胞，因而，植物细胞对张缩力有较大的抵抗力，但对切变力非常敏感，因此生物反应器的搅拌速率不能太高，但降低搅拌速率可能引发混合及细胞质转移等问题。CO_2和乙烯等挥发性物质对植物细胞培养有重要影响，如何充分供氧而不破坏这些物质的平衡，

是生物反应器在植物组织培养中必须研究的重要课题。此外，植物细胞生长缓慢，容易沉淀结团，后期培养液逐渐黏稠等，往往使生物反应器中植物细胞扩大培养中混合和转移问题更为复杂。这些问题都是植物细胞或组织扩大培养在使用生物反应器时必须解决的问题。

表 8.5　植物细胞与微生物细胞的比较（何水林，2002）

项目	微生物细胞	植物细胞
细胞大小 /μm^3	1～10	2～200
细胞聚集	可能	易
生长速率	快	慢
倍增时间	数小时	数天
接种密度	低	高
通气 /vvm	1～2	≤0.5
切变力敏感度	不敏感	敏感
泡沫产生	可能	易
含水量	约80%	≥90%
对 CO_2 的需求	不需要	需要

注：vvm 为每分钟通气量与罐体实际料液体积的比值

在植物细胞大规模工业化生产过程中，要求物理条件和化学条件方便可控，单位体积生产能力高，且工作体积大，因此生物反应器发挥了重要的作用。由于植物组织和细胞培养体系不同，应用的生物反应器类型也各异（表 8.6）。目前，应用的生物反应器类型主要包括搅拌式生物反应器、鼓动式生物反应器、气升式生物反应器和固定式生物反应器。

表 8.6　植物细胞组织培养生物反应器的性能比较

生物反应器类型	空气传送	切变力	混合	扩大培养	备注
搅拌式	高	高	非常均匀	容易	切变力因搅拌叶的撞击易造成细胞的死亡
鼓动式	低	低	均匀	不容易	扩大后，有混合不均的问题
气升式	中	低	均匀	容易	细胞浓度高时，容易有死角产生
固定式	中	低	均匀	容易	次生代谢产物需释放到培养基中

搅拌式生物反应器在细胞大规模生产中应用广泛，具有操作范围大、供氧能力强且混合效果好的优点。邢建民等利用 2 L 搅拌式生物反应器（图 8.8）进行了水母雪莲细胞大规模培养，在 25℃、光强低于 5 $\mu mol/(m^2 \cdot s)$ 条件下培养 12 d，生物量为 10.35 g DW/L，黄酮产量为 428.6 mg/L，达到细胞干重的 4.14%。

与搅拌式生物反应器相比，气升式生物反应器操作弹性较小，在高密度培养时，低气速下混合效果不好，反之，易于除去培养基中 CO_2 和乙烯，而使细胞的生长和次生代谢产物的合成受到影响（图 8.9）。

固定式生物反应器是在细胞培养技术和固定化技术发展的基础上，研制的一种生物反应器，其具有环境条件易于控制，有利于有用次生代谢物质的合成、积累和释放，更有利于连续培养与生物转化过程的实现（图 8.10）。

七、植物干细胞在次生产物合成中的应用

许多重要的、具有不同化学特性的天然产物都来自植物。理论上，通过植物细胞培

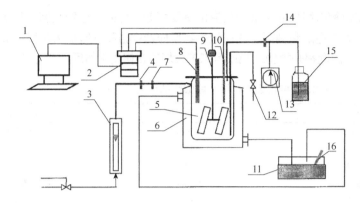

图 8.8　搅拌式生物反应器装置示意图（邢建民等，2000）

1. 电脑；2. LH 系列 210 控制模块；3. 流量计；4,7,14. 空气过滤器；5. 生物反应器；6. 换热器；8. 溶解氧探头；
9. 桨叶叶轮；10, 16. 温度计；11. 加热槽；12. 样品管；13. 压力表；15. 出气口过滤瓶

图 8.9　5 L 气升式生物反应器
规模化培养人参细胞

养可以获得大量的天然产物。然而，由于大规模培养脱分化植物细胞（DDC）还存在许多问题，因此还无法实现商业化生产。为了解决脱分化培养带来的问题，研究人员着手找到一种在培养过程中能持续、稳定增殖的细胞，同时这些细胞能产生较多的次生代谢产物并能释放到培养基中以便分离和纯化。近几年的研究表明：植物的茎尖分生组织（shoot apical meristem，SAM）和根尖分生组织（root apical meristem，RAM）中，存在一群特殊的细胞，它们具有自我更新能力且能产生具有持续分裂能力的子细胞。这些特殊细胞是植物根、茎、叶和花等器官发生的源泉，因此被认为是植物干细胞（Sharkis，2006）。

（一）植物干细胞

植物干细胞又称为分生组织，是相对于植物体内已经

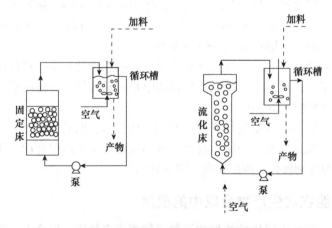

图 8.10　具有固定化细胞的固定床和流化床的反应器

分化的成熟组织而言的，是植物体内未分化的细胞。植物分生组织根据其位置可以分为顶端分生组织和侧生分生组织两大类。其中顶端分生组织包括茎尖分生组织和根尖分生组织；侧生分生组织包括维管形成层（vascular cambium）和木栓形成层（cork cambium）（徐春明等，2013）。

　　植物干细胞是生长发育的源泉和信号调控中心，它们是未分化的细胞，具有很强的自我更新和持续分裂能力，是拥有永久生存能力的"不朽细胞"（Laux，2003；Scheres，2005）。更重要的是，它们能够分化产生所有的地上和地下器官，并根据内外环境和调控信号决定其生长、成熟和衰老等生物学过程。另外，植物干细胞还可以通过自我凋亡防止遗传性损伤，避免将有缺陷的 DNA 遗传下去，从而保护植物不受恶劣环境的影响（Baucher et al.，2007）。

　　1. 植物干细胞的组织学特征　　模式植物拟南芥的 SAM 是一个半球状的穹形结构，由多个功能结构域组成。干细胞位于分生组织的顶端中心区域，这个区域的细胞分裂不活跃。中心区域中干细胞分裂后产生两部分细胞，一部分仍然保留在中心区域的叫作干细胞后裔（progeny of stem cell），保持多潜能性，始终留守在原来位置，继承干细胞的衣钵；分裂出来的另一部分叫作子细胞（daughter cell），随着干细胞的分裂逐渐脱离中心区域到分生组织周边区域（peripheral zone，PZ），在周边它们快速分裂并进行分化，融入分生组织两侧的器官原基中。由此可见，SAM 是不断改变的动态结构，干细胞群的维持依赖于周围组织细胞提供的各种外源性和内源性信号分子。

　　在拟南芥的根尖分生组织中心，也有一群分裂缓慢的细胞，称为静止中心（quiescent center，QC）。在胚状体发生中，QC 的建立不是来自胚体，而是来自胚柄最上部的细胞。QC 细胞通过不对称分裂产生子细胞，子细胞或者保留 QC 细胞功能，或者取代邻近细胞。实质上直接从 QC 衍生出来的细胞就是干细胞，它们能够产生根部特定的组织类型。研究拟南芥根的发育表明，RAM 中干细胞的维持受位置信息的影响。当 QC 被切去后，邻近的细胞就发育成一个新的、有功能的 QC。QC 释放信号分子以维持根尖干细胞局部微环境。

　　2. 植物干细胞调控的分子机制　　植物与动物在发育学上的显著差异是植物能在其整个生命周期内不断发育和形成新器官，这是植物克服自身不能移动、适应环境变化的重要机制（Heidstra and Sabatini，2014）。有些植物可以存活几百甚至上千年，它们之所以具有如此顽强的生命力，是因为其体内终生保留着不同类型的干细胞。这些干细胞位于各器官的特定部位，如茎尖生长点、根尖生长点和维管形成层等，能通过细胞分裂自我更新及为器官的生长发育提供细胞来源。近几年，在干细胞及其周围组织区发现了一些与干细胞稳态维持有关的基因，这些基因产物与外源性信号（如生长素）组成复杂的调控网络控制植物的生长和发育。过去 20 多年以拟南芥为材料对植物干细胞的调控机理进行了较为系统的研究，并已发现多条调控通路，国内学者陆续进行了相关综述报道（徐云远和种康，2005；马克学等，2007；王占军等，2011；陈菊移等，2014；赵中华等，2015）。

　　（1）茎尖干细胞调控通路　　茎尖分生组织位于茎的顶端，呈圆柱状，由中央圆顶状的中心区、中心区两侧的外周区及中心下方的组织中心三部分组成。茎尖干细胞存在于茎尖分生组织内，它的维持是植物地上部分持续生长发育的关键，近年来对其调控机理已经有了较为深入的研究，并已发现 WUS-CLV3 调控通路及它与激素、HECATE（HEC）、HAIRY MERISTEM（HAM）等之间构成的复杂调控网络（Perales et al.，2012；Liu et al.，2010；Schuster et al.，2014；Sparks et al.，2014）（图 8.11A）。

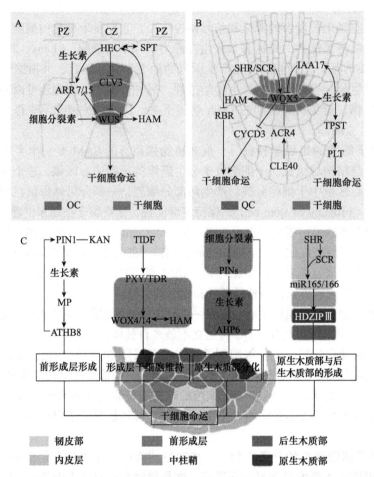

图 8.11　植物茎尖、根尖及维管束干细胞调控网络（赵中华等，2015）

A. 植物茎尖干细胞调控网络：图示 WUS-CLV3 调控通路与其他茎尖干细胞调控因子间的整合；PZ. 外周区；CZ. 中心区；OC. 组织中心。B. 植物根尖干细胞调控网络：图示 WOX5-ACR4-CLE40 调控通路及与它相关联的调控因子整合所形成的调控网络；QC. 静止中心。C. 植物维管束干细胞调控网络：图示生长素 PIN1-MP-ATHB8、TIDF-PXY/TDR-WOX4/14、细胞分裂素-PINs-生长素-AHP6 和 SHR/SCR-mi R165/166-HDZIP Ⅲ等调控通路间整合所形成的调控网络

WUS-CLV3 反馈调节环控制茎尖干细胞稳态：1996 年，Laux 等利用诱变技术发现，*WUSCHEL*（*WUS*）基因的编码产物是维持干细胞数量的内源性信号分子。WUS 是 WOX 家族蛋白中最早被发现的成员，是茎尖干细胞维持的主要调控因子。它能与另一调控因子 CLV3 形成一个反馈调控通路。研究表明，CLV 表达区域位于 WUS 之上。CLV3 是干细胞分泌的小分子多肽，作为配体与 CLV1-CLV2（在干细胞之下表达）组成的受体复合体相互作用，激活 CLV 复合体启动下游信号事件，导致 WUS 表达区域受到限制。在蛋白质功能上，CLV3 与 WUS 的作用相反，WUS 促进干细胞特性的维持，其功能缺失将导致茎尖干细胞丧失，而其过量表达则引起茎尖干细胞数量增加；相反，CLV3 功能缺失则

导致茎尖分生区膨大和茎尖干细胞数量增加。在基因表达模式上，*WUS* 与 *CLV3* 的主要表达区相邻但不重叠，*WUS* 主要在组织中心表达，而 *CLV3* 则主要在中心区表达。WUS 蛋白能从组织中心向中心区移动，并在中心区促进 *CLV3* 的表达；而 CLV3 则能限制 *WUS* 表达和表达区向中心区的扩展，从而限制茎尖干细胞的数量。WUS 与 CLV3 之间的反馈调控需要 CLV1、CLV2/CORYNE（CRN）等蛋白质的参与。此外，WUS 蛋白的移动也是影响该调控通路的重要因素。最近的研究发现，WUS 蛋白的移动可能是通过胞间连丝实现的，Daum 等（2014）在茎尖干细胞区过量表达胼胝质合成酶造成胞间连丝部分堵塞后，发现 WUS 蛋白的移动受到限制，并因此引起茎尖干细胞丧失。此外，该研究还发现，WUS 蛋白的移动需要 Homeodomain（HD）等结构域的参与，而 HD 与 WUS-Box 之间非保守序列则能使 WUS 蛋白形成同源二聚体，进而调控 WUS 蛋白的移动。在野生型拟南芥中，干细胞稳态受到正负信号的反馈调节。CLV3 是一个负调控信号，控制 WUS 在分生组织中心很窄范围内表达。*WUS* 既是 CLV3 负控信号的重要靶基因，又是促进干细胞数量的正调控基因。然而，诱导 *WUS* 基因异位表达却能促进 *CLV3* 基因转录，说明 WUS 和 CLV3 组成了一个反馈调节环。当干细胞后裔脱离干细胞区域，成为器官原基的一部分后，干细胞数量减少引起 CLV3 信号水平降低。负控信号水平降低引起 WUS 表达区域扩展，通过这个正调控途径，干细胞数量增加。干细胞数量增加到一定程度时反馈激活 CLV3 信号表达，限制 WUS 表达区域进一步扩大，保持干细胞数量的恒定。

WUS 调控通路与激素的相互作用：细胞分裂素是参与茎尖干细胞调控的重要激素，已有大量证据表明，它与 WUS 蛋白之间存在相互调控作用。一方面，细胞分裂素在茎尖生长点组织中心累积，促进 *WUS* 基因在该区域的表达；另一方面，WUS 能够抑制细胞分裂素信号负调控基因拟南芥 *RESPONSE REGULATOR7/15*（*ARR7/15*）的表达，由此促进细胞分裂素信号的接收与转导。此外，生长素作为重要的植物激素，通过正调控生长素相应因子 MONOPTEROS（MP）的转录进而抑制 *ARR7/15* 的表达，参与 WUS-细胞分裂素信号调控通路中。

WUS 调控通路与 HEC 蛋白的相互作用：HEC 蛋白是 b HLH（basic helix-loop-helix）转录因子家族中的一个亚家族，在拟南芥中有 3 个成员（HEC1、HEC2 和 HEC3），且它们在功能上是冗余的。早期研究显示，HEC1 与属于另一亚家族的 SPATULA（SPT）蛋白结合形成复合体，在雌性生殖器官包括柱头、花柱、隔膜的发育调控中发挥作用。最近研究发现，HEC 蛋白具有调控茎尖干细胞分裂与分化平衡的功能，但缺失单个 *HEC* 基因对茎尖干细胞维持无明显影响，*hec1/hec2/hec3* 三突变体则呈现茎尖分生组织明显减小，茎尖器官发育异常的表型。进一步研究发现，*hec1/hec2/hec3* 三突变体茎尖 WUS 表达量下降，而 CLV3 表达量上升且表达区域扩大，这说明 HEC 蛋白能参与调控 *WUS* 和 *CLV3* 基因的表达。此外，表达谱分析发现了 80 个受 HEC1 和 WUS 共同调控的基因，它们对其中 68 个基因的调控方向呈相反趋势（Schuster et al., 2014）。由于 WUS 与 HEC1 在靶基因上的高度重叠，因此推测，它们可能作用于同一调控通路；而相反的调控方向表明，它们在功能上相互抗拮。值得一提的是，WUS 与 HEC1 共同调控的基因有参与细胞分裂素信号的基因（如 *ARR7/ARR15*）。因此，HEC1 和 WUS 可能是通过影响细胞分裂素信号的转导实现对茎尖干细胞的调控。

WUS 与 HAM 蛋白结合形成调控复合体：HAM 家族蛋白在植物发育调控中的重要

作用早在 20 世纪 90 年代就有报道，但它们在干细胞调控中的作用直到最近才被阐明。HAM 属于植物特有的 GRAS 家族转录因子中的一个亚家族（Tian et al., 2004），在拟南芥中有 4 个成员，分别为 HAM1（At2g45160）、HAM2（At3g60630）、HAM3（At4g00150）、HAM4（At4g36710）。HAM1、HAM2、HAM3 在茎尖及幼叶中均有表达。突变体缺失单个 *HAM* 基因的功能在茎尖干细胞调控方面无明显表型，但 *hec1/hec2/hec3* 和 *ham1/ham2/ham4* 三突变体中均出现茎尖干细胞发育异常：茎尖分生区呈现扁平形，宽度增加、细胞层数增多、叶原基形成终止、干细胞活性丧失等表型，表明 *HAM* 基因在功能上冗余。HAM 与 WUS 调控通路间的相互作用表现在两个层面：在转录层面，HAM 对 *CLV3* 基因的表达区有调控作用，*hec1/hec2/hec3* 突变体中 WUS 的表达量在表达区与野生型中相似，但 *CLV3* 的主要表达区从中心区转移到组织中心的 WUS 表达区。在蛋白质层面，Zhou 等（2014）发现，WUS 能与 HAM 家族蛋白相互作用。他们用酵母双杂交、Pull-down、双分子荧光互补、免疫共沉淀实验发现，WUS 与 HAM 家族的 4 个成员间具有蛋白质相互作用，且该相互作用与茎尖干细胞调控密切相关。*wus7/ham1/ham2/ham3*、*wus1/ham1/ham2/ham3* 及 *ham1/ham2/ham3/ham4* 四突变体的表型与 *wus* 单突变体相似，说明 WUS 和 HAM 蛋白在功能上有相互依赖关系。此外，WUS 与 HAM 在靶基因上出现重叠，*WUS* 与 *HAM1*、*HAM2* 在茎尖分生组织中的组织中心共表达，这些证据都与 WUS 和 HAM 蛋白作用于同一调控通路的结论相吻合。Zhou 等还查明，WUS 蛋白中与 HAM1 结合所需要的区段位于 C 端第 203 至 236 氨基酸残基。

（2）根尖干细胞调控通路   根尖干细胞位于根尖生长点内，包括静止中心（QC）和围绕它们的一圈组织原基细胞。QC 对其外围干细胞的特性、分裂与分化活动具有直接的调控作用，这些干细胞能通过细胞分裂和分化为根的持续生长发育提供细胞来源（Stahl et al., 2009）。根尖由于结构简单、细胞数目少且透明度好而成为研究干细胞调控的理想材料（Haecker et al., 2004）。如图 8.11B 所示，近年来对拟南芥根尖干细胞调控机理的研究发现了 WOX5-ARABIDOPSIS CRINKLY4（ACR4）-CLAVATA3/ESR-RELATED40（CLE40）调控通路及与它相关联的 SHORTROOT（SHR）/SCARECROW（SCR）-RETINOBLASTOMA-RELATED（RBR）、AUXIN-TYOSYLPROTEIN SULFOTRANSFERASE（TPST）-PLETHORA（PLT）等调控通路构成的网络（Sarkar et al., 2007；Ramirez et al., 2012）。

SHR/SCR 信号通路对根尖干细胞的调控作用：SCARECROW（SCR）和 SHORTROOT（SHR）属于 GRAS 家族的转录因子，对根尖分生区的维持起关键作用。SCR 在 QC、内皮层/皮层初始区和已分化的内皮层表达，其功能缺失导致初始区及 QC 干细胞的连续性丧失。SHR 在根尖中柱组织表达，其蛋白质转运到邻近细胞层（包括 QC）。SHR 功能缺失导致 QC 的结构不规则，缺乏 QC 特异性标志分子和根部停止生长等表型。在内皮层/皮层初始区，SHR 激活 SCR，促进干细胞的不对称分裂。SHR 和 SCR 都是维持 QC 功能必需的，因为在 *shr* 突变体中，SCR 在 QC 区域表达并不能挽救 QC 缺失。最近研究发现，*PLETHORA*（*PLT1/2*）基因对胚状体发生中干细胞群的形成和胚后发育中干细胞数量的维持也至关重要。*PLT* 基因在 QC 和周围干细胞区域表达，与 SCR 分布区域重叠，说明它们共同为干细胞微环境提供信号。

WOX5-ACR4-CLE40 调控通路：WOX5 是 WOX 蛋白家族成员，是根尖干细胞的重要的调控因子，它只在根尖生长点的静止中心表达。WOX5功能缺失引起柱干细胞分化、根冠细胞不规则分裂。在茎尖和根尖，WOX5与WUS的功能可以互换。在根尖干细胞调控中WOX5与CLE家族成员CLE40形成一个类似于茎尖WUS-CLV3的调控通路。CLE40主要在已分化的柱细胞中表达，然后通过扩散进入上方的柱干细胞，并在该处与其受体激酶ACR4结合，进而抑制 *WOX5* 的表达。*CLE40* 或 *ACR4* 的缺失突变体均具有短根、根冠细胞分化延迟及分裂不规则的表型；而 *CLE40* 过量表达则导致柱干细胞分化及 *WOX5* 的表达区域向近端分生组织移动。

WOX5调控通路与其他调控因子的相互作用：最近，Zhou等用Pull-down和免疫共沉淀等手段证实了WOX5与HAM2蛋白间具有相互作用，并且表达分析证明 *HAM2* 与 *WOX5* 在QC中共表达。*ham1/ham2/ham3* 三突变体呈现短根、柱干细胞分化等表型，这说明WOX5与HAM的相互作用可能是参与根尖生长点干细胞调控的重要机制。SHR和SCR是两个重要的调控根径向模式的GRAS家族转录因子，*SHR* 基因在中柱表达，其蛋白质可进入内皮层、QC和皮层/内皮层起始细胞（cortex/endodermal initial，CEI）。*shr* 与 *scr* 突变体呈现QC特性消失、干细胞分化、CEI的子细胞不发生不对称平周分裂的表型。另外，*shr* 或 *scr* 突变体中 *WOX5* 的表达几乎消失，表明 *WOX5* 基因的表达需要SHR/SCR的参与。遗传分析发现，SCR对RETINOBLASTOMA（RB）家族蛋白RBR的表达具有调控作用；而在动物细胞中，RB负责调控细胞从 G_1 期进入S期，因此，WOX5可以通过与SHR/SCR的调控关系进而与细胞周期联系起来。此外最近研究发现，在QC中WOX5直接下调细胞周期调控基因 *CYCD3：3* 的表达，从而抑制QC细胞分裂。PLEIOTROPIC REGULATORY LOCUS1（PRL1）是一个含WD40重复序列的蛋白质，缺失该蛋白质将导致根尖静止中心细胞的排列紊乱，根尖干细胞提前分化及细胞分裂活性阻滞。遗传分析显示，PRL1在根尖生长点干细胞中的作用机理可能是促进 *WOX5* 在QC中的特异表达。

生长素是参与根尖干细胞调控的重要激素，它通过极性运输和局部合成在根尖生长点干细胞区累积，由此决定该区域细胞的干细胞特性。研究发现，WOX5在QC中能促进生长素的合成，而后者则反过来通过上调 *INDOE-3-ACETIC ACID 17*（*IAA17*）基因的转录，从而反馈抑制WOX5的功能，这一发现将WOX5与多个其他根尖干细胞调控因子联系起来形成调控网络，如PLT、TPST等。PLT1和PLT2属于AP2/EREBP转录因子家族，拟南芥 *plt1/plt2* 双突变体呈现短根、干细胞分化等表型。酪蛋白磺基转移酶TPST通过对ROOT GROWTH REGULATOR（RGR）的修饰作用影响根尖生长点功能和根尖干细胞维持，另有研究发现，TPST参与了生长素对 *PLT2* 基因表达的过程。因此，通过与生长素的调控关系，WOX5与AUXIN-TPST-PLT调控通路间实现了连接。

（3）维管束干细胞调控通路　　陆生植物均具有维管系统，维管系统的发育受维管束干细胞的调控，维管束干细胞通常也被称为原形成层细胞和形成层细胞，它们分别调控维管组织的初生生长和次生生长，源源不断地为植物维管组织的生长提供新细胞。维管系统起到运输、支撑和连接不同组织器官的作用，其中木质部主要负责运输水分和矿物质，而韧皮部则主要负责运输光合产物和信号分子（Ji et al.，2010；Qiang et al.，2013；Hirakawa et al.，2010）。目前研究已发现几条调控维管束干细胞发育、维持和分化的通路（图8.11C），但是它们之间还有待进一步的联系和整合。

WOX4-TIDF-PXY 调控通路：与茎尖和根尖干细胞调控情形相似，维管束干细胞也受到 WOX-CLE 信号通路的调控。目前已知，参与维管束干细胞调控的 WOX 家族蛋白成员有 WOX4 和 WOX14（Hirakawa et al., 2010），CLE 家族蛋白成员有 CLE41 和 CLE44。*WOX4* 基因在多个器官的维管原形成层中表达，用 RNA 干扰（RNAi）技术下调 *WOX4* 基因表达后，出现多层未分化的基本组织层和极少量的可分化成木质部和韧皮部的原形成层细胞，并引起韧皮部发育标记基因 *ALTERED PHLOEM1*（*APL1*）和拟南芥 *HOMEOBOX GENE8*（*ATHB8*）在维管原形成层的表达延迟及表达量的下降（Furuta et al., 2014）。另外，有研究显示，WOX 蛋白家族的另一成员 WOX14 也能参与维管束干细胞的维持，并与 WOX4 存在功能上的冗余（Etchells et al., 2013）。*CLE41/CLE44*（又名 *TRACHEARY ELEMENT DIFFERENTIATION INHIBITORY FACTORS* 或 *TIDF*）在韧皮部表达，扩散到维管形成层与其受体激酶 PHLOEM INTERCALATED WITH XYLEM（PXY）/TDIF RECEPTOR/PHLOEM INTERCALATED WITH XYLEM（TDR）结合形成复合体，共同促进 *WOX4* 基因在维管束干细胞的表达（Miyashima et al., 2013）。

其他维管束干细胞调控通路：HAM 家族蛋白 HAM4 与 WOX4 间存在蛋白质相互作用，并且能在各组织的原形成层中共表达。另外，*ham1/ham2/ham3/ham4* 四突变体的维管束发育也存在缺陷，木质部、韧皮部干细胞活性降低、数目减少、未分化基本组织细胞比例较高，这些表型与 *WOX4* 基因的 RNAi 株系相似（Ji et al., 2010）。以上研究结果表明，HAM4 与 WOX4 蛋白的相互作用在维管束干细胞调控中具有重要作用。另有研究发现，在 *pxy/wox4* 突变体中受体激酶 PXY-CORRELATED1（PXC1）的转录显著增加，说明它与 WOX4 调控通路相关联，并参与调控次生木质部细胞壁的增厚，但其配体及作用机理尚不清楚（Wang et al., 2013）。除此之外，目前尚未发现其他与 WOX4-TIDF-PXY 通路有联系的调控因子。

近年来，分子生物学及遗传学研究揭示了几条维管束干细胞发育及分化的调控通路，如在拟南芥胚状体发育阶段，生长素和转录因子共同调控维管束干细胞的形成，原形成层前体细胞中生长素正调控其响应因子 MP 的表达，MP 直接激活一个Ⅲ类同源域亮氨酸拉链转录因子 HDZIPⅢ家族基因 *ATHB8* 的表达，此后 *ATHB8* 基因通过诱导生长素输出载体 *PIN-FORMED1*（*PIN1*）基因转录，进而正反馈调控维管束干细胞的形成（Scarpella et al., 2010）。另有研究证实，GARP 家族转录因子 KANADI（KAN）也参与了维管束干细胞形成的调控，并通过负调控 *PIN1* 表达，呈现出与 HDZIPⅢ拮抗的效应。综上所述，*HDZIPⅢ* 和 *KAN* 基因主要通过调控"生长素-MP-PIN1"通路从而促进维管束干细胞的形成（Furuta et al., 2014）。除生长素外，细胞分裂素也参与了维管束干细胞的调控，如在胚后发育阶段的根维管组织中，细胞分裂素信号诱导 PIN 蛋白在原生木质部的外周分布，使生长素在维管组织的中部积累，并达到浓度最大值。高浓度的生长素促进 *ARABIDOPSIS HISTIDINE PHOSPHOTRANSFER PROTEIN 6*（*AHP6*）的表达，但是 *AHP6* 的表达反过来又能抑制细胞分裂素信号，即生长素与细胞分裂素通过构成反馈调节进而调控原生木质部的形成（Emery et al., 2003）。此外，在根尖干细胞调控中起关键作用的转录因子 SHR/SCR 也参与调控维管束木质部的分化，SHR 蛋白从维管束移动到内皮层与 SCR 蛋白共同作用活化 miR165/166 的转录，随后 miR165/166 从内皮层向维管束移动，并且降解其靶基因 *HDZIPⅢ* 的 mRNA，使后者形成一个浓度梯度进而调控木质部的分化方向，低浓度的 HDZIP III 促进原生木质部的形成，高浓度的 HDZIP III 则促进后生木质部形成（Carlsbecker et al.，2010）。

（4）生长素对植物干细胞的调控作用　　生长素（auxin）对植物的生长、发育具有重要的调控作用，是熟知的影响干细胞微环境的外源性信号。生长素在 PIN 蛋白（生长素运输辅助因子家族蛋白）协助下长距离极性运输，在这个过程中建立生长素梯度效应。在胚后的根尖分生区，最高的生长素梯度位于 QC 下的远端干细胞。生长素最高梯度效应参与根尖干细胞微环境的位置特化，干扰生长素效应或者极性运输诱导分生区组织结构紊乱，形成异位的 QC 和干细胞。Aida 等报道，*PLT* 基因表达受生长素效应调节，生长素启动胚根发育，调节 *PLT* 基因表达使干细胞位置特化；*PLT* 基因又反馈调节 *PIN* 基因表达，通过稳定生长素最高梯度效应进一步使根尖干细胞微环境区域化。田朝霞和赵忠（2009）报道，A-type ARR 作为两种激素分子的直接共同下游，整合了生长素和细胞分裂素两种激素的信号。通过对激素信号途径的负反馈调节，维持了干细胞赖以生存的微环境（niche）内生长素和细胞分裂素之间的平衡。

此外，生长素的另外一个重要作用是控制茎尖干细胞分化、促进器官原基形成。生长素向顶端分生组织运输，控制该区域的细胞参与两侧器官发生。器官原基总是在分生组织的高生长素浓度区域形成，一旦形成器官原基，它像海绵一样吸取周围细胞中的生长素。新的原基器官的出现除高生长素浓度外，还是 *KNOX* 基因下调表达的结果。在玉米中，通过抑制生长素运输实验表明：生长素积累抑制 I 型 *KNOX* 基因，如 *SHOOTMERISTEMLESS*（*STM*）基因，在 PZ 区域表达；反之，也有研究表明，*KNOX* 基因的表达调节生长素的极性运输。生长素和 *KNOX* 基因是否通过相互作用建立一个自动调节环，这个问题尚需继续探索。

（5）表观遗传机制对植物干细胞的调节　　与动物干细胞一样，植物干细胞也受到染色质活性变化的调节。研究表明，染色质装配因子 FAS1 和 FAS2 限制 *WUS* 和 *SCR* 基因的活性，且在 *FAS1* 或 *FAS2* 突变植株中观察到 *WUS* 基因异位表达现象，说明 *WUS* 是 FAS1 和 FAS2 的靶基因。BRU1，一个稳定复制后染色质结构的蛋白质，与 *WUS* 基因的正调控有关。最近研究发现，*WUS* 是染色质重塑因子 SYD 的直接靶基因。SYD 属于 ATP 酶家族蛋白，使 DNA 模板易于形成转录复合体从而促进转录。*Syd* 突变植株 SAM 提前进入终端分化，与 *WUS* 表达水平降低的表型一致。染色质免疫沉淀证明 SYD 结合到 *WUS* 启动子区域，说明 SYD 是 *WUS* 基因的下游调控因子。在动物中，PcG 蛋白家族通过组蛋白甲基化和组蛋白去乙酰基化关闭与干细胞分化有关的基因，使干细胞保持未分化状态。在植物中，研究表明干细胞全能性丧失与 PcG 介导的基因沉默有关。Katz 等研究表明，FIE 和 CLF 蛋白（分别与 PcG 家族蛋白 Eed 和 Ezh2 同源）抑制 *STM* 基因表达。*STM* 基因的主要功能是抑制分生组织中细胞的分化，保证分生组织内细胞的扩增，从而能有足够数量的细胞成为器官原基。上述研究表明，染色质修饰对植物干细胞和动物干细胞的调控具有相似的分子机制。在动物中，AGO（ARGONAUTE）蛋白与干细胞自我更新有关。在拟南芥胚状体发生中，AGO 家族蛋白 ZLL 对建立稳定的茎尖干细胞群非常关键。在 *zll* 突变体中，种子萌发后不久茎尖分生区就进行终端分化，只产生一个或少数几个花器官。*ZLL* 异位表达诱导细胞过度分裂和形成异位分生组织，说明该蛋白质在建立干细胞群中发挥作用。研究已证实，AGO 家族蛋白的功能是通过 siRNA 和 miRNA

控制 mRNA 稳定性或者抑制 mRNA 翻译。除控制 mRNA 翻译外，在裂殖酵母和拟南芥中还发现，AGO 蛋白参与 miRNA 介导的组蛋白甲基化过程。尽管 miRNA 和染色质失活之间机制尚待阐明，但众多的研究表明它们对干细胞的自我更新和分化有重要影响（赵中华等，2015）。

（二）植物干细胞培养方法

植物干细胞培养技术，是在传统组织培养技术的基础上，改进现有方法，以植物干细胞为目标，诱导、分离和培养外植体，建立相应的干细胞培养体系。植物干细胞培养主要有 3 个步骤：①从植物中获得含有形成层的组织；②将含有形成层的组织在培养基中培养；③从形成层中分离细胞，从而获得形成层来源的干细胞（徐春明等，2013）。

2010 年 11 月，韩国 Unhwa 公司和英国爱丁堡大学的研究者将以红豆杉干细胞培养为主体的研究成果，以 "Cultured cambial meristematic cells as a source of plant natural products" 为题在 Nature 的子刊 Nature Biotechnology 上发表（Lee et al., 2010）。该刊同期还发表了对此成果进行报道评论的综述 "Plant natural products from cultured multipotent cells"。以红豆杉体系为代表的植物干细胞培养技术，吸引了全世界的关注。

植物干细胞培养技术，不但丰富了植物培养技术，而且为天然产物的商业化生产，乃至植物生物技术的发展，提供了新的研究方向和契机。根据目标干细胞的不同，目前较为成功的植物干细胞培养方法主要有以下几种。

1. 木本植物维管形成层　　以红豆杉为例，采取野生红豆杉的新生枝条，表面灭菌后切开；将含有形成层、韧皮部、皮质和表皮的组织轻轻地从木质部剥离；将获得的组织在分离培养基上培养 30 d 后，新生的形成层细胞和其他脱分化细胞（愈伤组织）因组织现状的差异自然分离——形成层细胞为均一生长的平板状组织，愈伤组织则为不规则的聚集生长物；将获得的形成层细胞转移到生长培养基上培养。目前报道该方法成功的案例仅限于红豆杉属（Lee et al., 2010）。

2. 草本植物储藏根的维管形成层　　以人参为例，取户外培育、平滑无伤口的人参，表面灭菌；将主根削成薄片，再切成长 5～7 mm、宽 5～7 mm、高 2～5 mm，使每片都含有形成层；将制备好的外植体用蔗糖高渗透液处理，使分化的组织——皮层、韧皮部、木质部、髓部等失去活力，仅形成层能保留生命力；将渗透液处理过的外植体转移到诱导培养基，培养 3～7 d 后，外植体的形成层变成淡黄色；再过 7～14 d 后，淡黄色部分有一圈细胞生长出；将外植体继代到生长培养基，培养 10～20 d 后，即可分离得形成层细胞，所得细胞继续在同样的培养基上培养。

目前，仅有人参属建立了该类干细胞培养体系（Jang et al., 2010）。本方法可被应用于大部分具有储藏根的草本植物，如轮叶党参 [Codonopsis lanceolata（Sieb. et Zucc.）Trautv.]、羌活（Notopterygium incisum Ting）、桔梗 [Platycodon grandiflorus（Jacq.）]、野葛 [Pueraria lobata（Willd.）]、人参（Panax ginseng）等。

3. 静止中心　　以水稻为例，将稻谷剥皮，表面灭菌，干燥至水分完全去除；将干种子种入培养基，25℃下培养 5 d，使其发芽；种子发芽 5～6 d 后，收集含有静止中心的根组织，去掉根端的根冠，从切口开始截取 1 mm 长作为外植体；将外植体放入诱导培养基，30 d 后观察到细胞被诱导出；所得静止中心干细胞为白色，均一，且周围环绕着黏性物质（黏原蛋白），而一般根组织得到的细胞不均一，黄色，无黏性物质，这些差异使干细胞可以和其他细胞自然分离；将分离得到的静止中心干细胞转移到生长培养基。目前，利用该方法可以获得水稻、玉米等植物的干细胞培养体系（Yu et al.，2010）。

（三）植物干细胞培养体系的特性

利用植物干细胞培养得到的干细胞系绝大部分以单细胞存在，小部分以小尺寸的细胞团存在，最大凝集尺寸仅为 500 μm，而传统细胞培养的细胞系在悬浮培养时，大部分以细胞团形式存在，最大凝集尺寸甚至达到 10 mm，这表明干细胞系在悬浮培养时能更好地生长。在对两种细胞的形态进行观察时发现，不同来源的细胞系细胞特征有所不同。人参形成层的干细胞系具有许多小液泡，而其子叶的愈伤组织只有一个或者少数几个大的液泡（Jang et al.，2010），来自静止中心的细胞系的细胞核比来自其他根部组织的大，为 2～4 μm（Yu et al.，2010）；银杏形成层的干细胞系与其脱分化的愈伤组织相比，具有的液泡多且小，而且具有多个线粒体；青蒿形成层的干细胞也具有多个液泡（Paek et al.，2012）。

不同来源的植物干细胞培养体系有着不同的生长特性（表 8.7），这些特性决定了其各自的用途。这些方法由韩国 Unhwa 公司开发，现已申请了一系列相关专利。

表 8.7　植物干细胞培养体系的特性（于荣敏和周良彬，2012）

培养体系	来源部位	细胞特征	生长特性
红豆杉	茎	液泡小而多；均一；可冻存	悬浮培养时多以单细胞状态存在，对剪切力低敏感，生长较快，培养性状较稳定
人参	储藏根	液泡小而多；均一；可冻存	悬浮培养时多以单细胞状态存在，对剪切力低敏感，生长较快，培养性状较稳定
水稻	根尖	白色，均一，周围环绕着黏性物质（黏原蛋白）；细胞核较大（2～4 μm）；可冻存	悬浮培养中以单细胞存在，长期培养细胞稳定，生长缓慢

（四）植物干细胞培养体系的优势

1. 长期培养的优势　传统药用植物细胞培养需要经过脱分化过程，脱分化过程往往不彻底，出现部分分化现象；细胞不稳定，易出现体细胞突变现象，长期培养时，在培养初始阶段生长良好，但随着培养时间的延长，细胞生长速度降低，很多细胞出现褐变及死亡，细胞形态也发生变化；而药用植物干细胞培养的干细胞系在长期培养时，能保持稳定快速生长，形态也不会发生很大变化（徐春明等，2013）。

Jang 等（2009）的研究表明，来自人参形成层的细胞系白且易碎，能连续增殖直到培养 11 个月甚至更久，生长速度比来自人参子叶的细胞系快，生长状况和聚集程度也很稳定。而来自人参子叶的细胞系为黄色，在培养初期细胞数量可在 4 周内增加 2 倍，但是培养 5 个月以后，其生长速度降低，开始出现黄色细胞、白色或者浅灰色含水细胞、褐色细胞及其他类似的不再增殖的细胞，并逐渐褐化死亡。

将紫杉针叶、胚芽和形成层的细胞系分别接种在合适的培养基中培养，每 2 周继代 1 次，同时分析记录 3 种细胞系的干重。22 个月后，形成层细胞系的细胞干重远远大于针叶和胚芽细胞系，分别增加了 4000 倍和 3000 倍（Lee et al.，2010）。Paek

等（2012）的研究表明，来源于青蒿和菊花形成层的干细胞在长期培养过程中能保持稳定的生长率和较低的聚集度。Yu 等（2012）对比研究了番茄干细胞培养和普通细胞培养的区别，发现来源于茎的愈伤组织在长期培养过程中生长速度和生长方式发生了明显的变化，而且细胞有很高的聚集度，许多细胞变褐坏死，不能进行稳定的长期培养；而来源于形成层的干细胞在长期培养过程中生长速度和生长方式没有明显的变化，细胞聚集度也较小，能进行稳定的长期培养。另外有研究发现，在培养一些草本植物根部静止中心以外组织 16 周以后，细胞团中可清楚观察到不定根的形成，而来自静止中心的细胞系在培养 16 周没有出现形态上的变化。由以上研究可知，利用形成层干细胞技术进行药用植物规模化生产可以获得更高的细胞生长量，同时干细胞在长期培养过程中所具有的较高的遗传稳定性，使得干细胞技术更能适应药用植物细胞培养规模化生产。

2. 细胞悬浮培养的优势　当植物细胞以细胞团的形式而不是作为单个细胞被培养时，这种细胞团由于内外环境的差异，细胞生长会发生变化。因此，在建立细胞的悬浮培养时，细胞的聚集度越低，越有利于细胞的生长。Jang 和 Park（2010）利用光学显微镜分别对人参和紫杉的干细胞培养和传统细胞培养得到的细胞系的细胞聚集度进行定量，结果如表 8.8 所示。另外，银杏和番茄干细胞在悬浮培养时，大部分以单细胞存在，小部分以小尺寸的细胞团存在。在观察青蒿干细胞和来自胚轴外植体的愈伤组织的聚集形态时发现，干细胞在悬浮培养时的细胞主要以单细胞为主，还有一些聚集度较小的细胞团，而来自胚轴外植体的细胞在培养时多数是以较大的聚集体形式存在。此外，来自一些草本植物静止中心的细胞系在悬浮培养时单细胞群占 98%，细胞团只有 2%，而来自根部其他组织的细胞系单细胞群占 10%，细胞团为 90%（徐春明等，2013）。

表 8.8　人参和紫杉细胞悬浮培养时的细胞聚集度（徐春明等，2013）

外植体来源		细胞聚集度 /%			
		大细胞团（>1500 μm）	中等细胞团（1000~1500 μm）	小细胞团（400~1000 μm）	单细胞群
人参	子叶	90	7	2	1
	形成层	0	0	5	95
紫杉	胚芽和针叶	60.0±3.2	30.0±3.3	7.0±0.6	3.0±0.9
	形成层	0	0	7.4±0.8	92.6±0.8

3. 大规模培养的优势　在进行大规模培养时，细胞容易受生物反应器中剪切力和细胞聚集的影响出现生长速度降低等问题。来自形成层的干细胞系含有大量的液泡，对剪切力灵敏度低，并且具有较低的聚集性，细胞生长能力不会受到影响。从人参形成层的干细胞系和人参子叶的细胞系在摇瓶中和 3 L 气升式生物反应器中悬浮培养的时间可以看出，来自人参形成层的干细胞系在生物反应器中的生长速度相比于摇瓶并没有降低，而且比来自人参子叶的细胞系在生物反应器中的生长速度高 5~9 倍。另外，来自人参形成层的干细胞系还可以在 20 L 的气升式生物反应器中培养（Jang et al.，2010）。同时，研究者测定了银杏、番茄和青蒿在 3 L 容积的气升式生物反应器中，其普通的

愈伤组织和干细胞的生长速度和生长指数（GI），如表 8.9 所示。

表 8.9　不同细胞在 3 L 气升式生物反应器中的生长状态（徐春明等，2013）

植物	细胞系	生长速度/倍	GI
银杏	干细胞	3.1	2.27
	愈伤组织	2.3	1.3
番茄	干细胞	6.3	5.32
	愈伤组织	1.9	0.9
青蒿	干细胞	2.87	1.87
	愈伤组织	1.33	0.33

另外，紫杉干细胞培养体系对各种类型（气升式、搅拌式）、各种规格（3 L、10 L、50 L、3 t）的生物反应器均具有良好的适应性，相对于脱分化细胞培养表现出优越的增长特性（Lee et al.，2010）。这都表明来自形成层的细胞系可以在生物反应器中规模化生产。

4. 细胞低温储藏的优势　　在低于 −70℃ 的超低温条件下，有机体内部的生化反应极其缓慢，甚至终止。因此，采取适当的方法将生物材料降至超低温，即可使生命活动固定在某一阶段不衰老死亡。当以适当的方法将冻存的生物材料恢复至常温时，其内部的生化反应可恢复正常。传统组织培养的细胞在低温储藏之后存活率低，且恢复生长能力的延迟期漫长，而来自形成层的干细胞系在低温储藏后存活率很高，并能较快地重新生长。有研究比较了来自草本植物静止中心的细胞系和来自其他植物根部组织的细胞系，以及银杏树皮组织中诱导的愈伤组织和银杏形成层来源的干细胞在低温储藏后的存活率（Yu et al.，2010；Hong et al.，2012），结果如表 8.10 所示。可以发现来自静止中心的细胞系的存活率远远大于来自其他根部组织细胞系的存活率；银杏形成层来源的干细胞在低温储藏后存活率大于银杏树皮组织中诱导的愈伤组织的存活率。

表 8.10　不同细胞系在低温储藏后的存活率（徐春明等，2013）

植物	细胞系	存活率/%
草本植物	静止中心	85
	其他根部组织	10
银杏	形成层	18.87
	愈伤组织	2.87

另外，在低温储藏后，来自人参子叶外植体的细胞系不重新生长，而来自形成层的干细胞系在 4 周以后开始重新生长并增殖（Jang et al.，2009）；来自紫杉形成层的干细胞系也可在冻存条件下保持良好的生命力。因此利用干细胞技术可以保存生产性能较好的药用植物细胞系，也可以用于珍稀濒危植物种质资源的保存（徐春明等，2013）。

（五）植物干细胞培养体系生产次生产物的应用

植物干细胞培养技术不但在生产天然产物，开发药品、功能性食品或化妆品方面，而且在建立细胞系库和种质资源的保存及基础研究等方面都有重要的应用前景（徐春明等，2013）。

目前为止，对红豆杉干细胞培养体系的生长特性研究最为深入和全面。Lee 等（2010）在完成了红豆杉干细胞培养体系的初步建立工作后，考察了获得细胞的形态、遗传学特征，同时进行了基因组学方面的分析，以验证培养的细胞确为维管形成层细胞。另外，对培养体系的生长特性进行了研究，主要考察了细胞生长速度、长期培养稳定性（时长22 个月）及对生物反应器的适应性，并与脱分化得到的愈伤组织进行对比。红豆杉干细胞培养体系不仅生长速度快，性状稳定，而且由于细胞具有游离生长、液泡分散的特性，培养体系对各种类型（气升式、搅拌式）、各种规格（3 L、10 L、20 L、3 t）的生物反应器均具有良好的适应性，具备了商业化生产的基本条件。为开发培养体系的实用价值，研究者诱导了所得培养体系活性成分，使其中紫杉醇含量提高了数十倍，并进一步进行灌注培养，促使更多的紫杉醇分泌到培养基中，含量达 268 mg/kg 细胞鲜重，分泌率达74%。此外，研究者还测试了红豆杉干细胞提取物的抗癌活性，在抑制 HHC-95 肺癌细胞、PC-3 前列腺癌等瘤株的实验中，提取物均显示了可与紫杉醇媲美的抗癌效果（该实验所用的培养体系未经诱导，经检测基本不含紫杉醇）。以上工作，从各方面为该技术的商业化提供了有力的技术支持。

对于水稻等干细胞的研究，主要目的是建立植物细胞银行。建立细胞银行可使植物细胞采用类似动物细胞冻存-复苏的培养方法，彻底解决植物细胞培养过程中的变异问题。该策略虽简单可行，但是一般的植物细胞却难以在冻存后顺利复苏，其存活率非常低，且恢复生长能力的延迟期漫长。因此，该方面的研究一直停滞不前。如表 8.7 所示，各种干细胞的一个共同特征就是可在冻存条件下保持良好的生命力，这使植物细胞银行的建立具备了良好的前提。此外，植物干细胞培养体系建立方法的多样性使该技术具有普遍推广的潜力，因而可以预见，植物细胞银行中能够容纳的植物种类将非常丰富。植物细胞银行的建立不仅可以为植物细胞培养的稳定性提供一个切实有效的解决方法，而且将在植物种质资源的保存方面发挥关键作用。

目前，人参干细胞的研究成果主要用于保健品和化妆品的开发，除了相关专利和文章外，已有相关产品面世。

植物干细胞培养的相关报道给植物培养研究带来了新的视角和方法，特别是为长期培养过程中细胞的稳定性和细胞长期保存等问题提供了很好的备选答案，但在目前有限的相关报道中，仍存在着一些不足和疑问。以报道最为充分的红豆杉系统为例，未经诱导的干细胞体系中，基本不含有紫杉醇，研究者需要经过诱导提高其含量。但是，诱导后的细胞是否仍保持着干细胞的特性，尚未进行过相关考察。再者，研究人员发现，经过 22 个月的培养，干细胞的生长速度和外观都保持着稳定，然而，没有文献表明长期培养细胞的显微形态、遗传学特征和基因组学等方面是否保持稳定。目前，掌握植物干细胞培养技术的还仅限于韩国的 Unhwa 公司，由于商业竞争和保护知识产权等原因，该技术的广泛应用还需时日。此外，技术本身存在的问题也有待进一步完善。但该技术的出现和推广为植物培养技术提供了新的研究思路，将极大地推动其商业化进程（徐春明等，2013）。

第三节　规模化细胞培养实例

一、利用长春花悬浮培养细胞规模化生产长春碱（郑珍贵等，2005）

（一）长春花细胞系的制备

1）以长春花种子为材料，用70%乙醇浸泡30 s，随后转移至10%次氯酸钠溶液中进行表面消毒，播种于高温灭菌的B_5培养基上，在25℃下光照培养，10 d后得长春花无菌苗。

2）以所获无菌苗的茎、叶等器官为外植体，在B_5固体基本培养基加上2 mg/L 2,4-D和0.2 mg/L KT培养，培养温度为25℃，经4周暗培养，即可在外植体的切口处形成愈伤组织。

3）将所得到的愈伤组织用相同培养基培养稳定后，平均三周继代一次，10代后，形成松软、稳定的愈伤组织，培养温度为25℃，无光照。此时的愈伤组织可进行细胞悬浮培养。

4）将以上所得的愈伤组织继续继代培养，在培养基中逐渐减少激素用量，培养8~10代后，将激素逐渐减少到零，如发现生长不良，可补加0.1~0.2 mg/L 2,4-D，生长好转后又去除激素，同时将培养基pH降至5.4~5.6；再经过多代驯化后，可形成稳定的激素完全适应型培养系，其在固体和液体B_5基本培养基上均能良好生长，固体培养基上的培养周期为4周，液体培养基上的培养周期为12~15 d。

（二）悬浮细胞系规模化生产长春碱

1）生长培养基和生产培养基制备（表8.11）。

表8.11　生长培养基和生产培养基制备

成分	生长培养基 /（mg/L）	生产培养基 /（mg/L）
$(NH_4)_2SO_4$	134	30
KNO_3	2000	400
$CaCl_2 \cdot 2H_2O$	150	210
$MgSO_4 \cdot 7H_2O$	250	290
$NaH_2PO_4 \cdot H_2O$	150	30
KI	0.75	—
H_3BO_3	3	—
$MnSO_4 \cdot 4H_2O$	10	—
$ZnSO_4 \cdot 7H_2O$	2	—
$Na_2MoO_4 \cdot 2H_2O$	0.25	—
$CuSO_4 \cdot 5H_2O$	0.025	—
$CoCl_2 \cdot 6H_2O$	0.025	

成分	生长培养基 / (mg/L)	生产培养基 / (mg/L)
FeSO$_4$·7H$_2$O	27.8	27.8
EDTA-Na$_2$·2H$_2$O	37.3	37.3
肌醇	100	100
烟酸	1	0.5
盐酸吡哆辛	1	0.5
盐酸硫胺素	10	3
蔗糖	2%～3%（m/V）	白砂糖（2%～3%）
pH	5.6～5.8	5.6～5.8

注："—"表示不添加

2）按上述培养基配方配制生产培养基，调节 pH 至 5.6～5.8，分装于 250 mL 锥形瓶中（每瓶 50～60 mL），封口并高温灭菌。

3）以步骤（一）中制得的细胞系为种源，接种于上述生长培养基中培养扩增，培养条件为 25℃，暗培养，摇床转速为 110～120 r/min，培养 10 d。

4）将 2）中配好的生产培养基分装于 1 L 培养瓶，每瓶 300～400 mL，封口并高温灭菌，以 3）制得的培养细胞为种子，进行接种，接种量为 15%（m/V），继续以上述培养条件培养 10～12 d 后，即可从培养液中提取获得生物碱或可接入 10 L 或更大规模的生物反应器中。

5）10 L 反应器培养：配制 10 L 生产培养基，置于反应器中，在位自动灭菌，灭菌结束后，调节罐体出气阀，以保证罐及管路中的气体正压。在接种箱中接入对数生长期的细胞，接种量为 15%（m/V），进行培养，温度为 25℃，通气速率 0.5 vvm，搅拌速度（螺旋叶轮）为 100 r/min。黑暗培养 10～12 d，当溶氧量（PCV）达到 75% 以上，细胞生长达到指数末期，阿玛碱含量达到 3.5 mg/L 时取样，提取生物碱。

二、植物悬浮培养细胞生产雷公藤生物碱的方法（曹华兴和胡凡，2003）

（一）生产细胞株的培养

1）取正季生长的药用原生植物卫矛科植物雷公藤的嫩叶、茎或当年成熟、饱满的种子，作为诱导愈伤组织的外植体。取外植体后，注意保鲜和清洁。

2）表面消毒：将外植体放在 150 mL 的锥形瓶中，放 2～3 g 洗衣粉或 2～3 滴 Tween 60，浸泡 30～40 min 后用自来水小水流冲洗 2～3 h。然后在超净台上小心地用灭菌的镊子夹到另一灭菌的（120℃、20 min 蒸汽灭菌）150 mL 锥形瓶中，倒入 75% 乙醇，放置 60 s（干种子放置 90 s），然后倒掉乙醇。倒入 0.1% HgCl$_2$ 灭菌保持 12～15 min，倒出 HgCl$_2$ 液后，用无菌水冲洗 3 次，最后一次在无菌水中停留 3～4 min。然后用灭菌的镊子夹到吸水纸上晾干。用灭菌刀片把取自茎或叶的外植体切成 0.5 cm 大小或长短的切片或切段。将每粒种子作为一个单独的外植体。

3）诱导愈伤组织：MS 基本培养基加肌醇 100 mg/L、维生素 B$_1$ 0.5～1.0 mg/L、维生

素 B_6 0.5~1.0 mg/L、NA 0.5~1.5 mg/L、甘氨酸 2~10 mg/L、蔗糖 30~45 g/L、2,4-D 1~ 2 mg/L、NAA 0.2~1.0 mg/L、琼脂 6 g/L，pH 5.8。然后经 120℃、20 min 蒸汽灭菌，把上述切好的取自茎或叶的外植体接种到培养基上。培养基分装在 150 mL 锥形瓶中，每瓶装 40 mL，置于温度为（27±2）℃、暗培养的条件下诱导愈伤组织。种子在光培养条件下发芽，然后按上胚轴、下胚轴、子叶分别接种在上述培养基上，在暗培养条件下诱导愈伤组织。20 d 后，长出愈伤组织。

4）继代培养：将在上述条件下获得的愈伤组织，转移到上述相同培养基上，每个锥形瓶中移入 5~7 块初始愈伤组织，在光培养下（1500 lx 日光灯），每 35~45 d 继代一次。

5）挑选细胞株：经过 3 或 4 次继代培养后的愈伤组织，用灭菌注射针头小心地挑选出生长旺盛、颗粒状的愈伤组织。

6）固体继代保存：将步骤 5）挑选的愈伤组织，一半继续在上述相同培养基和光照条件下继代保存，一半进入下一步进行悬浮培养。

（二）悬浮细胞系规模化生产雷公藤生物碱

1）悬浮培养：将上述步骤 5）挑选出的另一半愈伤组织在与上述相同的液体培养基中进行悬浮培养（不加琼脂），每 150 mL 锥形瓶中装 75 mL 液体培养基，每瓶接种 1~1.5 g 鲜重的愈伤组织，放到往复式摇床上培养（80~90 r/min），1500 lx 光照，（27±2）℃。接种后第 10 天进行第一次继代，以后每 7 d 继代一次。每次倒掉 3/4~4/5 培养液和细胞，然后加入新鲜的相同培养基到原液面，进行下一次继代。

2）返回固体培养基：经过 5~7 次继代培养的悬浮细胞系，在无菌条件下，用 150 目不锈钢网筛过滤，分离出直径大于 5 mm 的大块愈伤组织，再用 400 目不锈钢网进行过滤，滤取悬浮细胞，小心地用接种针或铲，在每个 150 mL 锥形瓶中接种 0.5 g 左右的悬浮细胞到上述固体培养基上，放置于黑暗条件下，（27±2）℃，培养 3 周。

3）分离出分散性好、颗粒状细胞系：将经过 3 周固体暗培养的悬浮细胞用 100 目的筛网分离得到细胞团，这些细胞团为生长快速、颗粒细小的 3~8 个细胞组成的细胞团。

4）细胞系悬浮培养：将步骤 3）获得的分散性好、颗粒状细胞系，在相同液体培养基中悬浮培养，继代培养扩大样本，形成高等植物的细胞悬浮系。

5）细胞悬浮系经扩大培养后，在 20~40 L 磁力搅拌反应器（120 r/min、磁力转子长 8 cm，直径 0.8~1.2 cm）中继代，第 7 天加入上述培养中筛选出的大的愈伤组织，每瓶悬浮物中加入 4~5 g 鲜重的大块愈伤组织，共同培养 72 h。

6）提取总生物碱：将培养的悬浮细胞过滤，细胞在 45℃下烘干，过滤液在冷冻条件下抽真空浓缩至原液 10% 左右，按徐力红等（1995）提出的方法提取总生物碱，并进行测定。

三、红豆杉干细胞培养生产紫杉醇的方法（Lee et al.，2010）

（一）红豆杉干细胞的培养

1. 采集野生红豆杉的嫩枝、针叶和种子，消毒处理 具体方法如下：在野外采集野生红豆杉的嫩枝、针叶和种子，带回实验室，立即用维生素 C（抗坏血酸）水溶液处理采集的嫩枝、针叶和种子。自来水冲洗 30 min，70% 乙醇消毒 1 min。再用 1% NaClO 消毒，嫩枝 20 min，针叶 15 min，蒸馏水冲洗 5 次，再用柠檬酸水溶液冲洗。种子用 0.01% NaClO 处理 24 h（激活），用自来水冲洗 4 h，70% 乙醇消毒 1 min，1% NaClO 消毒 15 min，蒸馏水冲洗 5 次。

2. 分离形成层   为了获得形成层分生细胞，将形成层、韧皮部、皮层和表皮层依次从木质部剥离，置于 B$_5$ 培养基培养。4～7 d 后只有在形成层能发现明显的细胞分裂现象，15 d 后韧皮部、皮层和表皮层开始形成脱分化细胞。30 d 后，形成层分生细胞（CMC）与韧皮部、皮层、表皮层产生的脱分化细胞（DDC）之间出现明显差异。形成层分生细胞能均匀稳定地分化出新细胞。

（二）红豆杉干细胞的悬浮培养生产紫杉醇

1. 利用生物反应器进行干细胞培养   选用由形成层所得的细胞，在 21℃ 的黑暗环境中进行悬浮培养。采用了 3 L 和 20 L 的气升式生物反应器，培养形成层分生细胞。搅拌速度（螺旋叶轮）为 200 r/min。

2. 紫杉醇产量的测定及分析   将细胞悬浮培养 14 d 后用聚氨基葡萄糖、苯基丙氨酸和甲基茉莉酮酸酯进行诱导处理，每 5 d 更换一次培养基，接种量为 15%（m/V），培养温度为 25℃，通气速率为 0.5 vvm，处理 45 d 后，用高效液相色谱仪测定细胞的紫杉醇产量，形成层干细胞中的紫杉醇产量达 102 mg/kg 细胞鲜重。

四、利用诱导子提高白桦细胞中白桦三萜含量的方法（任春林，2012）

（一）白桦细胞的培养

1. 植物材料   以白桦组培苗茎段为外植体，NT 为基本培养基，附加 0.1 mg/L 6-BA 和 0.01 mg/L TDZ，诱导愈伤组织，挑选生长状态良好的愈伤组织将其多次继代后转移至液体培养基悬浮培养。经过 6 代以上的转接，建立稳定的悬浮培养细胞体系，悬浮培养继代周期为 15 d，接种量为 3 g 细胞接种于 100 mL 液体培养基中。

2. 培养条件   固体培养基：NT 培养基+0.1 mg/L 6-BA+0.01 mg/L TDZ，蔗糖 20 g/L、琼脂粉 5.3 g/L、pH 为 6.0～6.5。固体培养基配方中去掉琼脂粉即可制得液体培养基。固体愈伤组织继代周期为 25 d，液体培养继代周期为 15 d，培养基均以 121℃高压蒸汽灭菌 20 min，培养温度为 24～26℃，光照强度为 2000 lx，光照时间为 16 h/d，湿度为 40%～50%，摇床转速为 120 r/min。

（二）诱导子对白桦细胞的三萜物质合成的诱导

1. 诱导子的添加

1）MeJA 的制备及添加：取 573 μL MeJA 用 95% 乙醇定容到 5 mL，配制成 0.5 mol/L 储备液。取 0.5 mol/L 的母液 2 mL 用无菌水定容至 50 mL，配制成 20 mmol/L 的母液，用 0.45 μm 有机滤膜过滤除菌。在悬浮培养的第 7 天添加终浓度为 100 μmol/L 的 MeJA，每个处理重复 3 次，同时设立对照组。分别在 MeJA 处理后 24 h、48 h、72 h 收获细胞。

2）SA 的制备及添加：取 0.100 g SA，以少许 95% 乙醇溶解后用无菌水定容至

50 mL，配制成 2 mg/mL 母液，用 0.45 μm 有机滤膜过滤除菌。在悬浮培养的第 7 天添加终浓度为 50 mg/L 的 SA，每个处理重复 3 次，同时设立对照组。分别在 SA 处理后 24 h、48 h、72 h 收获细胞。

2. 总三萜的提取及含量测定　精密称取 0.05 g 细胞干样，加入 2 mL 95% 乙醇并浸泡 24 h。70℃水浴 1 h 后再超声 40 min，取 100 μL 上清液于 10 mL 离心管中并置于 70℃水浴蒸干。加入 200 μL 5% 香草醛-冰醋酸和 800 μL 高氯酸，70℃水浴 15 min，冰上迅速冷却。乙酸乙酯定容至 5 mL 后测定其在 551 nm 处的吸光值（对照组为 200 μL 5% 香草醛-冰醋酸＋800 μL 高氯酸＋4 mL 乙酸乙酯）。根据标准曲线方程计算白桦细胞总三萜含量。

五、一种利用柽柳组织培养系统生产多种次生代谢产物的方法（尹静等，2014）

（一）柽柳芽的培养

1. 材料来源　柽柳外植体来自 15 年生内蒙古红皮柽柳（*Tamarix chinensis* Lour.），取直径为 1~2 cm 的枝条于花盆中扦插，待嫩芽长至 1 cm 左右，进行无菌消毒，转移至 MS 基本培养基中培养。

2. 丛生芽的诱导培养　将继代两次后的 MS 培养基中的柽柳组培苗转移到以 MS 为基本培养基附加 1.0 mg/L 6-BA＋0.05 mg/L NAA 的培养基中；均接种在 100 mL 锥形瓶中，内装 50 mL 固体培养基，接种量为柽柳组培苗 0.30 g，培养周期为 30 d，培养期间进行拍照和记录生长状态。培养 30 d 后收获材料，进行鲜重测定，烘干至恒重后测定干重，同时进行次生代谢产物总黄酮、总酚和总三萜物质含量检测和分析。

固体培养基：蔗糖 20 g/L、琼脂粉 5.3 g/L、pH 为 6.0~6.5。培养基均以 121℃高压蒸汽灭菌 20 min，培养温度为 24~26℃，光照强度为 2000 lx，光照时间为 16 h/d，湿度为 40%~50%。

（二）柽柳芽次生代谢产物含量检测

1. 总三萜的提取及含量测定　精密称取 0.05 g 丛生芽干样，加入 2 mL 95% 乙醇并浸泡 24 h。70℃水浴 1 h 后再超声 40 min，取 100 μL 上清液于 10 mL 离心管中并置于 70℃水浴蒸干。加入 200 μL 5% 香草醛-冰醋酸和 800 μL 高氯酸，70℃水浴 15 min，冰上迅速冷却。乙酸乙酯定容至 5 mL 后测定其在 551 nm 处的吸光值（对照组为 200 μL 5% 香草醛-冰醋酸＋800 μL 高氯酸＋4 mL 乙酸乙酯）。

2. 总酚物质的提取及含量测定

1）标准溶液的配制：精密称取没食子酸标准品 25.0 mg，置于 100 mL 容量瓶中，蒸馏水溶解并定容至刻度，摇匀，即得 0.25 mg/mL 的没食子酸标准溶液，低温保存备用。

2）酒石酸亚铁溶液的配制：称取 0.5 g 硫酸亚铁及 2.5 g 酒石酸钾钠置于 500 mL 容量瓶中，蒸馏水溶解并定容至刻度，摇匀，低温保存备用。

3）磷酸盐缓冲液的配制：将 0.0667 mol/L 磷酸氢二钠溶液与 0.0667 mol/L 磷酸二氢钾溶液按 84∶16 的比例混合，调节 pH 为 7.5 备用。

4）标准曲线的绘制：精密吸取没食子酸标准溶液 1.0 mL、2.0 mL、3.0 mL、4.0 mL、5.0 mL，

分别置于 25 mL 容量瓶中，加蒸馏水至体积为 5.0 mL，再加入酒石酸亚铁溶液 5.0 mL，用 pH 为 7.5 的磷酸盐缓冲溶液定容至 25 mL，混匀，静置 15 min，空白处理作为对照与实验处理同时进行，在 540 nm 处测定吸光度值（A）。以没食子酸标准溶液的浓度为横坐标，吸光度值为纵坐标，绘制标准曲线得线性回归方程：$y = 15.260x + 0.0060$，$R^2 = 0.9998$，式中，x 为吸光度值，y 为样品浓度（mg/mL），没食子酸检测含量在 0.01～0.05 mg/mL 时与吸光度呈良好的线性关系。

5）样品溶液的制备和含量测定：准确称取干燥的柽柳芽粉末 0.2 g，加入一定量的石油醚超声提取 2 次，每次 30 min 过滤，滤渣挥发干燥去除残余石油醚后，加 7 mL 60% 乙醇，超声提取 45 min。精密吸取上述样品溶液 3.0 mL，按上述标准品测定方法测定吸光度，并根据回归方程计算柽柳总多酚的含量。

3. 黄酮的提取及含量测定

1）对照品溶液的配制：精确称取芦丁对照品 10 mg 置于 10 mL 容量瓶中，加入 4 mL 50% 乙醇溶解，定容制成对照品。

2）供试品溶液的制备：将干燥好的柽柳芽用研钵磨成粉末，精确称取 0.200 g 样品于 50 mL 锥形瓶中，加入 20 mL 50% 乙醇，密封好后超声提取 90 min，过滤并定容至 25 mL 备用。

3）标准曲线的绘制：精确吸取标准品 250 μL、400 μL、500 μL、600 μL、750 μL、1000 μL、0 μL，分别置于 25 mL 容量瓶中，加 5% 亚硝酸钠溶液 1 mL，摇匀静置 6 min，再加入 10% 硝酸铝溶液 1 mL，摇匀静置 6 min，加 10% NaOH 10 mL，并用 50% 乙醇定容至刻度，摇匀静置 15 min，加 1 mL 5% 亚硝酸钠溶液摇匀，加入 1 mL 10% 硝酸铝溶液和 10 mL 10% NaOH 作空白对照，于 550 nm 下检测吸光度值。标准曲线为 $y = 0.0875x + 0.0002$，x 为吸光度值，y 为样品浓度，检测含量为 4～40 mg/L 时具有良好的线性关系。

4）样品检测：取 4 mL 供试品溶液，按照上述方法加入药品，检测 550 nm 处的吸光度值。根据标准曲线方程计算柽柳丛生苗中黄酮的含量。

— 本 章 小 结 —

本章主要叙述了植物细胞悬浮培养与次生代谢产物生产有关内容，要求掌握植物细胞悬浮培养有关概念及其培养的技术关键，了解植物细胞悬浮培养的意义，掌握利用细胞培养技术进行植物次生代谢产物生产的关键技术与植物次生代谢产物的概念及其生产途径，了解植物细胞规模化生产的有关技术与内容。

— 复 习 思 考 题 —

1. 基本概念部分

植物细胞悬浮培养；成批培养；连续培养；平板培养法；看护培养法；微室培养法；双层培养；植物次生代谢产物；两步培养法；两相培养法；生物转化；植物干细胞。

2. 基本原理和方法部分

1）建立一个良好细胞悬浮培养体系应具备哪些条件？

2）植物细胞悬浮培养具有哪些意义？

3）用框图说明影响建立良好悬浮细胞系的主要因素。

4）通过框图说明细胞悬浮培养与植株再生的过程。

5）植物悬浮细胞继代常用哪三种方法？

6）植物次生代谢产物生产途径有哪些？

7）植物次生代谢产物可以应用到哪几大领域？并举例说明。

8）利用植物细胞培养法生产植物次生代谢产物具有哪些优点？

9）通过框图说明细胞系筛选思路及其相互关系。

10）在植物细胞培养生产次生代谢产物过程中应用的诱导子有几大类？并分别加以说明。

11）通过植物细胞培养技术生产次生代谢产物的方法有哪些？

12）目前在植物细胞大规模培养中应用的生物反应器主要有哪几种类型？并分别加以说明。

13）说明植物干细胞特性及培养方法。

3. 综合能力部分

1）阐述如何建立良好的细胞悬浮系。

2）阐述植物细胞生产次生代谢产物的技术关键。

— 主要参考文献 —

曹华兴，胡凡. 植物悬浮培养细胞生产雷公藤总生物碱的方法：CN02100774.8.2003-08-06.

陈金慧，王鹏凯，张艳娟，等. 2012. 植物根尖分生组织干细胞调控模式. 南京林业大学学报（自然科学版），4：127-132.

陈学森，邓秀新，章文才. 1997. 银杏组织培养与黄酮生产的研究Ⅰ. 银杏愈伤组织的诱导与褐变调控的研究. 中国农业科学，30（6）：55-60.

丁世萍，严菊强，季道潘. 1998. 糖类在植物组织培养中的效应. 植物学通报，15（6）：42-46.

董娟娥，梁宗锁，张康健，等. 2005. 杜仲雄花中次生代谢物合成积累的动态变化. 植物资源与环境学报，4：2.

范桂枝，王博，詹亚光，等. 2009. 光处理对白桦愈伤组织生长及其三萜物质积累的影响. 东北林业大学学报，37（1）：1-3.

官秀庆. 1991. 老鹳属植物 *Geranium thunbergii* 的栽培和育种第1报. 生药学杂志，45（1）：5.

郭志刚，邓颖，刘瑞芝. 2003. 固液两步法的藏红花素生物合成. 清华大学学报（自然科学版），12：8.

韩多红，孟红梅. 2003. 灰绿黄堇愈伤组织培养及生物总碱含量的初步研究. 西北植物学，23（9）：1631-1633.

何水林. 2002. 植保素代谢与植物防御反应. 广州：广东科技出版社.

胡尚连，王丹. 2004. 植物生物技术. 成都：西南交通大学出版社.

孔垂华，胡飞，张朝贤，等. 2004. 茉莉酮酸甲酯对水稻化感物质的诱导效应. 生态学报，（2）：178-185.

李春斌，王关林，岳玉莲，等. 2003. 培养条件对杜仲细胞悬浮培养黄酮合成的研究. 大连理工大学学报，43（3）：287-291.

李家儒，管志勇，刘曼西，等. 1999. Cu^{2+}对红豆杉培养细胞中紫杉醇形成的影响. 华中农业大学学报，18（2）：117-120.

李家儒，刘曼西，曹孟德，等. 1998. 桔青霉诱导子对红豆杉培养细胞中紫杉醇生物合成的影响. 植物研究，18（1）：78-82.

李浚明. 2002. 植物组织培养教程. 北京：中国农业大学出版社.

李宁，阮飞盈，闻正顺，等. 2013. 红树林木果楝属植物可培养内生真菌的多样性及其代谢产物抗肿瘤活性. 中国中药杂志，14：2282-2286.

李强, 任茜, 张永良. 1994. 生境、采收期、贮藏时间等因素对秦岭金银花绿原酸含量的影响. 中国中药杂志, 19(10): 594-595.

李韶山, 潘瑞炽. 1993. 植物的蓝光效应. 植物生理学通讯, 29(4): 248-252.

李文雄, 曾寒冰. 1996. 小麦单细胞培养与植株再生的研究. 东北农业大学学报, (4): 313-320.

李琰, 董娟娥, 姜在民, 等. 2004a. 杜仲愈伤组织中次生代谢产物积累动态研究. 西北植物学报, 24(11): 2033-2037.

李琰, 王冬梅, 姜在民, 等. 2004b. 培养基及培养条件对杜仲愈伤组织生长及次生代谢产物含量的影响. 西北植物学报, 10: 25.

李琰, 张朝红, 马希汉. 2004c. 培养基成分对杜仲愈伤组织生长及次生代谢产物含量的影响. 武汉植物学研究, 4: 16.

刘春朝, 叶和春, 王玉春, 等. 1999. 适于青蒿芽生长和青蒿素积累的光、温和培养方式探讨. 植物生理学报, 25(2): 105-109.

刘建华. 2014. 植物干细胞及其应用概述. 生物学教学, 4: 6-8.

刘晓琴, 张卫, 金美芳, 等. 2006. 外植体与不同理化因子对虎杖愈伤组织诱导及次生代谢产物形成的影响. 云南植物研究, 4: 13.

马克学, 李芬, 席兴宇. 2007. 植物干细胞调控的分子机制. 生命的化学, 4: 315-317.

梅兴国. 2003. 红豆杉细胞培养生产紫杉醇. 武汉: 华中科技大学出版社.

任春林. 2012. 诱导子组合对白桦三萜合成调控及 MeJA 抑制性消减文库分析. 哈尔滨: 东北林业大学硕士学位论文.

孙非, 曹悦群, 孙立侠, 等. 1992. 不同光质对西洋参硝酸还原酶(NR)活性和蛋白质含量变化的影响. 中草药, 23(5): 260-263.

孙敬三, 朱至清. 2006. 植物细胞工程实验技术. 北京: 化学工业出版社.

唐建军, 项田夫, 张禄源, 等. 1998. 植物次生代谢、离体培养条件下次生代谢物积累及其调控研究进展. 中国野生植物资源, 17(4): 1-6.

田奇琳, 赖钟雄. 2013. 植物干细胞研究进展. 园艺与种苗, 8: 56-62.

王博, 范桂枝, 詹亚光, 等. 2008. 不同碳源对白桦愈伤组织生长和三萜积累的影响. 植物生理学通讯, 44(1): 97-99.

王德信. 2012. 植物干细胞研究进展. 安徽农业科学, 20: 10365-10367.

王东, 李启任. 1998. 培养细胞中小檗碱的产生及其生物合成研究概况. 中草药, 29(2): 128-131.

王黎, 张治国, 蔡志光, 等. 1994. 软紫草愈伤组织的初步培养. 广西植物, 14(3): 345-348.

王荣生. 1993. 人参西洋参栽培与加工技术问答. 北京: 科学普及出版社: 105.

王万贤, 戴为苹, 杨毅, 等. 1996. 生态因子对绞股蓝皂甙含量影响的研究. 中草药, 27(9): 559-561.

王占军, 陈金慧, 施季森. 2011. 植物干细胞中 WUS/CLV 反馈调控机制的研究进展. 林业科学, 4: 159-165.

肖尊安. 2005. 植物生物技术. 北京: 化学工业出版社.

邢建民, 赵德修, 叶和春, 等. 2000. 水母雪莲细胞生物反应器悬浮培养. 植物学报, 42(1): 98-101.

徐春明, 王英英, 庞高阳, 等. 2013. 药用植物干细胞培养技术及其应用. 中草药, 44(20): 2940-2945.

徐力红, 苗抗立, 黄丽瑛. 1995. 雷公藤生物碱的分离鉴定. 中国药店, (4): 12-13.

徐庞连, 阳成伟, 李春鑫, 等. 2013. 植物根尖干细胞微环境的遗传调控. 华南师范大学学报(自然科学版), 2: 12-19.

徐云远, 种康. 2005. 植物干细胞决定基因 *WUS* 的研究进展. 植物生理与分子生物学学报, 5: 461-468.

杨秀淦, 高帅, 王洪峰. 2012. Ri 质粒诱导药用植物毛状根技术及应用. 广东林业科技, 28(5): 67-73.

尹静, 梁甜, 肖佳雷, 等. 一种利用柽柳组织培养系统生产多种次生产物的方法: CN103583362A. 2014-02-19.

尹静, 詹亚光, 李新宇, 等. 2009. 不同树龄白桦及其组织中白桦酯醇和齐墩果酸含量积累研究. 植物生理学通讯, (6): 610-614.

尹静, 詹亚光. 2009. 白桦三萜及其合成调控. 植物生理学通讯, (5): 520-626.

游云, 蒋超, 黄璐琦. 2014. 试析植物干细胞与动物干细胞的异同. 中国中药杂志, 2: 343-345.

于荣敏, 高越, 吕华冲, 等. 2004. 银杏细胞固定化培养及其影响因素考察. 中草药, 35(7): 803-808.

于荣敏, 周良彬. 2012. 植物细胞培养技术新领域——植物干细胞培养. 食品与药品, 1: 52-55.

张向飞, 张荣涛, 曹岚, 等. 2004. 不同因子对长春花愈伤组织中药用成分积累的影响. 中国药学杂志, 11: 817-819.

张兴, 刘晓娟, 吕巧玲, 等. 2007. 毛状根生产次生代谢产物的研究进展. 化工进展, 26(9): 1228-1232.

赵德修，李茂寅，邢建军，等. 1999. 光质、光强和光期对水母雪莲愈伤组织生长和黄酮生物合成的影响. 植物生理学报，25（2）：127-132.

赵德修，李茂寅. 2000. 培养基及其组成对水母雪莲悬浮培养生产及黄酮形成的影响. 生物工程学报，16（1）：99-102.

赵德修，汪沂，赵敬芳. 1998. 不同理化因子对雪莲培养细胞中黄酮类形成的影响. 生物工程学报，14（3）：259-264.

赵中华，南文斌，梁永书，等. 2015. 植物干细胞调控研究新进展. 中国细胞生物学学报，7：1021-1028.

郑穗平，郭勇. 1998. 主要营养成分对悬浮培养玫瑰茄细胞生长和花青素合成的影响. 广西植物，18（1）：70-74.

郑珍贵，刘涤，胡之壁，等. 长春花完全适应型细胞大规模培养生成吲哚类生物碱的方法：CN02136919.4. 2003-03-12.

郑珍贵，缪红，杨文杰，等. 1999. 营养和环境因子对长春花激素自养型细胞生长和阿玛碱生成的影响. 植物学报，41（2）：184-189.

朱至清. 2003. 植物细胞工程. 北京：化学工业出版社.

Baker B S, Bhatia S K. 1993. Factors affecting adventitious shoot regeneration from leaf explants quince (*Cydoniaoblonga*). Plant Cell, Tiss Org Cult, (35): 273-277.

Baltazar A, Espina-Luceroa J, Ramos-Torresa I, et al. 2007. Effect of methyl jasmonate on properties of intact tomatofruit monitored with destructive and nondestructive tests. Journal of Food Engineering, 80: 1086-1095.

Baucher M, Jaziri M, Vandeputte O. 2007. From primary tosecondary growth: origin and development of the vascular system. Exp Bot, 58 (13): 3485-3501.

Caniard A, Zerbe P, Legrand S, et al. 2012. Discovery and functional characterization of two diterpene synthases for sclareol biosynthesis in *Salvia sclarea* L. and their relevance for perfume manufacture. BMC Plant Biol, 12: 119.

Carlsbecker A, Lee J Y, Roberts C J, et al. 2010. Cell signalling by micro RNA165/6 directs gene dose dependent root cell fate. Nature, 465 (7296): 316-321.

Daum G, Medzihradszky A, Suzaki T, et al. 2014. A mechanistic framework for noncell autonomous stem cell induction in *Arabidopsis*. Proc Natl Acad Sci USA, 111 (40): 14619-14624.

Furuta K M, Hellmann E, Helariutta Y K. 2014. Molecular control of cell specification and cell differentiation during procambial development. Plant Biol, 65: 607-638.

Hakkinen S T, Raven N, Henquet M, et al. 2014. Molecular farming in tobacco hairy roots by triggering the secretion of a pharmaceutical antibody. Biotechnology and Bioengineering, 111 (2): 336-346.

Hayashi H, Huang P Y, Takada S, et al. 2004. Differential expression of three oxidosqualene cyclase mRNAs in *Glycyrrhiza glabra*. Biol Pharm Bull, 27 (7): 1086-1092.

Heidstra R, Sabatini S. 2014. Plant and animal stem cells: Similar yet different. Nat Rev Mol Cell Biol, 15 (5): 301-312.

Hirakawa Y, Kondo Y, Fukuda H. 2010. TDIF peptide signaling regulates vascular stem cell proliferation via the *WOX4 homeobox* gene in *Arabidopsis*. Plant Cell, 22 (8): 2618-2629.

Hyde K. 2010. A case for re-inventory of Australia's plant pathogens. Persoonia: Molecular Phylogeny and Evolution of Fungi, 25: 50.

Jang M O, Lee E K, Jin Y W. Plant stem cell line derived from cambium of herbaceious plant with storage root and method for isolation the same. US: 2010233813A1. 2009-03-26.

Ji J, Strable J, Shimizu R, et al. 2010. WOX4 promotes procambial development. Plant Physiol, 152 (3): 1346-1356.

Kee-Won Y, Hosakatte N M, Eun-Joo H. 2005. Ginsenoside production by hairy root cultures of Panax ginseng-influence of temperature and light quality. Biochemical Engineering Journal, 23 (1): 53-56.

Kusari S, Hertweck C, Spiteller M. 2012. Chemical ecology of endophytic fungi: origins of secondary metabolites. Chemistry and Biology, 19 (7): 792-798.

Laux T. 2003. The stem cell concept in plants: A matter of debate. Cell, 113: 281-283.

Lee E K, Jin Y W, Park J H, et al. 2010. Cultured cambial meristematic cells as a source of plant natural products. Nat Biotechnol, 28 (11): 1213-1217.

Liu G S, Liu J S, Qi D M, et al. 2004. Factors affecting plant regeneration from tissue cultures of Chinese leymus (*Leymus chinensis*). Plant Cell Tiss Org Cult, 76(2): 175-179.

Nielsen J, Keasling J D. 2011. Synergies between synthetic biology and metabolic engineering. Nat Biotechnol, 29: 693-695.

Qiang Y, Wu J, Han H, et al. 2013. CLE peptides in vascular development. J Integr Plant Biol, 55 (4): 389-394.

Ro D K, Paradise E M, Ouellet M, et al. 2006. Production of the antimalarial drug precursor artemisinic acid in engineered yeast. Nature, 440 (7086): 940-943.

Rukachaisirikul V, Sommart U, Phongpaichit S, et al. 2008. Metabolites from the endophytic fungus *Phomopsis* sp. PSU-D15. Phytochemistry, 69: 783.

Scarpella E, Barkoulas M, Tsiantis M. 2010. Control of leaf and vein development by auxin. Cold Spring Harb Perspect Biol, 2 (1): a001511.

Schalk M, Pastore L, Mirata M A, et al. 2012. Toward a biosynthetic route to sclareol and amber odorants. J Am Chem Soc, 134: 18900-18903.

Scheres B. 2005. The retinoblastoma-related gene regulates stem cell maintenancemaintenance in *Arabidopsis* roots. Cell, 123 (7): 1337-1349.

Wang Y C, Zhang H X, Zhao B, et al. 2001. Improved growth of *Artemisia annua* L hairy roots and artemisinin production under red light conditions. Biotechnology Letters, 23 (23): 1971-1973.

Yang S J, Fang J M, Cheng Y S. 1999. Lignans, flavonoids and phenolic derivatives from Taxus mairei. Chin Chem Soc, 46: 811-818.

Yu Y M, Kim S Y. Plant stem derived from cambium of family solanaceae, and method for isolating and culturing same. Europe, EP2436759A2. 2012-04-04.

Yu Y M, Lee E K, Hong S M, et al. Plant stem cell line derived from quiescent center and method for isolating the same. US: 2010255585A1. 2010-10-07.

植物细胞全能性的发现和证实，为植物种质资源的长期保存开辟了一条新途径。随着植物细胞工程技术的发展，植物细胞培养物超低温保存及种质库的建立日益引起人们的重视。自 1973 年 Nag 和 Street 首次使保存在液氮中的胡萝卜悬浮细胞恢复生长，促进了植物超低温保存的研究与应用以来，超低温保存技术以其长期、安全、稳定的显著优点在植物种质资源保存中展示了广阔的应用前景。迄今为止，用超低温保存成功的植物已经超过 100 种，涉及保存的种质材料有原生质体、悬浮培养细胞、愈伤组织、体细胞胚、花粉胚、花粉、茎尖（根尖）分生组织及枝条、芽、茎段和种子等，并且大部分已成功地实现植株再生。

第一节　植物细胞培养物超低温保存的概念与原理

一、超低温保存的概念

超低温保存（cryopreservation）是指建立在离体培养技术基础上，在 $-196 \sim -80℃$，甚至更低温度环境条件中保存生物或种质资源的一套生物学技术。超低温保存常用的冷源有干冰（$-79℃$）、深冷冰箱、液氮（$-196℃$）。又因液氮为最常用的冷源，所以超低温保存又称为液氮保存。

植物组织培养技术可迅速建立植物无性繁殖系，本身是种质保存的有效途径之一。但该方法的缺点在于长期继代培养过程中易发生细胞学变化，导致染色体变异和基因突变，增加遗传的不稳定性。而在超低温条件（一般指液氮低温，$-196℃$）下，几乎所有的细胞代谢活动和生长过程都停止，但细胞活力和形态发生的潜能却可保存，因而可保持细胞培养物的遗传稳定性。将超低温冷冻保存技术和组织培养技术结合起来，有望成为保存植物种质的最佳办法。

二、超低温保存的原理

在有或没有冷冻保护剂存在的条件下，超低温处理植物材料，可以使植物细胞和组织培养物内的物质代谢和生长活动大大减慢，甚至几乎完全停止，植物处于无分裂或零代谢的相对稳定的生物学状态，保持生物材料的稳定性，减少遗传变异的发生，因而可以长期保存种质。

植物种质超低温保存成功的关键是要避免细胞和组织内结冰。因为生物材料随着温度降低，细胞液会逐渐结冰，$-10℃$时细胞外介质结冰已基本完成，而细胞内尚未结冰，从而造成细胞内外的压力差。如果降温速度过慢，细胞内的水不断向细胞外扩散，细胞脱水过度，会造成细胞内溶质浓度增加到毒性水平而引起细胞损伤。若冷却的速度加快到细胞内的自由水来不及扩散到周围溶液，细胞内产生大量的冰晶，造成细胞器和细胞自身破裂。但如果降温速度很快，细胞质溶液"固化"，细胞内形成对细胞不致伤害的微小冰晶或仍保持非结晶状态，这种现象称为玻璃化。这时细胞内的液体固化成玻璃体，实际上还是液态存在形式，对细胞器和细胞膜不构成直接伤害。细胞内含物一旦发生玻璃化就能避免细胞内结冰，从而达到超低温保存效果。

要使纯水发生玻璃化是常规冷却技术难以达到的，然而通过添加高浓度的冷冻保护剂，可以显著降低形成玻璃化所需的降温速度。进行植物种质超低温保存，控制降温冷冻速度及添加冷冻保护剂，对防止细胞内结冰至关重要。

三、超低温保存的作用与意义

1. 保持细胞培养物的遗传稳定性　　细胞培养物不断继代培养易使染色体和基因发生变异，如产生多倍体、非整倍体及染色体易位等。这些变化可能会导致细胞失去形态发生的潜能，或使一些具有特殊产物和具有抗逆性的细胞系在继代过程中丢失重要的性状。研究已表明，在液氮等条件下的超低温保存，细胞培养物能长期保持形态发生的潜能和遗传性状的稳定性。

2. 植物种质资源的长期保存　　建立长期保存植物种质资源库来保存天然植物种质资源，尤其是那些稀有、珍贵和濒危植物资源十分必要。细胞培养物在超低温保存后，能再生完整的新植株，而且通过组织培养可以大量繁殖，可节省种子保存过程中资金的耗费，为植物种质资源的长期保存提供了一条可行而又理想的途径。

3. 农作物优良品种及亲本材料种质的长期保存　　种子低温保存是防止良种衰变的一个重要途径，但需要大规模基本建设，耗资较多。体细胞培养物超低温保存，体积小、繁殖速度快，是农作物优良品种及亲本种质长期保存的比较经济有效的途径。例如，建立茎尖分生组织培养物的超低温保存种质库，不但可以防止种质的遗传变异和退化，而且可以长期保存无病毒的原种。

第二节　超低温保存的基本程序与方法

一、超低温保存的基本程序

超低温保存的基本程序包括植物材料或培养物的选取、冻存前对植物材料脱水处理、冷冻处理、冷冻保存、化冻和恢复生长再培养、生活力及冷冻危害的测定等（图9.1）。

二、超低温保存的方法与技术

（一）植物材料的选取

超低温保存时，植物材料的选择应综合考虑培养物的再生能力、变异性和抗冻性。常用的保存材料有芽、茎尖分生组织、幼胚、悬浮培养细胞与愈伤组织、原生质体和花粉等。植物基因型、抗冻性及器官组织和细胞年龄、生理状态等对超低温保存效果的影响很大，同时材料的种类、生理状态与冷冻保护剂类型、升温化冻和化冻速度等因素也都与超低温保存效果密切相关。例如，一种冷冻保护剂对某种材料有很好的效果，而对另一种材料则可能无效。因此，应选择适宜的材料用于超低温保存，同时采取符合材料特性的各种措施，以保证超低温保存的效果。

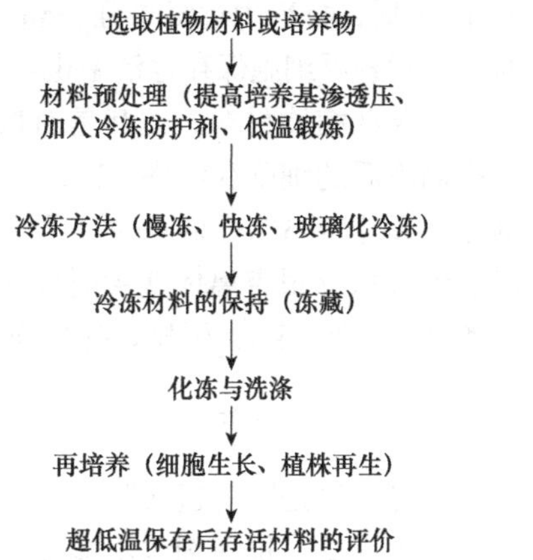

植物组织培养物的生理状态和培养年龄显著影响超低温保存后的存活率。一般来说，处于指数生长早期的细胞，因具有细胞质稠密未液泡化、细胞壁薄、体积小等特点，比在延迟期和稳定期细胞耐冻能力强。一般认为，悬浮培养的细胞应该继代培养到大多数的细胞处于

选取植物材料或培养物

↓

材料预处理（提高培养基渗透压、加入冷冻防护剂、低温锻炼）

↓

冷冻方法（慢冻、快冻、玻璃化冷冻）

↓

冷冻材料的保持（冻藏）

↓

化冻与洗涤

↓

再培养（细胞生长、植株再生）

↓

超低温保存后存活材料的评价

图 9.1　植物离体材料超低温保存的基本程序

指数生长期时，才适合于冷冻保存（Withers，1979）。离体茎尖超低温保存时，腋芽、侧芽保存后存活率和再生率好于顶芽（赵艳华等，2001；艾鹏飞和罗正荣，2004）；而 Bajaj 等（1985）和 Cornejo 等（1995）指出，对愈伤组织和胚状体而言，培养时间较短的幼龄期材料抗冻能力较强，延长培养时间后，抗冻能力和化冻后培养物再生能力呈下降趋势。

（二）植物材料的预处理

冷冻前的预处理是改善材料生理状态的有效方法，可提高细胞分裂与分化的同步化，减少细胞内自由水的含量，增强植物的抗冻力。

1. 加入冷冻保护剂　　超低温保存过程中加入冷冻保护剂可以减少细胞内自由水含量，增加组织中可溶性糖等保护性物质的含量，使细胞能经受低温胁迫，防止材料在冻藏中发生结冰伤害，同时帮助材料恢复培养。理想的冷冻保护剂应能在超低温保存过程中保护组织免受冷冻伤害，且应溶于水，适当浓度下对细胞无毒或低毒，化冻后容易从组织中清除。常用的冷冻保护剂包括能穿透细胞的低分子质量化合物，如二甲基亚砜（DMSO）、糖、糖醇等物质和不能穿透细胞的高分子质量化合物，如聚乙烯吡咯烷酮（PVP）和聚乙二醇等。目前的研究多以蔗糖、甘露醇、山梨醇等渗透调节剂或 5% 或 10% 的二甲基亚砜（DMSO）、ABA 等单一或结合进行培养，以减少材料冷冻伤害。复合保护剂可以减轻或消除单一保护剂成分对细胞产生的毒害作用，而且各种保护剂的作用可以相互协调、共同作用，所以混合保护剂比使用单独保护剂效果更佳，如用 10% DMSO 与葡萄糖、水解乳蛋白、聚乙二醇等混合的复合保护剂，保存水稻细胞悬浮培养物、银杏愈伤组织、枣椰树愈伤组织和水母雪莲愈伤组织，经玻璃化法冻存后，均获得较高的存活率。

加入冷冻保护剂期间，最好进行冰浴，因为室温可能影响细胞和组织的生活力。在最后一次添加冷冻保护剂之后与冷冻之前，应间隔 20～30 min。

2. 低温锻炼　　采用低温连续培养的方法，可以激活植物体内的抗寒机制，从而提高植物材料对低温环境的抗性。通常是将要保存的材料放在 0℃ 左右处理数天至数星期，也有人认为分不同温度组进行变温处理效果会更好，如薄荷茎尖分生组织于 4℃ 低温下培

养 1～3 周，抗冻力逐渐增强，超低温保存成活率最高达到 90%；而于 2℃低温锻炼 10 d 时，苜蓿悬浮细胞保存存活率也可得到极大提高。

对某些植物材料，尤其是对低温敏感的植物来说，预培养与超低温保存结合能进一步提高冻后的细胞存活率。Niino 等（1997）将离体的樱桃茎尖接种在 MS＋0.7 mol/L 蔗糖培养基上于 5℃低温条件下预培养 1 d，冻存后存活率高达 80% 以上；Leena（1998）以超低温保存银杏离体茎尖时发现，用附加 10～14 mol/L ABA 的 WPM 培养基于 5℃低温条件下锻炼 28 d，可显著提高冻后细胞存活率。

（三）冷冻方法

冷冻方法是影响超低温保存效果的关键因素之一。因为胞内冻结常常使细胞受伤害，一旦胞内冻结，抗冻剂也不能使之逆转，所以冷冻速度应该以不引起胞内冻结或形成冰晶为准。因此用于超低温保存的材料经冷冻保护剂在 0℃预处理后，要选择适宜的冷冻方法进行降温冷冻，最后保存于液氮中。

1. 慢冻法　通常是以 0.5～2.0℃/min 的速度将材料温度降低至 −40～−30℃ 或 −100℃随即投入液氮储存，或者在 −40～−30℃时平衡一段时间后再投入液氮。该方法也称为两步法或分步冷冻法，其在悬浮细胞和原生质体的超低温保存中用得较多。在冷冻保护剂作用下，使用慢冻法可使细胞内的水有充足的时间不断外流到细胞外结冰，从而使细胞内水分减少到最低程度，达到良好的脱水效应，避免脱水时细胞内产生冰晶，同时又可防止因溶质含量增加而产生毒害效应。1990 年，Panis 等利用慢冻法，即两步法，保存香蕉胚性悬浮细胞获得了成功：先将同质的悬浮细胞在 7.5% DMSO 冷冻保护剂中 0℃预处理 1 h，然后以 1℃/min 的慢冻速度降温到 −40℃，再投入液氮。解冻恢复生长后获得了再生植株。

2. 快冻法　该方法是将材料从 0℃，或其他预处理温度直接投入液氮，可使细胞内的水还未来得及形成冰晶中心就降到了 −196℃的安全温度，从而避免了细胞内结冰的危险。此方法简单，不需复杂、昂贵的设备，比较适用于高度脱水的植物材料，如种子、花粉、球茎和块根及抗寒力较强的木本植物的枝条，但对含水量较高的植物细胞培养物一般不合适。

3. 玻璃化法　从 20 世纪 90 年代开始，传统的快冻法逐渐为玻璃化法所取代，并在许多植物的保存中获得成功。玻璃化法是由 Sakai 等（1990）建立的一种简单高效的冷冻保存方法。此法是将生物材料用一定配方的复合保护剂在 25℃或 0℃处理一段时间，随即投入液氮保存。通过保护剂处理可避免胞内外冰晶形成，使组织各部分都进入一个相同的玻璃化状态，这是目前在一些较复杂组织中常用的一种有效的超低温保存方法，也是近年来发展较快的一种冻存方法。

玻璃化法冻存采用的复合保护剂称为玻璃化溶液（vitrification solution，VS）。目前用得最多的植物材料玻璃化溶液（plant vitrification solution，PVS）是 PVS2［30%（*m*/*V*）甘油＋15%（*m*/*V*）乙二醇＋15%（*m*/*V*）DMSO＋0.4 mol/L 蔗糖］，保存的材料在 0～25℃中处理一段时间后直接投入液氮中保存，如魔芋茎尖经玻璃化液 PVS2 室温下处理 10～20 min，即投入液氮保存，存活率为 50%～70%。但是玻璃化液对植物材料的毒害作用较大，且脱水胁迫作用也影响了所保存材料的成活率，成为超低温保存的主要限制因素。现已有人用 PVS4［35%（m/V）甘油＋20%（m/V）乙二醇＋0.6 mol/L 蔗糖］替代 PVS2，这可避免直接接触 DMSO，从而减少毒害作用。玻璃化冻存的关键在于严格控制植物材料在玻璃化保护剂中的脱水时间，而材料的最佳脱水时间具有种的特异性。

将玻璃化法与逐步冷冻、过渡性的预处理相结合保存材料，可减轻细胞在脱水时的损伤，有利于存活率的提高，如周小梅等（2001）在超低温保存玉米组培材料时发现，未经过渡液处理的玉米悬浮细胞的存活率只有17.2%，而经过渡液处理5 min后存活率可达85.2%；陈勇等（2004）在室温下用60% PVS2对瓯柑愈伤组织进行过渡性预处理20 min后，再在0℃中用100% PVS2处理4 min，可得到85.62%的冻后愈伤组织存活率。

4. 干冻法　　干冻法是将样品在含有渗透性化合物（如甘油、糖类物质）的培养基上预培养后，经硅胶、无菌空气干燥脱水数小时，再用藻酸盐包埋样品进一步干燥，然后直接投入液氮或者材料用冷冻保护剂处理后，再吸去表面水分，密封于金箔中进行慢冻。这种方法对于某些植物愈伤组织、体细胞胚、茎尖、试管苗特别适合，但对脱水敏感的材料来说是很困难的。

5. 包裹脱水法　　包裹脱水法是将植物材料用褐藻酸钙包裹后，先在含高浓度蔗糖的培养基中脱水，再用无菌空气流或干燥硅胶干燥，然后投入液氮保存。包裹可保护材料，避免对裸露材料的伤害。该方法是将包裹和脱水结合起来的超低温保存技术。包裹脱水法优点在于容易掌握，缓和脱水过程，简化脱水程序，一次能处理较多材料，避免了使用DMSO等对细胞有毒性的冷冻保护剂，对保存低温敏感型的植物材料有很大的应用潜力。

6. 包裹玻璃化法　　即用玻璃化溶液处理代替了干燥过程，进行脱水处理，然后包裹珠与玻璃化溶液一同进入玻璃化状态。该方法能同时处理大量材料，具有操作简单、脱水时间短、成苗率高等特点。该方法已成功应用于康乃馨、芥菜、草莓和百合等植物的超低温保存。

（四）冻藏

冷冻材料保持的温度非常重要。−130℃以上的温度可能使细胞内冰晶生长，从而降低细胞的生活力。冷冻在−196℃下长期保存需要不断补充液氮，维持冷冻材料的储存。

（五）化冻与洗涤

材料经液氮贮存后，适当的化冻方式对组织细胞的存活起着重要作用。目前，多采用快速化冻法，即将保存后的外植体材料在37～45℃的水浴中化冻1～2 min，材料迅速通过冰晶生长区（−60～−40℃），从而避免了细胞在降温过程中再次结冰而造成的伤害。但对木本植物的冬芽，在超低温保存后必须在0℃低温下进行慢速化冻才能达到良好效果。

除了干冻处理的生物样品外，一般化冻后的材料需立即进行洗涤，以除去材料组织中高浓度的冷冻保护剂，避免影响材料恢复和继续生长。最常用的洗涤方法是用含10%蔗糖的基本培养基大量元素溶液在25℃下洗涤2次，每次间隔不宜超过10 min。也有人用浓度为1.5～2.0 mol/L山梨醇的培养液进行保护剂成分的洗涤。

然而值得注意的是，一些研究建议解冻材料不要清洗。因为清洗可能会造成在冷冻过程中从细胞浸出的一些活性物质的损失。为了避免冷冻保护剂的伤害，Chen等（1984）

将没有清洗的长春花的解冻细胞平铺在半固体培养基上的滤纸上4~5 h后，把带有细胞的滤纸覆盖在新鲜培养基上恢复生长，取得较好效果。

（六）再培养

冷冻和解冻会造成细胞的冷冻损伤，因此冻后材料的恢复培养条件一般不同于保存前。植物茎尖的恢复生长先在黑暗或弱光下培养1~2周，再转到正常光下培养，以减少再培养中的光抑制。赵艳华和吴雅琴（2006）报道桃茎尖化冻后接种在再生培养基上，直接在光照条件下培养，存活率低。而先进行15 d的暗培养再移至光照下，可显著提高其存活率。

再培养所用的培养基有时需适当调整，如将大量元素或琼脂含量减半，或在培养基中附加一定量的GA$_3$、PVP、水解酪蛋白和活性炭等成分来恢复生长，提高解冻材料的存活率，如正常条件下（非冷冻）番茄茎尖不需GA$_3$就能直接发育成植株；而Grout等（1978）发现冷冻保持的番茄茎尖只有在添加了GA$_3$的培养基中才能发育成植株。

图9.2介绍了苹果（'Gala'）茎尖玻璃化法超低温冻存步骤（Liu et al.，2004）。

取苹果茎尖在附加0.5 mg/L BA、0.2 mg/L NAA、3%蔗糖和0.7%琼脂的MS培养基（pH 5.8）上培养3个月

↓

低温锻炼：将获得的苹果离体再生植株在5℃下低温锻炼4周

↓

预培养：从小植株上切下0.5 mm长的茎尖置于附加0.5 mol/L蔗糖和0.2 mol/L甘露糖的MS培养基上预培养2 d

↓

加入5 mL冷冻保护剂（MS液体培养基附加1.8 mol/L甘油和0.5 mol/L蔗糖），在20℃处理30 min

↓

玻璃化冻存：将茎尖材料移置冻存管中，添加玻璃化试剂PVSL（改良的PVS2），即含40%（m/V）甘油、45%（m/V）蔗糖、10%（m/V）乙醇和10%（m/V）DMSO（pH 5.8）的MS基本培养基处理1.5 min后，投入液氮中保存30 d

↓

化冻与洗涤：将冻存管移置37℃水浴锅中1 min，用含有1.2 mol/L蔗糖的液体MS培养基洗涤茎尖2次，去除玻璃化试剂后，20℃保存30 min

↓

恢复生长：转移茎尖于含0.5 mg/L BA、0.1 mg/L NAA和0.5 mg/L GA$_3$、0.8%琼脂的MS培养基上恢复生长约30 d后，再置于含0.5 mg/L BA和0.1 mg/L NAA的MS培养基上进一步培养

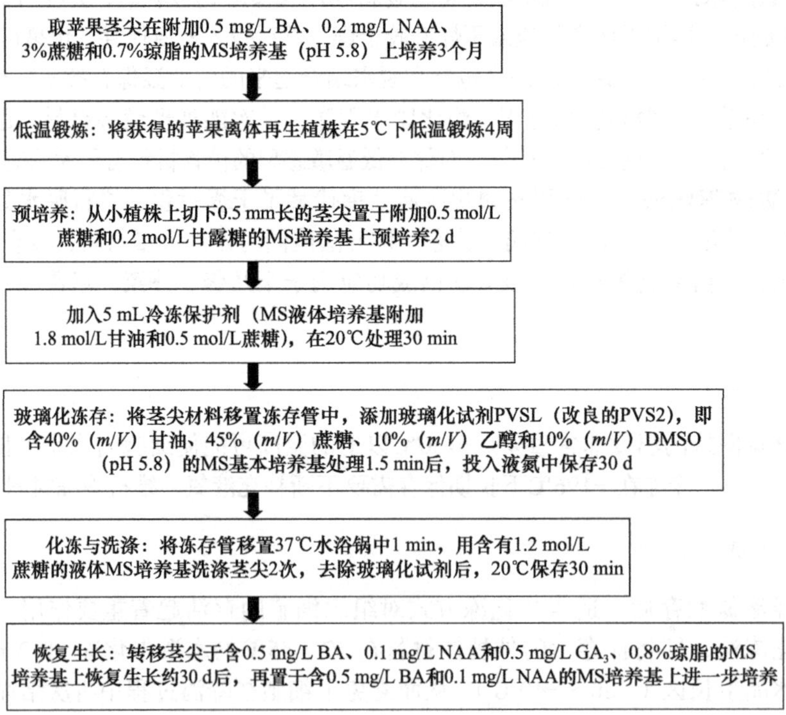

图9.2　苹果（'Gala'）茎尖玻璃化法超低温冻存步骤（Liu et al.，2004）

三、超低温保存后存活材料的评价

（一）存活率的快速鉴定

冷冻并解冻后细胞存活常以细胞进入分裂阶段或茎尖、胚等重新恢复生长为标记。先将冻存后的植株组织或细胞培养物再培养后，从形态上观察恢复生长后的材料与正常的材料在细胞或愈伤组织增长量、颜色变化及分化再生能力等方面有无差异。存活率则

是检测保存效果的最后指标。存活率是指重新生长的细胞（或器官）数目占解冻的细胞（或器官）数目的百分率。常用的方法有 TTC 法（氯化三苯基四氮唑法）、FAD 法、伊文思蓝法等。

（二）细胞结构和遗传稳定性的鉴定

植物种质超低温保存中，由于保存期间植物材料细胞分裂和代谢活动终止且继代次数少，因此超低温保存本身不会导致遗传变异的发生。但在保存过程中涉及的一系列胁迫，如外植体的预培养、培养、冷冻保护剂处理、冷冻和解冻、恢复和再生增殖等有可能导致体细胞无性系变异的发生，如 Withers 认为异质群体中的不同基因型对超低温保存的反应不同而导致选择作用，使保存后成活的培养物不同于原始培养物；但组成均一的材料在超低温保存过程中一般不会发生遗传变异，且表现正常。同工酶谱、随机扩增多态 DNA（RAPD）标记和限制性片段长度多态性（RFLP）等技术都可以用来检测其遗传稳定性差异。而且现在已经发展到用电镜技术来进行超低温保存后种质材料细胞超微结构变化观察，用红外分光光度计（infra-red spectroscopy）检测细胞的生活力，用细胞流量计数器（flow cytometry）检测细胞倍性等。

一 本 章 小 结 一

超低温保存是指建立在离体培养技术基础上，在 −196～−80℃，甚至更低温度环境条件下保存生物或种质资源的一套生物学技术。超低温保存的基本程序包括植物材料或培养物的选取、冻存前对植物材料脱水处理、冷冻处理、冷冻保存、化冻和恢复生长再培养、生活力及冷冻危害的测定等。超低温保存时，常用的保存材料有芽、茎尖分生组织、幼胚、悬浮培养细胞与愈伤组织、原生质体和花粉等。由于植物基因型、抗冻性及器官组织和细胞年龄、生理状态等对超低温保存效果的影响很大，而且材料的种类和生理状态与冷冻保护剂、降温化冻和化冻速度都有密切关系，因此应选择适宜的材料用于超低温保存，同时采取符合材料特性的各种措施，以保证超低温保存的效果。

一 复 习 思 考 题 一

1）超低温保存的基本程序和对植物实施的超低温保存的目的与意义是什么？

2）什么是超低温保存？超低温保存的原理是什么？

3）影响超低温保存效果的关键技术环节有哪些？

4）超低温保存中常用的冷冻方法有哪些？分别陈述其特点和适用范围。

5）评价超低温保存后存活材料的方法有哪些？

一 主 要 参 考 文 献 一

艾鹏飞，罗正荣. 2004. 柿和君迁子试管苗茎尖玻璃化法超低温保存及再生植株遗传稳定性研究. 中国农业科学，37（12）：2023-2027.

陈书安，王晓东，赵兵，等. 2002. 水母雪莲愈伤组织超低温保存条件的初探. 过程工程学报，2（6）：539-543.

陈勇，陈娴婷，王君晖. 2004. 瓯柑愈伤组织的玻璃化法超低温保存研究. 浙江大学学报（理学版），31（2）：197-201.

梁宏，王起华. 2005. 植物种质的玻璃化超低温保存. 细胞生物学杂志，27：43-45.

刘贤旺，杜勤，罗光明，等. 1996a. 半枫荷愈伤组织超低温保存研究初报. 中药材，19：332-334.

刘贤旺，杜勤，罗光明，等. 1996b. 杜仲愈伤组织超低温保存的研究. 生物学杂志，4：21-24.

徐刚标，易文，李美娥，等. 2001. 银杏愈伤组织超低温保存的研究. 林业科学，37（3）：30-34.

张玉进，张兴国，庞杰，等. 2001. 魔芋茎尖玻璃化法冻存研究. 作物学报，27（1）：96-101.

赵艳华，吴雅琴. 2006. 桃离体茎尖的超低温保存及植株再生. 园艺学报，33（5）：1042-1044.

周小梅，王国英，敖光明，等. 2001. 玉米组培材料的玻璃化法超低温保存及冻后植株再生. 农业生物技术学报，9（4）：355-358.

Chen T, Kartha K, Leung N, et al. 1984. Cryopreservation of alkaloid produing cell cultures of periwinkle (*Catharanthus roseus*). Plant Physiol, 75: 726-731.

Grout B, Westcott R, Henshaw G. 1978. Survival of shoot meristems of tomato seedings frozen in liquid nitrogen. Cryobiology, 15: 478-483.

Hirai D, Shirai K, Shirai S, et al. 1998. Cryopreservation of *in vitro*-grown meristems of strawberry (*Fragaria×ananassa* Duch.) by encapsulation virtrification. Euphytica, 101 (1): 109-115.

Hirai D, Sakai A. 1990. Cryopreservation of *in vitro*-grown axillary shoot-tip meristems of mint (*Mentha spicata* L.) by encapsulation vitrification. Plant Cell Reports, 19 (2): 150-155.

Leena R. 1998. Effect of abscisic acid, cold hardening, and photo-period on recovery of cryopreserved *in vitro* shoot tips of silver birch. Cryobiology, 36 (1): 32-39.

Liu Y, Wang X, Liu L. 2004. Analysis of genetic variation in surviving apple shoots following cryopreservation by vitrification. Plant Science, 166: 677-685.

Matsumoto T , Sakai A, Yamada K. 1994. Cryopreservation of *in vitro* grown apical meristem of wasabi (*Wasabi japonica*) by vitrification and subsequent high plant regeneration. Plant Cell Reports, (13): 442-446.

Moore P H, Ginoza H. 1979. Effect of a mixture of cryoprotectants in attaining liquid nitrogen survival of callus cultures of a tropical plant. Cryobiology, 16 (6): 550-556.

Niino T, Tashiro K, Suzuki M, et al. 1997. Cryopreservation of *in vitro* grown shoot tips of cherry and sweet cherry by one-step vitrification. Sci Hortic, 70: 155-163.

Sakai A. 1986. Cyropreservation of germplasm of woody plants. *In*: Bajai Y P S. Biotechnology in Agriculture and Forestry (Vol1) . New York: Springer-Verlag: 113-129.

Shibli R, Haagenson D, Cunningham S, et al. 2001. Cryopreservation of alfalfa (*Dicago sativa* L.) cells by encapsulation-dehydration. Plant Cell Reports, 20 (5): 445-450.

Tannoury M, Ralambosoa J, Kaminski M. 1991. Cryopreservation by vitrification of coated shoot-tips of carnation (*Dianthus caryophyllus* L.) cultured *in vitro*. CR Acad Sci (Paris), (313): 633-638.

Withers L A. 1979. Freeze preservation of somatic embryos and clonal plantlets of carrot (*Daucus carota* L.). Plant Physiol, 63: 460-467.

植物原生质体培养与体细胞杂交   第十章

　　植物原生质体是去除细胞壁的细胞或是一个被质膜包被的"裸露细胞"（图10.1），分离具有活力的原生质体是原生质体培养成功的关键。早期（19世纪末）使用机械法分离植物原生质体，但所获原生质体易破碎，获得率低，程序烦琐，且应用材料有很大局限性，仅限于液泡化程度较高的细胞或长形细胞组织，如叶片、果实的表皮等。1960年，英国植物生理学家Cocking首次用纤维素酶降解番茄幼苗根尖细胞得到原生质体，从而开

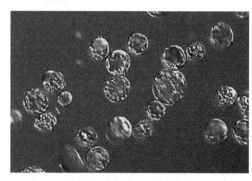

图10.1　植物原生质体

创了用酶解法分离植物原生质体的新时期。目前用酶解法可从许多植物的任何一部分组织获得具有活力的原生质体。

　　1971年，Takebe和Nagata首次获得烟草原生质体再生植株，推动了植物原生质体的快速发展，经过科学工作者对植物原生质体培养体系的不断改进，许多植物的原生质体培养都获得了成功，并获得了再生植株，这些研究为通过种间、属间及科间的植物原生质体细胞融合，获得体细胞杂种，创造新的种质和优良品种奠定了坚实的基础；为外源基因的遗传转化提供了良好的受体和再生体系。因此，植物原生质体培养的研究具有重要意义。

第一节　植物原生质体培养与植株再生

　　产量高、质量好、活性强、能进行分裂并形成愈伤组织或胚状体的原生质体是原生质体培养成功的基础。影响原生质体产量和质量的因素很多，主要是基因型、外植体、酶的种类与组合、酶液的渗透压、原生质膜的稳定剂、酶解时间与温度及分离与纯化方法等。

一、植物原生质体分离

　　（一）基因型与外植体的选择

　　一般而言，植物的各个器官如根、茎、叶、果实、种子、子叶、下胚轴及愈伤组织和悬浮培养细胞都可以作为分离原生质体的起始材料。但若要通过原生质体培养进行植物品种改良，十分重要的是基因型的选择与确定，应从主栽品种和将要推广品系中选择合适的基因型。其次是起始材料的选择应着重于容易获得、产量高、质量好并易分裂的

原生质体。紫花苜蓿原生质体分离纯化研究表明，在同一种分离纯化方法下，不同品种叶片原生质体的产量明显不同。'Algonquin'的原生质体产量明显高于品种'N4'，说明基因型是获取原生质体产量高低的关键因素（图10.2）。此外，外植体生理年龄对原生质体的产量也有很大影响。紫花苜蓿品种'Oneida'的不同苗龄叶片，在同一浓度酶液处理下原生质体的产量表现不同，3周苗龄叶片原生质体的产量要比4周苗龄叶片高（图10.3）。

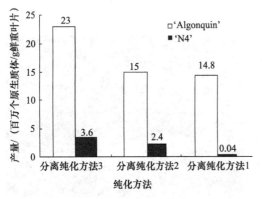

图 10.2 不同纯化方法对紫花苜蓿不同基因型 'N4'和'Algonquin'原生质体产量的影响（Atanassov and Brown，1984）

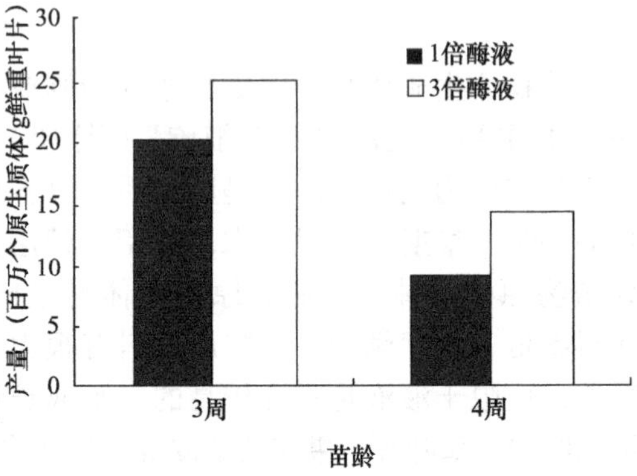

图 10.3 紫花苜蓿品种'Oneida'不同苗龄叶片对原生质体产量的影响（Atanassov and Brown，1984）

（二）分离植物原生质体的酶

构成植物细胞壁的三个主要成分是：①纤维素，占细胞壁成分的25%～50%；②半纤维素，占细胞壁成分的53%左右；③果胶质，占细胞壁成分的5%左右。因此，分离植物原生质体的酶有三种，即纤维素酶、半纤维素酶和果胶酶。一般认为原生质体的分离，纤维素酶和果胶酶是必要的。但有些植物材料，还要加入半纤维素酶。酶液的浓度（图10.3和图10.4，表10.1）和分离纯化方法（图10.2）对原生质体产量和活力都有明显影响。酶液浓度较高时，处理同一品种同一外植体获得原生质体的产量较高。

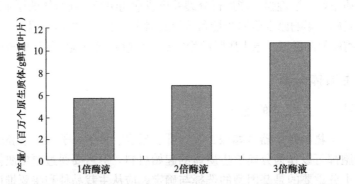

图 10.4 酶液浓度对紫花苜蓿品种'N4'叶片原生质体产量的影响（Atanassov and Brown，1984）

表 10.1　酶液浓度对香草兰原生质体产量的影响（Divakaran et al., 2008）

品种	酶液	接种条件	产量	活力 /%
Vanilla planifolia	0.5% 果胶酶 R-10＋2% 纤维素酶 R-10	黑暗条件下 30℃，8 h	$2.5×10^5$/g 鲜重叶片	72
V. andamanica	1% 果胶酶 R-10＋3% 半纤维素酶＋6% 纤维素酶 R-10	黑暗条件下 30℃，8 h	$1×10^5$/g 鲜重叶片	55

（三）渗透压的稳定剂

合适的渗透压是保证原生质体完整性的前提。细胞去壁后获得的原生质体只有质膜包被，所以它的稳定性必须通过调节渗透压来维持，否则分离出的原生质体容易破碎或萎缩。常用的稳定剂有甘露醇、山梨醇、蔗糖、葡萄糖、麦芽糖等，浓度一般为 0.4～0.6 mol/L，加入酶液、洗液和培养基中。为提高原生质膜的稳定性，常加入 $CaCl_2$（50～100 mmol/L）、KH_2PO_4、MES、葡聚糖、K_2SO_4，从而提高原生质体的产量和活力。

（四）原生质体的游离

1. 材料的预处理　叶片是分离原生质体常用的材料。此外，质地疏松的愈伤组织也常用于原生质体的分离。暗处理、预培养及低温处理可提高原生质体的分裂率。研究表明，对于龙胆试管苗的叶片，只有用 4℃低温处理后得到的原生质体才能分裂；甘蔗必须先在黑暗条件下培养 12 h，分离的原生质体才能分裂；莴苣只有在分离前于诱导愈伤组织的培养基上预培养 2 周，分离的原生质体才能分裂。

2. 材料的灭菌处理　除试管苗、愈伤组织、培养细胞不用灭菌外，其他材料均需灭菌。如果以叶片和子叶为游离原生质体的起始材料，则需去上表皮，即叶片晾干后用解剖镊子撕去上表皮。应将去表皮的一面朝下放入酶液中，或用解剖刀切成小细条加入酶液中。

3. 酶解处理　植物材料与酶液按一定的比例混合，一般每克材料加 10～20 mL 酶液。叶片需要酶液较少，而悬浮细胞需要酶液较多。加入酶液后，在 25℃条件下，静止于黑暗中酶解，并间隔轻摇。如果起始材料为悬浮培养细胞或愈伤组织，则需在低速摇床上摇动酶解。酶解过程中应经常观察、检查，并及时调节渗透压，避免原生质体破裂或萎缩。

（五）微原生质体的分离

微原生质体的成功分离为不对称体细胞杂交奠定了基础。图 10.5 为高等植物细胞悬浮培养体细胞微原生质体制备方案，图 10.6

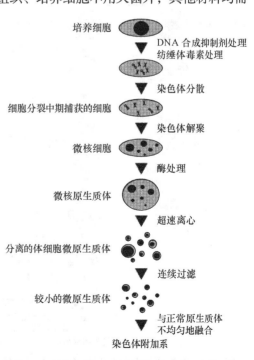

图 10.5　高等植物细胞悬浮培养体细胞微原生质体制备方案（Saito and Nakano, 2002）

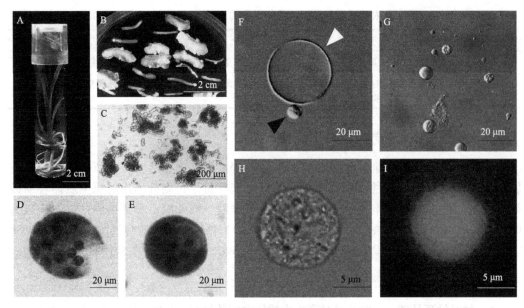

图 10.6　萱草品种 'Stellad'Oro' 的悬浮细胞培养物分离获得体细胞
微原生质体的过程（Saito and Nakano，2002）

A. 离体生长小植株；B. 乳白色愈伤组织；C. 悬浮培养中较好的细胞团；D. 具有几个微核的悬浮细胞；E. 具有几个微核的原生质体；F. 液泡（白色箭头）和微原生质体（黑色箭头）；G. 梯度离心纯化的微原生质体；H，I. 分别在光学和紫外显微镜下 DAPI 染色的微原生质体

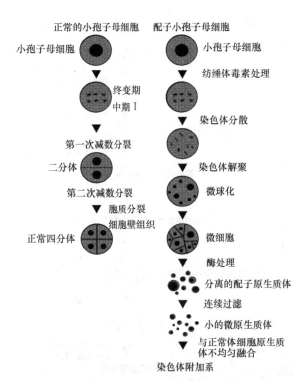

图 10.7　高等植物由发育小孢子制备配子微原生
质体的方案（Saito and Nakano，2002）

为由萱草品种 'Stellad'Oro' 的悬浮细胞培养物分离获得体细胞微原生质体的过程。高等植物由发育小孢子制备配子微原生质体的方案见图 10.7。图 10.8 为由麝香百合品种 'Hinomoto' 发育小孢子配子微原生质体的分离过程。

（六）原生质体的收集和纯化

原生质体纯化最常用的方法是过滤和离心相结合（图 10.9），分离纯化后可获得原生质体。图 10.10 为紫花苜蓿叶片分离纯化的原生质体。

（七）原生质体活力鉴定

一般采用 FDA 染色法鉴定原生质体有无活力。取纯化后的植物原生质体悬浮液 0.5 mL 置于小试管中，加入含 2 mg/L FDA 的丙酮溶液，使最终浓度为 0.01%，混匀，放置 5 min。用荧光

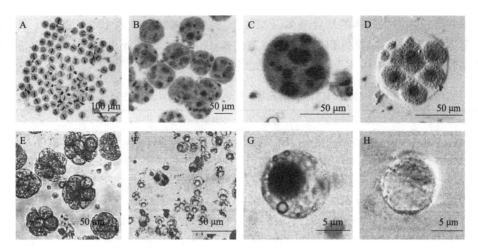

图 10.8　麝香百合品种'Hinomoto'发育小孢子配子微原生质体的分离
（Saito and Nakano，2002）

A. 中期小孢子母细胞；B～D. 具有几个微核的小孢子母细胞；
E. 在四分体的中期到末期微细胞形成的小孢子母细胞；F. 梯度离心纯化的配子微原生质体；
G. 在胞质体的边缘具有微核的配子微原生质体；H. 具有微核和液泡的配子微原生质体

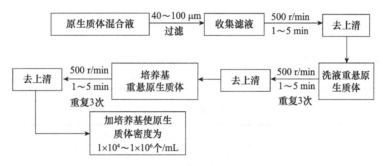

图 10.9　原生质体收集纯化流程图

显微镜观察（激发光滤光片 QB-24、压制滤光片 JB-8），有活力原生质体发绿色荧光，不产生荧光的为无活力。叶肉、子叶、下胚轴由于具有叶绿素，有活力的原生质体发黄绿色荧光，无活力的发红色荧光。此外，还可用细胞壁染色法来鉴定活力（许智宏和卫志明，1997）。

二、原生质体培养

获得具有一定活力和密度的原生质体后，需对原生质体进行离体诱导培养，在培养过程中需考虑培养基、原生质体植板密度和植物激素等对其诱导培养的影响。

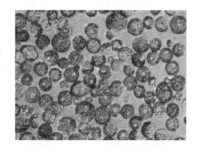

图 10.10　紫花苜蓿叶片分离纯化的原生质体（Atanassov and Brown，1984）

（一）原生质体培养基的选择

1. 培养基种类的选择　原生质体培养基与细胞培养基相似，在细胞培养基上进行改良。禾谷类植物原生质体的培养基多以 MS、N_6、AA、KM-8p（表 10.2）、KPR（表 10.3）等为基本培养基；十字花科和豆科则多以 B_5、KM、K8p、KM-8p 为基本培养基；茄科的基本培养基为 MS、NT、K3（许智宏和卫志明，1997）。

表 10.2　KM-8p 培养基（Kao and Michayluk，1975）

成分	含量 /（mg/L）	成分	含量 /（mg/L）	成分	含量 /（mg/L）
$MgSO_4 \cdot 7H_2O$	300	葡萄糖	68 400	盐酸吡哆醇	1.0
KCl	300	果糖	250	盐酸硫胺素	1.0
$CaCl_2 \cdot 2H_2O$	600	核糖	250	D-泛酸钙	1.0
KNO_3	1 900	木糖	250	叶酸	0.4
NH_4NO_3	600	甘露糖	250	对氨基苯甲酸	0.02
KH_2PO_4	170	鼠李糖	250	生物素	0.01
$FeNa_2 \cdot EDTA \cdot 2H_2O$	28	纤维二糖	250	氯化胆碱	1.0
$MnSO_4 \cdot H_2O$	10	山梨醇	250	核黄素	0.2
$ZnSO_4 \cdot H_2O$	2.0	甘露醇	250	维生素 C	2.0
$CuSO_4 \cdot 5H_2O$	0.025	丙酮酸钠	20	维生素 A	0.01
$CoCl_2 \cdot 6H_2O$	0.025	柠檬酸	40	维生素 D_3	0.01
KI	0.75	苹果酸	40	维生素 B_{12}	0.02
H_3BO_3	3.0	延胡索酸	40	水解酪蛋白	250
$Na_2MoO_4 \cdot 2H_2O$	0.25	肌醇	100	椰乳	20 mL/L
蔗糖	250	烟酸	1.0	pH	5.7

表 10.3　KPR 培养基（Kao，1977）

成分	含量 /（mg/L）	成分	含量 /（mg/L）	成分	含量 /（mg/L）
$MgSO_4 \cdot 7H_2O$	300	葡萄糖	68 400	盐酸吡哆醇	1.0
KCl	300	果糖	125	盐酸硫胺素	1.0
$CaCl_2 \cdot 2H_2O$	600	核糖	125	D-泛酸钙	0.5
KNO_3	1 900	木糖	125	叶酸	0.2
NH_4NO_3	600	甘露糖	125	对氨基苯甲酸	0.01
KH_2PO_4	170	鼠李糖	125	生物素	0.005
$MnSO_4 \cdot H_2O$	10.0	纤维二糖	125	氯化胆碱	0.5
$ZnSO_4 \cdot 7H_2O$	2.0	山梨醇	125	核黄素	0.1
$CuSO_4 \cdot 5H_2O$	0.025	甘露醇	125	维生素 C	1.0
$CoCl_2 \cdot 6H_2O$	0.025	丙酮酸钠	5	维生素 A	0.005
KI	0.75	柠檬酸	10	维生素 D_3	0.005
H_3BO_3	3.0	苹果酸	10	维生素 B_{12}	0.01
$Na_2MoO_4 \cdot 2H_2O$	0.25	延胡索酸	10	水解酪蛋白	125
氨基酸螯合铁	28	肌醇	100	椰乳	10 mL/L
蔗糖	250	烟酸	1.0	pH	5.7

2. 培养基中渗透压稳定剂的选择与应用 培养基中常加一定浓度的渗透压稳定剂来保持原生质体的稳定性。常用的稳定剂为甘露醇、山梨醇、葡萄糖、蔗糖和麦芽糖。研究表明，葡萄糖是培养原生质体最理想的渗透压稳定剂和碳源，有利于原生质体的生长、细胞壁的再生、再生细胞的分裂和细胞团的增殖，并维持细胞的持续分裂直至形成细胞团，使用浓度为 $0.4\sim0.5$ mol/L。但随着细胞壁的再生和细胞的持续分裂，渗透压稳定剂的浓度需不断降低才有利于培养物的生长。一般通过添加新鲜培养基的方法，每 $1\sim2$ 周使渗透压稳定剂的浓度降低 $0.05\sim0.1$ mol/L。

3. 培养基中的无机盐 用于原生质体培养的培养基中，无机盐浓度应比细胞培养的培养基低。大量元素中 Ca^{2+} 和 NH_4^+ 对原生质体培养影响最大，较高的 Ca^{2+} 浓度可提高原生质体的稳定性。因此，在很多植物培养中用 1/2 MS 培养基（Ca^{2+} 保持 MS 培养基中原有浓度）。

氮源是植物生长不可缺少的营养，但研究发现，高浓度的 NH_4^+ 对原生质体生长发育不利。Upadhya（1975）首先报道，NH_4^+ 抑制马铃薯原生质体的生长。von Arnold 和 Erikson（1977）证明，当 NH_4^+ 的浓度高于 2000 mg/L 时，可使豌豆的原生质体致死；Oka 和 Ohyana（1985）在构树原生质体培养中发现，高浓度的 NH_4^+ 使原生质体坏死，只有把 MS 培养基中的 NH_4^+ 和 NO_3^- 浓度降到 200 mg/L 时，原生质体才能正常发育。因此，在很多原生质体培养中常采用有机氮氮源取代铵盐。但在小麦原生质体培养中，起始培养基中的 NH_4^+ 较低，在添加新鲜培养基时适当增加铵态氮，可促进细胞分裂和提高植板率。所以，培养基中氮源种类和浓度应依植物种类和材料经试验后确定。

4. 培养基中的有机物与培养基 pH 在原生质体的培养基中添加一定量的 ABA、多胺类、小牛血清、活性炭、酵母提取物和椰乳等，对促进细胞分裂和胚状体形成都有良好作用。培养基 pH 为 $5.6\sim5.8$。

5. 培养基中的植物激素 植物激素是原生质体培养的重要因素。激素种类和浓度因培养物种而异，但总的来说，生长素和细胞分裂素是必需的，而且在不同生长发育阶段（起始阶段，细胞团形成、愈伤组织形成阶段及器官发生、胚状体发生及发育成苗阶段），需不断适时调整激素的种类和浓度。

培养基中加 2,4-D 可促进细胞启动分裂、持续分裂和愈伤组织形成，有时需将 2,4-D 与 NAA 或 BA 或 ZT 配合使用，才有利于原生质体的发育（图 10.11）。当愈伤组织转入分化培养基时，应逐渐降低或去除 2,4-D，降低 NAA 或用 IAA 取代，并适量增加 BA 或 ZT 浓度以促进芽的分化。

（二）植板密度

植板密度对植物原生质体培养成功与否影响很大，一般而言，原生质体植板密度为每毫升培养基中含有 $1\times10^4\sim1\times10^5$ 个原生质体。

（三）原生质体培养方法

1. 固体培养法 固体培养法是指纯化后悬浮在液体培养基中的原生质体悬液与热熔并冷却至 45℃的含琼脂糖的培养基等量混合，并迅速轻摇，混匀，冷却后原生质体被埋在固体培养基中。这种方法的优点是便于定位观察、追踪单个原生质体再生细胞的发

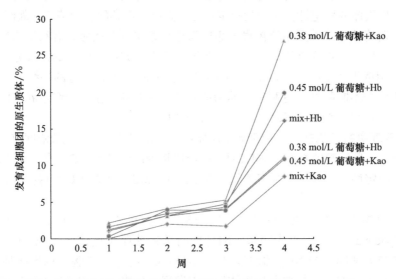

图 10.11　碳源和生长调节剂对紫花苜蓿原生质体发育的影响（Atanassov and Brown，1984）

3 种不同碳源和 2 种生长调节物质的 MS 基本培养基处理，mix 为葡萄糖 0.4 mol/L、蔗糖 0.09 mol/L 和甘露醇 0.1 mol/L 混合液。Hb：2 mg/L NAA，0.5 mg/L 2,4-D，0.5 mg/L ZT。Kao：1 mg/L NAA，0.2 mg/L 2,4-D，0.5 mg/L BA。原生质体最佳发育的组合为 0.45 mol/L 葡萄糖＋Hb 和 0.38 mol/L 葡萄糖＋Kao，4 周后 20% 以上原生质体发育成细胞团

育进程，避免细胞间有害代谢产物的影响。琼脂糖是一个良好的培养基凝胶剂，可促进原生质体再生细胞的分裂。

2．液体培养法　　常用液体浅层培养法和悬滴培养法。

液体浅层培养法是将原生质体悬浮液 2~3 mL 于锥形瓶或培养皿中培养，初期每天轻轻摇动 2 或 3 次，以防止原生质体沉积皿底。这种方法的优点是操作简便，对原生质体伤害小；缺点是不易定位观察原生质体，而且分布不均匀，易造成局部原生质体密度过高或黏聚，影响再生细胞的分裂和进一步生长发育。

悬滴培养法指用刻度滴管取原生质体培养液以 50~100 mL 的小滴分开接种在无菌干燥的培养皿皿盖"反面"上，且以滴间不相碰为准，底皿加保湿液，将皿盖盖于底皿上，封口培养。这种方法的优点是材料少，生长快，不易污染，易加入培养基，有利于低密度培养；缺点与液体浅层培养法相同（许智宏和卫志明，1997）。

3．固液结合培养法　　固液结合培养法即双层培养法，是指在底皿先铺一层固体培养基，其上进行原生质体的液体浅层培养。

4．念珠培养法　　念珠培养法是指将含有原生质体的琼脂糖培养基切成块，放在体积大的液体培养基中，并在旋转摇床上进行振荡的培养方法（Shillit et al.，1983）。

三、原生质体再生植株

（一）通过器官形成途径再生植株

原生质体培养再生植株多数是通过器官形成途径（图 10.12）。特别是在双子叶植物中，茄科、菊科和十字花科的大多数及豆科的相当一部分种的原生质体培养，都是通过

器官形成途径再生植株。由原生质体培养到器官分化直至形成完整植株，每一培养阶段所需培养基不同（表10.4），一般需要三种培养基，即原生质体培养基、分化培养基和生根培养基，而且培养基不同，激素成分和渗透压也随之改变。

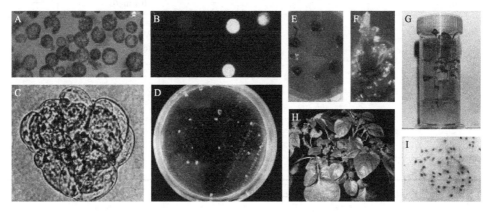

图 10.12　马铃薯品种'Delaware'原生质体植株再生（Ehsanpour and Jones，2001）

A. 分离的原生质体；B. 用 FDA 染色的原生质体（染成黄绿色的原生质体具有活力）；C. 在原生质体培养的培养基上 10 d 后分裂的原生质体；D. 在愈伤组织诱导培养基上愈伤组织形成早期；E. 在芽诱导培养基上芽形成早期；F. 由愈伤组织形成芽；G. 原生质体离体培养再生植株；H. 在温室内生长的再生植株；I. 再生植株染色体制备

表 10.4　用于马铃薯叶肉原生质体培养的不同培养基的比较（Ehsanpour and Jones，2001）

成分	原生质体培养基	愈伤组织诱导培养基	芽诱导培养基	生根培养基
大量营养成分	MS*	MS	MS	MS
微量营养成分	MS*	MS	MS	MS
甘氨酸	2 mg/L	2 mg/L	2 mg/L	2 mg/L
肌醇	100 mg/L	100 mg/L	100 mg/L	100 mg/L
烟酸	0.5 mg/L	0.5 mg/L	0.5 mg/L	0.5 mg/L
盐酸吡哆醇	0.5 mg/L	0.5 mg/L	0.5 mg/L	0.5 mg/L
叶酸	0.5 mg/L	0.5 mg/L	0.5 mg/L	0.5 mg/L
生物素	0.05 mg/L	0.05 mg/L	0.05 mg/L	0.05 mg/L
水解酪蛋白	500 mg/L	400 mg/L	—	—
硫酸腺嘌呤	40 mg/L	40 mg/L	80 mg/L	80 mg/L
谷氨酰胺	—	100 mg/L	146 mg/L	—
椰乳	20 mg/L	—	—	—
NAA	1 mg/L	0.1 mg/L	—	—
6-BAP	0.5 mg/L	0.5 mg/L	—	—

成分	原生质体培养基	愈伤组织诱导培养基	芽诱导培养基	生根培养基
IAA	—	—	0.1 mg/L	—
玉米素	—	—	1 mg/L	—
MES	976 mg/L	976 mg/L	976 mg/L	—
甘露醇	—	4%	3%	—
琼脂糖Ⅶ型	0.45%	—	—	—
蔗糖	2.5 g/L	2.5 g/L	2.5 g/L	30 g/L
琼脂	—	7 g/L	7 g/L	7 g/L
pH	5.6	5.6	5.6	5.8

＊表明原生质体诱导培养基中大量元素和微量元素略与其他的不同

1. 原生质体培养基　　原生质体培养基用来促进原生质体再生细胞壁和单细胞分裂，形成细胞团或小愈伤组织。培养基内通常含有植物激素、糖类物质、无机盐和维生素，还应含有维持原生质体稳定性的渗透压稳定剂，如甘露醇、山梨醇或葡萄糖等。

2. 分化培养基　　分化培养基主要用来诱导芽的形成，不再含有渗透压调节物质，而且应降低生长素浓度，同时加入较高浓度的细胞分裂素。如果原生质体开始阶段在液体或软琼脂或琼脂糖培养基中培养，则此时应转到用琼脂或琼脂糖固化的培养基上（许智宏和卫志明，1997）。

3. 生根培养基　　生根培养基用以诱导再生苗生根，再生完整植株。对多数植物而言，培养基内生长素（IAA、NAA或IBA）浓度通常较低，不含细胞分裂素。对某些植物而言，根的诱导不需要添加任何植物激素。

（二）通过胚状体发生途径再生植株

植物原生质体培养通过胚状体发生途径再生植株的植物种类，主要集中在禾本科、伞形花科、芸香科、葫芦科和豆科中的一部分（尤其是豆科牧草，如紫花苜蓿，见图10.13）。而茄科植物中绝大多数种原生质体培养通过器官途径再生植株，仅有少数种通过体细胞胚状体发生途径再生植株。

植物由原生质体培养到诱导体细胞胚状体发生直至植株再生，与器官形成途径相类似，每一培养阶段对培养基的要求不同，关键是培养基中植物激素的调节，尤其是2,4-D的调节作用。原生质体及形成细胞团的培养需在加有2,4-D的培养基中进行，而体细胞胚的诱导与形成则需降低或去除2,4-D。但也有不需要2,4-D而单用其他激素直接诱导体细胞胚状体发生的，如颠茄单用NAA即可诱导体细胞胚形成（Gosch et al.，1975）。此外，有些植物的原生质体可在原生质体培养基上，由原生质体再生细胞形成的细胞团直接形成体细胞胚，而无明显的愈伤组织阶段，如油菜（Li and Kohlenbach，1982）、甘蓝（傅幼英等，1985）等。

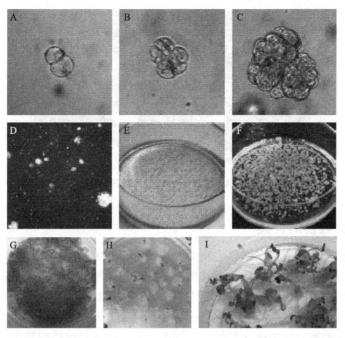

图 10.13　紫花苜蓿叶片原生质体分裂、克隆体的发育及通过体细胞胚状体发生途径再生
小植株（Atanassov and Brown，1984）

A. 分离原生质体 10 d 后第一次分裂；B，C. 2 周和 3 周龄小细胞团；D，E. 4 周和 6 周龄小愈伤组织；

F. 转到 B5H 培养基前 8 周龄小愈伤组织；G. 转到 B5H 培养基上的小愈伤组织和体细胞胚诱导；

H. 转到 Boi2y 培养基上的球形胚；I. 转到 MS 培养基上的子叶期胚已转化为小植株

提示：植物原生质体培养通过体细胞胚状体发生途径再生植株时，一定要考虑原生
质体培养阶段与体细胞胚诱导阶段的相互衔接，否则原生质体培养本身会对随后的体细
胞胚状体发生有明显的影响。

第二节　植物体细胞杂交

自 Calson 于 1972 年首次报道获得粉蓝烟草和郎氏烟草的体细胞杂种以来，科学
家相继从一些植物的种内、种间、属间或科间成功地实现了体细胞杂交，有的获得了
体细胞杂种。

植物体细胞杂交即原生质体融合（图 10.14），是在植物原生质体培养技术基础上，
借用动物细胞融合方法发展和完善的新型生物技术，包括原生质体制备、细胞融合诱
导、杂种细胞筛选与培养及杂种植株再生与鉴定等技术环节。早期，科学家在许多植
物属内、种间和种内进行体细胞杂交获得杂种细胞系或杂种植株，如烟草属、曼陀罗
属等。目前，由于植物原生质体培养技术的迅速发展，尤其是禾本科和豆科等重要粮
食作物原生质体操作关键技术的突破，这两类作物的体细胞杂交也能产生种间或属间
杂种（钱迎倩等，1990）。

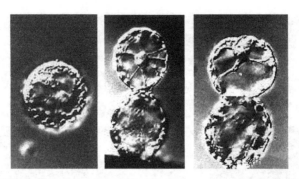

图 10.14   原生质体电融合（Koop and Schweiger，1985）

一、植物细胞融合的种类

植物细胞融合按照所用亲本原生质体的性质可以分为三类：第一类为常用的体细胞杂交，即用双亲的体细胞原生质体或其衍生系统进行诱导融合，再经培养、筛选、鉴定等步骤得到细胞杂种；第二类是配子间细胞杂交，即用双亲的性细胞原生质体作为融合亲本，其他步骤同第一类；第三类是配子-体细胞杂交，即一个融合亲本为性细胞原生质体，另一个为体细胞原生质体，其他步骤同第一类。目前仍以体细胞杂交为多，其他两类也开始有所报道（夏镇澳，1997）。下面仅对植物体细胞杂交加以介绍。

二、植物体细胞融合方法与杂种的选择

目前，诱导体细胞融合的方法主要有电融合法（Zimmermann，1982）和聚乙二醇（PEG）高钙高 pH 法（Kao，1977）。诱导植物原生质体融合后会产生不同的融合结果（图 10.15），包括杂种和胞质杂种。胞质杂种是指所得到的细胞杂种完全没有供体的核基因，而仅仅是转入供体的叶绿体和线粒体基因。

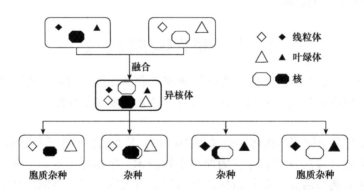

图 10.15   两种遗传上不同植物原生质体融合后可能产生的结果

体细胞融合可以克服常规植物育种中远缘杂交不孕性，实现遗传物质的交流，用以将控制优良性状的基因导入被改良的受体内，获得细胞杂种，创造新的育种材料或优良品系，丰富植物基因库。但为了将体细胞杂交技术更好地应用于生物资源开发和作物品种改良，在进行体细胞杂交研究时，应考虑以下主要问题。

1. 杂交组合的选择 近缘种内或种间的体细胞杂交具有较强的目的性，因此在进行杂交组合选择时，应选择再生能力强、具有优良农艺性状（高产、优质、抗病、抗逆等）的野生种或近缘种，通过细胞融合将优良特性导入相应的栽培种或近缘种，创造新的育种材料或新品种。

2. 原生质体的制备 体细胞融合一般要求新鲜、制备时间较短的原生质体，若分离时间过长，原生质体开始长壁，影响融合效果。

3. 融合方法 经改良的电融合法要优于 PEG 法，而且操作简便，对细胞无毒害作用（Bates and Hazenkampt，1985），诱导率较高。但由于电融合需要昂贵的电融合仪，这种方法现在应用得并不普遍。PEG 法操作比较复杂，融合效果受原生质体的生理状态、纯度、密度、PEG 的质量和浓度，处理时间，钙离子浓度，洗液成分及诱导融合程序等因素影响较大，在融合时应加以考虑。图 10.16 是香草兰 *V. planifolia* 和 *V. andamanica* 的原生质体通过 PEG 诱导获得异核体的过程。

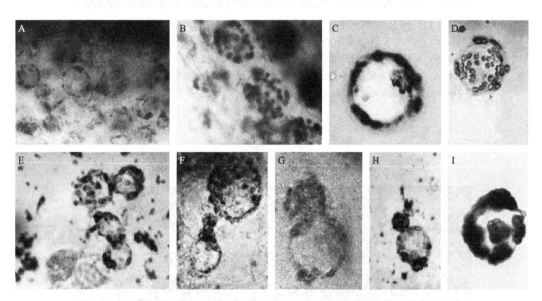

图 10.16 香草兰 *V. planifolia* 和 *V. andamanica* 叶片原生质体的分离与融合
（Divakaran et al.，2008）

A. *V. planifolia* 的叶片释放的原生质体；B. *V. andamanica* 的叶片释放的原生质体；C. *V. planifolia* 的叶片分离的原生质体；D. *V. andamanica* 的叶片分离的原生质体；E. PEG 诱导原生质体相互接近；F. 两个原生质体质膜溶解通道形成；G，H. *V. planifolia* 和 *V. andamanica* 的原生质体发生融合；I. *V. planifolia* 和 *V. andamanica* 的异核体

4. 选择杂种的方法 应用遗传或生理互补的选择方法能够在愈伤组织水平（图 10.17）或再生植株中有效地选择杂种（图 10.18）。但应考虑杂种细胞生长发育过程中染色体的丢失，即通过遗传互补选择法进行杂种细胞选择时，淘汰了丧失标记基因的体细胞杂种。因此，进行杂种选择时要小心谨慎。

5. 由杂种细胞诱导获得再生植株是否为杂种的鉴定方法 根据形态学（图 10.19）、细胞学、分子生物学和生物化学，用抗性鉴定、育性鉴定、叶绿体 DNA、线粒体 DNA、核 DNA（图 10.18）、RuBp 羧化酶分析和同工酶谱分析等方法，对获得的再生植株进一

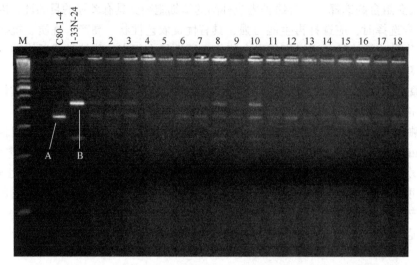

图 10.17 用 RAPD-PCR 的方法分析由马铃薯单倍体 C80-1-4（亲本 1）和

1-33N-24（亲本 2）原生质体融合获得的 18 个愈伤组织（Rasmussen et al., 1998）

M. 分子质量大小标记；A 为亲本 1 的标记基因条带；B 为亲本 2 的标记基因条带；全部为两个亲本融合后获得的愈伤组织；但前 10 个含有 A、B 两个亲本标志条带，可确认为是真正融合后获得的体细胞杂种；而后面的愈伤（11～18）只有单一 A 条带，说明不是体细胞杂种。这是一种用分子标记方法去筛选体细胞杂种的方法

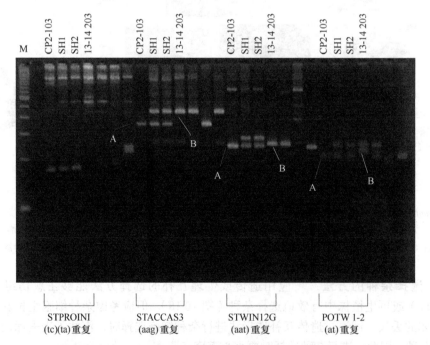

图 10.18 用 SSRs 鉴定由马铃薯单倍体 CP2-103 和 13-14 203

原生质体电融合获得的两个体细胞杂种 SH1 和 SH2（Johnson, 1998）

M. 分子质量大小标记；A. CP2-103 的特异条带；B. 13-14 203 的特异条带；图下方为对应的 SSR 引物编号

图 10.19　马铃薯单倍体 13-14 203 和 CP2-103 及由它们
获得的体细胞杂种 SH1 和 SH2 的形态学特征（Johnson，1998）

A. 用于原生质体融合的 2 个单倍体植株（CP2-103 和 13-14 203）；B. 由 13-14 203 和 CP2-103
原生质体融合获得的六倍体体细胞杂种 SH2；C. 各种植株的叶片形态；D. 不同植株的块茎

步分析和鉴定，以证实再生植株杂种的真实性。

一 本 章 小 结 一

　　本章主要叙述了植物原生质体和体细胞杂交有关概念和培养技术等，要求掌握植物原生质体分
离、培养与植株再生的关键技术和有关概念，掌握体细胞杂交的方法与杂交时应注意的问题，熟悉高
等植物微原生质体分离的方案，了解植物原生质体培养的意义。

一 复习思考题 一

1. 基本概念部分

微原生质体；核质体；胞质体；体细胞杂交；胞质杂种。

2. 基本原理和方法部分

1）植物原生质体培养的意义是什么？

2）植物原生质体的分离应注意哪些问题？

3）用框图说明高等植物细胞悬浮培养体细胞微原生质体制备方案。

4）通过框图说明高等植物由发育小孢子制备配子微原生质体的方案。

5）绘出原生质体收集纯化流程图。

6）如何进行原生质体活力鉴定？

7）植物原生质体分离后进行培养时应注意哪些问题？

8）植物原生质体再生可以通过哪些途径？

9）植物体细胞杂交过程包括哪些环节？

10）植物细胞融合按照所用亲本原生质体的性质可以分为哪几类？

11）进行体细胞杂交研究时，应考虑哪些主要问题？

3. 综合能力部分

阐述植物原生质体再生植株的途径。

一 主要参考文献 一

胡尚连，王丹. 2004. 植物生物技术. 成都：西南交通大学出版社.

孙敬三，桂耀林. 1995. 植物细胞工程实验技术. 北京：科学出版社.

孙敬三，朱至清. 2006. 植物细胞工程实验技术. 北京：化学工业出版社.

肖尊安. 2005. 植物生物技术. 北京：化学工业出版社.

许智宏，卫志明. 1997. 植物原生质体培养和遗传操作. 上海：上海科学技术出版社.

朱至清. 2003. 植物细胞工程. 北京：化学工业出版社.

Atanassov A, Brown D C W. 1984. Plant regeneration from suspension culture and mesophyll protoplasts of *Medicago sativa* L. Plant Cell Tissue & Organ Culture, 3(2):149-162.

Divakaran M, Pillai G S, Babu K N et al. 2008. Isolation and fusion of protoplasts in *Vanilla* species.Current Science, 94 (1): 115-120.

Ehsanpour A A, Jones M G K. 2001. Plant regeneration from mesophyll protoplasts of potato (*Solanum tuberosum* L.) cultivar Delaware using silver thiosulfate (STS). J Sci I R Iran, 12 (2): 103-110.

Johnson A A T. 1998. Protoplast fusion for the production of intermonoploid somatic hybrids in cultivated potato. Blacksburg: Virginia.

Kao K N, Michayluk M R. 1975. Nutritional requirements for growth of *Vicia hajastana* cells and protoplasts at a very low population density in liquid media. Planta, 126(2):105-110.

Koop H U, Schweiger H G. 1985. Regeneration of plants from individually cultivated protoplasts using an improved microculture system. Journal of Plant Physiology, 121(3):245-257.

Rasmussen J O, Nepper J P, Kirk H G, et al. 1998. Combination of resistance to potato late blight in foliage and tubers by intraspecific dihaploid protoplast fusion. Euphytica, 102(3):363-370.

Saito H, Nakano M. 2002. Preparation of microprotoplasts for partial genome transfer via microprotoplast fusion in *Liliaceous ornamental* plants. JARQ, 36 (3): 129-135.

植物体细胞无性系变异　第十一章

众所周知，科学家应用微生物材料，开展诱变育种和进行诱发遗传变异机理的研究，取得了令人瞩目的成就。对高等植物而言，若能像微生物那样，在数目众多的细胞群体中进行诱变和筛选突变体的研究，便有可能像对微生物那样设计各种试验，用单倍体、二倍体乃至多倍体植物细胞进行诱变研究，来拓宽植物遗传资源和进行遗传改良。20 世纪 70 年代以来，随着生物技术的迅速发展，尤其是 Heinz 和 Mee（1969，1971）在甘蔗的再生植株中发现抗病性明显提高的变异体，以及 Carlson（1970）从烟草细胞成功地筛选出突变体后，利用离体培养的植物细胞，在细胞水平上直接进行诱变和筛选突变体的研究，引起科学工作者的重视，并取得了明显的进展。直到 20 世纪 80 年代初，Larkin 和 Scowcroft（1981）才对由离体培养物获得的突变体及其变异给以明确的定义。随后，Evans 等（1984）、Larkin 等（1984）、Lee 和 Phillips（1988）、朱至清（1991）和 Karp（1984）相继对体细胞无性系变异的研究进展和应用加以综述和讨论，该方面仍是一个比较活跃的研究领域。

第一节　体细胞无性系变异的来源与特征

自 20 世纪 80 年代以来，人们对体细胞无性系及其变异的诱导和应用进行了比较深入的研究，而且对体细胞无性系变异的来源及特征有了更深入的认识和了解，为更好地应用体细胞无性系变异奠定了坚实的基础。

一、体细胞无性系变异的概念与应用

（一）体细胞无性系变异的概念及其优缺点

1. 概念　　自 Carlson（1970）从烟草细胞成功地筛选出突变体以来，有关植物细胞离体培养筛选突变体的研究日新月异，直至 20 世纪 80 年代初，Larkin 和 Scowcroft（1981）对有关再生植株变异的报道加以评述，并提出用体细胞无性系（somaclone）一词来概括一切由植物的体细胞再生的植株，并把经过组织培养循环出现的再生植株的变异称为体细胞无性系变异（somaclonal variation），而且指出体细胞无性系变异不是偶然的现象，其变异机理值得研究，在植物育种上具有应用前景。此后，随着植物原生质体、细胞和组织培养技术的迅速发展，体细胞无性系变异日益引起人们的广泛重视，人们对体细胞无性系变异有了进一步的认识和理解，认为在离体培养条件下植物器官、组织、细胞和原生质体培养产生的无性系变异统称为体细胞无性系变异，而且体细胞无性系变异

在植物品种改良和生物学基础研究中显示出很大的利用价值。

2. 体细胞无性系变异的优点与缺点

（1）体细胞无性系变异的优点

1）诱变群体大，筛选方便。由于筛选可以在离体条件下进行，从而可以在较小空间内对大量个体进行选择，如在一个培养皿中可以很容易培养与处理 5×10^5 个细胞，并可针对特定的变异性状筛选突变体，而在大田中种植相同数量的植株则需要很多土地，难以控制选择突变体的条件，而且大量微小的变异也常被遗漏。

2）细胞突变体的筛选可以在几个细胞周期内完成，且不受季节限制，筛选效率高。

3）试验的重复性高，诱变和筛选条件可控。

4）诱变频率高，变异幅度大，单个或少数基因变异占较大比例，而且无性系在经过一代选择通常就能稳定，具有稳定变异快的特点。

5）某些体细胞无性系变异是新出现的，为传统育种方法所不及。

6）体细胞无性系变异是在单细胞水平上进行的，因此一个突变体就是来自一个细胞，不会有非突变细胞的干扰，避免了整体植株水平上无性变异常呈现出的嵌合体，因而可以省去变异分离的麻烦。

7）体细胞无性系变异可拓宽种质资源，加快育种进程。

8）体细胞无性系变异可以与诱发突变互相补充，从而增加变异的来源，扩大变异范围，有利于创造新的种质资源和选育新的品种，尤其是在无性系变异中出现的由一个或少数基因突变引起的"微突变"，特别适合在不改变品种基本特性的条件下，改良品种个别特性，如降低株高和提高抗病性等。

（2）体细胞无性系变异的缺点

1）体细胞无性系变异是随机和不可预测的，而且畸变频率高，多数变异是不可利用的。

2）体细胞无性系变异依赖于基因型。

3）获得的变异并不总是稳定遗传的，而且这种变化以一定的频率发生。

4）并不是获得的所有变异都是有效的，多数情况下，要进行改良的品种并不能达到育种目标的要求。

（二）体细胞无性系变异的应用

离体诱导的体细胞无性系变异的遗传稳定性是相对的，但体细胞变异发生是普遍的，而且变异的幅度和范围可以通过培养物的种类、基因型和外植体及培养条件进行控制。随着生物技术的不断发展，特别是诱变途径的不断完善和分子生物学技术的应用，体细胞无性系变异的研究和应用潜力得到了更充分的发挥。

1. 拓宽遗传资源，为植物遗传改良创造奇异的中间材料或直接筛选新品种   体细胞无性系变异是一种普遍现象，而且变异相当广泛，发生的基因突变可以稳定地存在于许多植物种中。因此，通过体细胞无性系变异已经改良了许多主要作物，如小麦、水稻、大麦、棉花、花生和菜豆等。在全世界50多个国家中，已培育出1000多个由直接突变获得的或由这些突变体杂交而衍生的新品种。被改良的主要特性包括作物品质、产量性状、抗病性和抗逆性等。

2. 突变体用于遗传研究　　通过离体诱导获得的突变体，可以用于基因克隆和标记的筛选。突变体在表现型上与供体明显不同，可以通过差异显示或分子杂交筛选获得突变位点的 DNA 序列，经过测序与功能鉴定，就可能获得与突变性状相关的基因或与突变性状相关的分子标记，用于相关遗传研究。突变体用于基因克隆和功能鉴定已成为模式植物的常规方法，如拟南芥等，并也已开始在其他作物中广泛应用。

3. 发育生物学研究　　植物的个体发育是一个渐进过程，任何一个器官和组织的分化都是在复杂的调控过程中完成的。植物体细胞突变体为植物发育基因调控的研究提供了一个崭新的策略，而且在该方面的研究已取得明显的进展，尤其是从拟南芥和金鱼草等模式植物中分离出许多不同发育阶段和组织类型的突变体，包括顶端分生组织、根、开花转变、花序、花分生组织、胚状体发育等突变体。通过对这些突变体的研究，建立了器官发育模式，同时分离鉴定了一大批与发育有关的基因，包括维持正常发育状态的基因、促进发育进程的基因及相关修饰基因（许智宏和刘春明，1998）。

4. 生化代谢途径研究　　植物个体生长发育过程中涉及一系列生化代谢活动，每个代谢活动过程中都涉及调控该代谢活动的一系列相关酶基因的表达。如果调控某一生化代谢过程的关键酶基因发生突变，则会影响下游代谢链的正常进行。例如，早期通过烟草突变体对硝酸还原酶的研究，获得的两种突变体 *cnx* 和 *nia* 分别通过作用于钼因子和酶蛋白来影响硝酸还原酶的活性。随着体细胞突变技术的不断成熟，有望根据研究需要，建立某一生化代谢途径中任何一个调控点的突变体。此外，还可与基因工程技术相结合，对一些关键调控过程进行修饰和改造，实现代谢过程的人工定向调控。因此，离体诱导的体细胞突变体作为代谢活动调控研究的工具，正显示出巨大的应用潜力和优势。

二、体细胞无性系变异的来源及影响变异的主要因素

体细胞无性系变异究竟是在离体培养过程中发生的，还是在培养之前就已经存在了，在生物技术发展初期，这个问题一直是人们讨论的热点，但随着生物技术的迅速发展和深入系统的研究，人们对这个问题有了明确的认识。研究已证实，体细胞无性系变异一部分来源于外植体细胞的突变，另一部分是离体培养条件诱导产生的细胞突变。无论是哪一种情况，其在离体诱导条件下都会形成变异的愈伤组织，并进一步诱导获得变异的再生植株。

（一）变异来源

1. 外植体细胞来源的突变　　外植体细胞来源的突变的其中一种是外植体突变细胞与正常细胞组成的嵌合体，尤其是茎顶端分生组织嵌合体。嵌合体包括基因突变嵌合体和染色体数目变异嵌合体。基因突变嵌合体一般发生在分生组织个别细胞中，由突变细胞衍生来源的组织或器官可能会出现新的变异性状；染色体数目变异嵌合体只发生在少数新育成的多倍体品种和杂种上。无论是哪一种嵌合突变的外植体，经离体诱导获得的再生植株的性状都容易发生分离，很难保持原来品种的性状。但若离体诱导嵌合的体细胞，则能获得新的体细胞无性系变异，有利于通过无性繁殖植物品种的改良。

另一种是突变预先存在于分化的细胞中。在植物个体生长和发育过程中，分化成熟的组织和器官（如髓和皮层等）细胞核中 DNA 水平有很大的变化，当这样的外植体被离体诱导时，其细胞脱分化和分裂生长时，有可能诱导产生多倍体的培养细胞。

2. 离体培养诱导的突变　　离体培养条件对植物细胞本身产生一种胁迫作用，进一步诱导植物细胞产生可遗传的变异和外遗传变异，如 Mokkock 等（1986）由纯合小麦未熟胚和花序培养获得的无性系 RB20 连续几代株高都比对照矮，而与 RB20 来自同一块愈伤组织的另一株系的株高则未发生变化，表明 RB20 株高变异是在培养阶段产生的，而不是预先存在的。

（二）影响变异的主要因素

体细胞无性系变异是随机和不可预测的，但变异的类型、范围和发生频率与外植体、培养基和继代培养时间密切相关。

1. 外植体对体细胞无性系变异的影响

（1）植物的种类和基因型　　某些不同植物或同一种植物不同基因型的外植体，经离体培养后所获得的无性系，表现出不同的变异（黄斌，1985；曾寒冰，1988）。因此，在作物品种改良中选择合适的基因型用于离体培养是十分必要的。

（2）外植体染色体倍数水平　　体细胞无性系变异与外植体染色体倍数水平之间有一定的联系。通常多倍体植物易产生变异，如小麦和马铃薯的体细胞无性系要比二倍体或单倍体细胞再生的无性系表现出更广泛的变异。在同样条件下，大麦是二倍体，一般只有 1% 非整倍体的再生植株，而小麦是六倍体，通常非整倍体的再生植株可达到 10%～40%，其原因是多倍体具有两组或多组染色体，当染色体发生丢失或增加时，具有较大的缓冲能力，仍能继续生长并再生，而二倍体则相反，染色体数目稍有变动，就会抑制生长。因此，非整倍体容易被淘汰。

（3）外植体生理状态　　在离体培养过程中，同一器官的不同发育时期，也会影响变异的发生，如在同一培养条件下，同一小麦品种的不同胚龄在愈伤组织诱导、成苗和成苗时间长短方面都有显著差异（曾寒冰，1988）。在大麦、小麦和水稻花药培养获得的花粉植株中，白化苗的比例均随接种时花粉发育时期的延迟而提高，这一现象在大麦中尤为明显（黄斌，1985）。

（4）不同培养器官的影响　　不同培养器官经离体培养后，愈伤组织及再生植株变异范围和频率不同。Bajai 等（1983）以 9 个水稻品种离体胚和从幼苗的根、中胚轴、芽的切段进行培养，发现由胚获得的愈伤组织和再生植株的遗传变异范围较大，而中胚轴和芽切段获得的愈伤组织多为二倍体。

2. 培养基成分　　培养基成分是影响体细胞无性系变异最重要也是最复杂因素之一。不适宜的培养基会延长诱导愈伤组织的时间，也会对细胞有丝分裂发生干扰。培养基中植物生长调节剂的浓度和种类对再生植株的变异影响很大，而且植物生长调节剂间存在互作，这种互作可以促进变异的增加，也可以使变异减少。Jha 等（1982）观察到 2,4-D 比 NAA 能诱导较多的染色体数不正常的豇豆细胞。在含有 2,4-D 和激动素的培养基中愈伤组织内多倍体细胞的频率要比仅含 2,4-D、NAA、KT 等单一激素培养基的高（商效民，1984）。高浓度的 2,4-D 会导致较大的变异。

除植物激素外，培养基中各种无机或有机诱变性化合物可能是诱发染色体畸变和基因突变的另一主要原因。Furner 等（1978）报道，有机氮有利于毛曼陀罗二倍体和四倍体的增殖，无机氮只促进单倍体的分裂。Hibberd 和 Green（1988）在玉米未成熟胚培养的培养基中加入等量的赖氨酸和苏氨酸，结果获得核基因显性突变无性系 Ltr-19，它的抗赖氨酸性比敏感无性系高 5～10 倍。

3. 继代培养时间　　愈伤组织和悬浮培养细胞培养时间越长，继代次数越多，其变异频率越高，同时随着愈伤组织继代培养时间的延长，核型变异的细胞数增多，再生植株的变异频率增加。研究表明，玉米、燕麦和三倍体黑麦草长期培养的愈伤组织诱导的再生植株的非整倍体和/或染色体结构变异的频率高，但在小黑麦（Nakamura and Keller，1982）和小麦上（Karp and Maddock，1984）观察到经过仅一个月的短期培养也可诱导出变异株。因此，继代培养时间的长短可能并不是决定性的因素。

三、体细胞无性系变异的特征

经过 20 多年的大量研究，已证实体细胞无性系变异是植物界的一种普遍现象，变异广泛，具有多样性，且可以遗传，使体细胞无性系变异在植物遗传改良、遗传研究、发育生物学和生化代谢途径方面的研究显现出巨大的应用潜力。

（一）体细胞无性系变异的普遍性和多样性

自 Larkin 和 Scowcroft（1981）对体细胞无性系变异进行综述以来，大量研究证明，植物体细胞无性系变异是一种普遍现象。通过离体诱导，在许多种植物中，如甘蔗、菠萝、香蕉、苹果、柑橘、草莓、番茄、马铃薯、烟草、水稻、小麦、玉米、小黑麦、燕麦、高粱、谷子、大麦、大豆、棉花、小麦和大麦的杂种、挪威云杉、甜菜、辣椒、苎麻、猕猴桃、油菜、苜蓿等，都发现较高频率和多种类型的体细胞无性系变异，这些变异主要涉及农艺性状、生化特性、抗病性和抗逆性、细胞遗传学和分子水平等方面，这不仅揭示了植物体细胞无性系变异的普遍性和多样性，而且为离体诱导是体细胞无性系变异的主要原因提供了有力的证据。

（二）体细胞无性系变异的可遗传性

通过离体诱导所获得的再生植株的性状变异，有的是可遗传的，即属于体细胞无性系变异，其变异发生频率低，每代细胞的变异频率为 $10^{-7}\sim10^{-5}$，而且变异是随机的，但变异通常稳定，性状变异能通过有性生殖传递；有的性状变异则可能属于外遗传（epigenetic variation），即这些性状变异不是由 DNA 序列改变引起的植物表型变异，而是特定的培养条件使某些基因表达调控发生变化所致，变异具有方向性，而且稳定，但这些变异一般不能通过有性生殖进行传递，同时随着诱导条件的去除，其原有性状也将恢复。因此，区分可遗传变异和外遗传变异是利用体细胞无性系变异进行植物品种改良的关键。

第二节　植物体细胞无性系变异机理

随着植物体细胞突变技术的迅速发展与广泛应用，在培养细胞和再生植株中发现各种不同变异的存在，其中有些是可以遗传的变异，被称为体细胞无性系变异。变异的发生有其遗传学基础。Larkin 和 Scowcroft（1981）曾把体细胞无性系变异的可能归为以下 7 类。

1）染色体组型变异，如出现多倍体和非整倍体。

2）由染色体重排造成的基因丢失，或"关闭"一个能使其相应隐性基因产生表现型效应的显性等位基因等。

3）转座因子（transposible element）的激活，由转座引起突变。

4）体细胞基因重排。

5）基因的扩增和消减。

6）体细胞姐妹染色单体的互换。

7）潜在病毒的淘汰。

以上几种可能，除第 7 类外，其余 6 类可以归为细胞学水平上的染色体数目和染色体结构变异与分子水平上的基因突变、基因扩增或丢失、基因重排及转座因子的激活等。此后，经过 20 多年的不断深入研究，如 Phillips（1990）、Evans 和 Sharp（1983）及 Karpet 等（1984）的研究，为在细胞学和分子生物学两个水平上认识体细胞无性系变异机理奠定了基础。

一、体细胞无性系细胞学水平的变异

许多研究都已证实，体细胞无性系在形态学上发生各种各样的变异，其中有些变异具有遗传学基础，而且部分变异与染色体数目和染色体结构的变化有关。

（一）染色体数目变化

染色体数目变化是培养细胞及其再生植株染色体畸变中发生频率最高的一种变异。染色体数目变异包括整倍体和非整倍体变异。大麦再生植株四倍体出现的频率为 1%（Gaponenko et al.，1988），而 Singh（1986）在大麦品种 'Himalaya'（$2n=2x=14$）的愈伤组织细胞中观察到单倍体、三倍体、四倍体和八倍体等细胞的存在，表明大麦愈伤组织中细胞组成的遗传多态性。在石刁柏愈伤组织培养获得的再生植株中也发现有三倍体、四倍体和混倍体的存在（Pontaroli and Camadro，2005）。在水稻（Sun et al.，1983）、小麦（Larkin et al.，1984）和玉米（谷明光等，1991）中也都有染色体倍数性变异的报道。Larkin 等（1984）和叶新荣等（1989）都观察到小麦再生植株的非整倍体变异，其中既有染色体数目的增加，也有染色体数目的减少，甚至还存在混倍体的个体。胡尚连等（2007）在小麦单细胞培养再生植株第二代也发现了混倍体的存在（表 11.1）。

表 11.1　R_2 代再生植株无性系后代种子根尖体细胞染色体数目变化

株系	$2n$ 比例≤21%	21%<$2n$ 比例≤30%	30%<$2n$ 比例<42%	$2n$ 比例=42%	$2n$ 比例>42%	NC
CK（NE124）	0.00	0.00	0.00	100.00	0.00	30
2221d-2	0.00	9.46	17.57	72.97	0.00	74

续表

株系	2n 比例≤21%	21%<2n 比例≤30%	30%<2n 比例<42%	2n 比例=42%	2n 比例>42%	NC
3332-31	10.34	6.90	20.69	55.17	6.90	58
3332-106	3.85	3.85	28.85	55.76	7.69	52

注：CK（NE124）为未经培养亲本；其他为再生植株不同无性系；NC 为观察体细胞数目

染色体数目变化不仅表现在体细胞，而且在花粉母细胞终变期也可观察到染色体数目的变化。在小麦单细胞培养再生植株第三代，8 个不同株系终变期花粉母细胞染色体数目变化范围较大，为 1～25 条，尤其是还观察到具有 1～6 条染色体数目的花粉母细胞。此外，也观察到落后染色体、环形染色体、花粉母细胞只进行核裂、四极纺锤体、染色体粘连等现象（图 11.1）。

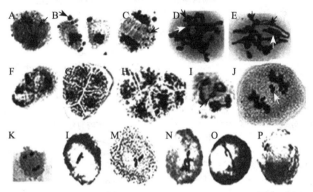

图 11.1 小麦单细胞培养再生植株后代花粉母细胞减数分裂异常行为（胡尚连等，2007）
A. 染色体桥；B，C. 微核；D，E. 花粉母细胞减数分裂后期 I 染色体粘连；F. 四极纺锤体；
G. 五分体；H. 六分体；I. 环形染色体；J. 落后染色体；K. 花粉母细胞只进行核裂；
L. 1 条染色体；M. 2 条染色体；N，O. 3 条染色体；P. 6 条染色体

使培养细胞染色体数目发生变化的根本原因是异常有丝分裂。离体培养细胞异常有丝分裂的各种情况可归纳总结为 4 种类型（图 11.2）。第一种类型为有丝分裂失败或进行无丝分裂，结果形成两个游离核，它们融合形成四倍体细胞，若其中一个核加倍后，再和另一个核融合，则形成六倍体细胞。第二种类型为核内有丝分裂，染色体复制而细胞并不分裂，导致四倍体和多倍体细胞的形成。第三种类型为核内 DNA 复制而染色体并不复制，结果导致二分染色体和多线染色体的形成，若二者又恢复为正常染色体，则也可能形成多倍体细胞。第四种类型为在有丝分裂时出现多极纺锤体，染色体分别移向三个或更多的纺锤体，分裂完成后产生 3 个以上的子细胞，而且导致每个子细胞中染色体数目的减少。

（二）染色体结构变化

体细胞再生植株除发生染色体数目变化外，还经常发生染色体结构变化，主要是由于染色体断裂后经过修复和重新联结所形成的易位、倒位、缺失和重复，这是造成无性系变异的真正原因之一。在小麦（Davies et al.，1986）、水稻（凌定厚等，1987）和大麦（袁妙葆等，1991）的再生植株中均发现有易位系的存在。Lapitan 等（1984）利用染色体分带技术对小麦和黑麦杂种的再生植株进行检测，结果发现了小麦和黑麦染色体之间的

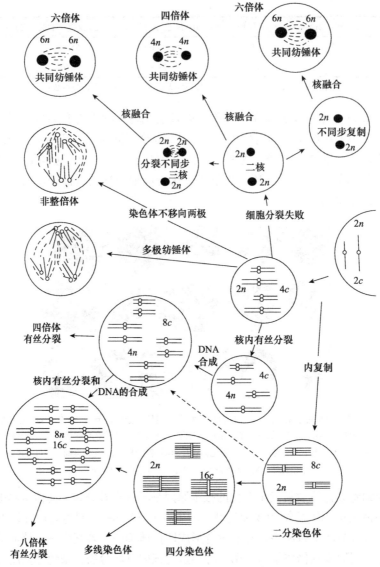

图 11.2　离体培养细胞异常有丝分裂的各种类型（朱至清，2003）

虚线为可能发生

交互易位。因此，通过离体培养可以创造易位系突变体。

后期 I 染色体桥和染色体片段是染色体发生易位和缺失的结果，如在石刁柏再生植株花粉母细胞减数分裂后期 I 观察到染色体桥和微核（图 11.3），说明有染色体易位和缺失的发生。在小麦单细胞培养再生植株第三代同样观察到染色体行为发生异常，有染色体桥、环形染色体、微核等（图 11.1），这些异常行为发生的频率因不同株系而异，即使来自同一株系内的不同株出现异常的比例也有明显差异。

染色体的断裂和重组也是植物组织和细胞培养中经常观察到的一种现象（Orton，1980a；Davies et al.，1986；Ahloowalia et al.，1983，1986；Karp et al.，1984）。染色体的断裂和重组不仅可以使断裂或重组位点处的基因及其功能丢失，还可使邻近的通常能够转录

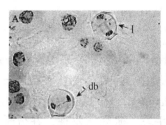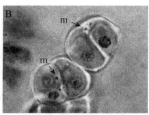

图 11.3　石刁柏再生植株花粉母细胞减数分裂异常行为（Pontaroli and Camadro，2005）

　　A. 减数分裂后期Ⅰ落后染色体（Ⅰ）和减数分裂后期Ⅰ具双着丝粒的染色体桥（db）；B. 微核（m）

的那部分基因的功能发生变化，或使未能表达的沉默基因得以表达（Larkin and Scowcroft，1981）。因此，染色体断裂是引起一系列染色体结构变异的根本原因（图 11.4）。

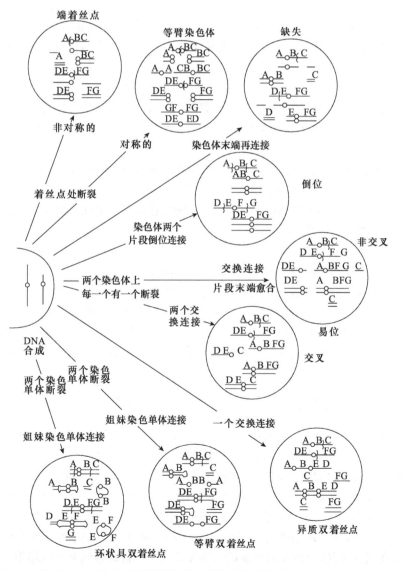

图 11.4　培养细胞中染色体断裂引起的各种染色体结构变异（朱至清，2003）

二、分子水平的变异

分子生物学技术的迅速发展，尤其是随机扩增多态 DNA（random amplified polymorphic DNA，RAPD）和限制性片段长度多态性（restriction fragment length polymorphisms，RFLP）分析技术（Williams et al., 1990）的应用，为人们从分子水平研究体细胞无性系变异机理提供了有力的手段。研究已发现，在分子水平上存在核基因突变、DNA 总量变异、DNA 甲基化、转座因子的激活、细胞器 DNA 的修饰，以及 RFLP 和 RAPD 多态性变异等，为从分子生物学角度认识体细胞无性系变异的机理奠定了基础。

（一）核基因突变

基因突变是指序列中碱基发生了改变，导致由一种遗传状态转变为另一种遗传状态。基因突变被认为是体细胞无性系变异的重要来源之一。植物组织和细胞经离体培养后，经过愈伤组织的脱分化和再分化的过程，常常会引起基因发生突变。基因突变有隐性单基因或多基因突变和显性单基因或多基因突变。Evans 和 Sharp（1983）从番茄的再生植株 R_2 代检测到 13 种单基因突变，包括显性基因突变、半显性基因突变和隐性基因突变，同时还检测到母体遗传的叶绿体基因组的突变。单基因突变在许多作物体细胞突变体上表现出来，而且大多数可以稳定遗传。对玉米、烟草和水稻的研究表明，单基因突变的再生植株后代，表现出典型的孟德尔隐性遗传（张春义和杨汉民，1994）。Sebastian 和 Chaleff（1987）用乙基亚硝基脲诱变 35 000 颗大豆种子，获得了 5000 棵 M_1 代植株，并从 5000 棵 M_1 代植株得到的 M_2 代中选择出了耐受轮作绿磺隆残效的 4 个突变系，这 4 个突变系都是由单个隐性基因决定的。

组织培养可引起体细胞无性系发生单碱基突变。Brettell 等（1986a）从 645 株玉米杂种胚培养的再生植株中发现了一个表现稳定的 Adh1（玉米乙醇脱氢酶）位点变异体。该突变体产生的酶，在淀粉胶中的迁移率较原来酶的迁移率降低，遗传上表现为孟德尔单基因控制。对克隆后的变异基因序列分析发现，该变异为单碱基突变。此后，Dennis 等（1987）又从组织培养再生系中分离出 Adh1-s 酶缺失突变体，研究发现是由外显子中单碱基突变引起无义密码子造成的。编码该酶第 106 氨基酸的 AAG 三联体密码（编码赖氨酸）突变成 TAG 无义密码，使该多肽不能合成。

（二）DNA 总量和 DNA 重复序列拷贝数的变异

在林烟草（*Nicotiana sylvestris*）（de Paepe et al., 1982）和栽培烟草（*Nicotiana tabacum*）（Berlyn, 1982；Dhillon et al., 1984）的无性系再生植株中，以及 *N. tabacum*、*N. glauca*（Durante et al., 1984）和马铃薯（Sree et al., 1984）等的愈伤组织中都观察到 DNA 总量和 DNA 重复序列拷贝数的变异的存在。Zheng 等（1987）在水稻中，用 DNA 重复序列进行的研究发现，一些重复序列在组织培养中有显著的选择性扩增，愈伤组织的 DNA 重复序列与叶片相比有 5～70 倍的拷贝数差异，而不同品种叶子间的差异只有 2～3 倍。在亚麻的卫星 DNA 及小麦的 rDNA 研究中也曾观察到类似的结果。

（三）DNA 甲基化

DNA 甲基化是基因表达调控的一种方式。有的植物细胞经过离体培养后，基因组中的碱基会发生某种化学修饰，如甲基化，从而影响细胞的基因表达。对于 DNA 的甲基化，一般采用 CCGG 位点的特异性限制内切酶 $HpaⅡ/MspⅠ$ 来进行研究。$HpaⅡ$ 识别并切割未甲基化的 CCGG 序列，但对甲基化的 CG 对则不起作用；$MspⅠ$ 识别并切割所有的 CCGG 序列。因此，用 $MspⅠ$ 鉴别 CCGG 的存在与否，用 $HpaⅡ$ 鉴别 CCGG 序列是否甲基化。

在玉米体细胞无性系中，有些再生植株与对照相比是超甲基化的，有些则更容易被 $HpaⅡ$ 消化，而且甲基化在基因组中的分布并不是随机的，甲基化对无性系变异起重要的作用（Brown，1989）。Phillips（1990）发现大多数组织培养诱导的突变直接或间接与 DNA 甲基化状态的改变有关。DNA 甲基化的程度与基因的表达呈负相关。Devaux 等（1993）对由组织培养获得的大麦 DH 群体和由球茎大麦的染色体消失法所得的 DH 群体的 DNA 甲基化进行比较，结果发现，由甲基化引起的 RFLP 变化中的 96% 来自组织培养获得的 DH 群体，表明组织培养确实引起了 DNA 甲基化变化。

（四）转座因子的激活

自 20 世纪 40 年代末 50 年代初 McClintock 创立转座因子理论以来，大量研究已证实，转座因子是许多不稳定遗传现象的原因。Larkin 和 Scowcroft（1981）提出转座因子的激活可能是无性系变异的一个重要原因。转座因子包括转座子和逆转座子，在组织培养过程中它们都可能被激活，从而发生转座和插入，引起体细胞无性系变异。一些研究认为，在离体培养过程中，细胞的分裂速度比较快，异染色质复制落后，导致细胞分裂后期形成染色体桥和染色体断裂。在断裂部位 DNA 的修复过程中，属于异染色质部分的转座子发生去甲基化而被激活，转座子活化后发生转座，从而引起一系列结构基因的活化、失活和位置变化，结果使无性系产生变异（Larkin et al.，1984；Peschke et al.，1987；Burr，1988）。还有学者认为，转座因子可能受组织培养中理化因素的诱导而被激活，然后由转座子的转座引起染色体断裂和结构变异及结构基因的活化与失活等（朱至清，1991）。

转座子的激活是离体培养诱导无性系变异的一个原因。在玉米的体细胞无性系再生植株中检测到激活转座子的存在，并认为转座子的激活可能起源于染色体断裂和重排及碱基去甲基化等（Peschke et al.，1987）。此后，进一步研究认为，碱基的去甲基化可能是激活转座子（活性 Ac）的一个结果，而不是原因。Peschke 等（1991）在玉米再生植株中检测到活性 Smp（玉米的另一个转座因子系统）的存在。在玉米的组织培养过程中还发现另一种激活的转座因子系统 Mu（James and Stadler，1989）。Bingham 等（1988）在苜蓿组织培养再生植株中也观察到由转座子激活所引起的花色变异。

逆转座子的转座需要以 RNA 为中介。一些研究认为，逆转座子的转座是组织培养诱导体细胞无性系变异的另一个原因。例如，Tos17 是水稻的一种逆转录因子，对 Tos17 的 9 个插入位点的研究表明，其中至少 5 个为结构基因编码区，Tos17 的插入与转座，导致了所在基因的变异，而且随培养时间的延长，Tos17 的拷贝数增加，进而使无性系变异的频率提高（Hirochika and Hirohiko，1997）。

（五）细胞质基因突变

植物细胞质中叶绿体和线粒体的基因组比较稳定，但离体培养条件可以使一些植物线粒体 DNA 环状构象和分子结构发生变化，以及花药愈伤组织再生植株的叶绿体基因组部分丢失。Hartman（1989）研究发现，小麦再生植株的线粒体 DNA 发生极大变化，且变化程度与组织培养时间的长短有关。还有研究发现，线粒体 DNA 的缺失会使一种 40 kb线粒体 DNA 编码的多肽消失，从而造成由可育的野生烟草原生质体培养获得的植株细胞质雄性不育（Li et al.，1988）。小麦花药培养中经常出现大量的白化苗，对这些白化苗和对照植株叶片叶绿体 DNA 进行分析，发现叶绿体基因丢失达 80%（Day and Ellis，1984）。Toshinori 等（2002）发现经长期培养，水稻愈伤组织细胞质 DNA 发生大的缺失。

（六）DNA 多态性的变化

RAPD 技术是 20 世纪 90 年代发展起来的分子生物学新技术（Williams et al.，1990）。近年来，RAPD 技术也被应用于体细胞无性系变异的研究。Soniya 等（2001）对番茄叶片愈伤组织诱导获得的再生植株基因组 DNA 进行 RAPD 检测，结果发现存在 RAPD 多态性变化，说明体细胞再生植株无性系发生 DNA 水平上的变化（图 11.5）。

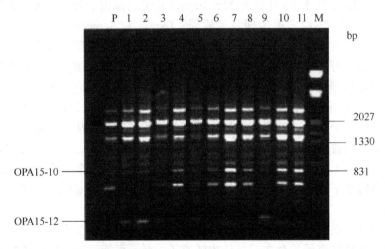

图 11.5　由 OPA15 引物对番茄叶片愈伤组织再生植株和未经培养母本的
基因组 DNA 扩增的 RAPD 图谱（Soniya et al.，2001）
M. 分子质量大小标记；1～11. 再生植株；P. 未经培养的母本；
OPA15-10. 多态性谱带 A15-10；OPA15-12. 多态性谱带 A15-12

扩增片段长度多态性（amplified fragment length polymorphism，AFLP）技术也用来检测体细胞无性系 DNA 多态性的变化，如 Pontaroli 和 Camadro（2005）对由长期愈伤组织培养获得的 43 株石刁柏再生植株基因组 DNA 进行 AFLP 多态性分析，发现有 2.94% 的 AFLP 多态性的变异。

ISSR 标记也被用来检测体细胞无性系 DNA 多态性变化。Thomas 等（2006）应用 ISSR 技术检测到茶体细胞无性系 DNA 的变化。

第三节 细胞突变体诱导和筛选

细胞突变体的诱导和筛选是一个比较活跃的研究领域，在植物的遗传改良、遗传研究和遗传资源的拓宽方面得到广泛的应用。

一、细胞突变体筛选的意义

突变和重组是植物发生遗传变异的前提和基础。一般突变和重组在自然条件下就可以发生，但突变频率很低，自发突变发生频率一般低于 10^{-4}。突变不仅在自然条件下可以发生，通过物理和生物化学诱变，植物的细胞或组织也可以产生突变，在培养细胞水平上通过选择压力，对培养细胞进行定向诱发突变，使突变体的筛选工作在细胞水平上进行，更为可控，诱变数量大，诱变概率高，重复性和稳定性好。该方面工作在植物遗传改良和生物学基础研究上都具有重要意义，同时还可以为基因工程提供有用的基因资源。

细胞突变体是指将植物细胞培养在附加一定化学物质的培养基上，用生物化学的方法诱导细胞遗传物质的改变，在细胞水平上大量筛选拟定目标突变体。最早的细胞突变筛选方面的研究可以追溯到 1959 年，Melchers 在金鱼草悬浮培养细胞中获得温度突变体，提出利用培养细胞筛选植物突变体的优越性，但未能引起人们广泛的重视。直至 Carlson（1970）从烟草细胞成功地筛选出突变体后，植物细胞突变体筛选方面的研究进入迅速发展时期，成为植物细胞工程领域中的一个重要组成部分。此后，经过 30 多年的研究，已在超过 15 科 45 种植物细胞中筛选出 100 个以上的植物细胞突变体或变异体，主要包括抗病性、抗逆性、抗除草剂、抗氨基酸和氨基酸类似物突变体筛选等。

二、细胞突变体筛选的原理与程序

细胞突变体出现的频率很低，因此必须采用特定的方法将发生突变的细胞从正常型细胞中分离出来。筛选原理建立在有区别地杀灭正常型细胞的基础上。根据除去正常型细胞方式的不同，可以将筛选方法分为正选择法和负选择法，以及后来发展起来的"绿岛"法。

（一）筛选原理

1. 正选择法　　正选择法的筛选原理是把细胞群体置于某种选择剂中或选择条件下，细胞突变体可以正常生长，正常型细胞不能生存而死亡，从而达到分离目的的一种选择方法。

一般抗性细胞突变体的筛选常采用正选择法，如抗病细胞突变体筛选、抗逆境胁迫（抗盐、抗旱和抗寒等）细胞突变体筛选、抗除草剂细胞突变体筛选等。这种方法大多是直接在培养基中加入某种能体现细胞突变体特征的物质。例如，抗盐细胞突变体筛选通常是在培养基中加入一定浓度的盐；抗除草剂细胞突变体筛选是在培养基中加入一定浓度的某种除草剂等。

应用正选择法时，可采用一步选择法或多步选择法（图 11.6）。一步选择法是指所用的选择压力足以一次性地杀死正常型的细胞，一般用于单基因突变细胞的筛选。多步选择法则采用两次以上由低到高的选择压力，逐渐杀死正常型细胞，它多用于遗传背景不详，且可能是多基因突变细胞的筛选。用正选择法进行细胞突变体筛选的缺点在于，正常型细胞可以产生生理性适应，从而混存于突变细胞中。因此，常采用反复加压与去压交替的培养方法将其淘汰。

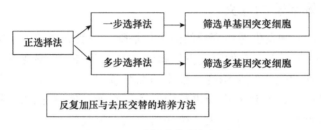

图 11.6   正选择法分类与用途

2. 负选择法   负选择法的筛选原理是先控制培养基营养成分，使正常型细胞生长，而突变的细胞处于抑制不分裂状态，然后用一种能毒害生长细胞而对不分裂的细胞无害的药物淘汰生长正常的细胞。

负选择法常用的药物有亚砷酸盐和某些核苷酸类似物，如 5-脱氧尿嘧啶。

负选择法通常适用于营养缺陷型细胞突变体的筛选。通过控制培养基营养成分，使生化过程有缺陷又不能合成某种代谢必需物质的细胞突变体处于不能分裂状态，然后用药物杀死正常型细胞，再用加富培养的方法使突变细胞恢复生长。

3. "绿岛"法   Calson（1978）在烟草上采用活体和离体相结合的方法筛选烟草细胞突变体，提出了具有一定特色的细胞突变体筛选的方法，即"绿岛"法。

"绿岛"法的筛选原理是在整体的植株水平上，用某种化学物质作用于植株叶片，使细胞发生突变，叶片局部呈现绿色斑点，切下这部分细胞进行组织培养，通过培养细胞的再分化，使抗性细胞分化成完整植株。对于某些病毒抗性细胞突变体的筛选，可以采用这种方法，如抗烟草花叶病毒（TMV）突变体的筛选。

（二）一般筛选程序

1. 确定选择剂的浓度   把培养物接种在含有一系列浓度选择剂（盐、除草剂、重金属和植物毒素等）的培养基上，选择使 90% 以上培养物致死的浓度为选择剂浓度。

2. 致死浓度筛选   将培养物分批接种在已确定致死浓度的培养基上，筛选存活的培养物，再将其转接到正常培养基上进行扩大繁殖，直至再生植株。

3. 逐步筛选   在培养基中逐渐增加选择剂的浓度，最后把筛选存活的培养物进行继代增殖。

三、细胞突变体的筛选与利用

离体诱导细胞突变体的类型很多，根据目前研究和人们的需求状况，细胞突变体的筛选和利用主要归为以下 6 种类型。

（一）富含氨基酸和氨基酸类似物细胞突变体

在几种主要农作物种子蛋白中，常缺少某种必需氨基酸，如大豆缺少甲硫氨酸，玉米缺少赖氨酸和色氨酸，小麦缺少赖氨酸和苏氨酸，水稻缺少赖氨酸。因此，可通过采用氨基酸和氨基酸类似物选择抗性细胞突变体，达到改良人类食物营养品质需要的目的。

植物细胞中氨基酸的代谢是受末端产物（各种氨基酸）反馈抑制调控的，只有筛选对某种氨基酸反馈抑制不敏感的突变体，其氨基酸的含量才有可能提高。已知反馈抑制的作用点是氨基酸生物合成过程中某些关键酶，只有这些关键酶发生突变，对各自的反馈抑制物不敏感时，才会过量合成某种氨基酸。因此，在培养基中加入高浓度的某种氨基酸或氨基酸类似物，使野生型细胞受激酶抑制而生长缓慢，突变体细胞能正常生长，同时通过检测加入的氨基酸或氨基酸类似物可反馈抑制其合成过程中的关键酶是否发生变异，从而将富含某种氨基酸的细胞突变体筛选出来。研究表明，使用氨基酸类似物筛选高氨基酸的突变体比采用氨基酸进行筛选的效果更好。缪树华等（1987）获得高赖氨酸玉米无性系。罗建平等（2000）以 NaN_3 诱变处理沙打旺胚性愈伤组织，用甲硫氨酸类似物——乙硫氨酸为选择剂，筛选到 1 株抗性稳定且能再生植株的抗 0.6 mmol/L 乙硫氨酸变异系，该变异系细胞对乙硫氨酸的抗性是野生型细胞的 8 倍。王瑛华等（2006）以 NaN_3 诱变处理鹰嘴紫云英的愈伤组织也获得了抗 100 mmol/L 甲硫氨酸变异细胞系，并分化成再生植株。

现以芦笋抗 AEC（氨乙基半胱氨酸）细胞突变体筛选为例（王敬驹，1995），说明富含氨基酸细胞突变体的诱变与筛选过程（孙敬三和朱至清，2006）。

1）选择生长良好的芦笋愈伤组织，用 0.1%（V/V）EMS（甲基磺酸乙酯）诱变处理 24 h，洗去诱变剂转入继代培养中缓冲培养 2～3 周。

2）转入含 0.5 mg/L AEC 的继代培养基中进行一步筛选。

3）挑取存活的细胞团转入无选择压力的培养基上继代培养 3～4 周，使细胞快速增殖。

4）将愈伤组织转移至分化培养基（MS 基本培养基）上使其分化成苗，3 周后可出现丛生苗。

5）取一定数量的单个试管苗切取长为 0.5～1 cm 的小段于诱导培养基上形成愈伤组织，并按照试管苗次序将愈伤组织编号，每一块愈伤组织可以看作一个独立的细胞系。

6）将每个编号愈伤组织分别转移到含 0.5 mg/L AEC 的培养基上进行抗性筛选，淘汰无抗性和抗性差的细胞系。

7）将每个抗性细胞系的一半愈伤组织转接到分化培养基上使其分化成苗，另一半用于氨基酸分析。

8）用氨基酸分析仪分析各抗性细胞系的氨基酸含量，并和供体原始愈伤组织作比较，注意赖氨酸和苏氨酸等天冬氨酸族氨基酸的变化，选择游离氨基酸含量明显提高的抗性细胞系。对分化植株也做相应的检测以筛选出高氨基酸含量的再生植株无性系。

9）无性繁殖变异植株，观察农艺性状，并对其有性后代进行遗传学分析。

（二）抗病细胞突变体

植物在生长发育过程中常常遭受病原物的侵袭，进而导致植物发生病害，不能正常生长，影响植物的产量或品质。因此，提高抗病性是植物育种的主要目标之一，对主要农作物而言，提高抗病性就显得尤为重要。研究已证明，通过离体诱导抗病细胞突变体是提高植物抗病性的一个可行途径。

植物毒素有时对组织、细胞或原生质体的毒害作用与对整体植株的作用是一致的（Eaele，1978）。如果植物毒素是致病的唯一因素，就可能在离体条件下直接以毒素为选择压力筛选抗病细胞突变体，这个假设得到了 Carlson（1973）实验结果的支持。Carlson用化学诱变剂 EMS 处理烟草原生质体，筛选出抗甲硫氨酸亚砜（MSO）的细胞系，其再生的植株对烟草野火病的抗性明显提高。此后，在大麦、小麦、玉米、燕麦、油菜、甘蔗、马铃薯等作物上，从细胞培养和愈伤组织诱变中成功获得抗病体细胞无性系。Daub（1986）育成了抗霜霉病且高产的甘蔗品种‘Ono’。水稻也通过突变体筛选育出了抗病品种‘DAMA’（Heszky et al.，1992）。

（三）抗除草剂细胞突变体

通过基因工程手段可以筛选出抗除草剂的无性系，而且可以选育出农作物新品种，提高了使用除草剂的安全性，拓宽了除草剂的应用范围。但当通过基因工程难以获得转基因植株时，通过细胞工程手段筛选抗除草剂的细胞突变体则具有重要的实际意义。

Chaleff 和 Parsons（1978）最先由烟草组织培养中选出了抗毒莠定的突变体。用500 µmol/L 毒莠定处理悬浮培养细胞，然后筛选突变体，并建立了具有代表性的筛选抗除草剂的方法，后来被用于各种抗除草剂细胞突变体的筛选。具体方法如下。

1）将烟草种子用 5% 次氯酸钠消毒 15 min，无菌水冲洗 3 次，将种子接种在 LS 固体培养基上，直到长成健壮的无菌试管苗。

2）以无菌试管苗的叶片为外植体，接种到 MS＋2 mg/L NAA＋0.3 mg/L KT＋3% 蔗糖＋0.8% 琼脂的培养基（C1 培养基）上，诱导愈伤组织。

3）获得的愈伤组织在相同的培养基上进行继代培养。

4）将旺盛生长的愈伤组织转移到 C1 液体培养基中，在摇床上振荡培养，直到形成分散的细胞团。

5）用一定规格的尼龙网过滤悬浮培养物，除去大的愈伤组织块。

6）用离心机离心收集小细胞团，并重新悬浮到 C1 培养基中继代培养。

7）吸取 2 mL 悬浮培养物，转移到含有 500 µmol/L 毒莠定的 C1 固体培养基上，于25℃荧光灯照明（每天 16 h）条件下，进行抗性细胞突变体的筛选。

8）1～2 个月后生长出抗性愈伤组织。

9）将抗性愈伤组织转移至选择培养基上继代培养 1 次，然后在 MS＋0.3 mg/L IAA＋3.0 mg/L 6-BA 培养基上诱导植株，继代 2 或 3 次后便有芽和小植株的形成。然后将小植株转移到含有 0.1 mg/L IAA 的培养基上诱导生根，获得再生植株。

在抗除草剂突变体选择上，最成功的是碘酰脲类除草剂的体细胞无性系筛选。

Chaleff 和 Ray（1984）筛选出抗绿黄隆和嘧黄隆甲酯的体细胞无性系。Baillie 等（1993）和 Pofelis 等（1992）分别筛选出抗绿黄隆的大麦和百脉根的植株。

（四）抗逆细胞突变体

土壤中含盐量或重金属离子含量过高、低温、干旱等都会对植物的生长发育造成危害。因此，提高植物的抗逆性是植物品种改良的一个新的育种目标。以往的研究证明，可以从组织培养中分离出抗逆的突变体。

1. 耐盐突变体的筛选 Nabors 等（1975,1980）筛选的耐高浓度 NaCl（0.88%）的烟草细胞系，再生植株经过连续两个有性世代后，仍然保持着这种耐性。在苜蓿耐盐突变体筛选过程中，为了避免在耐盐突变体中出现不良的变异性状，Winicov（1994）建议在苜蓿愈伤组织诱导 3 个月内筛选耐盐突变体。王仑山等（1995）获得了枸杞耐盐突变体，指出直接把经诱变剂处理过的愈伤组织培养于含 1.5% NaCl 的培养基中，可以克服因逐级增加盐浓度而使那些适应性较强的细胞得以生存的弊端，提高了选择效率。其方法是将枸杞（*Lycium barbarum* L.）无菌苗下胚轴于 MS＋0.25 mg/L 2,4-D＋500 mg/L LH（乳蛋白水解物）的诱导培养基上产生胚性愈伤组织，经 0.34% 的 EMS（半致死剂量）处理并恢复增殖 2 周后，将存活组织转接到含有 1.5% NaCl 的诱导培养基上培养 4 周，再将少数存活的组织转移到含 1.0% NaCl 的同样培养基上继续培养，经不断选择，选出了耐 1.0% NaCl 的愈伤组织变异体。经耐盐性、耐盐稳定性、脯氨酸含量、叶绿素含量分析，以及对山梨醇、聚乙二醇的反应证明，该愈伤组织是耐盐变异体。变异体在含有 1.0% NaCl 的分化培养基（MS＋0.5 mg/L 6-BA）上可分化出再生植株。目前，在苜蓿、水稻、柑橘、番茄、小黑麦和芦苇等植物上，也都得到了稳定的抗盐细胞系和再生植株。

2. 其他抗逆性突变体的筛选 人们用低温作为诱变手段筛选并获得了耐寒的烟草再生植株，利用聚乙二醇作为诱变剂获得了耐旱的高粱再生植株，用重金属离子为筛选剂获得了多种植物耐铝、耐镉、耐铜或耐汞的突变体（孙敬三和朱至清，2006）。

（五）单倍体细胞突变体

通过单倍体细胞培养筛选抗性突变体具有高效和易稳定两大特点。在单细胞培养过程中，隐性突变基因容易在细胞中表达，在选择压力下可以筛选出由隐性基因调控的抗性突变体，提高了选择效率，同时通过突变体加倍，获得纯合突变株，加快了突变体的稳定和纯合过程，如 Campbell 和 Wernsman（1994）以黑胫病毒素为筛选剂，从烟草愈伤组织培养物中获得了抗黑胫病的烟草突变体，并在烟草育种上得到了应用。

（六）其他性状突变体

通过细胞或愈伤组织培养，还可以筛选具有产量高、品质好、生长势强等优良性状的突变体，有的可以培育成新品种，如 Moyer 和 Collins（1983）选育出了块茎色泽好、烘烤质量高的马铃薯品种。Evens（1989）培育出干物质含量高的番茄品种。Katiyar 和 Chopra（1995）推出了产量高的棕色芥菜品种。

四、细胞突变体的鉴定

植物体细胞无性系变异的鉴定可以采用多种方法进行，主要方法如下。

（1）形态学鉴定　　对体细胞变异体分析最简单的方法是采用形态学鉴定。通过这种方式对 R_0 代显性基因和纯合基因表达的性状进行筛选，可以使 R_0 代植株的筛选率超过 50%。然后，对筛选出来的变异体进行有性繁殖，了解变异体的遗传背景。

体细胞变异体形态学上的变异程度通常用植株百分数表示，如植株高度、育性、花果颜色、结实数、开花时间、抽穗期、成熟期、产量、耐盐性、抗病等。此外，体细胞无性系群体变异程度可以用测定标准差（SD）来分析特定的数量性状（Kierk et al.，1990）。

（2）生物化学性状分析　　采用蛋白质电泳、同工酶酶谱检测体细胞变异体在蛋白质水平和同工酶水平上产生的变异。

（3）细胞学分析　　从无性系染色体核型和再生植株花粉母细胞减数分裂染色体行为及终变期染色体数目鉴定体细胞无性系变异。但核型分析只能揭示明显的染色体变化，发生在分子水平上的变异不能发现。

（4）分子水平检测　　采用限制性片段长度多态性（RFLP）和随机扩增多态 DNA（RAPD）及扩增片段长度多态性（AFLP）等手段检测基因组 DNA 多态性的变异。

— 本 章 小 结 —

本章主要叙述了与植物体细胞无性系变异有关的概念、细胞突变体筛选的基本原理和方法及变异的遗传基础。要求掌握体细胞无性系、体细胞无性系变异、细胞突变体、正选择法和负选择法的概念，掌握体细胞无性系变异的来源及其影响因素、无性系在细胞水平上和分子水平上变异的机制，以及细胞突变体筛选的基本原理，掌握富含氨基酸和氨基酸类似物、抗病、耐盐、抗逆、抗除草剂等细胞突变体的筛选和利用，以及细胞突变体的鉴定方法，熟悉体细胞无性系变异 4 个方面的应用和体细胞无性系变异的特征，了解体细胞无性系变异的优点与缺点及筛选细胞突变体的意义。

— 复习思考题 —

1. 基本概念部分

体细胞无性系；体细胞无性系变异；细胞突变体；正选择法；负选择法；"绿岛"法。

2. 基本原理和方法部分

1）体细胞无性系变异的诱导和选择方法有哪些？

2）简要说明体细胞无性系变异的应用途径。

3）体细胞突变体变异鉴定的方法有哪些？

4）体细胞突变体变异有哪些特征？

5）细胞突变体的筛选有哪些用途？

3. 综合能力部分

1）从细胞学和分子水平上如何理解体细胞无性系变异的机制？

2）阐述体细胞无性系变异的来源及其影响因素。

3）如何有效筛选与鉴定抗性突变体？

— 主要参考文献 —

刁现民，孙敬三．1999．植物体细胞无性系变异的细胞学和分子生物学研究进展．植物学通报，16（4）：372-377.

胡尚连，李文雄，曾寒冰．2007．小麦单细胞再生植株后代染色体与 DNA 变异的研究．麦类作物学报，5：781-786.

罗建平，贾敬芬，顾月华．2000．豆科牧草沙打旺抗乙硫氨酸变异系筛选．作物学报，26（6）：789-794.

孙敬三，桂耀林．1995．植物细胞工程实验技术．北京：科学出版社.

孙敬三，朱至清．2006．植物细胞工程实验技术．北京：化学工业出版社.

王仑山，陆卫，孙彤，等．1995．枸杞耐盐变异体的筛选及植株再生．遗传，17（6）：7-11.

肖尊安．2005．植物生物技术．北京：化学工业出版社.

曾寒冰．1988．小麦未熟胚离体培养的研究——愈伤组织诱导及再生植株．东北农学院学报，19（1）：1-9.

张春义，杨汉民．1994．植物体细胞无性系变异的分子基础．遗传，16（2）：44-48.

张献龙，唐克轩．2006．植物生物技术．北京：科学出版社.

朱至清．2003．植物细胞工程．北京：化学工业出版社.

Ahloowalia B S, Sherington J. 1985. Transmission of somaclonal variation in wheat. Euphytica, 34: 525-537.

Carlson P S. 1970. Induction and isolation of autotrophic mutants in somatic cell cultures *Nicotiana tabacum*. Science, 168: 487-489.

Carlson P S. 1973. Methionine sulfoximine-resistent mutants of tobaccl. Science, 180: 1366-1368.

Karp A, Maddock S E. 1984. Chromosome variation in wheat plants regenerated from cultured immature embryos. Theor Appl Genet, 67: 249-250.

Larkin P J, Ryan S A, Brettell R I S, et al. 1984. Heritable somaclonal variation in wheat. Theor Appl Genet, 67: 443-455.

Maddock S E, Semple J T. 1986. Field assessment of somaclonal variation in wheat. Journal of Experimental Botany, 37 (180): 1065-1078.

Pontaroli A C, Camadro E L. 2005. Somaclonal variation in *Asparagus officinalis* plants regenerated by organogenesis from long-term callus cultures. Genetics and Molecular Biology, 28 (3): 423-430 .

Soniya E V, Banerjee N S, Das M R. 2001. Genetic analysis of somaclonal variation among callus-derived plants of tomato. Current Science, 80 (9): 1213-1215.

Thomas J, Vijayan D, Sarvottam D, et al. 2006. Genetic integrity of somaclonal variants in tea〔*Camellia sinensis* (L.) O Kuntze〕as revealed by inter simple sequence repeats. Journal of Biotechnology, 123: 149-154.

Toshinori A, Noriko I, Togashi A, et al. 2002. Large deletions in chloroplast DNA of rice calli after long-term culture. J. Plant Physiol, 159: 917-923.

第十二章　转基因植物与安全性

第一节　转基因植物研究进展

植物基因工程是指植物学领域的基因工程，其研究对象是植物，是以植物组织、细胞及原生质体为受体，采用分子生物学和基因工程技术将外源基因有目的、有计划地插入、整合到受体植物基因组中，并使其在后代植株中得以遗传和表达，获得外源基因能稳定表达的转基因植株，使转基因植物既保留原有的优良性状，又增加了一个由转入基因控制的优良性状，培育出新的优良品种，从而创造出优质育种材料或品种。转基因可以使优良的生物基因在不同生物之间进行交流，从而弥补单一生物种类中的遗传资源不足，丰富种质库。转基因操作是基因克隆到转基因新品种培育过程中承上启下的重要环节。建立规模化转基因技术体系是转基因育种成功的关键。规模化转基因技术体系必须在提高转化效率的前提下，整合高效和安全转基因技术，加以集成创新，并为转基因生物新品种培育提供技术和平台支撑。

植物基因工程的研究始于 20 世纪 70 年代。1983 年世界首例转基因作物培育成功（土壤根癌农杆菌转化烟草），1986 年进入田间试验。自 1994 年第一种转基因作物商业化以来，转基因作物在全球的种植面积从 170 万 hm^2 增长到 1.8 亿 hm^2，20 年的时间增长了近 100 倍。除大豆、玉米、棉花和油菜等重要农作物转基因品种大规模种植外，其他产业化的植物还包括水稻、马铃薯、苜蓿、甜菜、番木瓜、西葫芦、杨树、番茄、甜椒、蓝玫瑰、康乃馨等。据统计，全球转基因植物研究涉及至少 35 科 200 多种，有近 50 个国家对 60 余种转基因植物进行了田间试验（万建民和黎裕，2014），内容涉及抗虫、抗真菌、抗病毒、抗除草剂、品质改良、提高种子蛋白的营养价值、延长保鲜期、雄性不育、花色和花形改变等多个方面。该技术无疑已成为当今植物遗传育种、改良品种体系的重要途径之一。

第二节　植物转基因的主要方法

外源目的基因转入植物细胞的方法有间接转化法和直接转化法两种类型。间接转化法是通过生物体介导，将外源基因导入植物细胞，目前常用的方法有农杆菌介导法。直接转化法是通过物理或化学方法将外源基因导入植物细胞或原生质体，由此获得转基因植株。直接转化法包括聚乙二醇法、声波法、电击法、花粉管通道法、基因枪法等。

一、基因枪法

（一）基因枪法的原理

基因枪法又称为微弹轰击技术（microprojectile bombardment）、基因枪轰击技术（gene gun bombardment）或高速微粒子发射技术（high-velocity microprojectile），是由20世纪80年代末期逐渐发展而来的，其转化原理是将外源DNA包被在微小的金粒或钨粒表面，在火药爆炸、高压放电或高压气体作用下，利用冲力将微粒高速射入植物受体细胞，伴随而入的DNA分子释放并随机整合到寄主细胞的基因组上，从而实现基因的转化。

（二）基因枪法的类型

基因枪根据驱动力可以分为火药式、高压放电型和高压气体型3种基本类型，根据便携方式又可以分为台式和手提式两种，如图12.1所示。

1. 火药式基因枪　是由美国康奈尔大学Sanford等于1987年设计研制的火药引爆的基因枪，并最早应用在洋葱试验上，Klein等将带有烟草花叶病毒RNA的钨粒注入洋葱细胞，并在受体细胞中检测出了病毒RNA的复制。随后利用该法先后将外源基因导入玉米、水稻、小麦、高粱、大麦、燕麦、黑麦等多种植物材料中，获得了瞬间的或稳定的表达。

图12.1　基因枪
A. 台式高压气体型基因枪；B. 手提式高压气体型基因枪

2. 高压放电型基因枪　利用电加速器通过高压放电将微弹射入受体靶细胞，可以有效地转化多种类型的器官组织，特别是茎尖分生组织、配子体及胚状体细胞等。其特点是可无级调控，通过调节放电电压来精确控制粒子的速度和入射速度，使微弹特异地射入具有再生能力的细胞层。目前已利用该种基因枪在水稻上获得了转基因植株。

3. 高压气体型基因枪　其是Sanford等（1991）在火药式基因枪的基础上设计的，动力系统以氦气、氮气和二氧化碳为驱动，通过调节气体压力可有效地控制粒子的运行速度，金属粒子分布更加均匀，每枪之间的差异更少，更安全清洁，且转化效率高。一种方法是把载有外源目的基因的微弹悬滴在一张金属筛网上，在高压气体的冲击下，射入受体靶细胞；另一种方法是把外源目的基因与微弹混合后雾化，再由高压气体驱动射入受体靶细胞。Vasil等（1993）利用此基因枪法获得了小麦转基因植株。

（三）基因枪法的转化效率及影响因素

1. 基因枪轰击参数　DNA包裹和射击过程中的各种物理参数因基因枪类型不同而有所差别，但一般来讲，基因枪的轰击参数是指微弹的类型、微弹的运动速度、微弹的射程、轰击压力、弹膛内的真空度、轰击次数、DNA纯度与浓度及DNA沉淀剂的浓度等。这些因素对转化效率均有一定影响。

2. 受体的生理因素　受体的生理因素主要是指受体细胞或组织的生理状态。受体材料的生长状态是影响基因枪转化的关键因素。一般认为，生理活性高的组织或细胞有利于外源DNA的摄入与整合。选用再生能力强的外植体作为转化受体，在轰击前将受体预培养一段时间，可明显提高转化率。目前最常用的水稻基因枪转化受体材料包括成熟胚、幼胚、花药和幼穗。成熟胚的取材因不受生长季节的限制成为当前广泛采用的受体材料。但对于某些水稻品种，以成熟胚盾片愈伤组织为材料，其诱导率很低，而且愈伤组织在继代过程中往往出现褐化，以幼穗和幼胚为受体材料较合适。

另外，高渗和脱水处理可使细胞质壁分离，从而减少轰击后因细胞质溢出而导致的细胞损伤，提高转化率。渗透处理可以增强瞬间表达和稳定转化频率，这在许多报道中已得到证实。

（四）基因枪法的优缺点

1. 基因枪法的优点

1）无宿主限制。基因枪法本质上是一种物理过程，最大的优点是无明显的宿主限制，几乎适合于任何受体材料，克服了农杆菌的寄主特异性，而且只需要简单的组培技术，为植物基因转化提供了一个简化的途径。

2）靶受体类型广泛。不受组织类型和基因型的限制，适用于不同的物种及同一物种的不同品种，几乎所有具有潜在分生能力的组织或细胞都可以用基因枪进行轰击转化，如植物的幼胚、成熟胚、分生组织及胚性愈伤组织等。

3）可控度高。采用高压放电或高压气体驱动的基因枪，可根据实验需要，将载有外源DNA的金属颗粒射入特定层次的细胞（如再生区的细胞），提高了遗传转化的效率。

4）操作简便、快速。基因枪法是一种物理过程，只要在无菌的条件下将载有外源基因的金属颗粒轰击受体材料，就可以进行筛选培养，不需要进行原生质体的制备分离与培养的烦琐工作。可以快速获得第一代种子，周期短、方法简便易行。

2. 基因枪法的缺点

1）基因枪轰击的随机性导致转化效率不高，出现非转化体或嵌合体的可能性较高。

2）基因插入往往是以多拷贝随机整合到受体基因组中，可能发生多种方式的重排。外源基因进入宿主基因组的整合位点相对不固定，插入的DNA拷贝数往往多于一个，这样转基因后代容易出现突变、外源基因容易丢失、转录或转录后水平的基因沉默等现象的发生，不利于外源基因在宿主植物的稳定表达。

3）轰击过程中可能造成外源基因的断裂，使插入的基因成为无活性的片段。

4）难以实现DNA大片段的转移。

5）应用成本较高。基因枪价格昂贵、运转费用高。

总之，从目前来看，基因枪法在转基因植物、转基因药物、生物反应器、转基因动物、组织器官移植、供体及基因治疗和基因免疫方面均有广泛的应用，显示出巨大的经济效益和社会效益，具有广阔的发展前景。但基因枪法转基因技术仍存在许多有待解决的问题，如对于基因枪应用的最佳条件的探索及应用基因枪法转基因过程的微观机制的研究等。

二、农杆菌介导法

（一）农杆菌介导法的发展及原理

1. 农杆菌介导法的发展　1983 年，Zambryski 等在去除全部致瘤基因的 T-DNA 上插入外源 DNA，转化烟草获得转基因植株；1985 年，Horsh 等首先创立了农杆菌介导的叶盘转化法，拓宽了农杆菌感染转化外源基因的受体范围，有力地推动了农杆菌介导的植物外源基因转移技术的发展；20 世纪末期在拟南芥上实验成功整体植株感染法，大大简化了外源基因转移的操作程序。

目前应用于植物转化的农杆菌有根癌农杆菌和发根农杆菌，能够诱发冠瘿瘤的称为根癌农杆菌，诱导毛状根的称为发根农杆菌。它们都是侵染性非常强的土壤菌，能侵染几乎所有的双子叶植物和少数单子叶植物。植物细胞被侵染后，形成肿瘤。在农杆菌中存在一种与肿瘤诱导有关的质粒，称为 Ti 质粒（tumor inducing plasmid），如图 12.2 所示。根癌农杆菌 Ti 质粒转化系统是目前研究最多、技术方法相对成熟的转化途径。自 1983 年第一株农杆菌介导的转基因烟草问世以来，农杆菌介导法很快就成为其天然寄主——双子叶植物基因转移的主导方法。

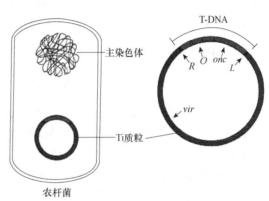

图 12.2　Ti 质粒示意图

vir. 毒性基因区；*R.* 右边界；*L.* 左边界；*O.* 目标基因；*onc.* 报告基因

已获得的近 200 种转基因植物中，有约 80% 来自于根癌农杆菌介导法。但长期以来，用农杆菌介导的基因转移都局限在双子叶植物，最初农杆菌介导法对单子叶植物转化成功的报道很少。直到近年来，用农杆菌转化单子叶植物才取得了重大突破。有许多实验已经证明能够用农杆菌转化单子叶植物。在水稻培养过程中加入乙酰丁香酮诱导后，农杆菌介导法转化有了突破。继农杆菌介导水稻转化成功后，在玉米、小麦、大麦、高粱等作物中也已获得成功。进一步证明了根癌农杆菌介导转化单子叶植物的可行性和有效性。

2. 农杆菌介导法原理　农杆菌介导法是在根癌农杆菌 Ti 质粒介导植物细胞转化的理论基础上形成并发展起来的。用于植物遗传转化的农杆菌主要是根癌农杆菌，农杆菌中环形 Ti 质粒上有一段可转移的 DNA 片段，称为 T-DNA 区。在农杆菌侵染植物形成肿瘤的过程中，T-DNA 可以被转移到植物细胞，并插入染色体基因中得以表达。T-DNA 的转移与边界序列有关，而与 T-DNA 区段的其他基因或序列无关，因此可以将 T-DNA 区段上的致瘤基因和其他无关序列去掉，插入外源目的基因，从而实现利用 Ti 质粒作为外源基因载体的目的。

（二）根癌农杆菌介导的转化过程

根癌农杆菌介导的转化过程主要包括：①细菌在植物敏感细胞上吸附；②农杆菌中 Ti 质粒上的 *vir* 区基因被激活；③ T-DNA 切割和 T-DNA 复合物形成；④ T-DNA 复合物由农杆菌进入植物细胞；⑤ T-DNA 以单或多拷贝随机整合到植物染色体上，且进行表达。

（三）农杆菌介导法的优缺点

农杆菌介导法转化受体时基因转移是自然发生的行为，具有操作简单、重复性好、转化效率高、整合到植物基因组中的外源基因拷贝数低、基因沉默现象少；对质粒大小要求相对不严格；不需昂贵的仪器；转育周期短；可插入大片段 DNA；不需原生质体培养再生植株；转基因性状在后代遗传较稳定；转入基因以孟德尔方式遗传等诸多优点，是进行大规模转化的首选方法。

农杆菌介导的遗传转化具有简单、快速、高效的特点。但农杆菌介导法受到宿主范围的限制。单子叶植物不是农杆菌的天然宿主，对农杆菌介导重要禾谷类粮食作物的研究一直受到限制。此外，筛选周期长，对受体愈伤组织要求高也是农杆菌介导法的不足之处。

三、花粉管通道法

（一）花粉管通道法的创立及其机理

1. 花粉管通道法的创立　最早的花粉管通道法可能要追溯到 1975 年 Pandey 对烟草的研究。试验以烟草为材料，将供体品种的花粉经 γ 射线杀死后与受体品种的新鲜花粉混合授粉，结果获得了供体花色性状的变异。Pandey 认为经过照射杀死的花粉的遗传物质可不通过配子融合而发生基因转化。1979 年，中国学者周光宇在充分调查国内外植物远缘杂交的变异后，观测到远缘杂交所产生的表型变异，而在染色体水平上观察不到形态变化的现象，提出这些表型变异是染色体水平以下杂交的结果，即 DNA 片段杂交的假说，该假说成为花粉管通道法的技术基础。1980 年，Hess 等报道了利用吸收外源 DNA 的花粉转基因得到花色变异的矮牵牛。1983 年，周光宇、黄骏麒等成功地将外源海岛棉 DNA 导入陆地棉，培育出抗枯萎病的栽培品种，正式创立了外源 DNA 花粉管通道法（the pollen-tube pathway）。该方法将基因工程和常规育种合理地结合起来，为离体再生系统不完善的植物转化提供了一条有意义的途径。

2. 花粉管通道法的机理　花粉管通道法是利用植物授粉后，花粉在柱头上萌发，形成的天然花粉管通道（又叫作花粉管引导组织），经珠心通道，将外源 DNA 携带入胚囊，转化受精卵、合子、早期胚状体细胞或其之前的生殖细胞（卵子），由于这些细胞仍处于未形成细胞壁的类似"原生质体"状态，也就是说卵、合子或早期胚状体细胞在受精前后的一定时期内不具备正常的细胞壁，可作为天然的原生质体，使得外源 DNA 易于转化，受精后细胞进行活跃的 DNA 复制、分离和重组，所以很容易将外源 DNA 片段整合到受体基因组中，以达到遗传转化的目的。

花粉管通道法转基因技术自提出以来，在较长一段时期内，转基因植株后代在性状方面的确发生了明显的变异，但由于缺少确切的分子证据并在机理上未取得最终认定，还存在争议和分歧，因此有人称之为"中国式的转基因技术"。1988 年，Luo 和 Wu 首次报道用花粉管通道法将含报告基因的质粒 DNA 转入水稻，得到了外源基因整合并表达的转基因水稻植株。接着曾君祉等（1993）、Chong 和 Tan（1995）用花粉管通道法转化小麦，经过筛选、鉴定及对表达产物的检测，获得了小麦的转基因植株。1999 年，牟红梅等通过花粉管将抗虫基因、选择标记基因导入小麦中。2003 年，候文胜等用 Western 杂交方法检测到目的蛋白的表达。至此，花粉管通道法转基因技术已在多种作物中获得成功，确定了其在直接转化法中的地位。

（二）花粉管通道法转化的主要方法

花粉管通道法转入外源基因的方法主要有以下几种。

1. 微注射法 一般适合于花器官较大的农作物如棉花等，该方法利用微量注射器将待转基因注射入受精子房。

2. 柱头滴加法 这是应用最多的一种方法，在授粉前后，将含有待转基因的溶液滴加在柱头上，实际操作时一般先切除一半或全部柱头。

3. 花粉粒携带 应用外源 DNA 溶液处理花粉粒，利用花粉萌发时吸收外源 DNA 从而使花粉粒携带外源基因，然后授粉，其子代出现 DNA 供体性状。

4. 花粉匀浆涂抹柱头法 应用花粉携带外源 DNA 的原理，将来源不同的花粉进行匀浆处理后直接涂抹柱头。该方法应用比较广泛。

5. 子房注射法 去掉柱头，将 DNA 溶液用微量注射器注入子房。适用于花器较大的植物。

（三）影响花粉管通道法转化效率的因素

1. 外源 DNA 转化的适宜时间 早期的研究认为，外源 DNA 转化的受体为卵细胞；邓德旺认为转化受体是融合期的生殖细胞而非受精卵（合子）、早期合子细胞等；而周光宇等认为转化的受体为卵细胞、合子或早期胚细胞。刘明等认为释放的精子与卵细胞的融合在先，外源 DNA 几乎没有机会转化精子或卵细胞，外源 DNA 转化的受体细胞只可能是处于精卵融合的细胞及早期合子。确认转化受体细胞是融合期细胞，还是早期合子或者早期胚细胞，决定了适宜的转化时间，是花粉管通道法操作的关键。大量研究表明，大多数植物都是在合子分裂前重新被细胞壁完全包围。因此，外源 DNA 转化合子的最适宜时期为精卵融合至合子分裂前这段时期。

2. 供体 DNA 片段大小 DNA 片段的大小以 $10^6 \sim 10^7\,\mathrm{bp}$ 为宜，过大或过小都会影响供体性状的转换及表达。

3. DNA 纯度 供体 DNA 片段的纯度对导入后代的表型变异也有一定的影响。花粉管通道法对 DNA 纯度要求较高，在 DNA 纯化过程中，既要保持 DNA 片段的完整性，又要去除蛋白质或 RNA 等杂质的干扰。一般认为，DNA 样品光密度值 $OD_{260}/OD_{280} > 1.8$、$OD_{260}/OD_{230} > 2$ 的纯度符合转化要求。

4. DNA 载体缓冲液 pH 因受体作物而异，一般在 6.5～8.5。

5. DNA 浓度 不同的植物最适 DNA 浓度不同，如小麦最适的 DNA 浓度为 $300 \sim 500\,\mathrm{ng/\mu L}$。

6. 导入的技术方法 不同类型作物花器的结构不同，应采取不同的导入方法。如上所述，花器较大的植物可以采用子房注射法。

（四）花粉管通道法的优缺点

与其他转化系统相比，花粉管通道法有其独特的优势，已经成为目前植物转基因的有效方法之一。

1. 花粉管通道法的优点

1）受体为整体植株，打破了种、属间的限制，不需要组织培养和植株再生的繁杂程序，只需了解其开花习性、花器构造及授粉受精过程，将供体总 DNA 的片段，在受体自花授粉后一定时期涂抹于柱头上，使其能沿着花粉管通道进入胚囊，转化受精卵或其前后的细胞即可。

2）可直接获得转基因种子，育种时间短，变异性状稳定较快，在鉴定时可直接针对目的性状的表现型来进行。

3）适用范围广，可以应用于任何单胚珠、多胚珠的单子叶、双子叶显花植物。能转移重组质粒上目的基因和未分离目的性状基因的总 DNA。

4）方法简便，不需要复杂昂贵的仪器设备，可在大田、盆栽和温室中操作，易于掌握。

2. 花粉管通道法的缺点

1）只适用开花植物，并只能在花期进行外源基因的遗传转化。转化的时期要求比较严格，要求操作者准确掌握受体开花受精的时间过程，使受体细胞能在最佳感受态时接受外源 DNA 以完成转化。

2）导入总 DNA 片段的转育株会带有少量非目的性状的 DNA 片段，并可以引起花粉管通道法介导的转基因后代产生变异。

第三节　转基因在作物品种改良中的应用

国际食物政策研究所估计，到 2020 年世界人口将增加到 75 亿，比 1995 年增加了32%，食物不足仍然是一个世界问题。转基因作物降低了因害虫入侵、干旱或者洪水导致产量下降的风险，提高了食物产量（FAO，2002）。转基因作物主要优点表现为提高作物产量；提高作物对不良环境的适应性；减少化肥使用；降低对化学农药的依赖性，增强植物抗有害生物的能力；改良植物品质，迎合不同消费者口味要求及美学需求。下面着重介绍转基因在作物品种改良中的研究与应用现状。

一、抗虫

转基因抗虫植物通过基因工程技术表达外源抗虫基因来防治标靶害虫。迄今发现并应用于提高植物抗虫性的基因主要有两类：一类是从细菌中分离出来的抗虫基因，如从微生物苏云金芽孢杆菌中分离出来的 *Bt* 基因、异戊基转移酶基因（*ipt*）；另一类是从植物中分离出来的抗虫基因，如蛋白酶抑制剂基因（*PI* 基因）、淀粉酶抑制剂基因、植物凝集素基因等。其中 *Bt* 基因和 *PI* 基因在农业上应用比较广泛。

（一）*Bt* 毒蛋白基因及其应用

1. *Bt* 毒蛋白基因分类　　自 1901 年发现苏云金芽孢杆菌（*Bacillus thuringiensis*，Bt）以来，现已分离出 4 万多个 Bt 菌种，报道了 51 个血清型，50 多个亚种。根据杀虫谱的不同，将杀虫基因分成六大类，统称为 *cry* 基因，用罗马数字 Ⅰ～Ⅵ 来命名，它们各具有不同特异性的杀虫效力。其中，Cry-Ⅰ 只对鳞翅目昆虫有毒性，Cry-Ⅱ 对鳞翅目和鞘翅目昆虫有毒性，Cry-Ⅲ只对鞘翅目昆虫有毒性，Cry-Ⅳ只对双翅目昆虫有毒性，Cry-Ⅴ和Cry-Ⅵ对线虫有特异毒性。此外，还发现了具有抗膜翅目昆虫和抗线虫的杀虫晶体蛋白。在每一类型下根据氨基酸序列的同源性，又分为 A、B、C 等若干基因型。在同一基因型下根据限制性内切酶的酶谱和分子质量的大小，又分为 a、b、c 等不同的基因亚型。例如，$cry I$ 基因间，编码氨基酸同源性为 82%～90% 和 55%～71% 的归为 $cry I A$，其中根据限制性内切酶的酶谱和分子质量的大小，又分为：$cry I A（a）$，4.50 kb；$cry I A（b）$，5.30 kb；$cry I A（c）$，6.60 kb 三亚类基因。

2. Bt 毒蛋白的抗虫原理　　Bt 杀虫活性源于芽孢形成时产生的杀虫结晶蛋白（ICP）或苏云金杆菌毒蛋白（Bt toxic protein），其中应用于农业生产的主要是 δ-内毒素。已知 δ-内毒素的分子质量为 130～160 kDa，在伴胞晶体内以原毒的形式存在。伴胞晶体由分子质量为 130 kDa 和 60 kDa 的杀虫蛋白组成，不溶于水。Bt 毒蛋白的作用机制如图 12.3 所示。

3. Bt 基因的应用　　近年来，人们在 Bt 毒蛋白基因的修饰与改造、表达载体的构建、植物组织转化、抗虫植物的培育等方面做了大量工作。自 1987 年 Bt 基因首次被转入烟草和番茄以来，世界上许多实验室和公司已先后将不同 Bt 菌株的 Bt 基因转入水稻、棉花、玉米、马铃薯、番茄、烟草、苹果、唐棣、核桃、杨树、蚕豆、白三叶、菊花、酸果、大豆等多种作物及白桦等树木中，至 2004 年已经商业化生产的抗虫 Bt 基因作物有玉米、棉花、马铃薯、番茄，如表 12.1 所示。

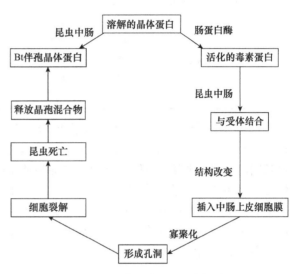

图 12.3　Bt 毒蛋白杀虫机制示意图
（路志芳和张坤朋，2006）

表 12.1　已注册登记商业化的 Bt 转基因作物

作物	转化事件	国家或地区	批准年份	作物	转化事件	国家或地区	批准年份
玉米	MON810	阿根廷	1998	玉米	MON863	加拿大	2003
	MON810	加拿大	1997		MON863	美国	2003
	MON810	欧盟	1998		176	阿根廷	1996
	MON810	日本	1996		176	加拿大	1996
	MON810	菲律宾	2002		176	欧盟	1997
	MON810	南非	1997		176	日本	1996
	MON810	美国	1995		176	美国	1995
	MON80100	美国	1995	棉花	MON531/757/1076	阿根廷	1998

续表

作物	转化事件	国家或地区	批准年份	作物	转化事件	国家或地区	批准年份
棉花	MON531/757/1076	澳大利亚	1996	马铃薯	Russet Burbank, Atlantic, Superior	美国	1995
	MON531/757/1076	中国	1997		Russet Burbank	加拿大	1995
	MON531/757/1076	印度	2002		Russet Burbank, Superior	罗马尼亚	1999
	MON531/757/1076	日本	1994				
	MON531/757/1076	墨西哥	1996		Romania Burbank 350, 129	美国	1998
	MON531/757/1076	南非	1997				
	MON531/757/1076	美国	1995		Russet Burbank, Shepody	美国	1999
	15985	澳大利亚	2002				
	15985	加拿大	2003		Russet Burbank, Shepody	加拿大	1999
	GK	中国	1997				
	sGK	中国	1999	番茄	5645	美国	1998

自从 1991 年起，我国转基因抗虫棉研究作为国家 863 计划的重点研究项目正式启动。1992 年合成了单价抗虫基因，成为继美国之后第二个独立构建拥有自主知识产权抗虫基因的国家。近年，我国转基因抗虫棉品种在产量、抗性等方面已明显优于美国抗虫棉品种。2000 年以前，我国种植的抗虫棉品种主要以美国品种为主，在中国棉花主产区美国品种抗虫棉种植面积占 60% 以上，最高年份种植面积超过 80%，国产抗虫棉品种仅占 5% 左右。2001 年以后，国产转基因抗虫棉育种和产业化发展跨上新台阶，国产抗虫棉也逐渐由"配角"转为"主角"。

（二）蛋白酶抑制剂基因（*PI* 基因）

1. 蛋白酶抑制剂基因分类　蛋白酶抑制剂（PI）最早发现于 1938 年，是自然界最丰富的蛋白质种类之一，与 Bt 蛋白相比，其具有抗虫谱较广、对人畜无副作用及昆虫不易产生耐受性等特点。

在植物界存在的蛋白酶抑制剂，根据它们活性部位的本质和作用机制可分为丝氨酸（Ser）蛋白酶抑制剂、半胱氨酸（Cys）蛋白酶抑制剂、天冬氨酸（Asp）蛋白酶抑制剂和甲硫氨酸（Met）蛋白酶抑制剂、金属蛋白酶抑制剂等近 10 个蛋白酶抑制剂家族。其中与抗虫基因工程关系最密切、研究最深入的是丝氨酸蛋白酶抑制剂。

不同的蛋白酶抑制剂所对应的目标害虫及转基因抗虫作物实例如表 12.2 所示。

表 12.2　不同蛋白酶抑制剂所对应的目标害虫及转基因抗虫作物

蛋白酶抑制剂种类	目标害虫	转化作物
CpT-Ⅰ（豇豆胰蛋白酶抑制剂-Ⅰ）	鳞翅目、鞘翅目、直翅目	烟草、马铃薯、番茄、水稻
CMT-Ⅰ（南瓜胰蛋白酶抑制剂-Ⅰ）	鳞翅目	烟草
C-Ⅱ（大豆丝氨酸蛋白酶抑制剂-Ⅱ）	鳞翅目、鞘翅目	烟草、马铃薯
MⅡ-1（芥菜丝氨酸蛋白酶抑制剂Ⅱ-1）	鳞翅目	烟草、拟南芥
CO-1（水稻半胱氨酸胰蛋白酶抑制剂-1）	同翅目、鞘翅目	烟草、油菜
PI-Ⅳ（大豆丝氨酸蛋白酶抑制剂-Ⅳ）	鳞翅目、鞘翅目	烟草、马铃薯

蛋白酶抑制剂种类	目标害虫	转化作物
Pot PI-Ⅰ（马铃薯蛋白酶抑制剂-Ⅰ）	鳞翅目、直翅目	烟草
Pot PI-Ⅱ（马铃薯蛋白酶抑制剂-Ⅱ）	鳞翅目、直翅目	烟草、水稻
TPI-Ⅰ、Ⅱ（番茄胰蛋白酶抑制剂-Ⅰ、Ⅱ）	鳞翅目	烟草、番茄
SPTI-1（甘薯胰蛋白酶抑制剂-1）	鳞翅目	烟草
SKⅡ（大豆 Kunitz 型蛋白酶抑制剂Ⅱ）	鳞翅目	烟草、马铃薯

2. *PI* **基因的应用**　　1987 年，英国的 Hilder 等首次利用农杆菌叶盘转化法把编码 CpTⅠ的 cDNA 导入烟草获得抗烟草夜蛾、玉米穗蛾、棉铃虫和黏虫等转 *CpTⅠ* 基因的抗虫烟草植株。此后，世界上的一些实验室和公司相继把 *CpTⅠ* 基因转入水稻、油菜、白薯、苹果和杨树等具有重要经济价值的植物中，同时该基因也被转入棉花用于防治棉铃虫、棉象鼻虫和螟蛉虫。目前，至少已有 15 种不同来源的蛋白酶抑制剂的 cDNA 或基因被克隆，并导入不同植物，其中大部分已获得对昆虫具有明显抗性的转基因植株。

（三）植物凝集素基因

1. **植物凝集素基因分类**　　植物凝集素是从植物中提取的一种使高等动物红细胞发生凝集作用的、具有高度特异性糖结合活性的蛋白质，含 Mn^{2+}、Ni^{2+}、Fe^{2+}、Cu^{2+} 和 Ca^{2+} 等二价金属离子，分子质量不等，存在于许多植物的种子和营养器官中。在高等植物中有 14% 的植物含有植物凝集素，其中蝶型花科中比例高达 43%，禾本科中约占 12%，就绝对含量而言，以豆类种子内最高。

根据植物凝集素亚基的结构特征，植物凝集素分为部分凝集素、全凝集素、嵌合凝集素和超凝集素共 4 种类型。这 4 类凝集素的代表性凝集素分别为：菜豆植物凝集素（PHA）、雪花莲凝集素（GNA）、小麦胚乳凝集素（WGC）和蓖麻毒蛋白（Ricin）。根据氨基酸序列的同源性及其在进化上的相互关系，植物凝集素可划分为 7 类：豆科凝集素、几丁质结合凝集素、Ⅱ型核糖体失活蛋白、单子叶植物甘露糖结合凝集素、木菠萝素家族凝集素、葫芦科韧皮部凝集素和苋科凝集素。

2. **植物凝集素的应用**　　在作物抗虫基因工程中得到广泛应用的凝集素基因有：雪花莲凝集素（GNA）基因、豌豆凝集素（P-Lec）基因、麦胚凝集素（WGA）基因、半夏凝集素（PTA）基因、苋菜凝集素（ACA）基因、伴刀豆凝集素（ConA）基因。其中 *GNA* 基因在农作物上应用得最为广泛，*GNA* 基因已经成功地导入了烟草、马铃薯、油菜、番茄、水稻、小麦和玉米等中。禾本科中典型的植物凝集素——麦胚凝集素（WGA）对欧洲玉米螟有良好的抗性。

近年来，我国在该方面的研究也取得了一定的进展。1997 年，朱玉等进行了雪花莲凝集素基因的克隆、序列分析和植物表达载体构建，并转化了小麦和水稻。2004 年，梁辉等将 1 个新的雪花莲凝集素（GNA）基因转入小麦中，获得了转基因植株。转基因植株在接种当代对禾谷缢管蚜即表现出明显的毒杀作用；对麦长管蚜，则表现为虫体发育减缓并且降低了其所生产的幼蚜成活率。

3. 转基因抗虫作物应用中存在的问题及对策 目前，转抗虫基因植物的研究在生产上展现出了良好的应用前景，但其在实践应用方面的潜在问题也日益显露出来。

首先，在长期选择压力下昆虫产生了抗性。转基因植物的大田抗性试验证明，经 12 次繁殖后昆虫便对 Bt 毒蛋白产生抗性，转单一 *ICP* 基因的植物在生产上一般只能用 8~10 年。因此，防止害虫产生抗性是抗虫转基因工程中要解决的一个重要研究内容。

其次，许多抗虫基因在转基因植物体中的表达水平普遍较低，存在基因"沉默"和"甲基化"现象，不能有效地毒杀害虫。如何提高外源抗虫基因在植物体内的表达，是植物抗虫基因工程的另一个重要研究方向。

随着转基因抗虫作物的不断产业化，其安全性问题已成为公众关心的焦点。对于抗虫转基因作物而言，可能存在的不安全性风险主要包括生态安全性和食品安全性两方面。如何防止转基因抗虫作物带来潜在的风险已成为转抗虫基因育种研究的重要课题，当前提高转基因作物生物安全性的主要策略包括标记基因的有效去除、抗虫基因的组织特异性表达和诱导性表达、转基因漂移的防止、各种对人类低毒而对害虫高毒性抗虫基因的研发等。

二、抗病毒

农业病害主要分为真菌、细菌、病毒。植物病毒是仅次于真菌的病原物，种类多，危害面广，传统的防治方法已无法满足现代农业的生产要求。Hamilton 于 20 世纪 80 年代初首先提出了基因工程保护的设想，在转基因植物中表达病毒基因组序列可能是防御病毒侵染的途径之一。自第一例抗病毒转基因烟草诞生 20 多年以来，植物抗病毒基因工程获得迅速发展，为防治病毒病开辟了新的途径。

（一）利用病毒起源基因介导的抗性

1. 病毒外壳蛋白（CP）介导的抗病毒抗性原理与应用 外壳蛋白是形成病毒颗粒的结构蛋白，其功能是将病毒基因组核酸包被起来保护核酸，与宿主互相识别，决定宿主范围，参与病毒的长距离运输等。转基因植物因表达病毒的外壳蛋白基因而获得外壳蛋白基因介导的病毒抗性是研究最早，也是目前比较成功的抗病毒手段，该策略主要是将病毒的外壳蛋白基因进行体外克隆、重组及构建表达载体，然后将重组的基因转化到植物细胞内，通过基因的表达从而使转基因植物获得抗此种病毒或相关病毒的能力。

自从 1986 年美国华盛顿大学 Beachy 研究小组通过植物基因工程技术，首次将烟草花叶病毒（TMV）的外壳蛋白基因导入烟草，培育出能稳定遗传的抗 TMV 的烟草植株以来，目前世界上至少克隆出了 72 种病毒组的 50 种病毒的外壳蛋白基因，并成功转入多种植物中，有些株系已进入田间试验，并显示了与实验室一致的抗病效果。至今利用病毒的外壳蛋白基因已经成功获得转基因抗病毒的作物有玉米、烟草、马铃薯、大豆、水稻、番茄、辣椒、黄瓜、甜瓜和南瓜等。

在国内，中国科学院微生物研究所等单位获得了烟草 'NC89' 的双抗株系（抗 TMV＋CMV）和单抗株系（抗 TMV）。北京大学将构建的表达 TMV-CP 的质粒转入烟草获得抗病毒香料烟草 'PC-873'，经国家农业转基因生物安全委员会批准已进入大田试验阶段。

2. 复制酶介导的保护作用 复制酶是指由病毒编码的、能特异合成病毒正负链RNA 的 RNA 聚合酶。其核心功能是合成全长的病毒基因组 RNA。该策略是利用病毒的突变或缺失的复制酶基因或其部分核苷酸片段转化植物，从而使转基因植物获得病毒抗性。

1990 年，Golemboski 等首次将复制酶基因的一段 RNA 序列的 cDNA 转入烟草，成功地获得高抗 TMV 的转基因植株。

复制酶介导的抗性的优点是：既抗病毒粒体，又抗相应病毒的 RNA 侵入；抗性表现为高抗或免疫，对高剂量接种也有抗性，抗性远远强于病毒外壳蛋白基因所介导的抗性。与外壳蛋白介导的抗性一样，复制酶介导的抗性的局限性为抗性有较强的特异性，作用范围较窄，转入一种病毒的复制酶基因只对该种病毒具有抗性，甚至对同一种病毒的另一种株系也不具备抗性。由于植物 RNA 病毒变异快，很易产生不同的株系，因此利用复制酶介导的抗性很难真正用于生产。

3. 利用卫星 RNA 介导的抗性 病毒卫星 RNA 是一类依赖于辅助病毒才能复制的低分子质量 RNA，它不能编码外壳蛋白，只装配于辅助病毒的外壳蛋白中，其复制必须依靠辅助病毒进行。抗病性与基因沉默是目前抗病毒的一个新策略。卫星 RNA 的抗性机制现在一般认为是卫星 RNA 与病毒基因组 RNA 争夺病毒复制酶位置，最终以数量优势抑制病毒基因组的复制。此外，有人认为卫星 RNA 介导抗病毒性产生的机制与双链RNA（ds RNA）的存在有密切关系。

卫星 RNA 介导抗性的优点在于卫星 RNA 只需很低的表达，就能使植株获得高抗，转基因不产生蛋白质，从而消除其与自然界其他病毒基因重组的可能，明显提高了转基因植物的生物安全性；不足之处在于，对转化植株起保护作用的卫星 RNA 一旦被病毒包装传播到其他植物，可能会引起严重的症状。此外，卫星 RNA 有可能变成毒性卫星RNA，从而失去对病毒的防治作用，加重病毒症状。

（二）植物自身基因介导的病毒抗性

植物对病原物如病毒的侵染除了有被动的防御（如细胞壁加厚）外，一些植物在病毒侵染时还会启动主动防御机制，如过敏性坏死（HR）、病原相关蛋白（PR）和活性氧的产生等。目前，人们已从不同种作物中克隆了 50 多个抗病基因，如番茄中的 *Tm-1* 或 *Tm-2* 基因，马铃薯的 *Rx*、*Ry* 基因，烟草中的 *N* 基因等。但由于在自然条件下许多植物不存在抗性基因或者目的基因的分离、鉴定存在一定的难度，从植物体中分离获得抗病基因便成为今后植物抗病毒基因工程努力的一个方向，但由于植物基因组庞大复杂，这方面的研究进展相对缓慢。

三、抗病

植物抗病基因工程是植物基因工程的一个重要分支，是在植物基因工程和分子植物病理学基础上发展起来的。植物抗病基因工程是指用基因工程（遗传转化）的手段提高植物的抗病能力，获得转基因植物的方法。目前，在植物抗病基因工程的许多方面均进行了有益的探索并取得令人瞩目的成就。

在植物抗性中，抗病基因产物只是一个效应因子，它是通过激活防卫反应起抗病作用的。

1. 几丁质酶与葡聚糖酶基因　　病原微生物中真菌对作物的产量影响极大，而真菌的细胞壁中大多数都含有几丁质酶和葡聚糖酶，这两种物质在植物中均不存在。葡聚糖酶和几丁质酶在单独存在或同时存在时，能显著抑制病原真菌的生长。在正常情况下，几丁质酶和葡聚糖酶只在植物体内有低水平的组成型表达。植物在病原真菌入侵后，葡聚糖酶及几丁质酶防卫蛋白在细胞内积累增加，而这些蛋白质往往表达量不够，或表达期太晚，以致不能使植物体免受病害。将外源葡聚糖酶基因导入植物，可提高植物对病原真菌的抗性，转基因植物体内过表达葡聚糖酶，可增强植株抵御真菌病害的能力。在抗病基因工程中，可以将葡聚糖酶基因与几丁质酶基因协同在转基因植株中表达，以增强植株的抗病性，这将有助于获得更加有效、广谱和持久的抗病性，在番茄、小麦、水稻、棉花上已取得一定进展。

2. 溶菌酶基因　　溶菌酶是一类存在于生物体中专一性水解细菌细胞壁肽聚糖的酶，具有几丁质酶和葡聚糖酶的双重活性，对植物病原菌表现出很强的裂解活性。因此，将其他生物的外源溶菌酶基因导入植物，并以病原菌侵入所引起的信号分子为其信号肽，诱导外源溶菌酶基因到病原菌侵入部位进行表达，从而使抗病基因表达与病原菌侵入在时间与空间上呈现一致性。目前，只有卵清溶菌酶、T_4 噬菌体溶菌酶和人体溶菌酶基因在植物中得到表达。

3. 抗菌蛋白基因　　抗菌蛋白是一类新型的抗菌物质，具有广谱抗菌活性、杀菌力强、非特异性杀菌及不易使病原体产生抗性等特点。

目前，已经克隆了一些抗菌蛋白基因，并在植物体内得到表达，如昆虫裂解肽，其是一类小分子质量的蛋白质，具有两极性和 α 螺旋结构，它会引起细菌细胞膜穿孔。裂解肽主要有天蚕素及其人工合成的类似物 shiva-1 和 SB-37。在天蚕、家蚕、柞蚕蛹的血淋巴中发现，经诱导后可产生 15 种蛋白质，可分为抗菌肽（antimicrobial peptide）、溶菌酶两种不同的杀菌肽，对革兰氏阳性菌和阴性菌有广谱的抗菌活性。Jaynes 等将天蚕素 B 及两种人工合成的杀菌肽基因转入烟草，经青枯菌接种，发现转基因烟草发病延迟，病情指数及死亡率均降低。

四、抗非生物胁迫

非生物胁迫，如干旱、盐渍、极端温度、化学污染和氧损伤等是制约植物生长发育、农作物的产量和质量的关键因子，严重危害植物的生长发育，甚至可导致土壤荒漠化、盐碱化等。因此，开展抗非生物胁迫方面的研究显得尤为重要。

大多数植物的抗逆性是由多基因控制的数量性状，其生理生化过程是基因间相互协调、共同作用的结果，这加大了人们对植物抗非生物胁迫的机制及其基因表达调控研究方面的难度。现已开展的主要研究包括两大类：一是成功克隆了相当数量的与逆境生理调节相关的基因，并通过转基因技术将外源基因导入植物的基因组，获得了具有一定抗旱和耐盐性的转基因植物。二是主要针对在逆境胁迫条件下，植物细胞之间通过信号转导作用，启动或关闭某些相关基因的适时表达，从而达到抵抗逆境、保护细胞正常生理活动的目的。

（一）与渗透胁迫应答相关的基因

在植物对渗透胁迫的应答过程中，细胞内会积累一些相溶性溶质，作用是保持细胞的膨胀和维持渗透压的平衡。主要包括氨基酸（如脯氨酸）、季胺（如甜菜碱）和糖醇（如甘露醇、海藻糖）三大类。

1. 脯氨酸合成酶基因　　*P5CS* 是从蛾豆（mothbean）中分离得到的，是脯氨酸合成的关键酶编码的基因。自从 1990 年，Delauney 等在大豆中发现脯氨酸合成酶与渗透调节有关，并筛选到 *P5CS* 基因以来，*P5CS* 基因已经成功地在紫花苜蓿、豌豆、拟南芥、水稻等植物中得到克隆和鉴定。不同生物的 *P5CS* 基因具有较高的同源性，在紫花苜蓿、豌豆、拟南芥、水稻中的研究表明，盐处理条件下 *P5CS* 基因的转录水平有很大的提高，并最终导致脯氨酸含量的增加。河北大学朱宝成等成功地构建了一种脯氨酸合成酶基因，并将这种基因导入水稻悬浮细胞，得到了抗旱、耐盐的转基因水稻植株。沈义国等将 *AHProTI* 置于 35 S 启动子下转入拟南芥，通过同位素示踪法发现，与对照植物相比，转基因植物在根中积累更多的脯氨酸，在盐胁迫试验中，转基因植株表现出比对照植株更高的耐受性。

在植物中除通过过表达脯氨酸合成酶提高植株的抗逆性外，还可以通过减少脯氨酸的降解来提高植物的抗逆性。1999 年，Nanjo 等将脯氨酸脱氢酶（脯氨酸降解关键酶）反义基因 *AtproDH* 的 cDNA 转入拟南芥，发现其很好地抑制了该酶的产量，提高了胞内脯氨酸水平，增强了植物对低温和高盐的耐受性。

2. 甜菜碱合成酶基因　　甜菜碱（*N*, *N*, *N*-三甲基甘氨酸）是另一类常见的渗透调节物质，其化学性质与脯氨酸相似。大量研究证明，在许多种植物中甜菜碱在耐渗透胁迫中起着重要的作用。因此，克隆甜菜碱合成途径中的关键酶基因，然后导入盐敏感农作物中超量表达，可以提高农作物的耐盐胁迫能力。

研究人员已把胆碱单氧化物酶（CMO）、甜菜碱醛脱氢酶（BADH）、胆碱脱氢酶（CDH）等的基因转入许多缺乏甜菜碱合成的农作物中，并获得了耐盐能力提高的作物。Kenberg 等从菠菜中克隆了 *BADH* 的 cDNA 片段，并证明甜菜碱的增加与甜菜碱醛脱氢酶活性有关，甜菜碱醛脱氢酶基因可增强植物的耐盐性。Ralhinasabapalhi 等将菠菜和甜菜 *BADH* 基因转入烟草，并获得了表达。Holmstrom 等将大肠杆菌的 *BADH* 基因转入烟草也获得了抗胁迫能力提高的转基因烟草。Kumar 等将 *BADH* 基因转入胡萝卜后，发现转基因植株明显增强了对低温和盐胁迫的能力。最近，Su 等将从细菌中克隆到的胆碱氧化酶（COX）的基因转入水稻后，发现转基因水稻叶片中甜菜碱的浓度提高了，转基因植株表现出对盐和低温有较强的忍耐性。目前，甜菜碱合成酶基因被认为是最重要和最有希望的抗胁迫基因之一。

3. 糖醇类合成酶基因　　近年来，研究表明甘露醇和山梨醇有清除羟自由基的能力，可以保护细胞免受羟自由基的损害。此外山梨醇还能够提高植物抗环境胁迫的能力。

大肠杆菌的甘露醇合成过程中起关键作用的酶为甘露醇-1-磷酸脱氢酶，编码基因为 *MTID*；山梨醇合成过程中起关键作用的酶为山梨醇-6-磷酸脱氢酶，编码基因为 *gutD*。Tarczynski 等将大肠杆菌的 *MTID* 基因转入烟草，使转基因烟草超量合成和积累甘露醇，表达了对 250 mmol/L NaCl 的抗性，通过检测发现转基因烟草叶片中甘露醇的含量高达可溶性碳水化合物总量的 25%，而对照植株叶片中没有检测到甘露醇，认为正是外源 *MTID* 基因的导入并超量表达导致烟草的耐盐胁迫能力提高。Thomas 等将 *MTID* 导入拟南芥，获得了表达甘露醇的转基因系，而在非转基因的拟南芥中没有发现甘露醇的存在。转基因植株的种子因积累甘露醇在高盐下也能萌发，而对照植株的种子则不能萌发。Karakas 等报道，与对照相比，转 *MTID* 烟草在盐胁迫下干重略有增加，而在干旱胁迫下则无差异。

果聚糖是果糖的多聚分子，其高可溶性使植物的渗透调节能力提高。*sacB* 是从细菌中分离出的果聚糖合酶基因，是合成果聚糖的关键酶编码基因。Pilonsmits 等将 *sacB* 导入烟草，在非胁迫条件下果聚糖积累对植株生长和产量无影响；在 PEG 介导的渗透胁迫下转基因植株的耐受性明显提高，耐逆性与果聚糖积累量呈正相关。

（二）与氧化胁迫应答相关的基因

克隆编码与氧化胁迫有关的基因，并通过基因工程手段获得高效表达的转基因植株，提高植物体内的抗氧化酶类活性和增强抗氧化代谢的水平是增强植物耐非生物胁迫性的途径之一。

从植物中克隆得到的一些超氧化物歧化酶（SOD）的基因已被用来转化不同的植物，最终获得了 SOD 活性增强的转基因植株。Mckersie 将烟草中克隆的 *MnSOD* 的 cDNA 置于 35 S 启动子下转化苜蓿，结果转基因植株的抗冻性有所提高。Lee 等将从木薯的 cDNA 中克隆到的 *mSOD1* 基因转入木薯，转基因植株和对照植株相比抗冻性有一定提高。在转基因苜蓿、烟草、棉花和马铃薯叶绿体中过量表达 SOD 的基因，提高了植株对氧化胁迫的耐性，SOD 在苜蓿线粒体和土豆细胞质中的过量表达也有同样的效果。许多研究表明，抗氧化酶系的表达量和抗氧化物质的积累量与植物对逆境胁迫的耐受性或抗性呈正相关。

但目前存在的问题是，过量表达单个抗氧化物酶类基因并不能有效提高转化植物对胁迫的耐受性。尽管如此，通过转基因技术来调控抗氧化酶在植物体内的表达活性，使人们对于这些酶在植物中的作用有了较为深入的认识。在以后的研究中通过同时表达两个或两个以上的抗氧化酶类，通过协同作用来提高胁迫环境中植物体内的自由基清除能力，期望能有效地提高植物的抗逆性。

（三）非生物胁迫应答的转录水平调节

基因转录水平上的调节是植物胁迫应答过程中极为重要的环节。植物中许多重要功能基因的表达受到胁迫诱导或抑制，而转录因子参与了这一过程。植物基因组中包含着许多转录因子，大多数转录因子属于几个大的多基因家族，如 *MYB*、*AP2/EREBP*、*bZIP*、*DREB* 和 *WRKY* 等家族，其参与调节胁迫应答。应答的途径有依赖于 ABA 和不依赖于 ABA 两种途径。

研究发现，在拟南芥、油菜、番茄和其他植物中超表达单一转录因子可以明显提高转基因植株的胁迫耐受能力。已有研究表明，转录因子在植物获得胁迫耐受能力过程中起重要作用。一个转录因子可以调控多个与同类性状有关的基因表达，在提高作物对环境胁迫抗性的分子育种中，从改良或增强一个关键的转录因子的调控能力着手，是提高作物抗逆性更为有效的方法和途径。

五、抗除草剂基因

20 世纪 80 年代中期，随着新除草剂品种开发难度的加大和研发成本的提高，利用基因工程培育植物的抗除草剂品种越来越受到科学工作者的重视。它不仅可扩大现有除草剂的应用范围、减少除草剂用量，而且可以选用高效、低毒、低残留、杀草谱广、低成本的除草剂，以减少环境污染，降低农业生产成本。1986～1994 年全球进行的 1500 项以上的遗传工程田间试验中，抗除草剂转基因项目占 40% 以上，涉及 15 个国家的大豆、玉米、小麦、棉花、油菜、亚麻、甜菜、水稻等多种作物。

现已推广种植的抗除草剂作物包括抗草甘膦作物，如大豆、玉米、棉花、油菜、甜菜、水稻、烟草、花生、番茄、小麦、向日葵；抗草胺膦作物，如大豆、玉米、棉花、油菜、甜菜、水稻、甘蔗；抗草丁膦作物，如马铃薯、小麦、大豆、玉米、油菜、花生、烟草；抗咪唑啉酮作物，如玉米、油菜、水稻、小麦；抗磺酰脲作物，如大豆、烟草、油菜、水稻；抗溴苯腈作物，如棉花、烟草、向日葵。各种抗除草剂作物的选育成功及在世界各地的大面积推广种植，都给世界农业生产带来一场新的变革。

从生物体，特别是土壤微生物中分离编码除草剂相应靶标的酶，选择适应的载体将其导入作物并使其表达，从而创制出一系列抗除草剂的新品种。

Bar 基因和 *pat* 基因是目前主要应用的两种抗除草剂基因。*Bar* 基因长 615 bp，来源于土壤潮湿霉菌，编码膦丝菌素乙酰转移酶（PAT），该酶由 183 个氨基酸残基组成。*pat* 基因的 Bg/11-Ss I 片段编码 PAT。*Bar* 基因和 *pat* 基因表达产物均被称为 PAT，两种 PAT 具有相似的催化能力，氨基酸序列具有 86% 的同源性。PAT 使草丁膦的自由氨基乙酰化，使之不能抑制 GS（谷酰胺合成酶）活性，从而对草丁膦显示抗性。另外，还有一种抗草甘膦的 *aroA* 基因，其是在鼠伤寒沙门氏菌中得到的突变基因，经测定其核苷酸序列存在两个突变点，一个突变点在启动子上，可提高基因表达水平；第二个突变点在 *Arod* 结构基因上，产生对草甘膦不敏感的变异 EPSP 合酶。

不同的抗除草剂基因可能具有不同的作用机制，目前认为抗除草剂转基因作物的抗性机理主要包括：①通过除草剂作用产生过量的酶。将除草剂作用靶标酶或蛋白质的基因转入植物，使其拷贝数增加，提高植物体内此种酶或蛋白质的含量，在除草剂发生作用前将其分解，从而产生抗性。②降解除草剂。将以除草剂或其有毒代谢物为底物的酶基因转入植物，该基因编码的酶可以催化降解除草剂以达保护作用。③改变除草剂作用靶标的敏感性。作用靶标酶的修饰，通过基因突变的方法使靶标酶上与除草剂的结合位点的氨基酸发生突变，使其丧失与除草剂的结合能力，作物吸收除草剂后仍能进行正常代谢。

六、改良作物品种

（一）提高作物产量的基因及其应用

基因工程技术的诞生和发展为作物进行遗传改良开辟了新途径。尤其是对一些质量性状的遗传改良，应用基因工程技术更有效。

光合作用、淀粉合成、氮素同化和水分利用等是形成作物产量的基础代谢。近年来，对这些代谢途径中的关键步骤和靶分子进行基因修饰以提高作物产量的研究已取得长足的进展，相继克隆了一些基因，下面仅对这方面的研究加以阐述。

1. C_4 酶基因　　长期以来人们一直希望能将 C_4 高光合特性导入 C_3 植物，以提高它们的光合效率。C_4 光合途径的关键酶包括磷酸烯醇式丙酮酸羧化酶（PEPC）、NADP-苹果酸酶（NADP-ME）和丙酮酸乙磷酸双激酶（PPDK）。研究表明，将 C_4 植物玉米的 *PPDK* 基因转入马铃薯中，转基因植株的 PPDK 活性比对照高 5.4 倍。将整个玉米的 *PEPC* 基因转入 C_3 植物水稻，获得了高水平表达玉米 PEPC 的转基因水稻植株，PEPC 活性比对照高 110 倍。

2. 核酮糖-1,5-二磷酸羧化酶/加氧酶基因　　核酮糖-1,5-二磷酸羧化酶/加氧酶（Rubisco）是固定 CO_2 反应的限速酶，改进该酶的活性尤其是对 CO_2 的亲和性，可以提高植株的光合速率。Rubisco 由大亚基（rbcL）和小亚基（rbcS）组成。大亚基由叶绿体基因 *rbcL* 编码，小亚基由核基因 *rbcS* 编码。向日葵植物 Rubisco 的 CO_2 亲和性最高，比烟草约高 10%。随着技术的发展，有可能将向日葵编码 Rubisco 大、小亚基的基因全部导入其他低光效的大田作物，使其产量提高。

3. 果糖-1,6-二磷酸酶基因　　光合作用所固定的 CO_2 经卡尔文（Calvin）循环后要迅速用于合成淀粉等碳水化合物，才能保证光合作用顺利进行。加速 Calvin 循环产物通向终产物合成，就可提高光合速率。果糖-1,6-二磷酸酶（FBPase）所催化的反应正是光合产物离开 Calvin 循环进入终产物合成的分支点。因此，FBPase 就成为基因修饰的分子靶标。将从蓝细菌分离的 FBPase 的基因导入烟草，使其在叶绿体中表达，与非转基因对照相比，转基因植株的光合效率和生长均明显提高，转基因植株的干物质和 CO_2 固定率分别增加 1.5 倍和 1.24 倍，Rubisco 活性提高了 1.2 倍，Calvin 循环中间产物及碳水化合物积累均比对照增多。

（二）改良作物品质的基因及其应用

近年来，随着人民生活水平的提高及对外贸易的开拓，作物营养品质研究日益引起人们的关注。利用基因工程技术除了可以培育出高产、抗逆、抗病虫害的新品种外，还可把有益健康的基因转移到农作物中，培育出品质好、营养高的作物新品种。改良作物品质的研究始于 20 世纪 90 年代，虽起步较晚，但通过近 20 年的发展，现也取得了一些可喜的成就。这里针对蛋白质、糖类和脂类改良等方面的研究进行阐述。

1. 蛋白质

（1）改良蛋白质的品质　　植物作为人类饮食及动物饲料的来源，由于缺少特定的必需氨基酸，在营养方面表现不平衡。通常谷物蛋白缺乏赖氨酸（Lys）及色氨酸（Trp），而豆类和多数蔬菜蛋白主要缺少含硫氨基酸，如甲硫氨酸（Met）和半胱氨酸（Cys）。基因工程技术已实现了在不改变作物其他性状的同时，达到提高作物蛋白质品质的目的。

目前，许多富含硫氨基酸的植物蛋白和编码它们的基因已被鉴定及分离。在巴西果 2 S（Bn2 S）白蛋白中，Cys（8%）和 Met（18%）含量较丰富，其 DNA 已被克隆和测序，现已用于作物的遗传转化。Molvig 等将富含 Met 的向日葵种子的蛋白质基因导入狭叶羽扇豆，与未转化植株相比，转基因植株中 Met 含量提高了 94%。为了提高 Lys 缺乏作物的营养品质，张秀君等将两个含高 Lys 的蛋白质基因转入玉米，测定 13 株 T_1 代种子中 Lys 的含量，其中有 3 株 Lys 含量提高 10% 以上。孙学辉等采用同样的方法使转基因玉米植株种子中 Lys 含量提高了 16%。

（2）提高蛋白质的含量　　李建粤等将大豆 DNA 通过浸种、幼苗期浇灌法和花粉管通道法导入水稻，获得的水稻种子与对照相比，其糙米蛋白和 Lys 含量都显著提高。洪亚辉等采用浸胚法将高蛋白玉米'马齿黄'的总 DNA 导入优质早籼稻，从变异后代中选育出 5 个高蛋白稻新品系，大田试验表明，这些品系能保持原受体较高的产量和抗性等优良性状，平均蛋白质含量达 13.65%，其中有一新品系高达 14.9%。朱新产等将豌豆花 DNA 导入返青期的小麦，使小麦种子蛋白质含量增加 22.61%，新增加分子质量为 47 kDa 和 71 kDa 两种组分多肽，而且这种变异可以遗传给 F_2 代。

2. 糖类

（1）对淀粉组成的改良　　20 世纪 90 年代以后随着淀粉合成过程中相关酶的基因克隆及各种植物遗传转化体系的相继建立，利用基因工程进行淀粉合成的调控已有大量报道。在稻米中，支链淀粉和直链淀粉含量的高低，会直接影响稻米的食用品质。一般而言，直链淀粉含量越高，稻米口感越差。Shimada 等将水稻蜡质基因的部分编码区构建成反义 *Waxy* 基因，并通过电击法将其导入水稻，在转基因后代植株中发现部分植株种子的直链淀粉含量明显降低。Terada 等通过导入反义 *Waxy* 基因来研究 *Waxy* 基因的表达，一部分转基因植株直链淀粉含量明显降低，是对照直链淀粉含量的 5%～30%；另一部分植株降低至对照的 50%～90%。

（2）对糖含量的调控　　在高等植物中，蔗糖-6-磷酸聚合酶催化 UDP-葡萄糖转化为蔗糖-6-磷酸。Worrell 等将玉米的蔗糖磷酸合成酶基因导入番茄叶片，观察到该酶的活性增加一倍，并引起转基因叶片淀粉含量降低，蔗糖含量升高。

3. 脂类

（1）脂肪酸的合成　　植物细胞中脂肪酸在叶绿体基质中合成。植物细胞用于脂肪酸合成的酶不是多酶复合物，而是以单体酶的形式游离于叶绿体基质中。在脂肪酸合成过程中，酰基载体蛋白质（ACP）起酰基载体的作用。叶绿体合成的脂肪酸有两种去路，一是新合成的 16:0-ACP 和 18:1-ACP 直接用于叶绿体内甘油酯的合成，另外一条去路是脂肪酸转运到叶绿体外，参与质体外磷脂和甘油三酯（TAG）的合成。两个途径中，进一步的去饱和分别是在质体和内质网中由膜结合去饱和酶完成的。

（2）去饱和酶及其应用　　脂肪酸去饱和酶是在脂酰链内引入双键的酶，除了一些细菌（如大肠杆菌）外，脂肪酸去饱和酶在所有已检测的生物中都有。通过提高去饱和酶基因的表达水平，可以降低饱和脂肪酸的含量。1995 年，Hiz 等利用油酸去饱和酶（FAD2）反义抑制技术，使油菜的油酸含量达到 83%。2000 年，Stoutjesdijk 等用携带油酸去饱和酶的共抑制质粒转化甘蓝型油菜，使内源油酸去饱和酶沉默而使其油酸含量提高 89%。2005 年，杨明峰等利用 RNAi 技术抑制烟草 *FAD2* 的表达，所获得转基因烟草叶片的油酸含量达 16%，比对照升高了 8 倍多，为油脂改良奠定了良好的基础。

4. 富含铁和维生素 A 的"金水稻"　　Ye 等利用农杆菌介导法成功地将其他物种的番茄红素合成酶（PSY）、特异性铜转运蛋白（CNTL）和番茄红素 β 环化酶（LCY）的基因整合到水稻基因组中，使它们在水稻胚乳中表达合成维生素 A 所必需的酶，解决了水稻胚乳不能合成维生素 A 的难题，使人们从食用水稻中也能获得维生素 A。Goto 等利用大豆铁蛋白基因和转基因技术，获得了能在水稻胚乳高水平表达贮藏铁蛋白的转基因植株。日本科学家成功地将大豆铁蛋白基因转入生菜细胞中，培育开发了可预防贫血症的转基因生菜，含铁量较一般生菜高近1倍，这种转基因生菜增强了叶片储存铁分子的能力，生菜的维生素C含量高，有利于吸收铁元素。

（三）花色基因工程

花的颜色是决定花观赏价值的重要因素之一，随着经济发展和社会进步，人们对五彩缤纷的花的世界十分渴望，越是市场上不能寻到的某种颜色的花卉品种，人们的需求越是强烈。不容否定，传统的杂交育种培育了大量观赏植物的新品种，但在自然条件下植物变异频率比人类的需求要小得多，且在改变某一性状的目标育种中，难免伴随其他性状的改变。基因工程技术为花卉的改良提供了全新的思路，与传统的育种方法相比，基因工程技术具有独特的优势，可以定向修饰花卉的某个目标性状并保留其他原有性状；可以通过引入外来基因扩大其基因库。因此人类有希望能够培育出自然界中不存在的特色品种，观赏植物花色基因工程操作已经引起国内外的高度重视，目前我国在此领域的研究还刚刚起步。

1. 花卉色素种类及其特征　花的颜色主要由类黄酮、类胡萝卜素、生物碱三类物质决定。类黄酮色素包括花青苷、黄酮、黄酮醇等，其中花青苷可以反映花中大部分红、蓝、紫和红紫等颜色。其他类黄酮则呈现从浅黄至深黄的颜色，统称为黄色素。因此，黄酮类色素产生从深红到红紫的全部颜色。存在于花瓣中的类胡萝卜素为β-胡萝卜素和堇菜黄质，是月季、水仙、郁金香、百合等的黄色来源。生物碱类色素有小檗碱、罂粟碱、甜菜碱等，甜菜碱包括产生红色或紫色的甜菜色素和产生黄色的甜黄质。罂粟碱使罂粟目的罂粟属和绿绒蒿属植物产生黄色，小檗碱使毛茛目的小檗属植物呈现深紫色。

2. 花卉色素的生物合成　利用颜色突变体进行遗传互作结合前体物饲喂实验，可以了解花卉色素产生的生化途径。目前了解得比较清楚的是类黄酮和类胡萝卜素二者的生物合成途径，至于生物碱类色素的生物合成则研究相对较少。

3. 花色改变的基因工程策略

（1）反义基因技术　该法通过抑制类黄酮或类胡萝卜素等生物合成基因的活性从而导致中间产物的积累，进而影响花色。反义基因技术就是将所研究的基因反义链连在一个启动子上，再用它转化花卉，其转化产物转录成RNA后与内源的互补mRNA结合，使mRNA不能合成蛋白质，从而抑制了靶基因的活性，形成花色的突变。将矮牵牛花色相关基因 *CHS* 的cDNA反向连接于 *CaMV* 的35 S启动子上，构建表达载体转化矮牵牛，使花色由紫红色变为粉红色并夹有白色，有些花朵则完全是白色。

（2）共抑制　该法是通过导入一个或几个外源基因的额外拷贝，达到抑制内源基因转录产物的积累，进而抑制该内源基因表达的技术，所以共抑制也叫作转录后水平的基因沉默。例如，将红色玫瑰变成粉红色，粉红色香石竹变为浅粉红色。邵莉等将 *CHS* 基因正向导入开紫色花的矮牵牛中，得到了开白花和紫白相间花的转基因株。美国一家DNA技术公司采用共抑制技术抑制 *CHS* 基因的表达而改变了菊花、月季和矮牵牛的花色，对这3个开白花的转化株系的长期观察和繁殖发现，这种表型很稳定，未发生回复突变，可以投放市场。

（3）核酶抑制　　核酶（ribozyme）是具有酶活性的 RNA 分子，能够特异性地切断 mRNA 从而阻止其蛋白质的合成。该技术可以特异性地抑制类黄酮或类胡萝卜素等生物合成基因的表达，从而改变花卉的颜色。

（4）插入新目的基因　　引入新基因来补偿某些品种缺乏合成某些颜色的能力，引入的新基因是一些色素合成的结构基因。1990 年，Meyer 等将玉米 DFR（二氢黄酮醇4-还原酶）的基因导入矮牵牛 RL01 突变体后，使二氢黄酮醇还原花葵素，转化后的矮牵牛花色由白色变为砖红色，这是世界上第一例基因工程改变矮牵牛花色的实验。

七、转基因植株作为生物反应器

所谓生物反应器一般是指用于完成生物催化反应的设备，可分为细胞反应器和酶反应器两类，常见于微生物的发酵。随着生物技术领域 DNA 重组技术和转基因技术的飞速发展，生物反应器的概念从生化水平扩展到了包括动物、植物在内的整个生物界。近几年基因工程技术为在不同物种中转移基因提供了十分便利的条件，利用这一技术，人们可以在植物中合成所期望的蛋白质或其他分子物质，实现"工业生产的农业化"。与细菌生物反应器或者工厂生产相比，在植物中生产的蛋白质和生物分子更加安全和环境友好，并且可以降低成本，提高效率。在植物生物反应器中生产的物质主要包括抗原、抗体、酶等蛋白质分子，多糖类物质，食用色素，以及具有重要药用价值的植物次生代谢产物。

（一）可食疫苗的研制

由于世界人口众多，地域分布广泛，在疫苗的生产、运输、保存等环节上存在各种各样的问题，难以满足人类需要。植物疫苗的研究和利用将在很大程度上克服这些问题，原因就是作为疫苗的任何抗原蛋白都可在植物细胞表达，植物可在当地大面积种植，如果疫苗在蔬菜、水果等可食部分表达，还可作为可食疫苗被人们直接食用，省去了运输、注射等环节。因此植物疫苗不仅可在当地生产，常温保存，还可减少疫苗或血液污染，提高安全性。

植物疫苗的概念最初由 Mason 等在 1992 年提出，他们首先将人类乙型肝炎病毒表面抗原在烟草中进行了成功表达。随后，人们相继在植物的可食部分表达出了各种各样的抗原。台湾大学的 Chen 等将肠道病毒 EV71 的外壳蛋白 VP1 经过转基因在番茄中获得了高表达，表达量达到了 27 μg/g。用转基因番茄果实喂食小白鼠，发现小鼠的抗血清明显抑制了 EV71 病毒对横纹肌肉瘤细胞的感染。这项研究充分表明了利用番茄开发口服疫苗的可行性。

近十几年来，马铃薯广泛用于植物疫苗的生产及临床应用研究。Thanavala 等将乙型肝炎病毒表面抗原基因转入马铃薯，并用表达的薯块饲喂小鼠，在小鼠体内检测到保护性抗体。Arakawa 等报道，霍乱毒素 B 亚基（CT-B）可在转基因马铃薯表达，而且可以折叠成该抗原天然状态的、能与神经节苷脂（GMI）相结合的具有完全免疫原性的五聚体形式。Schünmann 等首次报道了用转基因马铃薯表达抗体融合蛋白，获得抗血型糖蛋白单链抗体与 HIV 病毒表位融合蛋白在马铃薯中高水平表达产物，该表达融合体的粗提物不需要任何纯化即可代替 SimpliRED 诊断试剂，对 HIV 病毒进行凝聚测定。目前已经在植物中成功表达的部分疫苗如表 12.3 所示。

表 12.3　在植物中成功表达的部分疫苗（胡克霞等，2007）

来源	蛋白质/多肽	表达植物	免疫情况
肠产毒性大肠杆菌	不耐热肠毒素 B 亚基（LT2B）	烟草	低水平全身性及局部抗体产生
肠产毒性大肠杆菌	LT2B	马铃薯	低水平全身性及局部抗体产生
肠产毒性大肠杆菌	LT2B	烟草叶绿体	无
肠产毒性大肠杆菌	LT2B	玉米仁	无
霍乱弧菌	霍乱毒素 B 亚基（CT-B）	马铃薯	局部及全身性抗体产生
霍乱弧菌	霍乱毒素 B 亚基（CT-B）	烟草叶绿体	无
乙型肝炎病毒	乙型肝炎病毒表面抗原	烟草	无
乙型肝炎病毒	乙型肝炎病毒表面抗原	马铃薯	抗体产生（鼠免疫）
诺瓦克病毒	衣壳蛋白	烟草	产生低水平 IgG（鼠免疫）
诺瓦克病毒	衣壳蛋白	马铃薯	产生抗体（人体试验）
口蹄疫与霍乱	融合蛋白	衣滴虫叶绿体	产生相应抗体
T_2 细胞表位	抗原簇	水稻	产生 IgE 抗体
志贺毒素 II	疫苗	烟草	预防系统中毒

（二）酶和植物抗体的生产

植物抗体是指人或动物抗体基因或基因片段在转基因植物中表达的免疫性产物，这些抗体能识别抗原并结合抗原。表 12.4 所示为转基因植株生产的部分抗体。利用基因工程技术，将抗体基因转移进番茄进行大量表达，然后提取，将为抗体生产和制备提供方便。Artsaenko 等报道，他们成功地将马铃薯用于 scFv 抗体的生产，其重组抗体的表达率为马铃薯块茎可溶性蛋白的 2%。新鲜的马铃薯在 4℃条件下储存 18 个月后，scFv 抗体的活性没有降低。利用亲和层析可方便地纯化 scFv 抗体。人血清白蛋白是人血中的一种重要组分，主要起维持血液的正常渗透压和输送亲水分子的作用。Sijmons 用马铃薯生产人血清白蛋白，叶中可溶性蛋白质可达 0.02%。

表 12.4　转基因植株产生的抗体（康杰芳和王喆之，2006）

抗体	抗原	表达植物
IgG	结肠癌表面抗原	烟草
IgG	疱疹单型病毒	大豆
IgG	抗人 IgG	苜蓿
scFvIgG	淋巴瘤 B 细胞	烟草
分泌型 IgA/G	链球菌菌齿斑黏附素	烟草
抗癌胚抗原 scFvT	癌胚抗原	小麦、水稻

借助于转基因技术，番茄也被用来生产在医学上有重要应用价值的酶或蛋白质。例如，有机磷中毒以后的解毒常常需要大量的胆碱酯酶，为了大量生产这种酶，人的乙酰胆碱酯酶基因已被转入番茄，获得了能产生这种酶的转基因番茄。从番茄中提取的乙酰胆碱酯酶，活性高，稳定性强，和人体来源的酶在解毒上具有同样的动力学特征。

（三）工业产品的开发

利用植物作为生物反应器不仅可以生产蛋白质类产品，还可以通过修饰改造植物自身的代谢途径，获得某种代谢产物甚至新颖的生物分子，作为工业上的化学品、原材料等加以使用。例如，蔗糖是目前消费量最大的糖类，被广泛应用在糖果、果酱、糕点制造业及家庭日常生活中。但过多食用蔗糖容易导致肥胖、高血糖、高血脂及牙科疾患，已经引起了人们的关注。为此，研究开发蔗糖的替代产品将十分必要。莫内林（Monellin）是一种从热带植物果实中分离的甜蛋白，其甜度是蔗糖的 10 万倍，是一种理想的甜味剂。这种蛋白质已经在番茄内得到成功表达，并能维持高甜度，有望开发为新型甜味剂而取代蔗糖。

黄色素（氧化状态的类胡萝卜素）是一种重要的抗氧化剂，在医学上常被用来预防退行性眼病。这种物质化学合成很困难，通常只能从番茄等瓜果蔬菜中摄取，但是这些天然食品中黄色素的含量非常低。为了获得高含量的黄色素，意大利学者 Dharmapuri 等将控制黄色素合成的两个酶的基因导入番茄并获得高表达，经测定，转基因番茄果实中黄色素的含量提高到原来的 10 倍以上，这种转基因番茄有可能被开发成生物反应器，以便从中提取制备所期望的产品。

最近，Tieman 等从番茄中克隆了与挥发性芳香物质合成有关的基因，为香料工业产品的开发奠定了重要基础。

纤维素酶是一类能够将植物中不易被消化吸收的木质化、纤维化的部分降解为乙醇等工业原料的重要酶类，其中，葡聚糖内解酶（E2）和纤维二糖水解酶（E3）是纤维素降解过程中能够相互协作的两种重要的催化酶。Ziegelhoffer 等将 E2 和 E3 的编码基因置于组成型启动子下游，将 E2 和 E3 的基因分别导入马铃薯中。Western 杂交结果表明，E2 和 E3 能正常表达，并且保留了热稳定性。该研究为利用马铃薯等植物作为生物反应器来生产纤维素酶迈出了重要的一步。

聚 β-羟基丁酸酯（PHB）是一种具有热塑性质的聚酯，也能用来生产可降解生物塑料。雍伟东等将多聚 β-羟基丁酸酯（PHB）合成过程中所需的两种酶 phbB 和 phbC 的编码基因转入马铃薯体内，并采用特定的启动子使这些基因的编码蛋白最后定位在细胞的叶绿体中，结果表明，转基因马铃薯叶片中 PHB 干物质的含量可以达到 0.025～1.800 g/kg，并且这些外源基因的表达并不影响马铃薯的生长和育性，证明采用转基因马铃薯来生产可降解塑料是一条有效的途径。

第四节　植物转基因的方案与目的基因的表达

植物基因工程不断发展，目前已形成一套较为成熟的植物基因转化技术，它构成了植物基因工程的研究内容，主要包括以下几个方面：①目的基因的获取；②目的基因的修饰；③目的基因转化植物受体细胞；④植物转化细胞的筛选和转基因植物细胞的组织培养；⑤目的基因的表达和鉴定等。

一、目的基因的分离和克隆

分离目的基因是指从基因组中发现或找出某个目的（标）基因。供转化的基因可以来自植物本身，也可以来自微生物和动物，少数还可以人工合成，通常以来自植物本身为主。

（一）基因芯片技术分离目的基因

基因芯片是高密度固定在固相支持介质上的生物信息分子的微列阵。微列阵中每个分子的序列及位置都是已知的，并按预先设定好的顺序点阵。利用基因芯片分离目的基因的方法有两种：①通过比较不同物种之间，或同一物种不同个体之间，或同一个体在不同生长发育时期或不同环境条件下基因差异表达（基因表达平行分析）来实现。采用基因芯片技术进行基因差异表达研究可以通过杂交直接检测到细胞中 mRNA 的种类及丰度，与传统的差异显示相比具有样品用量小、自动化程度高、被检测目标 DNA 密度大及并行种类多等优点。②利用同源探针从 cDNA 或 EST 微列阵中筛选分离目的基因。目前有 DNA 芯片、cDNA 芯片两种。其基本步骤包括：基因芯片的制备、靶样品制备、杂交与检测、目的基因得到分离并获得全长。

（二）基因文库技术分离目的基因

基因文库是指某一生物类型全部基因的集合，这种集合以重组体的形式出现。某生物 DNA 片段群体与载体分子重组，重组后转化宿主细胞，转化细胞在选择培养基上生长出的单个菌落（或噬菌斑，或成活细胞）即为一个 DNA 片段的克隆。全部 DNA 片段克隆的集合体即为该生物的基因文库。基因文库包括两类：基因组文库和 cDNA 文库，两种文库的建库过程不同，产生的基因结构也不同，因此应用范围也不相同。基因文库构建后，从文库中筛选基因的方法主要有以下几种：核酸杂交法、免疫学检测法、DNA 同胞选择法、PCR 筛选法等。基因文库的构建是目前基因工程的核心工作，也是分离目的基因的常用方法之一。

（三）根据已知的核苷酸序列合成 DNA

当一个基因的核苷酸序列清楚后，可以按图纸先合成一个个含少量（10～15 个）核苷酸的 DNA 片段，再利用碱基互补的原则合成双链片段，然后用连接酶把双链片段逐个按顺序连接起来，使双链逐渐加长，最后得到一个完整的基因。这种方法专一性最强，现在用计算机自动控制的 DNA 合成仪进行基因合成，使基因合成的效率大大提高。但是这种方法目前仅限于合成序列较短的简单基因，对于许多复杂的、目前尚不知道核苷酸序列的基因就不能用这种方法合成。

（四）PCR 技术在基因克隆中的应用

聚合酶链反应（polymerase chain reaction，PCR）是以 DNA 变性、复制的某些特性为原理设计的。通过 PCR 技术获取所需要的特异 DNA 片段在实际应用中非常多，但是前提条件是必须对目的基因有一定的了解，需要设计特异性引物。

（五）mRNA 差异显示技术分离差别表达基因

mRNA 差异显示（mRNA differential display，mRNADD）是 1992 年由哈佛大学医学

院 Liang 等建立的。原理是先用 PCR 技术扩增总 mRNA，生成 cDNA 群体，再用测序凝胶电泳获取所需要的目的基因，然后再次用 PCR 扩增。简单地讲，就是从基因的转录产物 mRNA 来反转录成 cDNA 作为目的基因。mRNA 差异显示技术是对组织特异性表达基因进行分离的一种快速且行之有效的方法。

（六）插入突变分离克隆目的基因

T-DNA 插入突变法是最常用的分离目的基因的方法之一，是将 T-DNA 在任何人们感兴趣的基因处产生插入性突变，获得分析该基因功能的对照突变体。这种方法将 T-DNA 左右边界之间携带的外源报告基因片段作为一个选择性的遗传标记，因为插入的序列是已知的，所以对获得的转基因重组突变体可以通过各种克隆和 PCR 策略加以研究。

（七）图位克隆目的基因

图位克隆的原理是根据功能基因在基因组中都有相对较稳定的基因座，在利用分子标记技术对目的基因进行精细定位的基础上，用与目的基因紧密连锁的分子标记筛选 DNA 文库，从而构建目的基因区域的物理图谱，再利用此物理图谱通过染色体步移逐步逼近目的基因，或通过查找基因组数据库的方法最终找到包含该目的基因的克隆，并通过遗传转化实验证实目的基因的功能。

（八）酵母双杂交系统分离克隆基因

酵母双杂交系统可以发现相互作用的蛋白质编码基因。这种方法的用途有验证已知基因间的相互作用；可以快速发现编码蛋白与其他蛋白质间相互作用的特定区域；通过扫描文库与活化区域的作用可以发现相互作用的蛋白质，只需一个质粒就可以直接得到编码蛋白质的基因，不需要制备抗体和纯化蛋白质。操作相对简便、快速，不需要蛋白质纯化即可获得编码基因。

二、目的基因的修饰

植物基因转移的目的在于将目的基因导入需要改良的植物，使之正确而有效地表达，并将产生的目的性状以可预言的方式稳定遗传下去。然而目的基因片段很难直接转入植物细胞，而且由于它自身不存在 DNA 复制所需信息，在细胞分裂时不能复制给子细胞从而丢失，所以人们要把它连在一些能独立于细胞染色体之外复制的 DNA 片段上，这些 DNA 片段就叫作载体。常用的载体有质粒和病毒。植物表达载体使用时需要连接上合适的启动子，启动子后面紧跟着翻译 ATG 起始位点及目的片段，片段末尾要加上终止密码子，再后面就要跟上转录终止子。在基因克隆中使用最广泛而且结构最简单的载体一般都来源于较小的细菌质粒，如大肠杆菌中所存在的质粒载体，不仅易于纯化，转化效率高，选择重组子方便，而且可携带的外源目的基因的容量也较大（大至 5 kb），因此一些常规克隆实验都是用的这些质粒载体。

为构建高效植物表达载体，人们需要对天然质粒及病毒进行一系列改造，如加上耐药性基因片段等，以提高基因转化、筛选、表达的效率。构建好载体后，将目的 DNA 片段与载体实现连接，形成全新的重组 DNA 分子，通过一定的方法导入受体植物细胞，便可能获得转基因植株。

三、植物遗传转化

植物遗传转化是指利用生物及物理化学等手段，将外源基因转入植物细胞以获得转基因植株的技术。主要方法有直接转移法和间接转化法。我们在本章第二节已经进行了详细的介绍，在此不再重复。

四、植物转化细胞的筛选及转基因植物的鉴定

目前，转化细胞与未转化细胞的区分及未转化细胞的淘汰常采用抗生素抗性基因和抗除草剂基因，即筛选标记基因和筛选试剂。为了实现有效的转化，必须依据转化材料和转移方法选择合适的抗性基因和筛选试剂。

转基因植物的鉴定方法也有很多种，这部分内容我们将在接下来的第五节中进行描述。

第五节   转基因植株的检测

一、报告基因检测

理想的报告基因通常应具备以下特点：基因产物必须能与转染前真核细胞内任何相似的产物相区别；细胞内其他的基因产物不会干扰报告基因产物的检测；基因产物在细胞内的含量能够实时反映该基因的转录活性状态；报告基因编码产物的检测方法应该快速、简便、灵敏度高而且重复性好。目前，植物基因工程中使用的报告基因一般是编码酶的基因，包括抗性基因和编码催化人工底物产生颜色变化的酶基因两类。常用的报告基因主要有 β-葡糖醛酸糖苷酶基因（*gus*）、氯霉素乙酰转移酶基因（*cat*）、胭脂碱合成酶基因（*nos*）、章鱼碱合成酶基因（*ocs*）、磷酸新霉素转移酶基因（*npt* II）、绿色荧光蛋白基因（*gfp*）、荧光素酶基因（*luc*）、二氢叶酸还原酶基因等。

报告基因分析系统是把顺式调控元件（DNA 非编码序列）与相关报告基因的序列连接起来，在细胞内该基因的转录翻译过程中，测定报告基因的表达产物量或活性，来判断顺式调控元件的调控作用。这种间接的测定技术，是功能基因组学研究的一个重要手段，提供了一种简单、有效，有时是唯一可行的检测体系。

1. *gus* 基因的检测   *gus* 基因存在于大肠杆菌等一些细菌基因组内，编码 β-葡糖醛酸糖苷酶。β-葡糖醛酸糖苷酶是一个水解酶，以 β-葡糖醛酸糖苷酯类物质为底物，其反应产物可用多种方法检测出来。由于绝大多数植物没有检测到葡糖醛酸糖苷酶的背景活性，因此这个基因被广泛应用于转基因植物、细菌和真菌基因调控的研究中。根据 *gus* 基因检测所用的底物不同，可以选择三种检测方法：组织化学法、分光光度法和荧光法（灵敏度为分光光度检测法最高），其中最为常用的是组织化学法。

组织化学法检测以 5-溴-4-氯-3-吲哚-β-葡萄糖苷酸酯（X-Gluc）为反应底物。将被检材料用含有底物的缓冲液浸泡，若组织细胞发生 *gus* 基因的转化，并表达出 Gus，在适

宜的条件下，该酶就可将 X-Gluc 水解生成蓝色产物，这是由其初始产物经氧化二聚作用形成的靛蓝染料，它使具 Gus 活性的部位或位点呈现蓝色，用肉眼或在显微镜下可看到，且在一定程度下根据染色深浅可反映出 Gus 活性。因此利用该方法可观察到外源基因在特定器官、组织，甚至单个细胞内的表达情况，如图 12.4 所示。

图 12.4　农杆菌介导的下胚轴转化获得 *gus* 基因阳性植株（王戈亮，2007）
A. 伸长芽和发育中的豆荚（左）中 *gus* 基因的表达；B. 组织化学染色检测 *gus* 基因在成熟小叶中的
表达（右），未转化对照没有被染色（左）；C. *gus* 组织化学染色检测 *gus* 基因的表达，
图示叶片取自不同转基因株系；D. *gus* 基因在未成熟种子中的表达

2. *gfp* 基因的检测　　目前，来源于水母的绿色荧光蛋白（GFP）已被作为一种新型的报告分子用于检测细胞的基因表达和蛋白质定位，成为在生物化学和细胞生物学中研究和开发应用最广泛的蛋白质之一。其内源荧光基团在暴露于紫外线后即可高效发射明亮的绿色荧光，并可在荧光显微镜下观察到这种绿色荧光。

GFP 原始发光蛋白基团具有将蓝色的化学发光演变为绿色荧光的生物发光特性。野生型 GFP 的分子质量约为 27 kDa，由 238 个氨基酸残基组成。成熟的 GFP 是高度稳定的，在 pH 为 11、温度为 65℃的条件下仍保持荧光，且数小时内不被蛋白酶降解。GFP 的发光基团是由 Ser65、Tyr66 和 Gly67 3 个氨基酸残基经过环化、脱氢后形成的咪唑环。荧光的发生与环境密切相关，其真正的发光部位为咪唑环上的阴离子酚。它之所以能够发光，是因在其包含 238 个氨基酸的序列中，第 65～67 个氨基酸（丝氨酸-酪氨酸-甘氨酸）残基，可自发地形成一种荧光发色团。

gfp 基因检测具有以下优点：① GFP 荧光比较稳定，无种系依赖性，适用于各种生物的基因转化；②检测方法简便，不需要底物、酶、辅因子等物质，只要有紫外光或蓝光照射，其表达产物就可以发出绿色荧光，表达 GFP 的活细胞经甲醛固定后，绿色荧光可持续存在于细胞中，这对转化细胞的检测极为有利；③便于活体检测，十分有利于活体内基因表达调控的研究；④检测时可获得直观信息，有利于转基因植物安全性问题的研究及防范。

GFP 已用于在从大肠杆菌到哺乳类动物的一系列细胞中进行表达，并被认为是一种适用于不同情况、不同领域基因表达研究的通用报告基因，已成为一个检测在完整细胞和组织内基因表达和蛋白质定位的理想标记。

二、转基因植株的 PCR 检测

1. 外源基因 PCR 检测　　聚合酶链反应即 PCR 技术，是美国科学家 Mullis 于 1983 年发明的一种体外扩增特定基因或 DNA 序列的方法。PCR 具有很高的特异性、灵敏度，在分子生物学、基因工程研究、某些疾病的诊断及临床标本中病原体检测等方面具有极为重要的应用价值，是首选的转基因产品检测方法。

PCR 技术能够有效地扩增低拷贝的靶片段 DNA，可以检测到每克样品含有 20 pg～10 ng 的转化基因成分，对转基因产品大分子质量 DNA 检测的灵敏度可以达到样品含量的 0.0001%。因为 PCR 的高度特异性及检测所需的模板量仅为 10 ng 以内，所以以其为外源基因整合的检测提供了便利条件，尤其是在转化材料少又需及早检测的情况下。现在已经利用该技术对欧美杨、番茄、辣椒、葡萄、豆瓣菜、小麦等转基因植物进行了鉴定，是转基因植物鉴定中最简单、最常用的方法（图 12.5）。PCR 检测也存在缺点，由于 PCR 扩增十分灵敏，有时会出现假阳性扩增，因此检测只能作为初步结果。

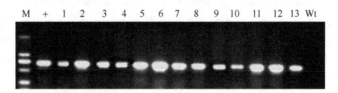

图 12.5　*DGAT1* 转基因烟草的 PCR 检测（张发云，2005）

1～12. 转基因植株的不同株系；＋. 以质粒为模板的阳性对照植株；Wt. 野生型对照植株；

M. DL2000 DNA 分子质量大小标记，从上到下依次为 2000 bp、1000 bp、750 bp、500 bp、250 bp

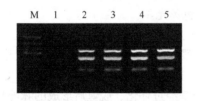

图 12.6　*Bt* 转基因白桦的多重 PCR 检测
（詹亚光等，2006）

1. 非转基因对照；2. 以质粒为模板的阳性对照植株；3～5. 转基因植株的不同株系；M. DL2000 DNA 分子质量大小标记，从上到下依次为 2000 bp、1000 bp、750 bp、500 bp、250 bp

2. 外源基因多重 PCR 检测　　多重 PCR（multiplex PCR），又称为多重引物 PCR 或复合 PCR，是用多对引物同时对模板 DNA 上的多个区域进行扩增。其反应原理、反应试剂和操作过程与一般 PCR 相同。多重 PCR 方法目前在植物生物学研究上应用非常广泛，包括植物种质鉴定，植物病毒的检测和分子育种（图 12.6）。该技术最关键的就是引物设计，主要原则就是避免引物内部形成发卡结构，避免引物及引物之间在扩增过程中产生二聚体。引物设计时除满足一般引物设计原则外，还着重注重两个关键因素：一是每对引物有相近的 T_m 值、GC% 含量和长度，产物大小能够保证相差大于 150 bp；二是退火温度要足够高，循环参数要尽量少。

多重 PCR 具有以下特点：①高效性：在同一 PCR 反应管内同时检出多种病原微生物，或多个型别的目的基因；②系统性：适宜于成组病原体的检测，如肝炎病毒、肠道致病性细菌、无芽孢厌氧菌等；③经济简便性：同一反应管内同时检出，节省时间、试剂、经费。

三、Southern 杂交

证明外源基因在植物染色体上整合情况的最可靠方法是 Southern 杂交，只有经过分子

杂交鉴定为阳性的植株才可以称为转基因植物。利用 Southern 杂交，可以确定外源基因在植物中的组织结构和整合位置、拷贝数及转基因植株 F_1 代外源基因的稳定性。该技术灵敏性高、特异性强，是当前鉴定外源基因整合及表达的权威方法。Southern 杂交可以清除操作过程中的污染及转化愈伤组织中质粒残留所引起的假阳性信号，准确度高，但 Southern 杂交程序复杂，成本高，且对实验技术条件要求较高。根据杂交时所用的方法，核酸分子杂交又可分为印迹杂交、斑点杂交或狭缝杂交和细胞原位杂交等。该技术现在已在水稻、玉米、大白菜、豆瓣菜、马铃薯、杏、烟草、杨树、白桦等植物中得到广泛应用。图 12.7 为转基因大豆的 Southern 杂交检测。

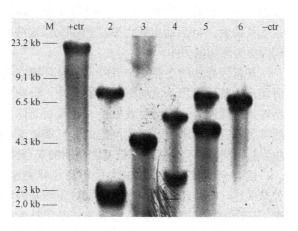

图 12.7　转基因大豆的 Southern 杂交检测（基因组均经过 *Hind* Ⅲ 消化后进行杂交）（王戈亮，2007）

M. 分子质量大小标记；−ctr. 野生型大豆基因组，+ctr. 转空载体的转基因大豆基因组；2~6. 转入目的基因的转基因大豆基因组（杂交条带的大小代表着不同的基因组插入位点，同时几个转基因系包含多拷贝数）

四、Northern 杂交

转基因植物外源基因转录表达的研究方法主要包括 RT-PCR、Northern 杂交和实时 PCR（real-time PCR）。RT-PCR 方法中，RNA 用量少，操作简单快速，但存在假阳性。Northern 杂交方法中，RNA 用量大，操作烦琐，准确。而实时 PCR 方法中，要求 RNA 纯度高，需测定浓度，操作方便，可检测基因表达量，费用高。

转录水平上的检测方法中 Northern 杂交最为经典，它以 RNA 和探针杂交的技术检测基因在转录水平上的表达。Northern 杂交和 Southern 杂交相比，更接近性状表现，更具有现实意义，被广泛用于转基因植物的检测，现已用于杨树、豆瓣菜、马铃薯、草莓、烟草等转基因植物的检测中。但 RNA 提取条件严格，在材料内含量不如 DNA 高，不适于大批量样品的检测。

第六节　转基因植物安全性

早在 20 世纪 70 年代，基因工程安全性问题就引起了广泛的讨论，人们已经注意到转基因作物对生态环境、人类健康、伦理道德等可能带来的一些问题。20 世纪 80 年代以来，世界范围内转基因生物的迅速发展，尤其是基因工程改良作物的增加和大规模的野外试验及其国际性的产业化，在带来巨大利益的同时，给自然界生物、环境及人类自身带来的风险已越来越引起人们的关注。

1974 年美国国家科学院成立了有关 DNA 重组技术安全性问题的委员会。1975 年 2 月，在美国加利福尼亚州召开了人类历史上第一个关于转基因生物安全问题的国际会议。

1999 年，美国康奈尔大学 Losey 等报道，将转基因玉米花粉撒在黑脉金斑蝶幼虫的食物——马利筋叶片上，然后饲喂黑脉金斑蝶幼虫。发现与对照相比，黑脉金斑蝶的幼虫生长缓慢，4d 后幼虫死亡率高达 44%。这些研究结果引起了人们对植物基因工程安全问题更为深切的关注。

转基因作物的潜在安全风险主要是环境安全和食品安全风险。在环境安全方面，有可能产生基因漂移、增加靶标生物抗性、影响生物多样性等。在食品安全方面的影响包括转入基因所表达蛋白质致敏性，以及对受体作物本身营养成分、天然毒素和抗营养物质含量等方面的影响及其他可能的非预期效应。此外，原核生物载体序列（骨架）和抗生素标记问题也会使人们对转基因植物的安全性产生顾虑。

随着全球转基因作物的大面积商业化种植，转基因植物的安全性越来越多地受到公众关注。安全转基因技术的研发对于转基因植物的商业化生产具有重要意义。建立精准、安全的转基因技术体系已成为转基因技术研发的主要方向，根据其原理和目的可分为以下五类：安全标记基因法、标记基因删除与外源基因累加、防止基因漂移的叶绿体转化法、基因拆分技术及基因定点修饰技术。其中，标记基因删除法包括共转化法（co-transformation）、位点特异性重组法（site-specific recombination）、转座子法（transposon）、染色体同源重组法（infra-chromosomal recombination）。基因定点修饰技术包括锌指核酸酶介导的定点修饰技术（zinc-finger nuclease，ZFN）、TALEN（transcription activator-like effector）介导的基因组定点修饰技术和基于 type II 型的 CRISPR/Cas（clustered regularly interspaced short palindromic repeats/CRISPR-associated gene CRISPR/Cas）系统的基因组定点编辑技术。王根平等（2014）着重介绍了安全转基因技术的研究现状及转基因安全性评价。

一、植物安全转基因技术

转基因作物的商业化生产，带来了巨大的经济和社会效益，为解决全球不断增长的粮食需求和保障农业可持续发展发挥了重要作用。根据国际农业生物技术应用服务组织（ISAAA）的统计报告，至 2012 年，通过种植转基因作物，增加了农作物产量（价值 982 亿美元），节省土地 1.087 亿 hm^2，减少杀虫剂使用 4.73 亿 kg，有效保护了生态环境和生物多样性。为确保转基因作物产业化的健康发展，高效安全转基因技术的研发与应用具有重要意义。

（一）安全标记基因的应用

使用安全标记基因作选择标记的转化系统与传统的转化系统不同，它不是将非转化细胞杀死，而是使转化细胞处于某个有利的代谢条件下，从而筛选出转化细胞。传统的选择系统称为负选择系统，相应地这种选择系统称为正选择系统。正选择系统的主要优点在于选择剂无毒副作用，而且在多数情况下有利于转化植株的再生，从而提高转化率。因此，寻找安全标记基因用于植物的遗传转化是基因工程的必然趋势。目前，已开发了一系列安全标记基因，按其作用原理和选择剂类型，可分为以下几类。

1. 糖代谢相关基因　糖代谢相关基因编码的产物是某种糖类的分解代谢酶，通常植物细胞不能利用这些糖类作为主要碳源，但经相关代谢酶作用可转化为植物细胞可以利用的碳源。因此，在以该糖作为主要碳源的培养基上转化细胞能够正常生长，而非转化细胞生长受到抑制。目前使用较多的糖代谢相关标记基因是磷酸甘露糖异构酶（phosphomannose isomerase，PMI）的基因。甘露糖本身对植物细胞是无毒的，但它通过己糖激酶转化为甘露糖-6-磷酸时需消耗大量 ATP，而且甘露糖-6-磷酸积累到一定浓度会抑制细胞的生长和发育。PMI 能使甘露糖-6-磷酸转化为果糖-6-磷酸，从而被植物细胞利用。*pmi* 选择标记基因已成功应用于小麦、水稻、玉米、甜菜、油菜、木薯等的遗传转化研究（王根平等，2014），如 Gadaleta 等（2006）将甘露糖作为选择剂，将大肠杆菌（*E. coli*）的 *pmi* 作为选择标记基因应用于小麦的转化研究，其平均转化率为 1.14%，选择效率可达 90.1%，比用 *bar* 基因作为选择标记时的选择效率（26.4%）高出很多。目前，PMI 筛选系统已应用于转基因植物的商业化生产（Miki et al.，2004）。然而，*pmi* 筛选体系不适于那些自身含有内源 *pmi* 的植物，如豆科类植物。

木糖异构酶（xylose isomerase，xylA）的基因作为糖代谢标记基因，其原理与 *pmi* 类似。xylA 能异构化 D-木糖为 D-木酮糖，在以 D-木糖为筛选剂的培养基上，转化细胞能利用 D-木糖，而非转化细胞生长受到抑制。Haldrup 等（1998）发现 *xylA* 的筛选效率显著高于 *npt* II，该系统已成功应用于玉米、油菜、向日葵等的转化。此外，也有报道将阿拉伯糖脱氢酶（arabitol dehydrogenase，atlD）的基因、2-脱氧葡萄糖-6-磷酸磷酸酯酶（2-deoxyglucose-6-phosphate phosphatases，DOGR1）的基因作为标记基因用于植物的转化研究。

2. 氨基酸代谢相关基因　植物中某些氨基酸代谢途径中的关键酶受终产物的反馈抑制，利用这一特性，可将某些氨基酸代谢酶作为选择标记基因。天冬氨酸激酶（aspartate kinase，AK）为赖氨酸合成途径中的关键酶之一，其活性受赖氨酸或苏氨酸的反馈抑制。Perl 等（1993）以赖氨酸和苏氨酸作为选择剂，以大肠杆菌中对赖氨酸反馈抑制不敏感的 *lysC* 作为筛选标记基因转化马铃薯，发现含有 *lysC* 的转化细胞能够正常生长，而非转化细胞生长受到抑制。Brinch 等（1999）在大麦转化中发现，*lysC* 作为筛选标记基因容易产生白化苗和嵌合体，具有一定的局限性。此外，其他对反馈抑制不敏感的邻氨基苯甲酸合成酶（anthranilate synthase，AS）基因 *ASA1*、苏氨酸脱氨酶（threonine deaminase，TD）基因 *ilvA* 等也可作为筛选标记。

植物代谢途径中的氨基酸都为 L-氨基酸，在植物体内少量 D-氨基酸的累积，便可造成细胞危害，因此，一些 D-氨基酸代谢酶也可用作标记基因。Erikson 等（2004）从红酵母（*Rhodotorula gracilis*）中分离到 D-氨基酸氧化脱氨酶（D-amino acid oxidase，DAO）基因 *dao1*，DAO 能够把 D-丙氨酸和 D-丝氨酸转化为无毒产物，同时也能把对植物有低毒性的 D-异亮氨酸和 D-缬氨酸转化为有毒的产物，因此，*dao1* 可作为双向选择标记基因。其他类似基因还有 D-丝氨酸氨解酶（D-serine ammonia lyase，DSD）基因 *dsdA* 等。

3. 激素相关基因　在离体培养条件下，植物再生需要适宜的细胞分裂素和生长素比例。因此，通过在细胞中引入激素合成相关基因，从而提高芽的分化能力，也可作为筛选基因筛选转化细胞。农杆菌 Ti 质粒编码的异戊烯基转移酶（IPT）是几种细胞分裂素前体物质的合成酶，*ipt* 的表达会促进转化细胞内自身合成过量的激素，提高发芽和生根能力，而非转化细胞则受到抑制。*ipt* 已成功应用于烟草、水稻、白杨等植物的转化，特别是利用诱导型启动子控制 *ipt* 的表达筛选效果更加稳定。此外，细胞分裂素受体基因 *CKI1*、促进芽形态形成的增强子基因 *ESR1*、发状根基因 *rol*、基于负选择的 β-葡萄糖醛酸酶基因 *uidA* 等也可以作为筛选基因。由于激素相关基因常会引起转基因植株的畸形，可通过结合位点特异性重组酶系统或转座子系统构建激素相关基因的选择系统，克服这种局限性（王根平等，2014）。

4. 抗逆相关基因　　抗逆基因作为筛选标记已成功应用于植物转化的有 *OsDREB2A*、*AtSOS1* 和 *rstB*。*OsDREB2A* 编码 DREB 转录因子，受干旱和高盐诱导表达，*AtSOS1* 编码 Na^+/H^+ 逆向转运蛋白，受高盐诱导表达。Zhu 等（2008）用 200 mmol/L NaCl 作为筛选剂，分别将 *OsDREB2A* 和 *AtSOS1* 作为筛选基因应用于水稻转化系统。*rstB* 来自大豆根瘤菌 RT19，编码糖基转移酶调控胞外多聚糖的合成。Zhang 等（2009）把 *rstB* 作为筛选基因应用于烟草的转化，利用浓度为 170 mmol/L 的 NaCl 作为选择剂，其筛选效率最高可达 83.3%。

李文凤（2010）建立了以乳酸克鲁维酵母来源的 Cu/Zn-SOD 突变体 *S1* 基因（*mSOD*）作为选择标记基因，百草枯（PQ）作为选择剂的新型安全筛选体系。确定烟草遗传转化体系中 PQ 作为选择剂的适宜浓度为 6 μmol/L。在农杆菌介导的叶盘法转化烟草过程中，以 *mSOD* 基因作为选择标记基因，以 6 μmol/L PQ 为选择剂，筛选得到 96 株表型正常的 T_0 代转基因植株。通过 PCR、Southern 杂交和 EST-PCR 对转基因植株进行检测，结果表明 *mSOD* 基因已整合到烟草基因组中，并获得转录水平上的表达，转化频率最高为 39.26%。对其遗传稳定性分析结果表明，大多数 T_0 代转基因植株为单拷贝，且表现出 3∶1 分离方式，符合孟德尔分离定律。总之，开发新型的尤其是植物来源的标记基因仍是一个重要研究方向。

5. 化合物解毒酶基因　　这种标记基因的作用机制和抗性标记基因相似，也属负选择。标记基因编码的产物是酶，可催化对细胞生长有毒的化合物转变成无毒的化合物，从而使转化细胞能在含有毒化合物的培养基上生长，非转化细胞则被杀死。例如，来源于藜科植物的甜菜碱醛脱氢酶（BADH）的基因已作为目的基因用于提高水稻等作物的抗逆境胁迫能力（Haldrup et al.，1998）。由于 BADH 在植物中能催化有毒的甜菜碱醛转变为无毒的甜菜碱，*BADH* 基因在安全标记基因方面具有巨大的潜在优势，即基因来源及产物安全；催化形成的终产物有益，甜菜碱是高等植物天然的渗透调节物质，可提高植物的抗渗透胁迫能力；筛选程序简单，只要在培养基中添加适量的甜菜碱醛提供筛选压即可，不需要其他辅助设备。Daniell 等在转化烟草叶绿体基因组时，以 *BADH* 基因作为标记基因与其他抗性基因相比，不仅得苗快、转化频率高，而且 *BADH* 基因稳定整合到转基因烟草植株的全部叶绿体基因组中，得到了同质化，转基因植株中的 BADH 酶活性比对照提高了 15～18 倍，这表明，*BADH* 基因确实可作为植物转化的安全标记基因。

（二）标记基因删除和外源基因叠加技术

目前，已发展了多种标记基因删除技术，包括共转化法删除标记基因、基因枪介导的表达盒共转化法、位点特异性重组法介导的标记基因删除和外源基因叠加技术等。

1. 共转化法删除标记基因   共转化法是通过将标记基因和目的基因分别构建在不同载体或同一载体的不同 T-DNA 区域一同导入受体，通过转基因植株自交后代的分离，获得只含有目的基因而不含标记基因的转化植株（marker-freetransgenic plant，MFTP）。农杆菌介导的共转化法有三种形式：二质粒二菌株法；二质粒一菌株法；一质粒一菌株法（图 12.8），具有操作简单、适用性广，且较易产生非连锁位点的特点。共转化法已经应用于烟草、拟南芥、油菜、水稻、大麦和玉米的转化研究。目前，研究较多的是一质粒一菌株法，即双 T-DNA 法，同一质粒上含有 2 个或多个 T-DNA。Komari 等（1996）使用此法转化烟草和水稻，发现其共转化率达 47%，其中，50% 的转化植株目的基因和标记基因位于不同位点，研究发现双 T-DNA 共转化效率与 T-DNA 的相对大小有关。此外，把标记基因构建到 T-DNA 左边界外，目的基因位于 T-DNA 内，通过共转化，也可以获得无标记转化植株。利用共转化法获得无选择标记植株，有 3 个关键因素：转化体系有较高的共转化率，T-DNA 可整合到不连锁位点，后代通过自交或杂交发生分离。因此，共转化法不适于无性繁殖的作物和生殖时间较长的物种。

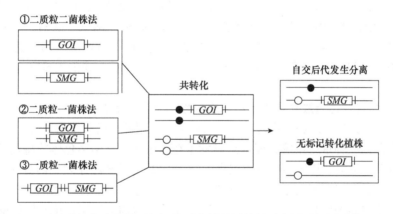

图 12.8   通过共转化法获得无标记基因的转基因植株示意图（王根平等，2014）
⊢为 T-DNA 的 LB 或 RB 序列；*GOI* 为目的基因；*SMG* 为选择标记基因；一为质粒；●○为位点

2. 基因枪介导的表达盒共转化法   通常利用农杆菌或基因枪介导法获得的转化植株，除了含有标记基因外，还会带有部分载体骨架序列。而载体骨架序列的存在可能会引起基因的重排，并且对外源基因或内源基因的表达有一定的影响。因此，在删除标记基因的同时，减少骨架序列整合的转基因技术的开发受到重视。基因枪介导的表达盒共转化法是一个有效的方法。

该方法是把含目的基因的最小表达盒和含选择基因的最小表达盒，混合共转化受体，通过后代的分离获得无选择标记的植株。Fu 等（2000）首次获得了稳定表达 *bar* 表达盒的转基因水稻植株，同时发现，与转化环型质粒或线性质粒相比，转表达盒的植株中 *bar* 整合形式简单，拷贝低，基因重排率低。Breitler 等（2002）研究发现转表达盒和转质粒时的转化效率，没有显著差异。Zhao 等（2007）把 *bar* 表达盒和水稻百叶枯抗病基因 *cecropin B* 通过基因枪法共转化水稻，并在分离的后代中获得了无 *bar* 的植株，其无标记转基因植株的获得率约为 6%。表达盒转化法在葡萄、马铃薯等植物中也已成功应用。另外，有试验表明，降低表达盒 DNA 浓度可以提高单拷贝的转化体频率。

染色质中与核基质（或核骨架）相结合从而将染色质固定于核基质的 DNA 序列称为基质附着区（matrix attachment region，MAR）或骨架附着区（scaffold attachment region，SAR）。MAR 与 SAR 无本质区别，主要区别在于制备核基质时去除组蛋白步骤所用方法不同。MAR 是位于染色质端粒附近的一段保守 DNA 序列，通常富含 TA，长度一般为 100 bp 至数千 bp，能使染色质上间隔 5～200 kb 的序列形成环状独立结构，提高基因的表达与稳定性。因此，利用此特性可把 MAR 序列置于外源基因的两翼，从而使外源基因整合到染色质独立结构区域，在一定程度上减少基因沉默，提高外源基因的稳定表达。邓智年等（2007）采用农杆菌介导法将带有 MAR 和不带 MAR 的野苋菜凝集素（AVA）的基因转入白菜，发现利用 MAR 序列不仅能提高 AVA 的表达水平，降低株系间表达差异，同时也能提高转化效率。Allen 等（1993）把来源于鸡和烟草的 MAR 序列置于 *gus* 两侧，通过基因枪转化烟草悬浮细胞，发现 *gus* 表达水平分别提高了 24 倍和 140 倍。

与动物相比，在植物中的 MAR 序列研究虽然起步较晚，但已从多种植物中分离得到具有 MAR 活性的 DNA 片段，包括大豆、玉米、高粱、豌豆、水稻、拟南芥、胡萝卜等。尽管植物中 MAR 的作用机制尚不清楚，但其在提高外源基因表达水平、降低转化体间表达差异及减少基因沉默等方面的作用，对今后植物的安全转基因研究将有重要意义。

3. 位点特异性重组法介导的标记基因删除和外源基因叠加

（1）位点特异性重组法介导的标记基因删除　　同源重组在植物中是一种普遍现象。在噬菌体中存在一种重组系统，即重组只发生在噬菌体和细菌染色体的特定位点，通常称为特异性重组位点。特异性重组位点由中间 7～12 bp 的核心序列和两侧的回文序列构成，重组发生在重组酶蛋白结合区和核心序列间。当重组位点方向相同时，发生重组时就会删除两位点间的序列，可用于标记基因的删除。目前应用于标记基因删除的主要有来自于噬菌体 P1 的 Cre/loxP 重组系统（图 12.9）、来自于酿酒酵母的 FLP/FRT 重组系统

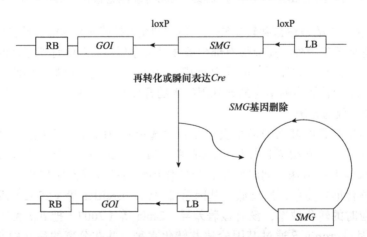

图 12.9　Cre/loxP 重组系统作用原理（王根平等，2014）

LB、RB 为 T-DNA 左右边界；loxP 为特异性重组位点；*GOI* 为目的基因；*SMG* 为选择标记基因

和来自于鲁氏酵母的 R/RS 重组系统，其中，Cre、FLP 和 R 为重组酶，loxP、FRT 和 RS 为其特异性重组位点。

目前，应用较多的是 Cre/loxP 重组系统，把重组酶 Cre 通过再转化引入转基因植株中或把重组酶 Cre 的转化植株与 loxP 转基因植株杂交，通过 Cre 在转基因植株中的表达激活重组系统，从而删除标记基因。但此法需要再转化或杂交，操作相对烦琐。此外，重组酶在转基因植株中的表达常引起植株表型的变异。为了解决这一问题，Gleave 等（1999）通过 Cre 重组酶在转基因烟草中的瞬时表达，实现了标记基因的删除，说明重组酶的瞬时表达也可删除标记基因，并避免了再转化和杂交过程。基于此原理，Kopertekh 等（2004）构建了基于 Potato Virus X 的 PVX-Cre 载体，通过 Cre 在烟草中的瞬时表达诱导重组，其重组率为 42%～48%。

此外，Zuo 等（2001）构建了 β-雌激素诱导的 CLX 载体系统，β-雌激素可激活启动子 G10-90 诱导转录因子 *XVE* 的表达，*XVE* 与 LexA 操纵子作用激活 *Cre-int* 的表达，诱导 loxP 位点的重组，把位于两位点间的 *XVE*、*npt* II 和 *Cre-int* 切除掉，并使 *GFP* 表达，该体系在拟南芥中已被验证有效。Luo 等发现 Cre/loxP 和 FLP/FRT 双重组系统的结合使用，可提高重组酶介导外源基因的删除效率。通过花粉或种子特异性启动子表达 Cre 或 FLP 重组酶，在 T_1 烟草种子中验证其删除率，删除率为 33%～79%，部分植株中删除率可达 100%。该技术为解决外源基因随花粉漂移或食用组织部分删除目标基因提供了有效方法。然而，该技术需要分离受体植物花粉或种子中的特异性启动子，同时目标基因的删除将不利于转基因作物的制种和留种，因此该法在转基因作物的研发和商业化应用中有一定的局限性。

（2）基于位点特异性重组法的基因叠加　　与 Cre/loxP、FLP/FRT 和 R/RS 重组系统相对应，phiC31-att 和 Bxb1-att 重组系统（phiC31 和 Bxb1 为重组酶，att 为其对应的特定识别重组位点）称为不可逆重组系统。与可逆重组系统识别位点相比，不可逆重组系统识别位点为非同源序列，即发生重组后产生的新位点与原来位点不会再发生重组。Ow（2011）基于此提出了可实现转基因植物中基因定点叠加的方法，通过将连接有不可逆重组位点的可逆重组系统引入基因组中，然后通过 2 个不可逆重组位点的交替使用，可顺次引入外源基因，而可逆重组位点可删除标记基因和每次基因叠加时的非必需序列。另外，利用该系统还可进行表达盒的定点替换、插入位点外源基因的删除和单拷贝植株的产生。Yau 等将此系统用于烟草的转化，成功实现了基因的定点整合，整合效率可达 10%，并获得了无标记基因转化植株。利用该系统只要获得首轮转化时稳定表达的位点，以后就可通过定点整合把基因插入该位点，实现基因的叠加或通过表达盒的交换引入新的基因，减少基因随机插入的盲目性。

目前该技术仍处于研究阶段，还存在一些未知的影响因素，如基因的叠加对外源基因的表达是否有影响、基因间的调控元件对相邻基因的表达是否有影响、基因叠加过程中可能出现的基因沉默对后续基因叠加的影响，另外多轮转化时间漫长也是不可忽略的问题。

Lin 等基于位点特异性重组系统开发了可进行多基因叠加和传递大片段的载体系统。该系统包括两个过程，首先在大肠杆菌中构建多基因叠加的双元载体，然后把携带有多基因的表达载体导入农杆菌进行大片段的转化，创建多基因叠加的转基因植株。多基因表达载体的构建，是通过Cre/loxP重组系统介导的多轮重组和归位内切酶的多次切割和连接，交替把两个中间载体中的外源基因顺次连接到目的载体TAC（transformation-competent artificial chromosome）中，TAC载体可以高效地传递大片段DNA。通过此系统，Lin等构建了含10个外源基因结构的TAC表达载体，并成功转入水稻基因组中，除发现一个转水稻内源基因发生基因沉默外，其余基因都可共表达，并且把选择基因和目的基因分别置于两个独立的T-DNA中，以期通过后代的分离，获得无标记转化植株。该方法大大节省了基因叠加的时间，且体外基因叠加，减轻了多次转化进行叠加的工作量。对于抗病、抗旱等植物复杂性状的改良，单个基因往往无法达到预期效果，位点特异性重组系统在基因叠加中展现出明显的优越性，不仅可缩短育种年限，加快多性状复合品种的产生，而且显著提高了转基因植物的安全性，有望成为未来植物转基因研究和安全转基因技术研发的重要技术之一。但目前的研究仅局限于烟草和水稻，尚需加强在其他重要农作物中的研究和利用。

（3）转座子介导的标记基因删除技术　目前用于标记基因删除研究的转座子系统主要是来源于玉米的Ac/Ds转座系统，删除策略主要有两种。一是把标记基因置于转座子内，与位于同一T-DNA内的目的基因共转化受体。在当代转基因植株中标记基因随转座子转位到别的位点，通过转基因植株子代的分离可获得无标记转化植株。Ebinuma等（1997）基于此策略构建了*ipt*标记基因的转座子系统（multi-auto-transformation，MAT），其中，*ipt*位于Ac转座子间，起一个双重功能，即正向选择功能和负向选择功能。在烟草和白杨转化试验中发现，无标记转化植株的获得率较低（0.032%），但Ac转座频率可达5%。MAT系统不需要有性繁殖即可获得无标记转化的植株，适合于无性繁殖的植物。此外，在转基因植株中只存在目的基因，也是实现多基因累加的一种途径。另一种策略是把目的基因置于转座子内，使目的基因随转座子转位到不连锁位点，通过转基因植株后代的分离获得无标记转化植株。此方法的优点是转化体不携带T-DNA或其他非冗余序列，能产生"纯基因"的插入。该方法最先应用于番茄转化，并获得了无标记转化植株。Cotsaftis等（2002）用同样的方法，获得无选择标记的转*cry1B*水稻，其转位频率为25%，同时证明*cry1B*可高效表达，说明转位后的再插入对目的基因表达无影响。由于该方法删除选择标记是在转基因植株后代分离过程中完成的，因此不适于无性繁殖的作物。

（4）同源重组介导的标记基因删除技术　染色体同源序列间发生重组是自然界普遍存在的一种现象。同源重组会导致两个同源序列间的片段发生倒置、互换、插入和缺失。如果重组发生在两个同向的同源序列间，则同源序列间的片段就会被切除。Zubko等（2000）把标记基因置于噬菌体附着位点*attP*的同向重复序列间，获得无标记转化烟草，同源重组频率达13.0%。*attP*重组引发机制尚不清楚，但*attP*序列富含AT碱基，推测其与同源重组的引发相关，重组的形成可能是由双链断裂诱导引起的。另外，Galliano等（1995）研究发现，当把矮牵牛中的转化增强序列（transformation booster sequence，TBS）置于*attP*位点附近时，可提高其在矮牵牛、烟草、玉米中的同源重组频率。同源重组技术的优点是通过一步筛选即可得到无标记植株、无须再转化和有性杂交、无须蛋白酶的参与，但同源重组频率偏低是限制其应用的一个关键因素。

总之，标记基因删除技术不仅消除了转基因植株中标记基因可能引起的潜在风险，同时也为创造多基因或多性状叠加的转基因植株提供了有利条件。

（三）叶绿体转化技术

外源基因导入叶绿体基因组的方法主要有基因枪转化法、PEG 介导转化法、农杆菌介导转化法和显微注射法等，目前主要采用前两种方法。采取的主要策略有：①利用叶绿体特异启动子、终止子及 5′-UTR 和 3′-UTR 区序列实现目的基因在叶绿体的高效表达；②利用同源重组的方式，将外源基因特异重组到叶绿体基因组的特定位点；③利用筛选标记基因实现外源基因在叶绿体基因组中的同质化。1988 年，Boynton 等首次在低等植物衣藻中实现了基因的叶绿体转化。1990 年，Svab 等利用基因枪法，将 *rrn16* 导入烟草叶绿体中，实现了高等植物叶绿体的基因转化。随后，叶绿体转化技术也成功应用于马铃薯、番茄和茄子等植物。叶绿体转化技术在禾本科作物中的应用较晚，直到 2006 年，Lee 等（2006）才成功实现了水稻叶绿体的转化。目前，利用基因枪介导的叶绿体转化法已成功用于甘蓝、油菜、胡萝卜、棉花、大豆和白杨等植物。叶绿体转化的优点是：①外源基因可高效表达，表达量可以达到核表达量的几百倍；②可进行多基因的转化，并且适用于真核基因和原核基因的表达；③定点整合，无位置效应，不易产生基因沉默现象；④叶绿体为母系遗传，外源基因不会随花粉漂移。缺点是：①叶绿体基因组拷贝数高，同质化困难；②水稻、小麦及玉米等禾本科作物再生困难，前质体与叶绿体基因组的表达调控不同，外源基因的同源重组率太低，同质转化也较为困难。

（四）基因拆分技术

基因拆分技术是为了降低基因漂移可能带来的环境风险而发展起来的一项新技术。基因拆分是建立在蛋白内含肽（intein）及其介导的蛋白质剪接基础上发展起来的。其作用原理为：将目的基因拆分成 2 个基因片段，分别与内含肽 2 个剪接域的基因序列结合，形成融合基因。翻译后形成的 2 个融合蛋白通过内含肽介导的蛋白质剪接，将内含肽自身从前体蛋白中切除，同时将外源基因片段编码的蛋白质序列连接起来，形成一个完整的、有功能的蛋白质（图 12.10）。

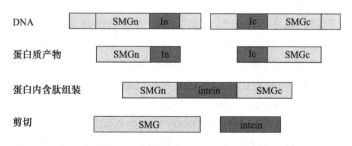

图 12.10　基因拆分技术示意图（王根平等，2014）

SMGn，SMGc. 拆分的选择标记基因的氮端和碳端片段；In，Ic. 内含肽剪切域的氮端和碳端片段

目前研究较多的是来自集胞藻属（*Synechocystis*）的 DNaE 内含肽（Ssp DNaE intein），其属于反式剪接内含肽。2003 年，Chin 等和 Yang 等首次证明了内含肽在植物中可正常

行使作用。Chin 等将抗草甘膦基因 *EPSPS* 拆分成两部分，其 N 端部分与 Ssp DNaE 内含肽 N 端融合形成 EPSPSn-In，C 端部分和 Ssp DNaE 内含肽 C 端部分融合形成 Ic-EPSPSc，通过农杆菌转化法将 EPSPS-In 转入烟草核基因组中，利用同源重组法将 Ic-EPSPSc 转入烟草叶绿体中，证明了无论内含肽基因片段在叶绿体中表达还是被拆分为在叶绿体和核基因组中表达，内含肽介导的剪接都能发生，且重组蛋白功能正常。Katja 等（2009）将来自芽孢杆菌的雄性不育（barnase）基因和来自水稻的乙酰乳酸合成酶（acetolactate synthase）的基因进行基因拆分，并在小麦中成功实现了两个基因的重组，获得了基因功能正常的转基因植株。目前，内含肽介导基因拆分技术还处于起步阶段，主要集中在模式植物如烟草、拟南芥中进行研究。由于内含肽介导的基因拆分技术需要通过杂交获得目的基因正常表达的转基因后代，因此在杂种优势较强的水稻和玉米等作物利用前景更大，在杂种优势不明显的农作物中有一定的局限性。

（五）植物基因定点修饰技术（打靶技术）

植物基因定点修饰是指外源 DNA 片段与受体同源片段发生重组，使外源 DNA 片段整合到染色体的预定位点（基因打靶），也称为基因组编辑（genome editing）。该技术被誉为"后基因组时代生命科学研究的助力器"。与通常的基因敲除（如 T-DNA 标签、转座子标签及逆转座子标签）相比，植物基因定点修饰技术不仅能实现基因定点整合，还可对靶基因进行精细改造（缺失或插入）。基因组编辑可分为 4 类，即锌指核酸酶（zinc-finger nuclease，ZFN）技术、类转录激活因子核酸酶（transcription activator-like effector nuclease，TALEN）技术、成簇规律间隔短回文重复（clustered regulatory interspaced short palindromic repeat，CRISPR）技术，以及多重自动基因组改造（multiplex automated genome engineering，MAGE）/接合组装基因组改造（conjugative assembly genome engineering，CAGE）。

1. 锌指核酸酶介导的定点修饰技术   锌指核酸酶（ZFN）是由一个 DNA 识别域和一个非特异性的核酸内切酶组成的一种融合蛋白，广泛存在于动植物中。其中，DNA 识别域由一系列 Cys2-His2 锌指蛋白（zinc-finger）串联组成，识别一段特异的 DNA 序列，与锌指蛋白相连的非特异性核酸内切酶是来自海床黄杆菌的一种限制性内切酶 *Fok* I，该酶是一种 type II S 类的限制性内切酶，只有在形成二聚体时才具有酶切活性，可大大降低随机剪切的概率。ZFN 转化细胞后，锌指蛋白特异性地结合识别位点，当两个锌指蛋白分子相距恰当距离时（6~8 bp），*Fok* I 形成二聚体，恢复酶切活性，特异性地切断 DNA，形成双链断裂缺口（double strand break，DSB）。双链断裂可引起细胞内的 DNA 损伤修复，即非同源重组末端连接（non-homologous end-joining，NHEJ）和同源重组（homologous recombination，HR）。NHEJ 修复机制可引起靶位点小片段的插入或缺失，从而引起基因的靶向敲除。当细胞中存在与靶位点同源的 DNA 片段时，则细胞主要以同源重组的方式修复断裂的双链 DNA，实现目标片段的定点整合。ZFN 技术最早应用于果蝇的研究中，此后在斑马鱼、大鼠、小鼠等动物中用于基因定点突变研究。ZFN 技术在植物中的研究起步较晚，目前主要用于模式植物中基因突变和修复研究。Lloyd 等（2005）把设计的 ZFN 的基因与诱导启动子相连转入拟南芥，通过诱导启动子的活性，实现了基因定点突变，首次证明了 ZFN 在植物细胞内具有正常功能，其非同源末端连接频率为 7.9%，并将 ZFN 用于烟草基因的定点修饰研究，结果显示其非同源末端连接频率约为 2%，定点整合频率可达 10%。Shukla 等把玉米肌醇激酶（inositol pentakisphosphate kinase，IPK1）的基因作为靶位点，筛选出两对在基因第二外显子上特异结合的 ZFN，转化玉米后，实现了在 *IPK1* 基因第二外显子上的定点突变和小片段的插入。同时，实现了抗除草剂基因 *PAT* 在 *IPK1* 内的定点整合，其整合频率最高可达 22%。然而作为一种新兴基因定点修饰工具，ZFN 仍存在一些亟待解决的问题，如 ZFN 的非特异性结合，即脱靶现象严重；ZFN 对细胞有毒性和作用位点有限等。

2. TALEN 介导的基因组定点修饰技术　　TALEN 由 TALE 蛋白和 *Fok* I 核酸内切酶的切割结构域人工融合而成，是最近几年发展起来的一种用于基因组定点修饰的分子工具。*TALE* 基因早在 1989 年在野黄单胞菌（*Xanthomonas campestris* pv. *vesicatoria*）中被克隆，但 TALE 蛋白的氨基酸序列与核酸特异序列的对应关系，直到 2009 年才被破译。TALE 的核酸识别单位为 34 个重复氨基酸序列。为获得识别某一特定核酸序列的 TALE，只须按照 DNA 序列将相应 TALE 单元串联克隆即可。将识别特异序列的 TALE 与非限制性内切核酸酶 *Fok* I 偶联后，便形成可定点剪切的内切酶 TALEN，当转入细胞后便可在特定识别位点剪切形成双链断裂切口，诱发细胞内的 DNA 损伤修复。在植物研究中，Mahfouz 等将特异识别拟南芥 *RD29A* 启动子区的 dHax3 TALE 与 EAR 转录抑制域（EAR-repression domain，SRDX）偶联，构建了可定点抑制 *RD29A* 转录的抑制子（dHax3. SRDX），并转化拟南芥，发现 dHax3.SRDX 蛋白可高效抑制 *RD29A::LUC* 转基因拟南芥中 *LUC* 的表达和拟南芥内源 *RD29A* 的表达，说明 TALE 可用于植物靶向基因定点修饰研究，为植物基因功能研究提供一个新的工具。Li 等利用 TALEN 技术通过对水稻白叶枯病敏感基因 *Os11N3* 的修饰，获得了稳定遗传的抗病植株，显示出 TALEN 介导的基因定点修饰在作物遗传改良中具有重要应用前景。与 ZFN 技术相比，TALEN 定点修饰技术有以下优点：① TALE 便于设计和预测；②试验设计简单、准确、周期短、成本低；③毒性低、脱靶情况少等。

3. CRISPR/Cas9 系统介导的基因组定点编辑技术　　CRISPR/Cas 是广泛存在于细菌或古生菌中的一种获得性免疫系统。CRISPR 位点是位于细菌染色体上或质粒上的一段特异 DNA 序列，由一系列短的高度保守的正向重复序列和与之长度相似的间隔序列（spacer）间隔排列组成。*Cas* 基因是与 CRISPR 重复序列相连的保守的 CRISPR 相关蛋白基因。根据 *Cas* 基因核心元件序列的不同，CRISPR/Cas 有 3 种类型，其中，Type II 型系统的核糖核蛋白复合物相对简单，包括 crRNA（CRISPR RNA）、tracrRNA（transactivating RNA）和一个 Cas9 蛋白，是研究者主要研究的一个系统。Cas9 蛋白含有 HLH 和 RuvC-like 两个核酸酶结构域，是 CRISPR/Cas9 免疫系统中的基本组成成分。当细菌受到噬菌体或外源质粒侵染时，CRISPR/Cas9 系统能够把外源 DNA 的一段特定序列整合到其 5′端的 2 个重复序列间，当细菌再次受到侵染时，前间区序列（protospacer）会转录生成 crRNA，并与 tracrRNA、Cas9 蛋白形成一种核糖核蛋白复合物，该复合物能够特异性地识别噬菌体 DNA 或质粒上的前间区序列邻近基序（protospacer adjacent motif，PAM）及前间区序列，然后 Cas9 蛋白的 2 个核酸酶结构域分别切割 PAM 上游与 crRNA 互补的 DNA，从而防止噬菌体的侵染和外来质粒的进入。基于 CRISPR/Cas9 系统的特异识别切割特点，将 tracrRNA 和 crRNA 形成嵌合 RNA 分子，称为向导 RNA （guide RNA，gRNA），CAS 蛋白在 gRNA 的指导下，可对靶序列进行切割，引起 DNA 分子双链断裂（double-strand break，DSB），诱发细胞内的 DNA 损伤修复。目前应用较为成功的是经过改造的来自产脓链球菌（*Streptococcus pyogenes*）的 CRISPR/Cas9 系统。Jinek 等首次实现了基于 CRISPR/Cas9 系统诱发的 DNA 双链断裂，为 CRISPR/Cas9 的进一步应用提供了基础。目前 CRISPR/Cas9 技术已成功应用于大肠杆菌、肺炎双球菌、酿酒酵母、斑马鱼、果蝇、线虫、小鼠和大鼠。CRISPR/Cas9 在植物中的应用也取得了重大突破，Nekrasov 等（2013）利用 CRISPR/Cas9 系统成功实现了烟草基因 *PDS*（phytoene desaturase）的定点突变，突变率为 1.8%～2.4%，平均率为 2.1%。Li 等（2013）利用 CRISPR/Cas9 在拟南芥和烟草中也成功实现了基因组的定点突变，其突变率为 1.1%～38.5%，并发现突变效率与 gRNA 的表达量有关；也证明了 CRISPR/Cas9 系统可同时对多基因或单基因的多个位点进行定点编辑。Shan 等（2013）对水稻的 *OsPDS*、*OsBADH2*、*Os02g23823* 和 *OsMPK2* 4 个基因及小麦 *TaMLO* 实现了定点突变，在转基因水稻中的突变效率为 7.1%～9.4%。此外，CRISPR/Cas9 系统在基因表达调控上也展现出巨大应用前景。Lei 等把 Cas9 蛋白失活，使之失去核酸内切酶活性，然后在基因位点或基因转录位点设计靶位点，由于 gRNA 与靶位点的特异结合，基因在靶位点处转录受阻从而抑制基因的表达，利用此系统成功在大肠杆菌和人类细胞中实现了靶基因的沉默。CRISPR/Cas9 系统是继 ZFN 和 TALEN 技术之后出现的基因组定点编辑新技术。与 ZFN 和 TALEN 不同的是，CRISPR/Cas9 系统对靶位点的识别依赖于核酸之间碱基互补配对，可对任何紧随 PAM（NGG）的 20 bp 的靶位点序列进行编辑，且其靶位点在基因组中的分布频率很高，因此对于需要定点编辑的靶基因，更容易找到合适的靶位点；CRISPR/Cas9 系统可同时对同一基因的不同位点或多个基因的位点进行定向编辑，使其运用更加灵活；此外，CRISPR/Cas9 系统操作简单快捷，每次打靶只需替换原有载体上 20～30 bp 的核苷酸序列，更适宜规模化、高通量操作。CRISPR/Cas9 作为一种新的靶向基因修饰技术，目前已经应用于水稻、小麦、拟南芥基因的定点修饰研究中，但尚未进行重要农作物目标农艺性状改良的研究。与 TALEN 技术相比，其优点是试验设计更简单，但尚存在脱靶率较高的缺点。总之，CRISPR/Cas9 作为一种新的基因定向编辑技术，展现了广阔的发展潜力和应用前景，有望成为未来基因定向编辑的最强有力的工具之一。

4. MACE/CAGE 介导的基因编辑技术　　基因组的自由编辑一直是生物学家的梦想，但大部分 DNA 编辑工具均作用缓慢、价格昂贵且效率低下。为了解决这个问题，哈佛大学医学院等机构开发出快速且简单的基因组规模编辑工具，能够利用"查找和替换"改写活细胞的基因组。TAG 终止密码子是大肠杆菌基因组中最稀有的，只有 314 个，这也让它成为替换的首要目标。研究人员利用多重自动基因组改造（MACE），用同义的 TAA 密码子位点来特异性地替换 32 种大肠杆菌菌株中的 TAG 终止密码子。研究者利用这种方法能够测定单个基因的重组频率，证实每次修饰的可行性，并鉴定出相关的表型。

MACE 这种小规模的改造方法替换了部分但不是全部的 TAG 密码子。之后，利用细菌天然的接合能力，研究人员诱导细胞以更大规模转移包含 TAA 密码子的基因。这种新方法称为接合组装基因组改造（CAGE）。这使其能够从根本上改造基因组，从几个到几兆核苷酸。基因工程发展至今，人们已能精确地操作微生物的基因型，但是在发展上受到设计要求的限制。

（六）合成生物学及其相关技术

合成生物学是一个新兴的科学技术领域，它的形成有一系列标志性事件（张先恩，2017）。2002 年，人类首次合成病毒（Cello et al., 2002）；2010 年，Cibson 等进行的第一个合成基因组的原核生物（支原体）问世；2014 年，Annaluru 等合成第一条酵母染色体；2017 年 3 月，*Science* 报道了合成酵母基因组计划（Sc 2.0）中另外 5 条染色体的合成（Mercy et al., 2017）。其中，2006 年美国加利福尼亚大学伯克利分校 Keasling 教授通过基因网络重构和细胞工厂改造，成功地在酵母菌中合成了抗疟疾药物青蒿素的前体青蒿酸，是合成生物学和代谢工程的成功范例。

1. 合成生物学发展与概念　　合成生物学发展到今天已有上百年的历史，但直到 1953 年，沃森和克里克发现了 DNA 双螺旋结构，开启了分子生物学时代，使遗传学研究深入分子水平才真正为合成生物学奠定了实际的基础。此后，合成生物学开始以迅猛的速度发展，1972 年，Jackson 和 Berg 等通过将细菌病毒的 DNA 拼接到猴子病毒 SV40.1 中，创建了首例重组 DNA 分子；1973 年，Cohen 首次将 DNA 片段与质粒连接，并转化入大肠杆菌，这为后来构建异源代谢途径奠定了基础；1978 年，诺贝尔生理学或医学奖颁给发现 DNA 限制酶的纳森斯（Daniel Nathans）、亚伯（Werner Artier）和史密斯（Hamilton Smith）；1980 年，科学家开始用合成生物学的概念来表述基因重组技术。此后，聚合酶链反应（PCR）技术快速发展，成为生物学研究中极为重要的工程技术，而基因测序技术也由此得以进步。

在基因组学获得巨大成功的基础上，2000 年，E. Kool 在美国化学会年会上重新定义"合成生物学"（synthetic biology）为基于系统生物学的遗传工程，用基因片段、人工碱基 DNA 分子、基因调控网络与信号转导路径人为地设计与构建具有新的生物功能的生命体系。这是一门涉及微生物学、分子生物学、系统生物学、遗传工程、材料科学及计算科学等多个领域的综合性交叉学科。合成生物学旨在利用测序技术、计算机建模及模拟技术、生物工程技术、化学合成技术等，在工程学思想的指导下，从头设计并构建新的生物组件、设备和系统，或对现有的、天然的生物系统进行重新设计和改造，以达到利用工程化的生物系统或生物模块来处理信息、操作化合物、制造材料、生产能源、提供食物、保持和增强人类健康及改善环境等目的（Benner and Sismour，2005；Heinemann and Panke，2006；张柳燕等，2010；杨菊和邓禹，2017）。

合成生物学的特点在于工程学思想与生物学研究的充分融合。合成生物学遵循工程设计的原理，将标准化-设计-建模/模拟-实施-测试的工程学思想核心引入生物系统的设计与构建中。合成生物学的基本出发点之一是将复杂的生命系统拆分为各个功能元件，通过对生物元件（part）进行标准化、模块化定义，以实现对生物元件的逐级组装（device），直至构建一个新的功能系统（system）。

合成生物学研究内容可以大体分为 3 个层次：一是利用已知功能的天然生物模体［motif 或模块（module）］构建成新型调控网络并表现出新功能；二是采用从头合成（*de novo* synthesis）的方法，人工合成基因组 DNA 并重构生命；三是在前两个研究领域得到充分发展之后，创建完整的全新生物系统乃至人工生命体（artificial life）（杨菊和邓禹，2017）。

2. 合成生物学相关技术

（1）基本元件与基因重组技术

1）基本元件。启动子、基因编码序列、终止子、转录调控蛋白因子、核糖体结合位点（RBS）、调控小 RNA 分子等都是合成生物学的基本元件。人们开始系统定量表征自然界的天然元件，并开发了许多基于天然元件的突变人工元件。除了上述基本元件外，人们还开发了一些新型的元件，如基因间序列元件、DNA 位点标签元件、RNA 适配子元件等，并着力不断扩大这些人工元件的种类和数量。这些元件共同构成合成生物学的元件库。

2）基因重组技术。基因重组技术又称为重组 DNA 技术（recombinant DNA technique），按照人们的意愿，利用重组 DNA 的工具在体外重新组合 DNA 分子，再将重组分子导入受体细胞中，并使它们在相应的细胞中增殖的遗传操作。这种操作可把特定的基因组合到载体上，并使之在受体细胞中增殖和表达，因此不受亲缘关系限制。

合成生物学的目标就是通过简化设计和构建生命体系的过程，使生物合成更简单快捷（杨菊和邓禹，2017）。Knight（2003）建立了一套新的名为"BioBrick"的克隆策略，使生物组件的标准化装配成为可能，就像传统的机械制造那样，各种组件具备一定的标准的接口，它们之间能以标准的方式连接装配形成更大的组件。每个 BioBrick 都是一段 DNA，它包含特定的信息及编码相对应的特定功能。例如，启动子、核糖体结合位点、蛋白质编码序列、终止子，或是它们的组合。每个 BioBrick 的上下游包含特定的酶切位点，只需要通过酶切连接反应，就可以将任意一个标准化后的 BioBrick 组件插入其他的 BioBrick 组件的上游或者下游，并且新的组合序列仍然是标准化的 BioBrick 组件。迭代这样的操作，可以利用简单的手段，从简单的组件出发，构建大规模的复杂系统。Shetty 等利用 BioBrick 组件顺利地构建了 7 个 BioBrick 载体，并利用这些载体成功组装了其他标准化的 BioBrick 组件。

（2）基因组编辑　　在合成生物学的应用中，基因组编辑（genome editing）是异源合成途径的重构及模块优化的基本操作手段。所谓基因组编辑是在基因组水平上对 DNA 序列进行定点改造修饰的遗传操作技术，该技术被誉为"后基因组时代生命科学研究的助力器"。

其原理是通过构建一个人工内切酶，在靶位点切断 DNA，产生 DNA 双链断裂（double-strand break，DSB），进而诱导细胞内的 DNA 修复系统进行非同源末端连接（nonhomologous end joining，NHEJ）和同源重组修复（homologous recombination，HR）。通过这两种修复途径，基因组编辑技术可以实现定点基因敲除、特异突变引入和定点修饰。

（3）代谢途径的模块化表达　　越来越多的研究表明，利用合成生物学工具，模块化表达不同功能的异源基因，能够有效地协调大量异源基因的高表达，优化代谢途径，避免过量代谢中间产物的积累，提高目的产物的积累效率，另外，还可以促进人工代谢途径的构建。在代谢工程中，为了得到有价值的目的产物，科学家需要克服一些基因的过表达、不匹配的辅因子间的氧化还原不平衡、有害中间产物的富集等障碍，这就需要借助分子生物学的手段模块化表达不同功能的基因，然后选择最合适的模块组合导入相应的代谢途径中，以得到最优的代谢途径。

对于不同模块的调控，则通过调整控制模块转录的启动子的强弱组合实现。现阶段最成熟的方法是通过建立功能启动子库，然后筛选不同强弱的启动子，通过组合控制模块转录的不同强度的启动子，最后获得兼顾目的产物积累和细胞生长的启动子组合策略。例如，Zhang 等（2012）通过理性调节 3 个模块，创建了生产脂肪酸乙酯（fatty acid ethyl ester，FAEE）的代谢网络。3 个模块中 A 模块的产物是脂肪酸，B 模块的产物是乙醇，C 模块的产物是生物柴油，为了提高 FAEE 的产量，Zhang 等调节 3 个模块的启动子强弱的不同组合，最后使 FAEE 的产量达到 1.5 g/L。

3. 合成生物学在各领域中的应用　　合成生物学发展的原动力是人们对可再生性生物燃料的追求，人们期望利用合成生物学的方法，将自然界中大量存在的可再生的糖类和纤维素物质转化为燃料，以取代石油等不可再生能源。而现今合成生物学的应用已经扩展至很多领域，如生物燃料生产、天然产物合成、生物医药、合成新物种等（杨菊和邓禹，2017）。

（1）合成生物学在生物能源领域的应用　　能源问题已不是单纯的能源问题，它已经延伸到了政治、经济等各个方面，早在 20 世纪，能源问题就引起了各个国家的高度重视，如何开发清洁、经济、可再生的能源，成为各国科学家关注的热点。随着基因重组、分子克隆、基因编辑等合成生物学技术的发展，通过生物手段来解决能源问题也成为一种可能和必然趋势。

1）氢气能源。氢气作为燃料是一种非常清洁的能源，"零排放"的特点使其成为应用潜力巨大的能源之一。美国弗吉尼亚理工大学的 Zhang 等（2007）运用合成生物学技术，将 13 种已知的酶组成一个非天然的新的催化体系，使淀粉和水在温和条件下生产氢成为现实，实现了氢的生物制造。

2）有机燃料的合成。Sonderegger 等（2004）在啤酒酵母中导入异源的磷酸转乙酰酶和乙醛脱氢酶，发酵得到乙醇，使得以乙酸为底物发酵乙醇的产量提高 20%，用木糖发酵乙醇产量提高了 40%。Trinh 等（2008）通过定向基因编辑，去除大肠杆菌中乙醇代谢的竞争途径，使碳流朝乙醇的方向富集，提高了乙醇的产量。由于乙醇燃料具有腐蚀性、吸水性及易挥发性，其作为燃料的大规模使用具有一些潜在的隐患，目前很多科学家将目光更多地集中于一些高碳醇燃料上，如异丙醇、1-丁醇、异丁醇和高级脂肪醇等。Hanai 等（2007）通过将异源的丙酮丁醇梭菌中的异丙醇代谢通路中的关键基因整合入大肠杆菌，实现了异丙醇在大肠杆菌中的高效表达，产量达到了 4.9 g/L。Atsumi 等（2008）通过将编码丙酮丁醇梭菌的 1-丁醇代谢通路中的关键酶基因插入大肠杆菌，同时阻断大肠杆菌本身存在的与 1-丁醇生产竞争乙酰辅酶 A 和 NADH 的代谢通路，1-丁醇的产量提高了约 3 倍，达到 373 mg/L。

Stem 等（2010）在现有单糖到脂肪酸的合成途径的基础上，在大肠杆菌中引入异源的脂肪酸到脂肪醇的代谢相关酶，其中包括 fadD（来自大肠杆菌的酰基辅酶 A 合成酶）、acrl（来自不动杆菌 ADPI 的 acyl-CoA 还原酶）等，成功构建了由单糖到脂肪醇的整体代谢途径。通过表达 acrl 和 fadD，同时阻断脂肪酸的其他代谢通路，实现了脂肪醇在大肠杆菌中的高效表达。同时，该研究小组还利用合成生物学方法对大肠杆菌和酿酒酵母进行改造，实现了一种没药烷型倍半萜烯的高效表达，这种没药烷型倍半萜烯加氢反应后可作为一种新型的绿色燃料。

（2）合成生物学在化工产品上的应用　　利用合成生物学技术重组的工程菌，不仅可以用于生产绿色燃料，在工业化工产品领域也发挥着巨大作用。目前，已有科学家利用合成生物学技术改造细胞来实现生产塑料和纺织品的化工前体。己二酸（adipic acid 或者 adipate）又称为肥酸，是一种重要的二元羧酸，它能够发生成盐反应、酯化反应、酰胺化反应等，并能与二元胺或二元醇缩聚成高分子聚合物。当前己二酸最重要的应用领域是合成尼龙类纤维。Niu 等（2002）通过在大肠杆菌中过量表达人工合成的 β-酮己二酸途径，直接发酵葡萄糖生产顺式-己二烯二酸，然后直接利用上述发酵液化学脱氢得到己二酸。Jung 和 Yang（2010）利用合成生物学技术对菌株进行改造，成功构建了非天然生产环保型可降解性塑料聚羟基脂肪酸（PHA）的生产和代谢模块，并优化了能够用糖稳定生产 PHA 的工艺。美国杜邦公司实现了利用大肠杆菌合成重要的工业原料 1,3-丙二醇等。

（3）合成生物学在医药领域的应用

1）萜类药物的生物合成。萜类（terpenoid）是一种在天然宿主中表达量低、结构复杂并具有多个手性中心的小分子物质，其中很多萜类化合物具有较高的药用价值，如具有抗癌作用的紫杉醇和抗疟疾作用的青蒿素。目前萜类的生产主要依赖于植物栽培、组织和细胞培养、生物转化等，尽管已经取得了很大的研究进展，但是仍然面临着产量低、培养过程难等一些问题。通过生物科技手段提高该类化合物的产量具有极高的商业价值和社会意义。目前科研工作者已利用合成生物学手段实现了该类化合物产量的提高。

在自然界中，青蒿素是青蒿产生的倍半萜烯酯的内过氧化物，被世界卫生组织（WHO）推荐为治疗疟疾的首选药物，但在自然界中产量很低。化学方法合成青蒿素十分困难，且成本高昂，使得青蒿素的供应短缺，许多患者无法得到及时治疗。Ro 等（2006）利用酿酒酵母（Saccharomyces cerevisiae）实现了青蒿素的前体物质青蒿酸的生物合成。Keasling 研究组（2007）以酿酒酵母 S288C 为底盘细胞构建表达青蒿素前体物青蒿二烯的酿酒酵母工程菌株，其根据大肠杆菌的密码子偏好性，高表达青蒿二烯合成酶（amorphadiene synthase，ADS）基因；用 Met3 启动子弱化鲨烯合成酶的表达来提高甲羟戊酸途径的表达；在此基础上表达青蒿二烯氧化酶（AMO）、负责青蒿二烯三步氧化的细胞色素 P450 和青蒿细胞色素还原酶（AaCPR）功能模块，并在酵母菌中对 FPP（法尼基焦磷酸）合成途径进行了 5 次改造，改造后酵母菌青蒿酸的合成能力大大提高，合成量达到 153 mg/L，是之前报道的最大合成水平的 500 倍。通过对代谢途径不断改造和优化，目前青蒿素的产量已经得到了若干数量级的提高，最终将青蒿素的合成成本降为原来的 1/10。此研究成果为实现抗疟疾药物的低成本生产奠定了基础，对全世界疟疾治疗的发展起到了巨大的促进作用。为此，Keasling 教授被美国 Discover 杂志评为 2006 年最有影响的科学家，并获得高达 4000 万美元的基金资助，用于研究青蒿素的产业化生产。在 2014 年 8 月，该项研究开始规模化，截止到 2015 年 5 月，已使非洲 1500 万疟疾患者受益。

紫杉醇（paclitaxel）及其衍生物具有抗恶性肿瘤、防治移植动脉硬化、抗疤痕形成和抗血管生成等作用，目前主要被用于治疗恶性肿瘤。紫杉醇是紫杉次级代谢产生的双萜类物质，但是紫杉醇与青蒿素一样，在自然界中产量不高，且化学合成困难，随着合成生物学技术的发展，紫杉醇的生物合成也成为生物学家关注的热点。紫杉醇的自然合成是一个复杂的酶促反应，涉及近 20 种酶。大致途径为由萜类化合物生物合成的共同前体双牻牛儿基二磷酸盐（geranylgeranyl diphosphate，GGPP）通过紫杉二烯合成酶的作用生成关键中间产物紫杉二烯，其经过酶促反应转为紫杉烷，紫杉烷经过一系列的还原、加羟、酰基转移等修饰反应，形成紫杉醇的最终前体巴卡亭Ⅲ。2008 年，Engel 等（2008）将紫杉二烯的合成途径转入啤酒酵母中，通过过表达 tHmgr1、Upc2-1，并用来自于嗜酸热硫化叶菌的双牻牛儿基焦磷酸合成酶（GGPPS）替换红豆杉 GGPPS，并依照酿酒酵母的密码子偏好性对紫杉二烯合成酶基因进行密码子优化，紫杉二烯的产量提高到了 8.7 mg/L，同时酿酒酵母细胞中 GGPP 的含量为 33.1 mg/L，这表明紫杉二烯的产量还有提高的空间。

　　2）生物碱类药物的生物合成。吗啡是从罂粟未成熟果实的乳汁中提取得来的，是罂粟的次级代谢产物，属于阿片类生物碱，早在几千年前人们就发现了它的药用价值，其有强烈的麻醉、镇痛作用，其镇痛范围广泛，几乎适用于各种严重疼痛，包括晚期癌变的剧痛，并且镇痛时能保持意识及其他感觉不受影响。此外，其还有明显的镇静作用，能消除疼痛所引起的焦虑、紧张、恐惧等情绪反应，还能引起某种程度的惬意和欣快感，目前仍是不可替代的镇痛药物之一。但目前主要还是依靠从罂粟中提取，其生产受到天气、季节等因素制约，随着合成生物学的发展及广泛应用，很多科学家也把关注点转移到吗啡的生物合成上。合成阿片类生物碱的完整通路包括 20 多个步骤，涉及 20 多种酶，要在酵母菌中构建这个完整的通路，是个不小的挑战。2015 年，这个困难被攻克，2015 年的 8 月 13 日，*Science* 刊登了美国斯坦福大学 Smolke 团队的新工作成果：其在酵母菌中构建出阿片类生物碱生物合成的完整通路，并成功生产阿片类生物碱。Smolke 团队研究酵母菌生产阿片类生物碱已有近 10 年的时间，他们于 2014 年在酵母菌中实现了由替巴因到吗啡的转化，他们研究发现，在替巴因合成吗啡的过程中，替巴因-6-*O*-脱甲基酶（thebaine-6-*O*-demethylase，T6ODM）、可待因还原酶（codeine reductase，COR）、可待因-*O*-脱甲基酶（codeine-*O*-demethylase，CODM）这 3 种酶的基因拷贝数之比为 2∶1∶3 时，吗啡的产量提升约 2 倍（Thodey et al.，2014）。

　　目前，喜树碱（camptothecin）、紫草素（shikonin）等重要药用成分在植物中的合成途径已经明确，尤其喜树碱的全合成已经取得成功，但是由于路线长、产率低、生产成本高，无法投入工业化生产。合成生物学在过去的 10 年中得到了飞速发展，大量高效而实用的合成生物学工具已经被开发和应用于药物和生物燃料的微生物合成。人们渴望能够像有机合成化学一样，根据需要设计、重组、构建并优化新的生物合成途径，利用微生物为细胞工厂，生产自然界来源受限的中药活性成分。

　　（4）合成生物学在疾病治疗上的应用　　自古以来人们就饱受各种健康问题的困扰，解决人们的健康问题始终是医学及生物学研究的核心热点。随着合成生物学的快速发展和广泛应用，用合成生物学的手段解决健康问题也引起了科学家广泛的兴趣，除了上述的一些关于药物研发上的贡献，在疾病的疗法上，合成生物学通过构建模块化的生物元件、疾病治疗通路等，创造了许多新的疾病治疗方法。利用合成生物学构建的基因工程菌在缺氧环境中表达的特性，可让其在肿瘤缺氧的组织环境中，制造某种细胞毒性蛋白而启动癌细胞死亡程序，进而杀死癌细胞。还有某些合成的生物药物可能更容易接近肿瘤组织，可有选择性地杀死癌细胞。美国加利福尼亚大学的 Voigt 课题组设计了一种细菌，可以侵入肿瘤细胞并将其杀死（Anderson et al.，2006）。他们向细菌中引入了多个模块，将细菌对癌细胞的入侵与特定环境信号连接起来。利用数字电路门控思想，使细菌实现了对外界环境的探测。当细菌处于低氧环境并且密度超过一定阈值时，细菌将表达来自假结核耶尔森菌的侵染素（invasin），从而杀死癌细胞。还可以根据肿瘤特异性和治疗的需要，将其中的特异性模块进行更换，实现其对不同种类肿瘤细胞的治疗作用，这很好地体现了合成生物学技术在应用上的灵活性。乙硫异烟胺是一种治疗肺结核的药物，主要是通过结合分枝杆菌酶 EthA 激活药效。*ethA* 编码的蛋白质属于含黄素单氧化酶家族，催化激活乙硫异烟胺；现已证实结核分枝杆菌基因 *ethA* 和 *ethR* 与乙硫异烟胺耐药有关，*ethR* 基因编码的阻抑物属于转录调节器 TetR/CamR 家族，负性调节 *ethA* 的表达。由于体内的 EthR 抑制 *EthA* 基因转录，因此在治疗上乙硫异烟胺总是无法达到预期的效果。Weber 等（2008）利用合成生物学技术设计了一个哺乳动物的基因线路，构建了一个连有 EthR 反式作用因子的报告基因来筛选鉴定 EthR 抑制子，进而消除对乙硫异烟胺的拮抗作用，极大地提高了乙硫异烟胺在体内的生物利用率，从而大大提高了其抗结核疗效。Kemmer 等（2010）利用构建的基因回路，将其植入细胞，实现了对体内尿酸浓度的检测与控制。该回路中，当尿酸浓度低于阈值时，细菌转录抑制物 HucR 与特异结合的 DNA 模体 HucO 抑制下游报告基因与重组黄曲霉菌尿酸酶的表达；当尿酸浓度高于阈值时，HucR 的转录抑制作用解除，通过激活报告基因与黄曲霉菌尿酸酶的表达，实现了对体内尿酸浓度的监测与稳控。

（5）合成生物学在工业污染物检测中的应用　　通过合成生物学技术，可以利用电路设计思路同生物细胞相结合，设计改造基因线路，提高生物传感性，实现一些化学物质的生物检测。西班牙的 Lorenzo 教授课题组（DeLas et al.，2008）一直致力于合成生物学框架内的甲苯及其衍生化合物的生物监测研究。该课题组构建了 Xy1R-Pu-Lux 的甲苯类化合物的检测模块，将其整合到恶臭假单胞菌 KT2440 基因组中，并通过二步转座策略，剔除抗性基因，实现了符合环境监测要求的甲苯检测工程菌株的构建。密歇根大学的 IGEM 团队更是在此基础上，在此模块中加入自杀机制，提高了工程菌株的应用价值，降低了其对环境的副作用。该检测平台的建立，体现了合成生物学技术在化合物检测上的应用，该技术不仅可用于工业污染物的检测，还具有一定的军事意义，目前已有国家将其应用于地雷生物武器的检测。

4. 合成生物学面临的机遇与挑战　　合成生物学研究所取得的成绩，已经初步显示了这一学科巨大的应用前景及其可能对人类社会产生的重大影响。合成生物学的发展一方面促进了各个学科领域的交叉综合，带来了技术的进步；另一方面合成生物学的成果有望在多个领域改变人类的生活，如廉价的药物、疾病的快速诊断、肿瘤的检测与治疗、高效生产的清洁能源、可持续的空气净化、大幅提高的农作物产量等。然而，这些目标的实现仍需来自各个领域科学家的持续探索和努力。目前，合成生物学仍面临着诸多挑战，需要逐一克服（张柳燕等，2010）。

（1）技术挑战　　合成生物学仍面临着一些技术挑战，如生物元件标准化有待进一步完善；仍有许多功能模块尚未确定；生物模块之间及模块与"底盘"细胞之间的兼容性不可预测，复杂性难以处理；定位于全基因组水平网络模型的建立及分析工具有待改进等。问题的核心在于对生命功能"部件"了解尚不充分，对生命体系缺乏系统性、全局性的认识。人类基因组计划为生物学研究引入了"组学"的理念和方法，即规模化、系统化、全局化，并随之产生了各种组学研究和数据（如转录组、蛋白质组）。各种组学研究促进了相关学科领域的突破性进展，组学数据也为合成生物学研究提供了重要的基础。生命是一个巨大而复杂的网络系统，代谢、转录调控、信号转导等各种网络系统之间存在着复杂的沟通、调节和控制机制。因此，需突破传统的基因工程或代谢工程"局部化"研究的局限，充分利用各种组学数据，构建"全基因组水平"网络模型，以实现对生物体系统的、全局的认识；以此为基础，开展对生物体的改造与设计，将是解决合成生物学问题和挑战的关键。

另外，如何将现有的合成生物学研究成果高效地组织及利用起来，也是促进合成生物学快速发展的因素之一。例如，如何更加有效地规范生物元件的标准化，如何对已设计出的生物模块进行综合管理，如何实现模块的设计、构建技术与合成基因组学技术的相互结合等。此外，在生物模块研究方面，合成生物学发展的前10年，从生物元件的标准化开始，大多数研究集中在单个生物模块的设计与构建上。

合成生物学的未来有望在系统层次上有更进一步的发展，即从现有的单个模块出发，通过将不同功能的简单模块进行合理、有目的的组合，使其发挥更为复杂的作用：如通过偶合多个模块构建出消耗污染物，同时产生绿色能源的生物系统或通路，或构建出能够探测并杀死肿瘤细胞的生物系统等。同样，承载这些模块和系统的"底盘"研究也是合成生物学未来一段时期发展的一个重要方向和挑战。最小基因组的研究，不仅能够为所设计的模块和系统提供理想的底盘，同时也是一个探索生命未知的重要过程。

（2）社会及伦理问题　　科学是一把双刃剑，合成生物学可能带来的风险同它美好应用前景一样受到人们的关注。提到"重构生命"，一些人表示担忧。尤其是在2008年，Becker等使原本不具备人类感染力的蝙蝠SARS病毒变成感染人的强毒株后，人们不禁恐慌，若是这类技术被用于生物武器的开发，或者被恐怖主义者掌握，后果会怎样？2010年，Venter及其团队在人工合成细胞方面取得的进展使得人们不禁要问，距离"人造生命"还有多远？合成生物学正是在这样的争议中不断接受着社会及伦理问题的审查。

对于合成生物技术，从技术层面来讲，科学家对此已有预见和防范手段。例如，对于构建的新物种，可以通过设计基因开关，限制其向不利的方面发展；可以设计所谓的"自杀基因"，确保合成的细菌细胞不能在实验室外或其他特定的环境下存活；一些工程细菌，到一定的时候，让其自然灭亡，而不会对人类社会和环境造成危害。从社会层面来讲，应将生物安全和生物防护提上日程，首先，相关部门应加强管理，包括法律上的管理；其次，科学家应履行责任，防止对这一技术的误用；最后，使公众对科学信息具有全面而真实的了解，防止恐慌。美国生物伦理委员会对合成生物学当前的发展评估结果表示，合成生物学当前不会产生巨大的、不可预期的破坏影响，但应长期关注，随时制定和实施适当的保障措施。对于生物合成技术，应看到其发展会造福人类，对其造成的风险和生命伦理方面的问题，应正确地加以评估并科学地管理控制。未来合成生物学的发展，必然将接受各种社会、伦理及道德的审查，其管理和规范也将随之而进一步完善，这是这个学科发展的特点之一，同时也是促进这一学科发展的动力之一。

（3）展望　　可以预期，在不久的将来，人类有望通过合成生物技术建立的人工叶片大量消耗导致全球气候变暖的二氧化碳，同时产生新能源；利用人工制造的超级甲烷菌、超级产油菌源源不断地生产清洁燃料，而采用的原料是可循环再生的物质，而不是日益缺乏的石油原料；通过合成生物学技术发展的各类超级计算机、超级电池、新型体内医学机器人等技术和产品将彻底改善人和环境的友好协调关系，推动产业结构全面升级进入绿色制造时代，提高人类社会的文明水平，加快人类进入生物经济时代的步伐，为人类带来巨大财富和福祉。

近年来随着合成生物学的发展，很多领域的科学家对合成生物学投入了高度的热情，积极地利用合成生物学的手段来解决相应的难题，并已在多个领域取得了突破性的进展。然而，其在造福人类的同时，也带来了新一轮的科学伦理的争论。为了方便筛选，很多细菌在改造的同时都导入了抗生素抗性基因，所以理论上讲，合成生物学的某些产物可能会给人类和环境带来一些威胁。但是，我们若能趋利避害，做到一方面要鼓励支持合成生物学研究的发展，充分发挥其对解决环境、能源、健康等问题及认识生命本质等方面发挥的重要作用；另一方面要加强对合成生物学的监管，建立必要的准入和审批制度，合成生物学定能给人类和环境带来巨大的积极影响，并成为解决环境、能源、健康等问题的重要手段。

二、安全性评价

（一）转基因食品安全

1. 转基因食品的现状及趋势　　从 1994 年第一个转基因植物产品——延熟保鲜转基因番茄获得美国农业部、美国食品药物监督管理局批准进入市场以来，截至 1998 年 6 月，国外批准商业化应用的各类转基因植物已近 90 种，广泛地出现在农作物、蔬菜、水果及家畜类等各种食品中。

据统计，1998 年全球转基因玉米、大豆和棉花已分别占其各自总产量的 15%、30%、50%，1999 年美国转基因大豆、棉花和玉米的种植面积分别占相应作物总面积的 55%、50% 和 30%。

与任何一种新事物面世一样，人们对转基因食品也具有不同的看法并进行了激烈的争论。持赞成观点者和持反对观点者在关于食品安全、营养及对人体的长期影响等重要问题上各执一端。到目前为止，转基因食品尚未能从科学原理上被证明完全无害或确定有害，因为科学技术手段还未能达到确切地了解和控制插入基因的位置、表达状态和全部影响。从理论上讲，转基因食品是安全的，因为它们在上市之前是经过大量试验和许多部门严格检验的，与普通食品相比，任何一种转基因食品在安全性方面所进行的检验都要更多、更严格。而且转基因食品在体内不积累，不会产生副作用。但是不能忽视的是，转基因农作物就像人造的外来物种一样，它的很多负面效应不是短期内可以看到的，有的要到几十年以后才能发现，科学家和其他人都很难做出对转基因生物的长期评估。总之，无论是对转基因食品持支持态度的一方还是持反对态度的一方，都不能出示有力的证据证明各自的观点，因此决定转基因产品命运的将只能是各国的社会结构性特征、制度安排、利益取向和文化因素了。

2. 世界各国对转基因食品的认识和态度　　不同国家基于自身的情况和认知，对转基因食品采取的生产、科研、贸易政策千差万别，尤其是在转基因产品贸易上争议更大。长期以来，国际社会对于转基因食品的安全性问题基本上形成了以美国和欧盟为代表的两大阵营，一个以美国为代表，积极支持转基因食品的生产与自由贸易；另一个以欧盟为代表，采取谨慎和保守的态度，对转基因食品的生产和流通进行多方位的管理和限制，以减少可能带来的风险。

美国是现代生物技术的发源地，是世界上转基因作物研制开发最早、种植面积最大的国家，在美国，有 1/4 的耕地种植的是转基因作物，其中转基因抗除草剂大豆占美国大豆总面积的 55%，抗虫棉占棉田总面积的近 50%，转基因玉米占玉米总面积的 30%。转基因食品高达 4000 多种，已成为人们日常生活的普通商品。美国是转基因食品的积极倡导者，具有健全的转基因食品与环境检测的管理机构及严格的安全标准。美国公民对转基因食品采取比较宽容的态度，他们认为转基因食品在上市之前要经过严格的市场准入检测，在实质上和传统的食品没有什么区别即可上市。转基因作物已经成为美国经济新的增长点，与美国的技术优势及贸易利益的实现息息相关。因而在有关转基因作物及其食品安全性的争论中，美国始终站在肯定和支持的立场上，主张将转基因产品和传统农产品同等对待，并努力影响国际社会对相关政策的制定。

欧盟对转基因食品持比较谨慎的态度，政府反对美国转基因食品涌入自己的国家；以绿色和平组织为代表，以保护环境为主要目标的非政府组织，坚决而积极地抗拒转基因产品。他们认为某些转基因作物虽然个头大、颜色艳，但缺少了原汁原味；更有甚者，他们担心通过生物技术将其他动物、植物、微生物的一段异源基因不定点插入目的农作物，由此农作物制成的食品，打破了生物种的界限会破坏自然的食品构成体系，造成基因水平的混乱，可能会导致一些遗传学或营养成分的非预期改变，从而有可能含有毒素而不利于人体健康，长期使用会诱发癌症等致命的疾病。欧洲消费群体也依然执着于天然绿色食品，调查显示，70% 的欧洲人不想吃转基因食品。同时这种反对力量在 1999 年扩大到欧洲以外的食物进口国家，如大豆进口量很大的澳大利亚和新西兰。

一些国家由于宗教的影响，从社会伦理方面考虑对转基因食品持排斥的态度。另外还有一部分国家处于观望的阵营，没有明确表示是支持还是反对。中国是这种政策的典型代表，同时南美、日本、韩国等国家对转基因食品也属于这一阵营，对转基因食品不像欧盟那样排斥也不像美国那样认可，他们都已经开始进行转基因食品安全性的试验研究。我国既积极支持转基因技术的研究，同时对转基因食品采取比较谨慎的态度，认同国际上通行的转基因食品的实质等同性原则，认为转基因食品既不像美国渲染得那样绝对安全，可以放心大胆地食用，也不应像欧盟那样神经紧绷，把它视作洪水猛兽。2002 年 3 月，我国正式实施《农业转基因生物安全评价管理办法》和《农业转基因生物标识管理办法》。这些政策和法规的颁布与实施对人们食用转基因食品提供了有力的保障。

3. 转基因食品安全性分析　　有关转基因食品安全的研究最多的是转基因植物的选择基因和报告基因在食品安全方面的影响，而对其他转基因的研究较少。转基因导入作物意味着有两大类分子会出现：一是转入基因的 DNA 分子本身及其代谢物；二是转基因作物的产物及其代谢物。转基因食品安全评价的主要内容包括这两类基因及其代谢物所可能引起的食品的毒性、过敏性、营养成分、抗营养因子、标记基因转移和非期望效应等。

（1）转基因植物及其制品可能带来的食品毒性问题　　植物基因工程向植物体内导入基因片段，这种外源基因并非原来亲本植物所有，可能来自于地球的任何生物，它们可使植物产生新蛋白质。外源基因及其表达产物可能直接危害人体健康，或这种新蛋白质影响植物细胞代谢，改变植物体内营养构成，使人体出现某些症状，从而影响人体健康。外源基因导入位置不同，可能引发宿主植物中原有的基因发生对消费者有害的基因突变，同时所引发的基因突变引起的基因表达发生改变、酶表达发生改变或植物内未知的生长代谢环节发生改变，这样所产生的转基因食品可能产生或聚合某些有害物质，潜移默化地影响人的免疫系统，从而对人体健康造成隐性的损伤，也可能使转基因植物产生或积累已知或未知的毒素，对人体产生毒害作用。

（2）转基因植物及其制品可能带来的食品过敏性问题   转基因植物中外源转基因编码的或其降解产物是否对人类有害或有过敏反应呢？由于导入基因的来源及序列或表达的蛋白质的氨基酸序列可能与已知过敏原存在同源性，这样就有可能产生过量的过敏原，甚至产生新的过敏原，导致过敏发生。例如，为增加大豆含硫氨基酸的含量，研究人员将巴西坚果中的 2 S 清蛋白基因转入大豆中，而 2 S 清蛋白具有致敏性，导致原本没有致敏性的大豆对某些人群产生过敏反应，这一问题的出现进一步加剧了人们的担忧。

食物过敏症是一种特殊的食品超敏性反应，这种反应能够激活免疫系统，导致过激的反应。过敏原分子能不断刺激淋巴细胞并导致这些细胞产生对过敏原特异的抗体，而这些抗体又引起人体内一些化学物质的释放，如组胺，引起的症状有皮肤发痒、流鼻涕、咳嗽或者呼吸困难等。过敏原蛋白的摄入量虽然对过敏反应的强度有影响，但极敏感的人对微量的过敏食物即有反应，有一小部分人有非常严重的甚至威胁生命的反应，因此，人类必须考虑转基因食品导致食用者过敏的风险，进一步加强研究和管理。

目前对转基因食品致敏性评价的重点是：①基因来源；②导入基因的序列或表达的蛋白质的氨基酸序列与已知过敏原的氨基酸序列的同源性；③导入基因表达的蛋白质与发生过敏个体血清 IgE 的免疫结合反应。国内外对转基因食品致敏性评价方法的研究仍在进行之中，目前尚无权威性的评价体系。因此，当务之急是建立合适的转基因食品致敏性评价程序和规范。

（3）转基因食品中营养成分的变化   有些科学家认为外来基因会以一种人们目前还不甚了解的方式破坏食物中的营养成分。原因是外源基因转入宿主植物后，外源基因的来源、导入位点的不同，以及具有的随机性，极有可能产生基因缺失、错码等突变，使转基因植物所表达的蛋白质产物的性状、数量及部位发生改变，这种改变有可能朝着人们并不期望的方向发展，提高目的产物的同时降低了其他营养成分的含量，或者提高一种新营养成分表达的同时也提高了某些有毒物质的表达量。这将有可能导致营养成分构成的改变和产生不利营养因素，使人体出现某种病症。

转基因食品与对照食品在关键性营养成分上的差异是转基因食品的安全性评价指标之一，也是目前被国际上广为接受的转基因食品安全性评价原则"实质等同性"原则。

（二）生态环境安全

1. 转基因作物的杂草化问题   转基因作物杂草化问题包括两方面含义：一是转基因作物本身的"杂草化"；二是转基因作物抗性基因（尤其是抗除草剂基因）漂移到杂草上，导致杂草产生抗性，从而更加难以防除。例如，禾本科的玉米能够和生长旺盛的梯牧草杂交，如果玉米携带有抗杀虫剂基因，形成的杂交牧草有可能也携带有抗杀虫剂基因，这样的杂种牧草就会和作物竞争水分和养分。由于强大的生存竞争能力，杂草造成世界农作物产量及农业生产蒙受巨大损失，如杂草引起的草荒可以使农作物大大减产；由于在收获作物种子时，同时混入杂草及其种子，影响作物种子的质量；杂草生长影响牧草和草坪的质量；产生致过敏的花粉等。为了控制杂草，世界各国每年都要投入巨大的资金和劳力。1972 年统计，全世界因草害使作物减产达 204 亿美元 / 年。1991 年，仅美国就花费约 40 亿美元用以控制杂草，这个数字还在逐年增长。鉴于杂草能够产生严重的经济和生态上的后果，转基因作物可能带来的"杂草化"问题便成为最主要的风险之一。

（1）转基因作物本身"杂草化"　　许多重要的农作物并不具有杂草化特征，但有一部分栽培作物，在一定环境下本身就是杂草。当这类植物插入抗虫、抗病、抗除草剂等具有更强适应性的基因时，其本身对亲本植物或其野生近缘种具有更强的生存竞争能力，可能会使本来在某地很安全的作物，由于改变了其平衡而趋向于杂草化。有些植物种类本身就具有很强的杂草特性，如甘蔗、苜蓿、大麦、水稻、莴苣、土豆、小麦、燕麦、高粱、油菜、向日葵等，用这类植物作为遗传转化的受体转入抗虫、抗病、抗除草剂基因获得转基因作物，由于具备了比原来植物更强的生存能力和竞争优势，而可以"入侵"到原本不能生存的生态空间，从而扩大其适应范围。这样，这些转基因作物不但会在原生态区成为杂草，还会入侵新的生态区，造成更严重的草害。例如，抗旱、耐盐碱的转基因植物向干旱盐碱地区释放；抗寒、耐低温及早熟的转基因植物向低纬度或高海拔地区释放；抗虫、抗病的转基因植物向病虫害多发区释放等，均能引起不同程度的生态风险。具有某种"优势基因"的转基因植物进入新的栖息地后，将排挤原有的植物类型，这必然影响该生态系统中的能量流动和物质循环，破坏原有的生态平衡，最终对生态系统的"健康"产生无法治愈的损伤。

（2）转基因作物通过"基因漂移"使杂草成为"超级杂草"　　转基因作物的大规模释放，可能使转入的外源基因流向其近缘植物。这种形式的遗传物质的转移，称为基因流。如果这种基因流发生在转基因作物和有亲缘关系的杂草之间，则有可能产生更加难以控制的杂草，称为"超级杂草"。"超级杂草"一词最初来源于加拿大抗除草剂转基因油菜事件。由于多年在相邻地块中种植抗各种除草剂的转基因油菜，在加拿大的油菜地里发现了个别油菜植株可以抗一种以上的除草剂，其被称为"超级杂草"，以后这一词被广泛应用。

基因漂移是物种之间通过花粉、种子或无性繁殖体相互引入基因引起的。在种子生产、储藏、运输、贸易及引种等过程中都会产生基因的流动。特别是随着世界经济贸易的发展，转基因植物的种子可以很快地从一个洲到另一个洲，从少有近缘野生种达到地区转移至大量该作物近缘野生种的区域。理论上只有大量种植转基因作物，而且附近存在有性亲和的近缘种或杂草，转基因作物的转入基因就会通过花粉传递给这些近源植物，产生转基因作物与这些近缘植物的杂种。国内外学者对转基因油菜与近缘杂草、野生型萝卜、野生芥菜等的杂交、回交后代育性的分析表明，随着世代的增加，植株的可育性不断增加。对转基因小麦与野生山羊草的杂交、回交的研究，也得出了同样的结论。目前已证实在油菜、甘蔗、向日葵、马铃薯和禾谷类作物中均可以发生向相关近缘杂草自发基因转移。

2. 转基因作物对生物多样性的影响   生物多样性包括所有自然世界的资源，包括植物、动物、微生物及它们生存的生态系统。每一物种都是与其他物种相互联系的，如果其中一个物种失去了它的栖息地或者找不到它常吃的食物，就会灭绝，整个食物网（仅仅是食物链）会随之破碎。生物多样性有三个层次：遗传多样性、物种多样性和生态系统多样性。

（1）转基因作物对作物遗传多样性的影响

1）通过基因漂移，外来基因在农家品种或野生种中固定，引起生物多样性的降低和野生资源的退化。

2）如果外来基因具有竞争优势，则可能加速野生资源的消亡。

3）少数转基因作物品种由于具有比常规品种更高的产量、更好的品质及更强的抗性，而被广泛种植，从而使多样性中心以惊人的速度消失。

（2）转基因作物对物种多样性的影响

1）抗除草剂转基因作物对靶标生物及非靶标生物物种多样性的影响。在农民使用除草剂的量不够多的情况下，对除草剂有抗性的杂草群体仍能萌发，对除草剂敏感的杂草群体也会发展出对除草剂的耐性，从而取代没有耐性的杂草，改变杂草种群结构。

2）抗虫、抗病毒转基因作物对靶标生物及相关生物物种多样性的影响。抗虫转基因作物连年大面积种植，将会导致害虫抗药性的产生。有可能导致某些非靶标的次要害虫还可能上升为主要害虫，改变田间昆虫种群结构。抗病毒转基因作物导致新病毒的产生、病毒寄主范围扩大及通过病毒间的协同作用使得病毒病更加严重。

（3）转基因作物对生态系统多样性的影响   主要是通过对食物链和土壤生态系统的影响改变生态系统的多样性进行。

三、转基因农产品的检测

农产品的转基因成分检测可以在 DNA、RNA 和蛋白质水平上进行，但是后两者受多种因素限制，而遗传物质 DNA 在不同形式样品（原材料、食品成分、加工产品）中相对稳定，故对外源基因进行特异性 DNA 检测是转基因农产品快速、灵敏检测的关键。在 DNA 水平上的检测利用的是对重组特异的排列顺序进行测定的聚合酶链反应法，即 PCR 反应。

PCR 反应是一种体外大量扩增 DNA 的有效方法，其操作简便，获得结果迅速。国内外已有各种各样的 PCR 标准化试剂盒，PCR 分析只需要了解外源基因的序列信息，设计出特异引物，结合 DNA 自动提取设备，1 次可以分析大量的样品（几十到几百），PCR 检测转基因植物或其加工产品的转基因成分是农产品转基因成分检测的首选。对植物材料中 DNA 提取作为 PCR 反应的模板，样品可以是叶片、种子等，主要采用十六烷基三甲基溴化铵（CTAB）方法，相关文献报道有很多。但是不同的植物、同一植物不同的生长期和部位，以及其加工产品（如豆腐）采用的提取方法略有不同。

一般而言，在 PCR 法中，对检体中残存的 DNA 可使其增幅到万倍以上，能准确检测出转基因植物的各种转基因成分，灵敏、省时、重复性好，可用于目前商业化的大多数转基因植物的转基因成分大规模检测，其推广和应用对我国转基因安全管理有很高的应用价值。

—本 章 小 结—

本章主要叙述了基因工程的研究进展及转基因在作物品种改良中的应用、植物转基因的主要方法及其原理、植物转基因的方案与目的基因的表达、转基因植株的检测及转基因植物安全性评价。要求掌握基因枪法、农杆菌介导法、花粉管通道法等主要的植物转基因方法及其原理、植物在抗虫、抗病毒、抗病、抗非生物胁迫、抗除草剂、作物品种改良、花色和花形改变、作为生物反应器等方面应用的主要基因及这些基因的作用原理，了解基因工程在抗虫、抗病毒、抗病、抗非生物胁迫、抗除草剂、作物品种改良、花色改变、作为生物反应器等方面的应用和研究进展；掌握植物转基因的方案与目的基因的表达的基本程序和原理方法；掌握转基因植株检测的主要方法，了解报告基因检测、PCR检测与分子标记、Southern 杂交、Northern 杂交等在转基因植株检测中的应用；了解转基因植物在食品安全、生态环境安全等方面的安全性评价及转基因农产品的检测。

— 复 习 思 考 题 —

1. 基本概念部分

基因枪法；农杆菌介导法；Ti 质粒；Bt 毒蛋白。

2. 基本原理和方法部分

1）说明基因枪法、农杆菌介导法及花粉管通道法的基本原理和各自的特点。

2）简要说明植物在抗虫、抗病、抗除草剂等方面所利用的主要基因及这些基因产生抗性的原理。

3）简要说明植物转基因的基本方案。

4）简述检测转基因植株的主要方法。

5）常用的安全标记基因有哪些？

6）安全转基因技术包括哪些途径或方法？

3. 综合能力部分

通过对植物基因工程的了解，谈谈你对转基因作物安全性的看法。

—主要参考文献 —

陈桂敏. 2009. 转基因植物外源基因的精确调控与安全转化平台研究. 扬州：扬州大学硕士学位论文.

邓智年, 魏源文, 吕维莉, 等. 2007. MAR 序列介导野苋菜凝集素基因在白菜中的表达. 园艺学报, 34（2）：381-386.

高翔, 别晓敏, 佘茂云, 等. 2009. 安全型转基因植物培育技术研究进展. 植物遗传资源学报, 4：607-612.

侯学文, 黄剑威. 2006. 植物凝集素及其在抗病虫害分子育种中的应用. 植物生理学通讯, 42（6）：1217-1223.

胡克霞, 殷润婷, 徐寒梅. 2007. 转基因植物表达药用蛋白的研究进展. 生物加工过程, 5（2）：6-10.

黄春琼, 郭安平. 2006. 基因工程在花卉育种中的应用进展. 热带农业科学, 26（2）：54-60.

康杰芳, 王喆之. 2006. 转基因植物生产药用蛋白的研究进展. 现代生物医学进展, 6（9）：73-76.

李文凤. 2010. 铜锌超氧化物歧化酶的体外定向进化及其作为安全标记应用于植物转基因的研究. 天津：天津大学博士学位论文.

刘芳, 袁鹰. 2007. 外源 DNA 花粉管通道途径导入机理研究进展. 玉米科学, 15（4）：59-62.

卢宝荣，夏辉．2011．转基因植物的环境生物安全：转基因逃逸及其潜在生态风险的研究和评价．生命科学，2：186-194.

路志芳，张坤朋．2006．植物抗虫基因工程的研究进展．上海蔬菜．（5）：75-77.

盛耀，贺晓云，祁潇哲，等．2015．转基因植物食用安全评价．保鲜与加工，4：1-7.

宋新元，张欣芳，于壮，等．2011．转基因植物环境安全评价策略．生物安全学报，1：37-42.

汪魏，许汀，卢宝荣．2010．抗除草剂转基因植物的商品化应用及环境生物安全管理．杂草科学，4：1-9.

王戈亮．2007．植物油脂积累机理和品质改良：1. 利用 RNAi 改良大豆油脂品质；2. 四合木茎积累三脂酰甘油特征．北京：中国科学院植物研究所博士学位论文

王根平，杜文明，夏兰琴．2014．植物安全转基因技术研究现状与展望．中国农业科学，5：823-843.

王关林，方宏筠．2002．植物基因工程．2 版．北京：科学出版社.

王建林，马慧．2004．转基因作物及其安全性评价．沈阳农业大学学报，35（1）：63-67.

吴祥华，胡宗利，陈国平．2007．植物抗病毒基因工程研究进展．农业生物技术学报，21（1）：46-49.

谢科，饶力群，李红伟，等．2013．基因组编辑技术在植物的研究进展与应用前景．中国生物工程杂志，33（6）：99-103.

许明辉，唐祚舜，谭亚玲，等．2003．几丁质酶-葡聚糖酶双价基因导入滇型杂交稻恢复系提高稻瘟病抗性的研究．遗传学报，30（4）：330-334.

薛金爱，毛雪李，润植．2005．代谢基因工程提高作物产量的分子靶标．生物技术通报，5：60-65.

杨菊，邓禹．2017．合成生物学的关键技术及应用．生物技术通报，（1）：12-23.

詹亚光，苏涛，韩梅，等．2006．转基因白桦外源基因的多重 PCR 快速检测．植物研究，26（4）：480-485.

张发云．2005．二脂酰甘油酰基转移酶基因（DGAT1）的沉默对烟草油脂合成的影响．北京：中国科学院植物研究所博士学位论文

张柳燕，常素华，王晶．2010．从首个合成细胞看合成生物学的现状与发展．科学通报，（36）：3477-3488.

张先恩．2017．2017 合成生物学专刊序言．生物工程学报，33（3）：311-314.

张艳贞，魏松红，杜娟，等．2000．植物抗病分子机制及抗病基因工程研究进展．沈阳农业大学学报，31（4）：365-369.

Annaluru N, Muller H, Mitchell L A, et al. 2014. Total synthesis of a functional designer eukaryotic chromosome. Science, 344 (6179): 55-58.

Atsumi S, Cann A F, Connor M R, et al. 2008. Metabolic engineering of *Escherichia coli* for 1-butanol production. Metab Eng, 10 (6): 305-311.

Becker M M, Graliam R L, Donaldson E F, et al. 2008. Syntlietic recombinmt bat SARS-like coronavirus is infectious in cultured cells and in puce. Proc Natl Acad Sci USA, 105: 19944-19949.

Benner S A, Sismour A M. 2005. Syetlietic biology. Nat Rev Genet, 438: 533-543.

Breitler J C, Labeyrie A, Meynard D, et al. 2002. Efficient microprojectile bombardment-mediated transformation of rice using gene cassettes. Theoretical and Applied Genetics, 104 (4): 709-719.

Calanie S, Thodey K, Trenchard I J, et al. 2015. Complete biosynthesis of opioids in yeast. Science, 349 (6252): 1095-1100.

Cello J, Paul A V, Wimmer E. 2002. Chemical synthesis of poliovirus cDNA: generation of infectious virus in the absence of natural template. Science, 297 (5583): 1016-1018.

Chai B F, Liang A H, Wang W. 2003. Agrobacterium-mediated transformation of *Kentucky bluegrass*. Acta Botanica Sinica, 45: 966.

Chalyk S T, Baumann S, Daniel A, et al. 2003. Aneuploidy as apossible cause of haploid induction in maize. Maize Genet CoopNewslett, 77: 29-30.

Chevre A M. 1998. Characterization of backcross generations obtained under field conditions fromoilseed rape wild radish F$_1$ interspecific hybrids : an assessment of transgene dispersal. Theo Appl Genet, 97: 90-98.

Cho A, Yun H, Park J H, et al. 2010. Prediction of novel synthetic pathways for the production of desired chemicals. BMC Systems Biology, 4: 35.

Chou H H, Keasling J D. 2013. Programming adaptive control to evolve increased metabolite production. Nat Commun, 4: 2595.

Cibson D C, Class J I, Lartigue C, et al. 2010. Creation of a bacterial cell controlled by a chemically synthesized genome. Science, 329 (5987): 52-56.

Cohen S N, Chang A C, Boyer H W, et al. 1973. Construction of biologically functional bacterial plasmids *in vitro*. Proceedings of the

National Academy of Sciences of the United States of America, 70 (11): 3240-3244.

de Las H A, Carreno C A, de Lorenzo V. 2008. Stable implantation of orthogonal sensor circuits in Gram-negative bacteria for environmental release. Environmental Mibiology, 10 (2): 3305-3316.

Dudareva N. 2002. Molecular control of floral fragrance. *In*: Alexander V. Breeding for Ornamentals: Classical and Molecular Approaches. Netherlands: Academic Publishers: 295-309.

Engels B, Dahm P, Jennewein S. 2008. Metabolic engineering of taxadiene biosynthesis in yeast as a first step towards taxol (paclitaxel) production. Metab Eng, 10 (3-4): 201-206.

Erikson O, Hertzberg M, Näsholm T. 2004. A conditional marker gene allowing both positive and negative selection in plants. Nature Biotechnology, 22(4):455-458.

Fu X D, Duc L T, Fontana S, et al. 2000. Linear transgene constructs vector backbone sequences generate low-copy-number transgenic plants with simple integration patterns. Transgenic Research, 9 (1): 11-19.

Fuchs C, Rosenvold E C, Honigman A, et al. 1978. A simple method for identificating the palindromic sequences recognized by restriction endonucleases: the nucleotide sequence of the Ava II site. Gene, 4 (1): 1-23.

Gadaleta A, Giancaspro A, Blechl A, et al. 2006. Phosphomannose isomerase, pmi, as a selectable marker gene for durum wheat transformation. Journal of Cereal Science, 43 (1): 31-37.

Gihson D G, Young L, Chuang R Y, et al. 2009. Enzymatic assembly of DNA molecules up to several hundred kilohases. Nature Methods, 6 (5): 343-345.

Gleave A P, Mitra D S, Mudge S R, et al. 1999. Selectable marker-free transgenic plants without sexual crossing: Transient expression of recombinase and use of a conditional lethal dominant gene. Plant Molecular Biology, 40 (2): 223-235.

Haldrup A, Petersen S G, Okkels F T. 1998. Positive selection: A plant selection principle based on xylose isomerase, an enzyme used in the food industry. Plant Cell Reports, 18 (1): 76-81.

Hale V, Keasling J D, Renninger N, et al. 2007. Microbially derived artemisinin: a biotechnology solution to the global problem of access to affordable antimalarial drugs. American Journal of Tropical Medicine & Hygiene, 77 (6 Suppl): 198-202.

Hanai T, Atsumi S, Liao J C. 2007. Engineered synthetic pathway for isopropanol production in *Escherichia coli*. Appl Environ Mibiol, 73 (24): 7814-7818.

Heinemann M, Panke S. 2006. Synthetic biology—Putting engineering into biology. Bioinformatics, 22: 2790-2799.

Hohom B. 1980. Gene surgery: on the threshold of synthetic biology. Med Klin, 75 (24): 834-841.

Jackson D, Symons R H, Berg P, et al. 1972. Biochemical method for inserting new genetic information into DNA of Simian Virus 40: circular SV40 DNA molecules containing lambda phage genes and the galactose operon of *Escherichia coli*. Proceedings of the National Academy of Sciences of the United States of America, 69 (10): 2904-2909.

Jung Y K, Kim T Y, Park S J, et al. 2010. Metabolic engineering of *Escherichica coli* for the production of polylactic acid and its copolymers. Biotechnol Bioeng, 105 (1): 161-171.

Kemmer C, Gitzinger M, Daoud-El B M, et al. 2010. Self-sufficient control of urate homeostasis in mice by a synthetic circuit. Nature Biotechnology, 28 (4): 355-360.

Kempe K, Rubtsova M, Gils M. 2009. Intein-mediated protein assembly in transgenic wheat: production of active barnase and acetolactate synthase from split genes. Plant Biotechnology Journal, 7 (3): 1156-1162.

Kopertekh L, Juttner G, Schiemann J. 2004. Site-specific recombination induced in transgenic plants by PVX virus vector expressing bacteriophage P1 recombinase. Plant Science, 166 (2): 485-492.

Lanfermeijer F C. 2005. The products of the broken Tm-2 and thedurable Tm-22 resistance genes from tomato differ in four aminoacids. Journal of Experimental Botany, (9): 1-9.

Lee J T, Prasad V, Yang P T, et al. 2003. Expression of Arabidopsis CBF1 regulated by an ABA/stress induciblepromoter in transgenic tomato confers stress tolerance without affecting yield. Plant Cell and Environment, 26 (7): 1181-1190.

Li J F, Norville J E, Aach J, et al. 2013. Multiplex and homologous recombination-mediated genome editing in arabidopsis and nicotiana benthamiana using guide RNA and Cas9. Nature Biotechnology, 31 (8): 688-691.

Li X, Wu D, Lu T, et al. 2014. Highly efficient chemical process to convert music acid into adipic acid and DFT studies of the mechanism of the rhenium-catalyzed deoxydehydration. Angewandte Chemic International Edition, 53 (16): 4200-4204.

Lloyd A, Plaisier C L, Carroll D, et al. 2005. Targeted mutagenesis using zinc-finger nucleases in *Arabidopsis*. Proceedings the National Academy Sciences the USA, 102 (6): 2232-2237.

Lorenzen E, Lorenzen N. 2005. Time course study of *in situ* expression of antigens following DNA-vaccination against VHS in rainbow trout (*Oncorhynchus mykiss* Walbaum) fry. Fish Shellfish Immunol, 19: 27-41.

Maeder M L, Thibodeau-Beganny S, Osiak A, et al. 2008. Rapid "open-source" engineering of customized zinc-finger nucleases for highly efficient gene modification. Molecular Cell, 31 (2): 294-301.

Martin C H, Dhamankar H, Tseng H C, et al. 2013. A platform pathway for production of 3-hydroxyacids provides a biosynthetic route to 3-hydroxy-y-butyrolactone. Nature Communications, 4: 1414.

Mercy C, Mozziconacci J, Scolari V F, et al. 2017. 3D organization of synthetic and scrambled chromosomes. Science, 355 (6329): 4597.

Moon T S, Yoon S, Lanza A M, et al. 2009. Production of glucaric acid from a synthetic pathway in recombinant *Escherichia coli*. Applied and Environmental Microbiology, 75 (3): 589-595.

Natalia D, Diane M, Christine K M, et al. 2003. (E) -β-ocimene and myrcene synthase genes of floral scent biosynthesis in snapdragon: functionand expression of three terpene synthasegenes of a new terpene synthase subfamily. The Plant Cell, 15 (5): 1227-1241.

Nekrasov S B, Weigel D, Jones J D, et al. 2013. Targeted mutagenesis in the model plant nicotiana benthamiana using Cas9 RNA-guided endonuclease. Nature Biotechnology, 31 (8): 691-693.

Niu W, Draths K M, Frost J W. 2002. Benzene-free synthesis of adipic acid. Biotechnology Progress, 18 (2): 201-211.

Ow D W. 2011. Recombinase-mediated gene stacking as a transformation operating system. Journal of Integrative Plant Biology, 53 (7): 512-519.

Paddon C J, Keasling J D. 2014. Semi-synthetic artemisinin: A model for the use of synthetic biology in pharmaceutical development. Nature Reviews Microbiology, 12 (5): 355-367.

Paddon C J, Westfall P J, Pitera D J, et al. 2013. High-level semi-synthetic production of the potent antimalarial artemisinin. Nature, 496 (7446): 528-532.

Papini M, Nookaew I, Siewers V, et al. 2012. Physiological characterization of recombinant saccharomyces cerevisiae expressing the aspergillus nidulans phosphoketolase pathway: validation of activity through 13c-based metabolic flux analysis. Applied Microbiology and Biotechnology, 95(4): 1001-1010.

Pedersen H, Olsen O, Knudsen S, et al. 1999. An evaluation of feed-back insensitive aspartate kinase as a selectable marker for barley (*Hordeum vulgave* L.) transformation. Hereditas, 131 (3): 239-245.

Perl A, Galili S, Shaul O, et al. 1993. Bacterial dihydrodipicolinate synthase and desensitized aspartate kinase: Two novel selectable markers for plant transformation.Nature Biotechnology, 11 (6): 715-718.

Porcar M, Juarez-Pe'rez V. 2003. PCR-based identification of *Bacillus thuringiensis* pesticidal crystal genes. FEMS Microbiol, 26: 419-432.

Ro D K, Paradise E M, Ouellet M, et al. 2006. Production of the antimalarial drug precursor artemisinic acid in engineered yeast. Nature, 440 (7086): 940-943.

Shetty R P, Endy D, Knight T F. 2008. Engineering BioBrick vectors from BioBriok parts. Journal of Biological Engineering, 2 (1): 5.

Sonderegger M, Schumperli M, Sauer U. 2004. Metabolic engineering of a phosphoketolase pathway for pentose catabolism in *Saccharomyces cerevisiae*. Appl Environ Mibiol, 70 (5): 2892-2897.

Stem E J, Bokinsky K Y. 2010. Mibial production of fatty-acid-derived fuels and chemicals from plant biomass. Nature, 463 (7280): 559-562.

Trinh C T, Unrean P, Srienc F. 2008. Minimal *Escherichia coli* cell for the most efficient production of ethanol from hexoses and pentoses. Appl Environ Mibiol, 74 (12): 3634-3643.

Weber W, Schoenmakers R, Keller B, et al. 2008. A synthetic mammalian gene circuit reveals antituberculosis compounds. Proceedings of the National Academy of Sciences, 105 (29): 9994-9998.

Yang T H, Kim T W, Kang H O, et al. 2010. Biosynthesis of polylactic acid and its copolymers using evolved propionate CoA transferase and PHA synthase. Biotechnol Bioeng, 105 (1): 150-160.

Yim H, Haselheck R N. 2011. Metabolic engineering of *E. scherichia* colifor direct production of 1,4-butanediol. Nature Chemical Biology, 7 (7): 445-452.

Zhang F, Carothers J M, Keasling J D. 2012. Design of a dynamic sensor-regulator system for production of chemicals and fuels derived from fatty acids. Nature Biotechnology, 30 (4): 354-359.

Zhang W J, Yang S S, Shen X Y, et al. 2009. The salt-tolerance gene *rstB* can be used as a selectable marker in plant genetic transformation. Molecular Breeding, 23 (2): 269-277.

Zhang Y H, Evans B R, Mielenz J R, et al. 2007. High-yield hydrogen production from starch and water by a synthetic enzymatic pathway. PLos One, 2 (5): 1-6.

Zhao Q, Wang M, Xu D, et al. 2015. Metabolic coupling of two small-molecule thiols programs the biosynthesis of lincomycin A. Nature, 518 (7537): 115-119.

Zhao Y, Qian Q, Wang H Z, et al. 2007. Co-transformation of gene expression cassettes via particle bombardment to generate safe transgenic plant without any unwanted DNA. *In Vitro* Cellular & Developmental Biology-Plant, 43 (4): 328-334.

Zhu Z G, Wu R. 2008. Regeneration of transgenic rice plants using high salt for selection without the need for antihiotics or herhicides. Plant Science, 174 (5): 519-523.

Zuo J R, Niu Q W, Moller S G, et al. 2001. Chemical-regulated, site-specific DNA excision in transgenic plants. Nature Biotechnology, 19 (2): 157-161.

第十三章 人工诱发单倍体及其应用

　　高等植物的孢子体（sporophyte）是由其配子体（gametophyte）经过受精结合成合子（zygote）而发育形成的个体。由于高等植物配子体中只含有一套染色体，故称为单倍体（haploid）。例如，二倍体（diploid）水稻（2n＝24）的单倍体（n）只有12条染色体。异源六倍体普通小麦（2n＝42）的单倍体有21条染色体。世界上首例单倍体植株是由印度 Guha 和 Maheshwari（1964）从毛叶曼陀罗经花药培养得到的。之后烟草（Bourgin and Nitch，1967；Nitsch，1969；中田和男和田中正雄，1968）、水稻（*Oryza sativa*）（新关宏复和大野清春，1968）等都诱导培养出单倍体植株。

图 13.1　水稻单倍体（右）和
二倍体（左）（向珣朝等，2006）

　　单倍体植株与二倍体、多倍体（polyploid）相比较，一般表现为植株矮小，叶片较薄，叶片上的气孔也较小（图 13.1）。由于其本身只有一套染色体，在减数分裂过程中无法正常配对，因此其有性生殖表现为高度不育。

第一节　植物单倍体概念及人工诱导单倍体的应用

一、植物单倍体与人工诱导单倍体概念

　　植物单倍体是指仅具有配子染色体数的植物孢子体。二倍体植物产生的配子中包含的全部染色体数目称为染色体基数（basic chromosome number），染色体基数中所包含的全部染色体称为一个染色体组（genome），通常用 x 表示。二倍体的单倍体由于只有一个染色体组，故又称为一倍体（monoploid）。多倍体植物的单倍体均含有一个以上的染色体组，如普通小麦为异源六倍体，则其单倍体中含有 A、B 和 D 三个染色体组。一个染色体组所包含的染色体数，不同属间可能相同，也可能不同。例如，稻属 $x＝12$，大麦属 $x＝7$，玉米属 $x＝10$，芸薹属 $x＝9$，烟草属 $x＝12$。单倍体是大多数低等植物生命的主要阶段。高等植物中的单倍体可通过自发产生和人工诱变产生。自然出现的单倍体几乎都是由生殖过程异常形成的。

　　人工诱导单倍体（artificial induced haploid）是指单倍体细胞在人工离体条件下培养，使其单性发育成植物体。人工诱导单倍体的方法很多，如组织和细胞离体培养、远缘杂

交、体细胞染色体消失、异质体、孪生苗、半配合和辐射等。其中使用最广泛的是组织和细胞离体培养，至1992年花药培养已在34科89属250多种植物中获得单倍体植株。我国已在小麦、水稻、玉米、烟草、甘蔗、甜菜、油菜等40多种植物中获得了花粉单倍体植株，其中小麦、玉米、甘蔗、甜菜、橡胶、柑橘等19种作物是由我国首先培育成功的。

二、植物单倍体在植物遗传育种中的应用

高等植物的单倍体虽然表现为高度不育，其细胞、组织、器官和植株一般都比其二倍体和双倍体（amphiploid）弱小，但是遗传学和育种学对它的研究却越来越多。这主要是由于单倍体具有以下优越性：①单倍体的每个染色体组都是单个的，如果被加倍，则能由不育变可育，快速纯合；②由于单倍体的每一种基因都只有一个，因此在单倍体细胞内，每个基因都能发挥自己对性状发育的作用，不再区分基因的显隐性，故单倍体是研究基因性质及其作用的优良材料；③异源多倍体的各个染色体组之间并不是绝对异源的，一些染色体组间的染色体可能存在部分同源的关系。一旦存在这种关系，在减数分裂过程中染色体联会时就会形成二价体，这对研究物种起源和进化都很有帮助。植物单倍体在植物育种上的应用主要表现在以下几个方面。

（一）利用单倍体植物控制杂种分离，加快常规育种速度

常规杂交育种是利用遗传基础比较纯合的双亲通过有性生殖让雌雄配子随机结合而产生新的杂合个体，根据育种目标，再不断选择目标个体自交纯合各杂合的基因位点，最终得到纯系的育种方法。做杂交的双亲在形成配子的过程中，由于非姐妹染色体的对等交换和二价体每条染色体的着丝点在赤道板两侧的随机取向，会出现海量的遗传重组配子，雌雄配子的随机结合又会出现不同遗传基础的重组个体，为人工选择提供了非常丰富的材料。重组个体肯定存在大量的杂合基因位点，因此常规杂交育种要获得一个稳定的纯系，通过不断的自交和选择使各个基因位点纯合就需要较长的时间。

如果将单倍体技术用于常规育种，将产生的单倍体植株进行染色体加倍，就可得到纯合的二倍体。这种纯合二倍体在遗传上就是稳定的，不发生性状分离。从杂交到获得稳定的纯系只需要2季，大大缩短了育种年限。常规杂交育种与单倍体育种的比较见图13.2。

（二）排除显隐性基因的干扰，提高育种的选择效率

由配子体经人工诱导所得的单倍体，各染色体的基因位点成单存在，各基因所控制的性状都能得到表现，不存在显隐性。染色体加倍后，各基因的拷贝数增加，就能够在减数分裂过程中正常配对，从不育变为可育，排除了显隐性基因的干扰。如果杂交双亲的基因型有 n 对不同的等位基因，其 F_1 就能产生 2^n 种不同基因型的配子，雌雄配子相互自由组合，在 F_2 将产生 2^{2n} 个不同基因型的个体。如果要选择显性纯合个体，用常规育种法，就要从 2^{2n} 种基因型中选择出所需要的那一个；而用单倍体育种法，只需要从 2^n 个植株中就可以挑选出需要的那一个个体，选择效率可以提高 2^n 倍。如果杂交双亲有2对等位基因，选择效率可以提高4倍；如果有10对等位基因，选择效率可以提高 $2^{10}=1024$ 倍。

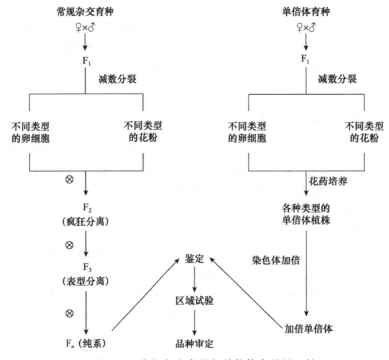

图 13.2　常规杂交育种与单倍体育种的比较

（三）遗传分析

单倍体的每一种基因都只有一个，所以在单倍体细胞内，每个基因都能发挥自己对性状发育的作用，不管是显性还是隐性。因此，单倍体是研究基因性质及其作用的良好材料。目前，在许多植物上应用植物单倍体培养技术已构建出 DH 群体并用于遗传分析。籼稻品种'窄叶青 8 号'含未知的稻瘟病抗性基因，在北方稻区的稻瘟病抗性育种上有利用价值。朱立煌等利用来自'窄叶青 8 号'和粳稻品种'京系 17'的 DH 群体建立抗病池和感病池，通过对两池的 RAPD 分析，发现与稻瘟病抗性共分离的分子标记。进一步用这个独立的分离群体将'窄叶青 8 号'的抗性基因和分子标记定位在第 8 染色体上，该基因称为 *Pi-zh*，离 RAPD 标记 BP127A 的遗传距离为 14.9 cM。国广泰史和钱前等利用该 DH 群体分别在第 2、3、7 和 11 染色体上定位了 4 个抗水稻纹枯病 QTL：*qSBR-2*、*qSBR-3*、*qSBR-7* 和 *qSBR-11*。

（四）物种进化研究

应用单倍体材料可查明其原始亲本的染色体组构成。单倍体植物减数分裂的特征、形成二价体的可能性及其数目和形状，能够说明有无同源染色体和染色体组参与单倍体的组成。假如，在减数分裂期发现大量的二价体，同时单倍体植株表现出高度可育性，说明核内有相同的染色体组，产生此单倍体植物的相应的二倍体类型起源于多倍体。另外，通过对单倍体孢母细胞减数分裂时联会情况的分析，可以追溯各个染色体组之间的同源或部分同源的关系，从而对物种之间的亲缘关系和物种进化做研究，尤其是利用 DH 群体进行

RAPD、RFLP 或 AFLP 分析等（Graner et al., 1991; Maheswaran et al., 1997）。

（五）利用单倍体对栽培品种进行纯化复壮

质核互作雄性不育系（CMS）繁种过程中，由于机械混杂、生物学混杂和基因突变等导致纯度下降而影响了杂交稻的纯度和产量。一些学者研究通过花药培养提纯 CMS 的方法：陈劲松等（1992）对矮败协青早 A、野败常菲流 A、印尼水田谷 II-32 A 和优 I A、D 型 D297 A、BT 型六千辛 A 等 5 种质源 6 个不育系及其相应保持系开展研究，从不同质源的籼、粳不育系花药培养后代中，筛选出符合提纯目标的理想株系及其相应保持系，显示了花药培养提纯技术具有速度快、效率高的独特优点。张承妹等（2002）应用花药培养技术对粳稻 BT 型不育系寒丰 A、8204 A 和保持系寒丰 B、8204 B 及恢复系 R161、R161-10、湘晴花药培养提纯复壮。试验结果表明：不育系的花药培养力达 6% 以上，花药培养后代的败育率，不育系为 10%，对照为 9.5% 和 9.54%；套袋自交结实率，花药培养不育系为 0，对照为 0.16%～0.30%。不育系花粉植株后代性状稳定，整齐度高，主要性状的变异系数显著低于对照；不育系、保持系、恢复系的花药培养后代生活力提高，结实率、种子饱满度和千粒重都比对照有所提高，具有复壮效果。由于花粉植株遗传基因高度纯合，性状整齐一致，研究人员对初选的单株把握性大，期望值高，不必再以数量取胜，从而大大减少了测配筛选的工作量，缩短了回交世代，加速了目标株系的最终稳定，提高了选择效率。花药培养提纯不育系细胞质和细胞核中的不育基因高度纯合，决定了其后代不育性的稳定遗传，所以一次花药培养提纯的不育系，可以在生产上连续多代使用而不发生变异，导致性状分离。

第二节 花 药 培 养

花药培养（anther culture）是把发育到一定阶段的花药接种到培养基上来改变花粉的发育程序，使其分裂形成细胞团，进而分化成胚状体，产生再生植株或形成愈伤组织，由愈伤组织再分化成植株。正常情况下，花药中的花粉母细胞经过减数分裂形成花粉粒，开始时连在一起，外有透明的胼胝质包围。经进一步发育，细胞体积增大，形成外壁并出现萌发孔，此时细胞核较大、居中，称为单核中期。随着细胞体积迅速增大，细胞核由中央位置推向一边，即单核靠边期。以上均为单核期花粉。单核期花粉经第一次有丝分裂后，形成一个营养核和一个生殖核，即二核花粉。生殖核再分裂一次，产生两个精核，即三核花粉。根据细胞观察推测，二核期的花粉中开始积累淀粉，不能使花粉发育成植株。因此，在选择外植体时，一般在花粉粒发育的单核期，但不同植物物种的外植体选择有所不同。世界第一例成功培养的单倍体就是采用花药培养技术，Guha 和 Maheshwari（1964，1966）通过培养未成熟花药使毛叶曼陀罗（*Datura innoxia*）的花粉发育为单倍体的胚状体和植株。此后不久，烟草和水稻的花药培养获得成功（Bourgin and Nitsch，1967；Niizeki and Oono，1968）。由于单倍体植物加倍之后即成为纯合二倍体，在育种上可以从杂种快速获得稳定的后代，因此这种技术受到育种学家的极大重视。

我国的花药培养研究开始于 1972 年，先后在国际上首次获得小麦、小黑麦（孙敬三等，1973）、辣椒、杨树、小冰麦、玉米和橡胶等植物的花粉植株，到目前为止，由我国研究者首先获得花粉植株的物种已经达到 28 种（表 13.1）。在花药培养的基础研究方面，我国学者也做出了一些公认的研究成果。朱至清等发现低浓度 NH_4^+ 和过滤消毒的单糖类显著促进禾谷类花粉胚的发育，建立了被国内外广泛使用的 N_6 和改良 N_6 培养基（Chu，1975；Chu et al.，1990）。欧阳俊闻等（1983）确立了单核中央期的小麦花粉最适于产生花粉植株，以及较高的培养温度有利于花粉绿苗的形成。在花药培养的应用方面，20 世纪 70 年代中期我国就率先进行了单倍体育种研究，黑龙江省农业科学院尹光初等与中国科学院植物研究所朱至清等合作育成水稻新品种'单丰一号'，开创了我国乃至世界单倍体育种的先河。1974 年以来，我国的科研工作者先后用花药培养方法培育出烟草、水稻、小麦和油菜新品种 20 余个。花药或小孢子培养至今仍在世界范围内被育种家广泛应用，是一项在农作物育种上十分有效的植物细胞工程技术。除了利用花药或花粉培养产生单倍体外，近年来发展出利用远缘花粉授粉诱导单倍体的技术，也十分有效。

表 13.1 我国学者首先获得花粉单倍体植株的物种及相关文献（朱至清，2003）

物种	外植体	文献
Capsicum annuum	花药	王玉英等，1973
Coix lacryma	花药	王敬驹等，1980
Glycine max	花药	尹光初等，1982
Hevea brasiliensis	花药	Chen，1978
Lycium barbarium	花药	顾淑荣等，1981
Populus alba×P. simonii	花药	Chang，1978
P. berolinensis	花药	Lu et al.，1978
P. berolinensis×P. pyramidalis	花药	Lu et al.，1978
P. canadensis×P. koreana	花药	朱湘渝等，1980
P. euphratica	花药	东北林学院，1977
P. euramericana	花药	朱湘渝等，1980
P. harbinensis×P. pyramidalis	花药	东北林学院，1977
P. nigra	花药	王敬驹等，1975a
P. pekinensis	花药	Chang，1978
P. pseudo-simonii	花药	Chang，1978
P. pseudo-simonii×P. pyramidalis	花药	Chang，1978
P. simonii	花药	Chang，1978
P. simonii×P. nigra	花药	Chang，1978
P. simonii×P. pyramidalis	花药	Chang，1978
P. ussurensis	花药	黑龙江省林业科学院，1975
Rehmania glutinosa	花药	菏泽药用植物试验站，1979
Saccharum officinarum	花药	陈正华等，1980
Solanum melongena	小孢子	顾淑荣，1979
Triticale（8x）	花药	孙敬三，1973
Triticum aestivum	花药	欧阳俊闻等，1973；王敬驹等，1973；朱至清等，1973
T. durum	花药	朱至清等，1979
T. aestivum×Agropyron glaucum	花药	王敬驹，1975b
Zea mays	花药	谷明光等，1978；缪树华等，1978

一、花药培养的一般程序

花药培养的程序与一般组织培养基本相同，不同的是外植体采用未成熟的花药。在培养的花药中，小孢子或花粉通过雄核发育（androgenesis）形成花粉胚（pollen embryo）或花愈伤组织（pollen callus），然后分化为花粉植株（pollen plant）。花粉植株理论上应当是单倍体植株，但是实际上还包括在花药培养过程中自然加倍的二倍体乃至多倍体植株。单倍体植株经过秋水仙碱处理，人工加倍染色体数目，即成为二倍体植株。二倍体的花粉植株也叫作加倍单倍体植株（doubled haploid plant），简称 DH 植株，由加倍单倍体植株形成的株系叫作 DH 系（DH line）。整个过程见图 13.3。

花药培养的程序大致如下：①取材。从植株上采取花粉单核期或单核靠边期的花蕾或幼穗。②预处理。在保湿条件下低温预处理。③消毒。取出花药进行表面消毒。④接种和诱导培养。将花药接种到花药培养基上，在适宜的温度下培养。有时需要对花药进行短时间的预培养，然后再转入花药培养基。⑤分化培养。待花粉胚或花粉愈伤组织发育到适当阶段将其转入植株再生培养基，形成花粉植株。⑥加倍。花粉植株的染色体加倍（在试管苗阶段，或者移栽成活以后）。⑦移栽。花粉植株移栽入土壤栽培。

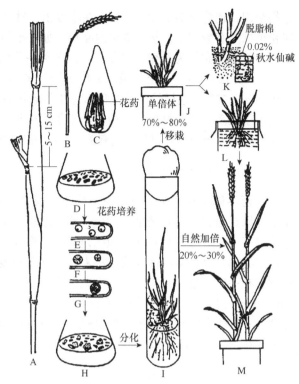

图 13.3　小麦花药培养程序示意图（李德炎等，1976）

A～C. 孕穗期的植株、穗和颖花；当两叶耳间距离为 5～15 cm（随杂种不同有差异）、穗轴较柔软可略弯曲同时颖片淡黄绿色时，花粉为单核中晚期；D. 接种后的花药；E～G. 花药中花粉发育为愈伤组织的过程；H. 从花药中长出花粉愈伤组织；I. 从愈伤组织分化出花粉植株；J. 移栽后的单倍体植株；K, L. 两种不同的加倍染色体方法，其中 L 为自然加倍；M. 加倍后的纯合二倍体植株

二、影响花药培养成功率的因素

（一）供体的基因型

现在已有 120 余种被子植物的花药被培养出花粉植株。对培养有反应的物种集中在茄科的烟草属和曼陀罗属，十字花科的芸薹属，以及禾本科的许多属。一些木本植物，如杨属的一些种、三叶橡胶和四季橘的花药培养也获得成功。虽然有些科属的植物容易产生花粉植株，但总的说来，花药培养的难易和供体植物的系统地位并无必然的联系。以茄科为例，烟草属极易诱导花粉植株，而同科的泡囊草属则不易诱导。在烟草属内，大部分种很容易产生花粉植株，但是郎氏烟草（*Nicotiana longsdorffi*）的花粉植株诱导率却非常低。同一物种的不同亚种乃至品种在诱导率上也表现出极大的差异。水稻粳亚种的品种一般都能产生花粉愈伤组织，诱导率为 8%～60%，而籼亚种的品种较难产生花粉

愈伤组织，诱导率只有1%～3%。在小麦上，往往品种间的杂种一代比亲本更容易产生花粉植株。有趣的是，某一特定的品种，如'小偃759'，它本身的花粉植株的诱导率并不高，但是当它作为杂交亲本之一时，杂种一代的花粉愈伤组织的诱导率都相当高。例如，'小偃759'×'墨巴'及'京红5号'×'小偃759'的花粉愈伤组织诱导率均可达到50%～70%。这样的品种通常称为花药培养的"桥梁品种"，以它作桥梁可以使杂种一代产生更多的花粉植株。花药中小孢子产生植株的能力称为花药培养力，已有证据表明花药培养力与一些基因的表达有关，但是基因调控的背景比较复杂。

（二）供体植株的生理状况

花药供体植株的生长条件对花药培养反应的影响很大，让植物处在长期氮饥饿状态下可以显著提高其花药培养的成功率。水稻、小麦、大麦等禾本科植物，主茎穗诱导率明显高于分蘖穗花药愈伤组织的诱导率。在高纬度、高海拔地区栽培的小麦，花药培养的成功率较高，早春播种的冬小麦比秋播冬小麦的花粉植株诱导率高。总的来说，植株种植在一定程度的逆境下有利于花药中的小孢子在培养条件下表达细胞的全能性。据Sunderland（1978）研究，烟草开花早期的花药比后期的更容易产生花粉植株，大约在始花期后6 d时的花药的花粉胚诱导率最高。开花后期的花药不易产生花粉植株的原因可能是那时花粉育性有所下降。

（三）花粉的发育时期

花粉的发育时期是影响培养效果的重要因素。被子植物的花粉历经四分体时期、单核期（小孢子阶段）、二核期和三核期（雄配子体阶段），单核期又可细分为单核早期、单核中期和单核晚期。不同物种花粉最适的发育时期不同，就多数植物而言，单核中期至晚期的花粉最容易形成花粉胚或花粉愈伤组织，如南洋金花、烟草和芍药中的最适时期是在花粉第一次有丝分裂时期或稍前后，很多禾本科植物的花药是在单核早期（大麦）或单核中期（玉米、小麦）反应最好，番茄在减数分裂中期时更适宜。曼陀罗属、烟草属和水稻的单核早期及二核期的花粉也能产生花粉植株，但花药培养成功率最高的时期仍然是单核中期和单核晚期。

在培养花药之前，需要制片镜检，以确定花药的发育阶段。当然，各个花粉发育时期与花蕾或幼穗外形上都有对应关系，只要细心地观察和比较，在每种植物上都可找出适宜的形态学指标。例如，当烟草花蕾的花冠与花萼等长时，恰好是花粉单核晚期；水稻花药处于花粉单核靠边期的特征是剑叶与倒二叶的叶枕距为3～5 cm，雄蕊长度接近颖片长度的1/2，颖壳宽度已达到最大值，但颜色为浅黄绿色（白则太嫩，黄则偏老）。

（四）材料的预处理和预培养

为了提高花药培养的成功率，需要在接种前对试验材料（花序、花蕾或花药）进行各种预处理。已经证明有效的预处理方法有以下几种。

（1）低温预处理　　低温预处理可以提高花粉胚的诱导率，这在水稻、小麦、黑麦、石刁柏等植物上都有成功的报道，但各种植物要求预处理的温度和时间不同。Nitsch和

Norreel（1973）首先发现低温预处理可以明显提高花粉胚的诱导率。他们将毛叶曼陀罗的花蕾连同总花梗一起采下，插在水中，在3℃冰箱中保存48 h，然后取花药接种，经过3次重复对比试验证明低温预处理能明显提高花粉胚的诱导率。一般烟草为7~9℃处理7~14 d，水稻为10℃处理2~7 d，小麦、黑麦和杨树为1~3℃处理2~7 d。各种材料的预处理应在保湿的情况下进行，否则会造成材料的萎蔫甚至死亡，达不到预期的效果。由于低温预处理的时间幅度较大，在花药培养材料短时间内集中出现的情况下，可以把大量的材料储存在冰箱中，从容不迫地进行接种工作。低温处理提高花粉胚状体发生能力的作用机理存在两种不同的看法，至今仍不清楚。

（2）离心预处理　　Tanaka（1973）将单核后期的烟草花药在10 000~11 000 r/min的速度下离心30 min，产生小植株的概率从30.5%提高到38.2%（4次重复实验平均），每个花药产生的小植株数目从对照的平均1.6株提高到5.4株。离心处理二核期花粉无效果。

（3）乙烯利预处理　　Bennett和Hughes（1972）在研究小麦化学去雄剂时注意到，在减数分裂前用乙烯利（2-氯乙基磷酸）喷施植株促进花粉细胞的核分裂，有的花粉细胞核达8个之多，将这些花药放在培养基上培养，可以观察到有多达18个核的花粉。在这一实验的启发下，王敬驹等（1974）在培养基中及植株上分别施用乙烯利，以观察其对花粉愈伤组织形成的影响。结果发现，培养基中较低浓度的乙烯利（40 mg/L及8 mg/L）对花粉愈伤组织的形成有明显的促进作用。用4000 mg/L乙烯利处理稻株，对以后的花药培养也有轻微的促进作用。

（4）高温预处理　　高温预处理是在花药接种后先放置在高温条件下培养一段时间，然后再转移到常温条件下继续培养。这种方法最初由Chuong和Bersdorf（1985）首次在油菜的小孢子培养中报道，后来被应用到甜椒、小麦的花药培养中。甜椒的花药先在35℃预培养5~8 d，然后转移到28℃的条件下，可以显著提高花粉植株诱导率。小麦高温预培养的温度为30~32℃，培养时间为2~3 d，然后转入28℃条件下培养。

（5）甘露醇预处理　　这种方法最初由Wei等（1986）及Chuong和Bersdorf（1985）首次在大麦的小孢子培养中报道，后来证明在大麦的花药培养中也十分有效（郭向荣，1995）。大麦花药用过滤消毒的0.3 mol/L甘露醇溶液预培养3~5 d，然后转移到过滤消毒的FHG液体培养基上漂浮培养，其中的小孢子散落到培养液中形成大量的花粉胚。但是麦芽糖和含糖的FHG培养基预处理花药的小孢子培养成功率很低。有人认为，甘露醇预处理的作用在于使小孢子处于碳饥饿状态，结果导致花粉从正常发育途径转向雄核发育途径。重蒸水预处理表现出与甘露醇相似的结果，证明短时间的饥饿的确有助于小孢子的胚状体发生。

（五）培养基

培养基（medium）是花药培养中影响花粉启动和再分化的重要条件，培养基成分是否合适往往是决定花药培养成功与否的关键之一。基本培养基的组成对花药培养成功率有明显的影响。早期的花药培养大多沿用已有的组织培养基，如Nitsch（1951）培养基、Miller培养基和MS培养基。后来研制出专门用于各类植物的花药培养基，如适合于烟草花药培养的H培养基（Bourgin and Nitsck，1967）。朱至清等（1975）在研究水稻花药培养时发现培养基中高浓度的 NH_4^+ 显著抑制花粉愈伤组织的形成，他们降低了培养基中 NH_4^+ 的浓度，确定了氨态氮和硝态氮的最合适的比值，提出了 N_6 培养基，这种培养基已被广泛地用来培养水稻、小麦、小黑麦、黑麦、玉米和甘蔗等禾谷类作物的花药，其效果明显优于 MS 等原有的培养基，特别有利于花粉胚状体的形成。后来证明 N_6 培养基附加 600～1000 mg/L 脯氨酸可以高频率诱导玉米和水稻的体细胞胚状体发生，并获得再生植株，因此其在玉米和水稻的转基因植株再生中也获得广泛应用。

后来研制成功的适合于小麦花药培养的 C17 培养基（王培等，1986）和 W14 培养基（欧阳俊闻等，1988），以及适合于大麦花药培养的 FHG 培养基（Hunter，1988）都大幅度地降低了氨态氮的含量，从而使培养效率大大提高。FHG 培养基还用麦芽糖代替了蔗糖，进一步提高了大麦花粉植株的诱导率，获得了使每 100 个大麦花药产生 2700 个绿苗的最高记录。Chu（1990）用葡萄糖代替蔗糖作碳源，提出了一种适合于小麦花药漂浮培养的 CHB 过滤消毒培养基，最高频率达到每 100 个小麦花药产生 200 个绿苗，而且该培养基被成功地用于小麦的花粉粒培养与合子培养。

培养基中的植物生长物质的种类会影响花粉发育的途径（形成胚状体还是形成愈伤组织）及影响到花药不同倍性组织的生长或抑制。一般在禾本科植物中，常用 1～5 mg/L 2,4-D 或 NAA 诱导花粉愈伤组织形成，再将愈伤组织转移至降低或去除生长素或补加细胞分裂素类物质的分化培养基上，以诱导器官分化和再生植株形成。以草莓花药培养为例，花药在 GD 培养基附加 1 mg/L 2,4-D 培养愈伤组织形成率最高，愈伤组织形成后转入分化培养基中，分化培养基中通常除去生长素，添加细胞分裂素，常用配方是 MS 培养基加 1 mg/L 6-BA。对水稻花粉愈伤组织的诱导，KT 虽然不是必需的，但对以后愈伤组织分化成苗有较好的后效应，因此认为在诱导培养基中添加 KT 有利于增强愈伤组织的胚状体发生能力。虽然水稻和小麦花粉愈伤组织的植株分化可以在无任何激素的培养基上进行，但是如果在培养基中加入低浓度的 NAA 和 IAA 及相对高浓度的 KT，则分化率会明显提高。花药培养基中有时也加入种类较多的维生素、氨基酸和其他有机附加物，在试验的基础上，合理地搭配这些化合物可以在一定程度上提高花粉植株的诱导率。

（六）培养方式

花药培养可分为固体培养、液体培养、双层培养、分步培养等多种培养方式。

固体培养是指在加有琼脂固化的培养基上培养。液体培养是指在没有琼脂的液体培养基上培养。液体培养基可以用过滤器消毒，培养基中生物活性物质不至于因高温消毒而被破坏，因此比在琼脂培养基上培养效果更好。但是由于液体培养容易造成培养物的通气不良，特别是随着愈伤组织重量的增加，易于沉入培养基底部，长时间的厌气环境会严重影响愈伤组织分化苗的能力。双层培养是指采用底部为固体培养基，上部为液体培养基的混合培养。其优点是花药在培养早期可以从活性高的液体培养基中汲取营养，花粉胚长大后又不会沉没，可以在通气良好的条件下分化成植株。双层培养效果明显，在大麦（孙敬三等，1991）和小麦（朱至清，1990）花药培养中都得到了证明。分步培养是指将花药接种在液体培养基（含 Ficoll）上进行漂浮培养时，花粉可以从花药中自然释放出来，散落在液体培养基中，然后及时用吸管将花粉从液体培养基中取出，植板于琼脂培养基上，使其处于良好的通气环境中，使得花粉植株的诱导率大大提高。这种花药-花粉分步培养方法已在大麦上取得了很好的实验结果，从 1 个大麦花药平均可产生 13 棵绿色花粉植株（胡含，1990）。

（七）培养条件

离体花药的培养条件包括温度、湿度和光照。由于培养花药容器内的相对湿度几近 100%，而且不加调节，因此主要是调控培养温度和光照。

培养温度是影响花药反应的一个重要因素。离体培养的花药对温度比较敏感，较高的温度虽能诱导较高频率的花粉愈伤组织，但愈伤组织分化白化苗的频率也随之提高。目前，控制培养温度仍是减少白化苗的一个有效措施。水稻花药培养的适宜温度为 27℃。不少植物的花药在较高的温度下培养效果更好，特别是最初几天经历一段高温培养出愈率会明显提高。例如，在开始培养的 2～3 周，将温度提高到 30℃以上，可大幅度提高油菜花粉胚的生成率。对大多数小麦品种说来，培养初期需要 30～32℃的较高温度，经 8 d 的高温培养之后，转入 28℃培养较为适宜（欧阳俊闻等，1988）。短期高温培养不但可提高小麦花药的出愈率，而且对以后愈伤组织绿苗分化能力也有好的影响。

离体花药对光照的反应在烟草和曼陀罗上是不同的，连续光照可明显增加烟草花粉胚的产量，但却强烈抑制曼陀罗的花粉胚状体发生。对禾本科植物说来，在花药愈伤组织的诱导期间，光的有无并不重要，一般主张愈伤组织诱导期间进行暗培养或给以弱光或散射光处理。

愈伤组织的分化原则上都应在光照下进行，但光照长度和给光时间不同，植物的要求也不同，如水稻的愈伤组织如果转入分化培养基之后立即给予光照，虽然芽点出现较快，但容易引起愈伤组织的老化坏死，如果采用"先暗后光"的培养方法，则可避免上述现象发生。所谓"先暗后光"，即当愈伤组织转入分化培养基之后，先在暗中培养 3～5 d，在愈伤组织适应了低生长素、高细胞分裂素的分化培养，并开始增长之后，再给以每天 14 h 的 1000～2000 lx 的光照。试验表明，"先暗后光"比一直处在光下的愈伤组织老化率减少，绿苗分化率可提高 7.5 倍（李梅芳，1981）。在小麦愈伤组织分化期间及以后的试管苗越夏期间，都应给以短日照处理，否则试管苗移栽后会提前抽穗，甚至移栽前在试管中就会抽穗。目前，对于光质对花粉愈伤组织的形成和分化的影响方面的研究还不多。

（八）花粉植株的移栽

花粉植株的移栽一般需要经过炼苗、清洗琼脂和移栽等步骤。我国水稻花粉植株的移栽正值秋末和初冬季节，因此一般都需在温室或者带到海南进行，移栽前用水洗去琼脂，剪去衰老叶片和黄根，并在清水中炼苗 4～5 d，待有新根发出，即可移入土壤，移栽后保持土温不低于 25℃，相对湿度在 85% 以上。白天温度保持在 25℃以上，夜间不低于 15℃。小麦等越冬作物，花粉植株生长至适合于移栽的大小时，适值盛夏，自然气温很高，按期移栽很难成活，应当在 4℃冰箱中冷藏越夏。9 月底将试管苗取出在自然光下炼苗 5～7 d，然后洗净琼脂，进行移栽。移栽后在苗床上搭盖塑料薄膜棚，一般可以顺利成活。

三、雄核发育的细胞学

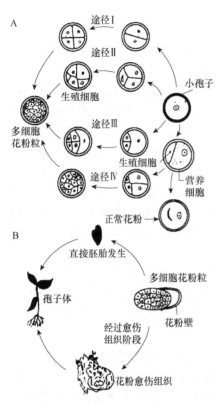

在自然情况下，小孢子分裂为营养细胞和生殖细胞，成为雄配子体，其中的生殖细胞再分裂产生雄配子。然而在离体培养的花药中，小孢子（或花粉）改变了正常发育的途径，经过连续多次的细胞分裂，最后发育为孢子体。由小孢子发育为孢子体的过程通常称为雄核发育（androgenesis）。离体雄核发育有4条不同的途径，详见图13.4。

引发雄核发育的必要条件是：①在控制环境条件的情况下健壮植株生长；②特定品种的花粉粒发育过程；③温度处理阻止花粉粒生长代谢，使其代谢途径转变到胚状体发生的新途径，而不经过通常发育为成熟花粉的途径。一旦形成雄核发育的胚状体，由胚发育成植株还取决于培养基成分、光温条件、胚原基分化、茎芽和根生长，最后将花粉植株移栽到温室中。

在控制温度、光照与湿度的条件下种植的植物，常作为花药和花粉培养取样的实验材料。由于花粉发育阶段对离体雄核发育十分关键，因此正确选取花蕾或幼穗非常重要。鉴于这个原因，需要区分花粉发育与花蕾或幼穗的某些可见形态特征的相关性，这些相关性随植物种类和供体植株年龄不同而有很大的变化。一些研究者认为，最容易培养成功的花药是：花药内的小孢子为单核，处于四分体解离与第一次花粉粒的有丝分裂之间的发育时期（Bors，1985；Scott et al.，1991）。

图 13.4   离体雄核发育的 4 种途径
（Bhojwani and Bhatnagar，1979）
A. 一个小孢子分裂形成多细胞花粉粒的途径；B. 一个多细胞花粉粒可能直接形成胚或经过愈伤组织阶段产生孢子体

在植物中，花药内的小孢子有丝分裂是一次不均等分裂，形成的两个细胞形态上有明显区别，即营养细胞和生殖细胞。营养细胞具有大而弥散的核和丰富的细胞质，而生殖细胞核较小而致密，用醋酸洋红染色时着色较深，核的周围只有很薄一层细胞质。在离体培养的小麦花药中，有些小孢子第一次分裂与自然情况相同，也产生营养细胞和生殖细胞，然后由营养细胞继续分裂形成花粉胚，这种雄核发育的途径叫作 A 途径。还有些小孢子的第一次分裂从不均等分裂变成均等分裂，形成两个大小、形态和染色深浅相同的细胞，而后两个细胞继续分裂形成花粉胚，这种途径叫作 B 途径（朱至清等，1978）。这两种途径是形成花粉胚的主要途径，也就是说花粉胚主要来源于单核小孢子或营养细胞。

花药中的花粉可以产生胚状体，直接萌发为阶段小植物，如烟草。花粉也可以先形成愈伤组织，然后通过转移培养分化为植株，如水稻和小麦。但是形成植株的两种方式并无绝对界限。花粉是发育成胚还是形成愈伤组织，主要取决于培养基中的激素状况。以水稻为例，培养花药中的花粉可以在含 2,4-D 的培养基上长成愈伤组织，而在无激素的培养基上发育为胚状体（朱至清等，1976）。

花药离体培养过程中花药不同的离体发育途径见图 13.5，总结如下：①分离的有液泡的小孢子进行胚状体发生形成单倍体胚（A 途径）；②由性母细胞减数分裂后形成的单倍体细胞加倍或不加倍形成混倍体愈伤组织（遗传组成来源相同），然后经胚状体发生形成单倍体或加倍单倍体（B 途径）；③性母细胞减数分裂后形成的单倍体细胞在细胞壁未形成时发生核融合形成二倍体细胞，由不同来源的单倍体细胞和二倍体细胞形成混倍体愈伤组织，然后经胚状体发生形成单倍体或二倍体（C 途径）；④由花药壁的体细胞组织经器官发生形成二倍体（D 途径）。

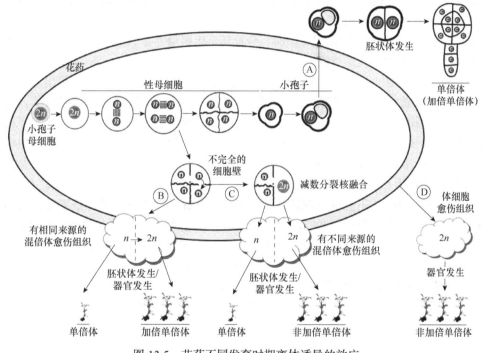

图 13.5　花药不同发育时期离体诱导的效应

四、花药培养的操作实例

1. 水稻花药培养（向珣朝等，2006）

1）选取花粉处于单核靠边期时的稻穗取材，留全部绿叶，所有材料均用 75% 乙醇消毒后，用湿纱布包裹，然后放在 7～10℃ 的冰箱中预处理 7 d。需要特别说明的是，在预处理过程中一定要保留绿叶，向珣朝等（2006）在留叶和剪叶花药培养试验中发现，剪除样株绿叶后的绿苗分化率显著下降。

2）剪去叶片，将幼穗从预处理材料的叶鞘中取出，用 70% 乙醇消毒 5 min，再用 0.1% HgCl$_2$ 消毒 10 min，然后用无菌水冲洗数次，这时期的颖花外观呈黄绿色，雄蕊的长度（花丝和花药的长度）为颖花长度的 1/2 左右，花药颜色为淡黄绿色。用小剪刀从颖花基部连同花药将颖花剪下（注意不要损伤花药），收集在培养皿中。用镊子夹住剪下的颖花顶部，切口向下，在锥形瓶（培养皿）边缘敲动，使花药散落在培养基斜面上，每锥形瓶（培养皿）接30枚花药。

3）诱导花粉愈伤组织的培养基为 N_6 培养基，除大量元素和微量元素外，还补充 2 mg/L 甘氨酸、1 mg/L 维生素 B_1、0.5 mg/L 维生素 B_6、0.5 mg/L 烟酰胺腺嘌呤二核苷酸（NAD）、0.5 mg/L KT、1 mg/L NAA、2 mg/L 2,4-D、60 g/L 蔗糖、60 g/L Na_2SiO_3，琼脂浓度为 0.8%。接种后的花药置于 28～30℃的培养室中进行暗培养。

4）培养后大约 20 d，花粉愈伤组织出现。培养后 40 d 左右，当愈伤组织达到小米粒大小时即可转至分化培养基，进行植株分化。分化培养基采用 MS 培养基。培养基中附加 1 mg/L KT、1 mg/L NAA、0.2 mg/L IAA、60 g/L 蔗糖和 60 g/L Na_2SiO_3，琼脂为 0.8%。分化培养的最初 3～5 d 先在暗中进行，然后再转入 1000～2000 lx 光强下，每天 14 h 光照培养，培养温度为 26～27℃。

5）当分化培养基上陆续出现绿苗时，分批转至生根培养基。生根培养基为 1/2 MS＋ 30 g/L Na_2SiO_3，不加生长调节物质。

6）当试管苗长出 3 片以上的真叶，并有发达的根系时，将其从试管中移出，洗掉琼脂，剪去老叶和黄根，浸泡在清水中，炼苗 3～5 d，当有新生根叶长出时，即可移入温室土中，土壤应偏酸性（pH 5.5～6.0）。温室白天温度保持在 25℃，夜晚不低于 15℃，相对湿度保持在 85% 以上。如果移栽至海南，栽后管理的关键措施是在栽后半个月内的夜间必须注意保温。部分植株将自然加倍，部分植株保持单倍体状态，自然加倍的多少视花药培养株系的基因型而定。向珣朝等（2006）在 '蜀恢 955'（♀）和 'Kitaake'（♂）构建的籼粳亚种间 BIL 的不同株系花药培养中发现，各株系二倍体自然加倍率变异范围为 0～87.69%，作为 BIL，其株系间的基因型差异较小，但自然加倍率变异却很大（表 13.2）。

7）当单倍性花粉植株成活后处于分蘖盛期时，将其从花盆中挖出，洗去泥土，将分蘖节以下的部位浸入含有 1.5% 二甲基亚砜的 0.2% 秋水仙碱溶液中。

2. 小麦花药液体漂浮培养（朱至清等，1990）

朱至清等研制了一种专门用于小麦花药漂浮培养的 CHB 培养基（Chu et al., 1990）和培养方法，用这种方法诱导小麦花粉植株的成功率比传统的固体培养法提高了 5～10 倍，其操作程序如下。

选取花粉处于单核中期的无菌的花药，接种到过滤消毒的 CHB＋0.5 mg/L 2,4-D＋ 0.5 mg/L KT 的液体培养基上。液体培养基置于直径 3 cm 的无菌培养皿中，每个培养皿中加入经过滤消毒的培养液 1.5～2 mL，每皿接种 60～80 个花药。接种后可以看到小麦花药漂浮在培养液的表面。接种好的花药先在 32℃条件下培养 6 d，再转到 28℃下培养。培养室中可以不加光照或只给弱光。培养 20～25 d 即可看到有大量花粉胚状体释放到花药外面，培养 30～35 d 时即可将培养的花药和花粉胚状体连同液体培养基一起倒入装有固体分化培养基的直径 6 cm 的培养皿中。分化培养基为 NAA 0.5 mg/L、KT 0.5 mg/L 和蔗糖 3% 的 CHB 或 N_6 固体培养基，培养基用高温灭菌。转移后的培养物在 25℃光照条件下培养，3～7 d 即可形成再生植株。在一些小麦基因型上，如法国材料 DH112 和加拿大材料 F1SC8828 上，平均 100 个花药可以产生 600～800 个花粉胚状体，转移分化后可获得 200～300 棵花粉植株。这种培养基后来用于小麦的游离小孢子培养与合子培养，也都获得成功。

3. 玉米花药培养（郭仲琛等，1990）

1）在田间选取生长健壮，花粉处于单核中期的玉米雄穗，立即用于花药接种。或者将雄穗用湿纱布包裹，装入塑料袋内，于6℃下冷处理7～12 d，然后再进行花药接种。

2）接种前将雄穗浸入0.1%升汞溶液中消毒8～10 min，无菌水清洗3次后，剥取花药接种于 N_6 培养基＋2 mg/L 2,4-D＋500 mg/L CH＋0.5% 活性炭＋15% 蔗糖的固体培养基上。

3）接种好的花药置于28℃暗培养7 d，然后转入每天光照16 h的条件下继续培养。花药接种后约20 d开始出现愈伤组织或胚状体。

4）当愈伤组织或胚状体长至1～2 mm时，及时转入分化培养基进行植株分化。分化培养基的成分为 N_6 培养基＋0.5 mg/L NAA＋1 mg/L KT＋6% 蔗糖。培养物于25℃光照下（16 h/d）培养。

5）植株长出3或4片真叶及2或3条根时即可进行移栽。洗去根部琼脂，将植株栽于通气性好、保水力强的土壤中。移栽后土壤温度保持在10～25℃，气温20～25℃，并罩以透明塑料薄膜保持湿度。开始先在散射光下培育3～4 d，然后置于自然光照下进行正常培育。

6）移栽成活并长出2片新叶之后即可进行染色体加倍。每天上午7:00～8:00从喇叭口向心叶内滴入含有1% 二甲基亚砜的0.01% 秋水仙碱溶液，连续3 d。玉米植株对秋水仙碱非常敏感，比较容易发生药害，因此有人改用处理胚状体或愈伤组织的方法加倍，其方法如下：在花药培养的25～30 d，将长有花粉胚或花粉愈伤组织的培养瓶放入7℃左右的冰箱处理48 h，再转入28～30℃下培养20 h，然后取出带胚状体或愈伤组织的花药，浸入高压灭菌的浓度为50 mg/L的秋水仙碱溶液，于11～17℃下处理48 h，无菌水洗3遍后，接种于分化培养基上再生植株。

五、花药培养应注意的问题

（一）材料选择

植物基因型是影响花药离体培养反应的重要因子之一。据 Irikura（1975）报道，在属于茄属的46个物种和9个种间杂种中，只有19个物种和4个杂种能产生花粉植株。陈锦骅等（1982）报道，水稻不同种、亚种和品种间花药对离体培养反应的高低顺序是：糯＞粳＞粳×籼＞籼×籼＞籼。在粳稻中花粉愈伤组织诱导率平均可达10%，而在籼粳中只有1%～2%。

供体植株的年龄及其所处的生长条件同样影响花药对离体培养的反应。一般来说，幼年植株的花药反应能力较好。在开花末季采集的花药不但形成孢子体的频率很低，而且发生反应的时间也较迟。在水稻和小麦等禾谷类植物中，大田植株比温室植株、主茎穗比分蘖穗花粉愈伤组织的诱导率高。

Dunwell 和 Perry（1973）观察到，在烟草中，当光照强度相同时，由生长在短日照（8 h）条件下的植株上采集的花药，要比在长日照（16 h）条件下采集的花药对培养的反应高出60%。Heberle-Bors 和 Reinert（1980）发现，若烟草的供体植株生长在短日照、18℃条件下，其单倍体产量会比生长在长日照、24℃条件下的提高4～5倍。在蔓菁品种'Towe'中，种在较低温度下的供体植株花粉胚的诱导率较高。Keller 和 Stringam（1978）指出，在分别生长于昼/夜温度为 15℃/10℃，20℃/15℃和 25℃/20℃条件下的植株中，每 1000 个接种花药的花粉胚产量依次为 979 个、579 个和 267 个。由供体植株生长条件的差异造成的花药对培养反应的不同，可能是内生激素水平变动的结果。王敬驹等（1974）看到，在水稻中若在 10℃下用乙烯利预处理植株 84 h，可增加花药对培养的反应能力。

花粉发育时期也是影响花药培养成功与否的一个重要因素。早期研究表明，并不是任何发育时期的花粉都可在离体培养时期接受诱导产生愈伤组织或胚状体，只有那些发育到特定时期的花粉对离体刺激才最敏感。烟草和水稻的花粉从单核中期至双核早期都可接受离体诱导产生愈伤组织。小麦的花粉处于单核中期时培养效果最好。

（二）预处理

适当的预处理可以显著提高花药的愈伤组织诱导率。常用的预处理方法是低温冷藏，具体的处理温度和时间长度因物而异：烟草 7～9℃处理 7～14 d；水稻 7～10℃处理 10～15 d；黑麦 1～3℃处理 7～14 d；大麦 3～7℃处理 7～14 d。但低温预处理对小麦效果不稳定，有时还有负效果。

（三）材料灭菌

花药适宜培养时，花蕾尚未开放，花药在花被或颖片的严密包被之中，本身处于无菌状态，因此，通常只要以 70% 乙醇喷洒或擦拭花器或包被着穗的叶鞘表面，即可达到灭菌要求。

（四）花粉植株诱导

禾本科植物的花药在培养中通常不能形成胚状体，在这类植物中，花粉植株的诱导往往要分两步进行。第一步，将花药接种在含有 2,4-D（1～2 mg/L）的诱导培养基上，诱导花粉粒形成单倍体愈伤组织。第二步，当花粉愈伤组织形成后 10～15 d，其直径已长到 1.5～2.0 mm 时，及时把它们转到分化培养基上诱导植株分化。分化培养基中不含 2,4-D，含有 NAA 和 KT 各 0.5 mg/L。在分化培养基上，愈伤组织表面陆续分化出芽和根。

在烟草中，花粉植株是由胚状体产生的，因此几乎都是单倍体。在稻麦等植物中，由于花粉植株是经由愈伤组织产生的，染色体数常有变化，其中既有单倍体，也有二倍体、三倍体及各种非整倍体等。

第三节　小孢子培养

把小孢子从花药中分离出来，进行人工培养，称为小孢子培养（microspore culture）或游离小孢子培养（isolated microspore culture），有时也叫作花粉培养（pollen culture）。小孢子培养是在花药培养技术基础上发展起来的，与植物花药培养相比，小孢子培养具有以下优点：①排除了花药壁和绒粘层的影响，便于分析研究结果；②小孢子培养需要的器皿和培养空间较小，大大提高了生产单倍体的效率。由于小孢子本身也有可能成为基因工程的受体，因此小孢子培养在研究和育种上均具有实际意义。

高等植物的小孢子母细胞通过减数分裂形成小孢子，小孢子分裂形成生殖细胞和营养细胞后即成为雄配子体，通常我们把小孢子和雄配子体统称为花粉。根据花粉中细胞核的数目可将花粉的发育依次分成以下几个阶段：单核早期、单核中期、单核晚期、第一次核有丝分裂期、双核期、第二次核有丝分裂期和花粉成熟期。严格地讲，小孢子只包括四分体解离后至第一次核有丝分裂期的细胞。但在有关小孢子培养工作中，包括的范围更广泛，双核期的花粉有时也作为离体培养的对象。

20 世纪 70 年代初，Nitsch 和 Norreel（1973）首先报道了烟草的游离小孢子培养，后来 Kyo 和 Harada（1985, 1986）建立了烟草的游离小孢子高效产生单倍体植株的方法。20 世纪 80 年代后期，游离小孢子培养在油菜（*Brassica napus*）上得到了迅速发展，不仅建立了高效的培养方法（Pechan and Keller，1988），而且研究了游离小孢子发育途径转变的生化标记，后来还利用油菜离体培养的小孢子作为外源基因受体进行了基因工程研究（Kuhlmann et al.，1991；Fennel and Hauptmann，1992；Jahne et al.，1994）。外源基因导入小孢子能够获得单倍体转基因植物，加倍之后立即获得转基因纯系，加快了基因工程的速度，提高了转基因植物检测的效率与可靠性，受到人们的关注。由于小孢子培养的效率比花药培养高很多，它在育种上有更大的潜力。图 13.6 为茄子小孢子培养的成苗过程。

一、小孢子的分离方法

小孢子位于花药内。花药中包含成千上万个单倍体小孢子或花粉。据报道，油菜每个花药有 17 000 个小孢子（Chuong and Beversdorf，1985），大麦有 2000～4000 个小孢子（Dale，1975），小麦和水稻花药中小孢子的数目与大麦相近。以往的研究表明，对许多植物来说，单核中期至单核晚期的小孢子才具有发育为单倍体植株的潜能，不同物种甚至同一物种不同基因型的小孢子培养对小孢子发育阶段的要求有细微的差异（Kyo and Harada，1985；Gaillard et al.，1991；I-Ioekstra et al.，1992）。分离小孢子时先从大田或温室选取处于合适发育阶段的花蕾或幼穗，进行常规的表面消毒，然后在无菌条件下从花药中分离。

分离小孢子的方法可归纳为挤压法、散落法和器械法三种。无论采用何种分离方法，都要求达到以下标准：①小孢子的成活率较高，发育期整齐；②小孢子达到一定的数量；③无菌、无杂质。

挤压法是将无菌花序、花蕾或花药放入研钵或玻璃烧杯内，加入少量分离溶液，然后用玻璃棒或注射器的内管轻轻挤压材料，使小孢子从花药中游离到溶液中。通过不锈钢网或尼龙网筛去除比小孢子大的组织碎片，收集小孢子悬浮物，再低速离心使小孢子沉淀，弃上清液后，加分离溶液反复清洗 2 或 3 次，最后用培养液清洗 1 次，即可制备成小孢子悬浮液，转入培养瓶进行培养。在操作中应注意以下几点：①挤压时用力要适当而且均匀。用力太轻，达不到分离目的或分离的小孢子数量少；用力过大，组织碎片增加，小孢子生活力下降。②注意选用合适的筛网孔径。一般常见的问题是孔径过大，使较小的组织碎片随小孢子同时漏下。③分离液的渗透压要合适。一般分离液由几种盐组成缓冲液，然后用甘露醇或蔗糖调节渗透压。

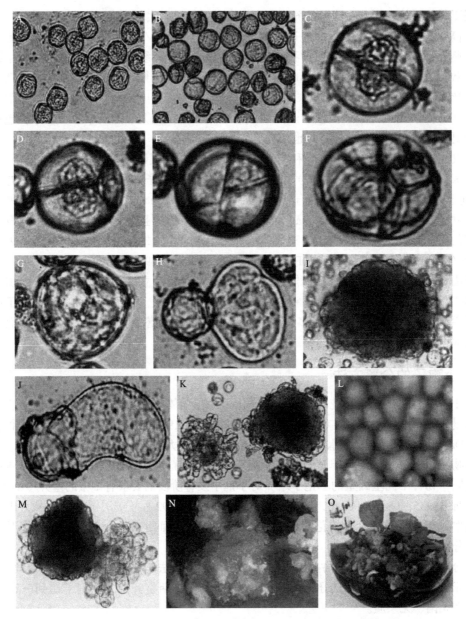

图 13.6　茄子小孢子培养的成苗全过程（佟曦然等，2007）

A. 单核中期的小孢子；B. 花药预培养 4 d 后，在液体培养基中的小孢子；C. 分裂成两个细胞的小孢子；D. 分裂成两
个营养细胞和两个生殖细胞的小孢子；E. 分裂成 4 细胞的小孢子；F. 分裂成 8 细胞的小孢子；G. 分裂成多细胞团；
H. 多细胞团从萌发孔突出来；I. 球形胚；J. 细胞从裂开的花粉沟突出来；K. 同时产生球形胚和愈伤组织；L. 肉眼可
见愈伤组织；M. 球形胚又愈伤化；N. 愈伤组织上分化不定芽；O. 发育成小苗

　　渗透压高低直接影响小孢子的生活力，过高的蔗糖对小孢子有伤害作用。挤压法
的优点是简便易行，使用器械的成本较低，在对单个花蕾或花药分别进行研究时尤为实
用。但此法的缺点是实验重复性较差，一次处理植物材料的数量有限。曾有人在烟草
（Nitsch，1974；Reinert et al.，1975）、油菜（Lichter，1982）和大麦（Wei et al.，1986）

等几种植物上利用挤压法制备的小孢子再生了植株。

液体漂浮培养时，花药会自动开裂，小孢子从花药裂口处散落到培养基上，然后再收集小孢子的方法叫作散落法（shed pollen method）。器械法是利用小型搅拌器或超速旋切机破碎花药，使小孢子游离到溶液中。

二、影响小孢子培养成功率的因素

1. 基因型和栽培条件 基因型是影响小孢子胚状体发生率的关键性因素。不同基因型的供体材料在同样试验条件下的胚状体产量都不同，基因型明显影响小孢子培养的成功率。Cao 等（1994）曾随机检验了 17 份大白菜基因型的小孢子胚状体发生能力，从其中的 16 份得到了胚状体，但胚状体发生频率随基因型变异很大，最好的基因型可以产生 359 个胚（花蕾），最差的仅产生 0.29 个胚（花蕾）。初期的小孢子培养研究中多选用花药培养诱导率高的基因型，但有的能获得成功，有的则不能成功。

另外，花药培养不易成功的基因型在小孢子培养时也可以获得较好的结果，这似乎说明两种培养方法适应的基因型不一定一致，小孢子的诱导能力可能是由遗传性事先确定了的，但花药组织可能存在促进或抑制小孢子脱分化的两种可能的机制。长期以来，由于人们对基因型的本质缺乏深入的了解，因此对基因型的选择和使用存在着很大的盲目性，这是一个值得探讨的问题。

不同植物要求不同的栽培条件，供体植株的生理状态对小孢子胚状体发生具有很大的影响。据研究，为了获得较高的胚状体发生频率，宜在 10～15℃条件下栽培十字花科的植物，而玉米和水稻则要求更高的栽培温度。Kasha 研究了栽培温度和外源 PAA（苯乙酸）对大麦小孢子培养的影响，当栽培温度为 12℃（或 10℃）时（昼或夜），培养基中需添加 PAA 才能获得胚状体。反之，当栽培温度升至 18℃（或 15℃）时，小孢子不需外源 PAA 便能进行胚状体发生。因而推测，供体植株的栽培条件可能是通过影响小孢子的内源激素代谢水平而影响小孢子的胚状体发生。

2. 小孢子的发育时期 同花药培养一样，小孢子的发育时期是影响小孢子培养能否成功的因素之一。烟草的花药培养宜选用小孢子单核晚期的花药进行接种，但同种的小孢子培养以双核中期的小孢子为宜。油菜小孢子培养中常选用单核晚期至双核早期的小孢子。大麦花药培养宜选用单核中期至单核晚期的小孢子，而小孢子培养则宜选用小孢子分裂前期的小孢子。在玉米小孢子培养实验中，先将小孢子发育期为单核早、中期的玉米雄穗放入低温条件下进行预处理，当分离小孢子进行培养时，雄穗中的小孢子已发育至单核晚期至双核早期。在水稻的小孢子培养实验的花序预处理中也有类似的情况，当从不经预处理的花序直接分离小孢子时，宜选用单核晚期的小孢子。在十字花科的芸薹属内，甘蓝（*Brassica copitata*）的小孢子培养可以选用发育时期更晚的小孢子。

综上所述，小孢子培养中选用的小孢子发育时期因植物种类有所不同，但一般的选用范围是单核中期至双核中期。如果用于小孢子培养的花序、花蕾或花药在小孢子分离前需要进行各种预处理，此时要求小孢子的发育时期较早，而直接从花器官中分离小孢子进行培养，宜选用小孢子的发育时期较晚一些，因为小孢子在各种预处理的过程中仍然可以继续发育。

3. 预处理和预培养   人们在研究中发现，对用于花粉培养的材料进行预处理，可以促进细胞脱分化，提高愈伤组织或体细胞胚诱导率。预处理的方法主要有黑暗处理、光质处理、高渗处理、药物处理和温度处理（低温或高温处理）等。早期的研究发现把花序或花蕾预先在4～10℃的低温下放置一段时间，可以提高烟草和玉米小孢子培养的成功率。最近有人报道，小麦的穗子经常温（25℃）预处理也可提高小麦小孢子的胚状体诱导率（Mejza et al.，1993）。

甘露醇预培养首先在曼陀罗和烟草等植物的小孢子培养上获得良好结果。方法是先将花药漂浮在只含有0.3 mol/L甘露醇的溶液上，预培养2～5 d，然后取出花药，再分离小孢子进行培养。高温预培养是在分离纯化步骤结束后，把小孢子放置在液体培养基上并在高温条件下培养一段时间，然后再转移到常温条件下继续培养。这种方法最初由Chuong等（1985）首次在油菜的小孢子培养中报道，直接分离的新鲜的小孢子在32℃条件下先培养3 d，然后转入25℃条件下继续培养，其结果与25℃恒温培养有显著差异。Pechan等（1988）逐渐完善了油菜小孢子培养技术，以'Topas'品种为例，通过高温预培养（32.5℃，3 d），小孢子的分裂指数可以达到70%，分裂的小孢子有70%可形成胚状体。

4. 培养基   小孢子培养中多使用过滤灭菌的液体培养基，培养基中的氨态氮浓度一般比较低，通常加入一些有机氮源。在十字花科芸薹属上多使用Nitsch（1974）培养基、Lichter等（1981）完善的NLN培养基。大麦小孢子培养中则使用FHG培养基（Hunter，1988）。玉米小孢子培养使用的培养基与花药培养十分相似，但激素的含量有所降低（Coumans et al.，1989；Gaillard et al.，1991；Pescitelli et al.，1990）。牛应泽等研究表明，在甘蓝型油菜游离小孢子培养过程中，蔗糖浓度在16%的培养基中含有活力的小孢子最多，但胚状体诱导率最高来自于13%蔗糖的培养基。申书兴等研究发现NLN培养基中添加活性炭对促进小孢子胚状体发育的效果非常显著：一是提高小孢子胚状体发生率，尤其是对胚状体发生难的基因型效果更显著；二是提高子叶形胚率，尤其在胚状体发生率高时，效果更显著。这可能是活性炭吸附了培养基中小孢子代谢产生的抑制胚状体发生和发育的产物所致，并且不同基因型产生的有毒代谢产物的量有差异。

三、小孢子培养操作实例

1. 大麦的小孢子培养（郭向荣，1996）

1）在大麦品种'Igri'或'Sarbarlis'的植株上采集花粉处于单核中期至单核晚期的穗子。

2）穗子用10%次氯酸钠或0.1% HgCl$_2$消毒10 min，然后用无菌水清洗3遍。

3）取出花药种植在含0.3 mol/L的甘露醇预处理液表面上。预处理液装置在直径3 cm的培养皿中，每个培养皿装有处理液2 mL。预处理在25℃黑暗中进行。

4）预处理3 d后，取240个花药置于50 mL离心管中，加入预冷的20～30 mL 0.3 mol/L甘露醇溶液，混匀后，在20 000 r/min的旋切刀具下搅拌30 s。在搅拌过程中轻轻摇动锥形瓶或离心管，以保证所有材料都能充分搅拌。搅拌结束后过滤，去除各种残渣碎片。将小孢子匀浆置于50 mL离心管中，在800 r/min（50 g）下离心3 min收集小孢子群体。

5）去掉上清液后，将小孢子移至 1.5 mL 或 2 mL 的 Eppendorf 管中，再离心 2 min 收集较为纯净的小孢子群体，可取样用 FDA 染色检查小孢子的活性。

6）经分离提取的小孢子群体，用血细胞计数器计数，调整小孢子密度为 $1.0 \times 10^5 \sim 1.2 \times 10^5$ 个 /mL，然后加入 1 mL 诱导培养基，置于 25℃培养箱中暗培养。培养基为 FHG 培养基，附加 0.5 mg/L IAA、0.5 mg/L 6-BA、0.2 mg/L 2,4-D、64 g/L 麦芽糖。

7）培养 28～35 d，当花粉胚状体为 1～1.5 mm 时，将它们转移至固体分化培养基获得再生植株。分化培养基为 FHG 培养基，附加 1.5 mg/L IAA、0.5 mg/L 6-BA、40 g/L 麦芽糖。

2. 甘蓝型油菜的小孢子培养（杨立勇等，2005）

1）甘蓝型油菜小孢子培养的最佳取材时期为初花期前后 2 周左右，每次从油菜花序上取 2.5～3.5 mm 的蕾，表面消毒后用无菌水清洗 3 次。

2）加入 B_5 培养液研磨，用 40 μm 尼龙网过滤，滤液经过 100 g 离心 5 min，吸去上清液后，再向离心管中加 8 mL NLN16 培养液（含秋水仙碱）密封，置于 32℃的恒温箱中暗培养 48 h。

3）重复上述步骤离心，吸去上清液，加入 NLN13 培养液分装到培养皿中，密封，置于 25℃的恒温箱中暗培养，至肉眼可见到胚状体后转到摇床上。

4）小孢子的秋水仙碱处理。游离小孢子，然后将小孢子培养在含有秋水仙碱的 NLN16 液体培养基中，进行秋水仙碱染色体加倍处理。游离小孢子经过含有 50 mg/L 或 75 mg/L 秋水仙碱的 NLN16 培养基直接处理 48 h 效果最好，其产胚率和加倍效率均显著高于未加秋水仙碱的对照。在 32℃的恒温箱中培养 48 h 后，离心吸出上清液，加入 NLN13 液体培养基，将小孢子悬浮液移至直径为 7.5 cm 的培养皿中，继续培养。成苗后，11 月中上旬移栽到大田，在次年的花期调查加倍成功率，并对二倍体单株套袋自交。

5）再生苗的继代。成苗后，在固体 B_5 培养基中加入 4.5 mg/L 多效唑并补充液体 B_5-3 培养基，再生苗可不需继代。

6）再生苗的直接移栽。在固体 B_5 培养基或者补充养分的液体 B_5-3 培养基中加入低浓度的 0.5 mg/L NAA＋0.1 mg/L 6-BA，直接移栽到大田的再生苗成活率可以达到 90% 以上。

第四节　单倍体植株的鉴定和二倍化的方法

由花粉发育成的花粉植株，并不完全是单倍体，其中不但有二倍体，还有多倍体和非整倍体。黄佩霞等（1978）对 2496 株水稻花粉植株进行了染色体计数，其中单倍体占 35.3%，二倍体占 53.4%，其余为多倍体。向珣朝等（2006）在‘蜀恢 955’（♀）和‘Kitaake’（♂）构建的籼粳亚种间 BIL 的不同株系花药培养中发现，单倍体占 32.4%，二倍体占 57.88%，多倍体占 8.94%，混倍体占 0.78%（表 13.2）。在小麦花粉植株中，单倍体约占 70%，自然加倍率为 20%～30%。花粉植株自然加倍是由花粉细胞分裂过程中核内有丝分裂或内复制造成的。

表 13.2　不同重组自交系株系的自然加倍数

株系	单倍体		二倍体		多倍体		混倍体	
	统计数/株	比例/%	统计数/株	比例/%	统计数/株	比例/%	统计数/株	比例/%
153	72	28.80	160	64.00	16	6.40	2	0.80
155	19	33.93	20	35.71	16	28.57	1	1.79
179	55	37.67	71	48.63	18	12.33	2	1.37
181	11	55.00	9	45.00	0	0	0	0
226	7	100.00	0	0	0	0	0	0
230	23	26.14	61	69.32	4	4.54	0	0
234	6	9.23	57	87.69	2	3.08	0	0
261	29	61.70	18	38.30	0	0	0	0
271	5	6.58	60	78.95	10	13.16	1	1.31
273	63	45.00	62	44.29	14	10.00	1	0.71
总计	290	32.40	518	57.88	80	8.94	7	0.78

一、单倍体植株的鉴定

1. 间接鉴定　　间接鉴定是通过观察染色体倍性变化后表现出的容易识别的形态特征等而进行的初步判断的鉴定方法。

（1）植株形态特征的观察　　观察比较水稻、大麦、黑麦等作物单倍体与二倍体及其四倍体的植株、穗、种子标本及照片；观察比较单倍体与二倍体、三倍体、四倍体西瓜的花蕾、果实及育性；观察被秋水仙碱溶液处理后根尖的膨大情况。

（2）叶片气孔保卫细胞的测定　　叶片气孔是由两个保卫细胞组成的，双子叶植物的保卫细胞多呈肾脏型，单子叶植物的保卫细胞多呈哑铃型。测量保卫细胞时，仔细撕取单倍体与二倍体和四倍体植株的叶片下表皮，置于载玻片上，并加 1～2 滴 1% I_2-KI，盖上盖玻片。在高倍镜下用测微尺测量气孔保卫细胞的大小。

（3）花粉粒的鉴定　　从秋水仙碱处理后成长的植株和对照植株上采摘新鲜的或已固定的花蕾或颖花，取其花药中花粉涂抹于载玻片上，加 1～2 滴 1% I_2-KI，盖上盖玻片，进行显微镜观察、鉴定。

（4）气孔密度测定　　将叶片表皮制片于显微镜下检查，计算每个视野气孔数，转换视野重复多次，求出平均值。

2. 直接鉴定　　直接鉴定就是染色体数目的检查，也是最准确的倍性鉴定方法。将秋水仙碱处理和未处理材料的根尖采用 Carnoy's I 固定液固定，24 h 后换用 70% 乙醇保存。将秋水仙碱处理和未处理材料的花蕾或幼穗采用 FAA 固定液固定、保存。

（1）根尖的鉴定

1）解离。固定后的材料用蒸馏水洗净后放入 1 mol/L 盐酸溶液中，在 60℃下解离 5～20 min，以使胞间层的果胶类物质解体，使细胞易于分散，便于压片。材料经解离后，用蒸馏水洗涤数次，将材料中的酸洗净，以便染色。

2）染色。用吸水纸将洗净的材料吸干，放入盛有 0.5% 醋酸洋红染色液的广口瓶中染色 24 h。若只用作临时镜检观察，可直接将材料置于载玻片上，滴上 1 滴 0.5% 醋酸洋红染色后压片。

3）制片。将处理过的根尖倒入表面皿中，取根尖，置于载玻片上，切取根尖分生组织约 1.5 mm，加 1 滴 0.5% 醋酸洋红，盖上盖玻片，用吸水纸包覆后用手指轻压，吸取多余染色液后，用大拇指固定盖玻片的一端或一个角，再用铅笔的橡皮头或解剖针的柄头垂直轻敲至材料均匀分散为止。

4）镜检。先用低倍镜寻找处于有丝分裂中期相的细胞，然后用高倍镜寻找染色体分散均匀的细胞，进行染色体计数。

（2）幼穗或花蕾的鉴定

1）制片。取 1 枚花药放在洁净的载玻片上，用清洁刀片压在花药上向一端抹去，涂成薄层，然后滴 1 滴 0.5% 醋酸洋红染色液，把载玻片平放在酒精灯火焰上来回摆动几次，使之略受热，但加热温度不能超过 100℃。盖上盖玻片，包被吸水纸，用大拇指匀力压片，如果材料分散不均匀，可用铅笔的橡皮头垂直轻敲，注意防止盖玻片滑动。

2）镜检。先在低倍镜下寻找花粉母细胞，一般花粉母细胞较大，圆形或扁圆形，细胞核大，着色较浅。观察到有一定分裂相的花粉母细胞后，用高倍镜观察减数分裂中期的染色体并计数。

二、单倍体植株的二倍化

单倍体植株能正常地生长到开花期，但由于缺少同源染色体，减数分裂不能正常进行，因而不能形成有活力的配子。为了得到可育的纯合二倍体，必须把单倍体植株的染色体组加倍。虽然在花粉植株中染色体可自发加倍，但其频率太低，通过人工措施则可显著提高加倍频率。染色体人工加倍最有效的方法是用一定浓度的秋水仙碱处理单倍体植物的生长点或分蘖节。秋水仙碱的处理方式多种多样，人工加倍一般分为继代加倍和创伤加倍两种。继代加倍是指在继代过程中添加秋水仙碱；创伤加倍是指培养成幼苗后，在植物体上人为形成伤口，再添加秋水仙碱，达到加倍目的。对双子叶植物来说，将具有 3 或 4 片真叶的试管苗置于灭菌的 0.4% 秋水仙碱溶液中浸泡 24～48 h，用无菌水洗净后再接种于新鲜培养基上，可使 25% 左右单倍体幼苗加倍成为二倍体。禾本科植物的染色体加倍，一般采用加有 1%～2% 二甲基亚砜（助渗剂）的秋水仙碱溶液浸泡分蘖节的办法。具体方法是，在分蘖盛期，将花粉植株从土壤中挖出，洗净根部泥土，在分蘖节划一小伤口，浸泡在秋水仙碱溶液中，注意一定要将分蘖节没入药液内。由于不同植物对秋水仙碱的耐受能力不同，因此秋水仙碱使用浓度的大小和处理时间的长短因不同植物而异。一般水稻采用 0.2% 的秋水仙碱处理 24 h。处理期间的温度最好保持在 8～15℃，过高的温度会引起药害。加倍处理后应当用流水冲洗植株数小时，洗净秋水仙碱药液，然后重新移栽。成活后的植株最终能够结实即表示加倍成功。

在烟草中一般使用 0.4% 的秋水仙碱溶液。具体方法是：把幼小的花粉植株浸于过滤灭菌的秋水仙碱溶液中 96 h，然后转移到培养基上使其进一步生长。也可将含有秋水仙碱的羊毛脂涂在上部叶片的腋芽上，去掉主茎顶芽，促进侧芽长成二倍体的可育枝条。禾本科植物的染色体加倍，一般都是采用在分蘖盛期用秋水仙碱溶液浸泡分蘖节的办法，如小麦用 0.04% 秋水仙碱处理 8 h，水稻用 0.2% 秋水仙碱处理 24 h。为了增强处理效果，溶液内皆需加入 1%～2% 的助渗剂——二甲基亚砜（DMSO）。除了在分蘖盛期加倍之外，也可采用愈伤组织和试管苗染色体加倍方法，效果很好。秋水仙碱的处理也会造成染色体和基因的不稳定。

―本 章 小 结―

　　本章在介绍单倍体和人工诱发单倍体概念的基础上，简要讨论了单倍体和一倍体的区别，介绍了植物单倍体在植物遗传育种中的主要应用。其重点内容是植物花药培养和小孢子培养（花粉培养），对这两部分的内容都做了详细的阐述，培养的一般程序、影响培养成功率的因素、培养的成功实例和应用等部分占用了较大的篇幅。特别是花药培养，它在禾本科作物遗传育种研究中快速纯合研究对象、缩短育种周期等方面发挥了不可估量的作用，已经是一项应用非常广泛的常规生物技术。

― 复习思考题 ―

1. 基本概念部分

植物单倍体；花药培养；小孢子培养。

2. 基本原理和方法部分

1）植物单倍体的重要性和应用有哪些？

2）根据以前所学的知识回答通过哪种途径可以获得单倍体？

3）比较单倍体与多倍体在植株或器官形态特征上的主要区别。

―主要参考文献―

陈劲松，张家宏，葛美芬，等. 1992. 花培在不同质源不育系提纯更新上的应用. 杂交水稻,（3）: 35-38.

拉兹丹 M K. 2006. 植物组织培养导论. 肖尊安，祝扬译. 北京: 化学工业出版社: 78-84.

李德炎. 1976. 小麦育种学. 北京: 科学出版社.

李浚明，朱登云. 2005. 植物组织培养教程. 北京: 中国农业大学出版社: 103-113.

刘志文，刘雪平，傅廷栋，等. 2005. 甘蓝型油菜小孢子培养的胚诱导和加倍效率的研究. 华中农业大学报, 24: 339-342.

牛应泽，刘玉珍，汪良中，等. 1999. 人工合成甘蓝型油菜游离小孢子及其植株再生研究初报. 四川农业大学学报,（17）: 167-171.

潘瑞炽. 2006. 植物细胞细胞工程. 广州: 广东高等教育出版社: 80-88.

申书兴，梁会芬，张成合，等. 1999. 提高大白菜小孢子胚胎发生及植株获得率的几个因素研究. 河北农业大学学报, 22（4）: 65-68.

孙美红，刘霞. 2006. 植物单倍体诱导育种研究进展. 陕西农业科学, 3: 69-71.

孙志栋，王学德，毛根富，等. 2000. 作物单倍体研究和应用进展. 种子,（6）: 37-39.

佟曦然，顾淑荣，朱至清，等. 2007. 茄子游离小孢子培养中小孢子发育的细胞学观察. 农业生物技术学报, 15（5）: 861-866.

向珣朝，张楷正，李季航，等. 2006. 影响水稻籼粳亚种间杂交构建回交自交系的花药培养效果的 2 个因素. 植物生理学通讯, 42（6）: 1041-1044.

杨立勇，范志雄，杨光圣. 2005. 甘蓝型油菜小孢子培养中几项技术改进. 中国油料作物学报, 27（1）: 14-18.

张承妹，陆家安，袁勤，等. 2002. 粳稻 BT 型三系花药培养提纯复壮. 上海农业学报, 18（3）: 7-12.

朱至清. 2003. 植物细胞工程. 北京: 化学工业出版社: 113-149.

Bhojwani SS, Bhatnagar SP. 1979. The embryology of angiosperms. 3rd ed. New Dehi: Vikas Publishing House.

植物离体快速繁殖和脱毒技术 第十四章

第一节　植物离体快速繁殖的概念与应用

一、植物离体快速繁殖技术的概念

植物离体快速繁殖技术（micropropagation、*in vitro* propagation）（简称植物离体快繁技术）是植物生物技术的一个重要组成部分，是指通过离体培养，将来自优良植株的茎尖、腋芽、鳞片、叶片等器官、组织或细胞进行离体培养，短期内快速获得遗传上稳定一致的大量个体的技术。

该技术始于 20 世纪 60 年代。法国的 Morel 用茎尖培养的方法大量繁殖兰花获得成功，从此揭开了植物快速繁殖技术研究和应用的序幕。目前，通过离体培养获得小植株并且具有快速繁殖潜力的植物已经有 100 多科 1000 种以上，有的已经发展成为工业化生产的商品。培养的植物种类也由观赏植物逐渐发展到园艺植物、大田作物、经济植物和药用植物等。国内外利用组织培养繁育较多的花卉是兰科植物，它也是组培最早用于实践并取得成功的例子。目前已培养成功的兰花有 60 属，世界上 80% 左右的兰花是通过组织培养进行脱毒和快速繁殖的。在我国，同类的研究始于 20 世纪 70 年代，马铃薯无毒种薯和甘蔗种苗已经在生产上大面积种植，30 余种植物已进行规模化生产或中间试验。我国为国外代加工生产的组培苗品种已有百合、大花萱草、唐昌蒲、丝石竹、菊花、蕨类、热带兰、勿忘我、扶郎花、金线莲、小蔓常春藤、甘蔗及香蕉等 20 余种。

二、植物离体快速繁殖技术的目的与意义

（一）获得并保存无病毒种苗

植物离体快速繁殖结合脱病毒技术，可脱除无性繁殖植物体内的病毒。例如，香石竹是目前市场上较多的鲜切花之一，长期利用无性扦插繁殖，受病毒感染，原种严重退化，花型变小，近几年来通过用茎尖脱病毒培养，成功保持了其优良种性。

（二）加快特殊作物的大量繁殖

例如，鹤望兰是在国内外很受欢迎的名贵花卉，用常规的种子繁殖方法繁育，种子发芽难、发芽率低，培养至开花结实需 5 年左右。利用组织培养技术可以缩短成苗时间，达到大量快速繁殖的目的。

（三）加快繁殖不能用种子繁殖的植物或育种材料

有些植物的杂交一代、自交系、三倍体、多倍体等不能正常产生种子，无法用传统的种子方法繁殖，利用组织培养进行无性系繁殖是保存育种材料的有效手段。例如，重瓣满天星不能结种子，并且扦插繁殖率极低，速度慢。杨云龙等在 1996 年将其带茎节的茎段培养于附加不同激素的培养基上，分别经过暗培养、光培养、增殖和生根 4 个阶段，实现了短期内快速繁殖重瓣满天星。

（四）快速而经济地繁殖苗木和花卉

对生命周期长的木本植物，一直沿用常规无性繁殖技术。但是常规无性繁殖技术育苗速度慢，而且不能在少量的优良树体上大量取材。因此，利用植物组织培养技术快速繁殖苗木的技术就显得越来越重要。例如，竹类植物开花间隔期长，许多竹种的开花具不可预测性，种子的获取十分困难，因此竹子的繁殖主要以埋鞭、埋秆、埋节等传统的无性繁殖方法进行。与之相比，离体快繁筱竹苗具有繁殖速度快，增殖系数高，花费少的优点（图 14.1）。同样，离体快繁技术在花卉的生产上也得到广泛应用，如 Martin（1985）等报道用离体快繁技术在一年的时间里可以从一株玫瑰繁殖出 40 万株苗；而 Dubois 等（1988）通过快繁得到的矮化玫瑰比传统方法获得的植株生长更快且开花早。

图 14.1   筱竹〔*Thamnocalamus spathiflorus*（Trin.）Munro〕的离体快速繁殖（Bag and Chandra，2000）
A. 二年生母株上节间侧芽萌发；B. 节间侧芽的离体增殖；C. 再生小植株生根；D. 18 个月的实生苗（seedling，SED）和离体繁殖的植株（*in vitro* propagated plant，IVP）

（五）经济、安全地保存植物种质资源

用组织培养技术保存植物种质资源不受气候、土壤、病虫害影响，节省土地和人力资源，尤其适用于无性繁殖的植物和珍稀、优、新的品种保存。

第二节　植物离体快速繁殖技术的程序与关键技术

一、植物离体快速繁殖程序

植物离体快速繁殖的过程可分为 5 个阶段（图 14.2）：无菌培养的起始；诱导外植体生长分化，建立无性繁殖系；继代培养和快速繁殖；诱导生根；驯化、栽培，由离体培养转入温室条件下栽培。

（一）无菌培养的起始

1. 外植体的选择　采取什么组织或器官作为外植体，应取决于所涉及的植物种类和采用的培养体系。通常木本植物、较大的草本植物如月季、菊花、香石竹等宜采取茎段，其能在培养基中萌发侧芽，成为进一步繁殖的材料。本身矮小或缺乏显著茎的草本植物，如非洲紫罗兰、秋海棠、非洲菊等，可采用叶片、叶柄、花瓣等作外植体。

2. 外植体无菌体系的建立　外植体应从田间或盆栽植物的无病虫害、幼嫩、生长能力较强的部位或者从长出的新枝条上选取。外植体无菌体系的建立，即植物材料表面灭菌的过程。通常采用的方法是 70% 乙醇处理 20～30 s，

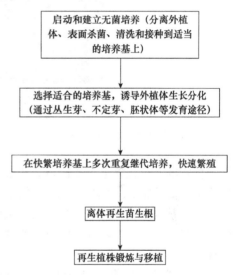

图 14.2　植物离体快速繁殖技术程序示意图

再经 0.1% $HgCl_2$ 处理 5～7 min，无菌水洗涤若干次（Skirvin et al.，1990）；或用 5% 次氯酸钠加入 Tween 20 或 Triton X（0.1%）处理外植体 5～10 min，然后用无菌水洗涤（Khosh and Sink，1982）。Salehi 和 Khosh（1997）曾报道外植体表面消毒后，抗生素更易进入外植体内部，这时适当用一定浓度的抗生素如庆大霉素、氨苄青霉素等处理外植体，可以减少接种后的污染率。

（二）诱导外植体生长分化

外植体的生长与分化或再生过程，可划分为丛生芽、不定芽、胚状体、原球茎发育 4 种途径。

1. 丛生芽途径　是指利用顶芽或腋芽培养而直接获得芽苗或丛芽的方法，如图 14.1 和图 14.3 所示。研究发现，采用一定的外源细胞分裂素，可促使具有顶芽的或没有顶芽的休眠侧芽启动生长，形成新的叶原基和侧芽原基，从而诱导丛生芽的不断分化与生长，短时间内获得大量芽苗。目前丛生芽增殖途径已经广泛应用在草莓、非洲菊、苹果、葡

图 14.3　利用丛生芽途径离体快繁玫瑰（*Rosa clinophylla* Thory）

（Misra and Chakrabarty，2009）

A. 节间侧芽萌发；B. 芽的大量增殖；C. 再生小植株生根；D，E. 培养 30 d 和 6 个月的再生植株

萄等植物的离体快繁上。通过顶芽和腋芽的发育途径产生植株的成功率高，植株遗传性能稳定，变异性小，可使无性系后代保持原品种特性。

如果某种植物具有比较强的顶端优势，那么在培养中往往出现顶芽抑制侧芽萌发的现象，产生分枝少，限制了繁殖的速度。切除顶芽和适当增加细胞分裂素可有效克服顶端优势。

茎尖或腋芽培养中如遇到茎不易伸长，可在培养基中添加适量的植物生长素和赤霉素。赤霉素还可减少茎基部产生愈伤组织和有助于茎尖成活（Misra and Chakrabarty，2009）。

2. 不定芽形成途径　　不定芽形成途径是指通过不定芽的形成，在外植体或愈伤组织上诱导产生小植株的过程。除了顶芽及腋芽这些着生位置固定的芽外，其余由根、茎、叶等产生的芽都叫作不定芽。离体快繁中不定芽形成途径可分为两类，包括经脱分化形成愈伤组织再形成不定芽，如图 14.4 和图 14.5（G~I）所示，以及由外植体直接形成不定芽，如图 14.5（A~C；J~L）所示。前者经愈伤组织阶段由不定芽产生的组培苗，比直接从顶芽或腋芽中产生的丛生芽形成的组培苗，具有更大的性状变异概率。

同时需要指出的是，观赏植物中有一些遗传学上的嵌合体，如一些镶嵌色彩的叶子和一些带金银边的植物等。在通过不定芽途径增殖时，再生植株便失去这些富有观赏价值的特征，如金边虎尾兰、金边巴西铁树等。Cassell 等（1980）报道，天竺葵的某些品种有美丽的杂色叶子，如果从叶柄切段上直接产生不定芽发育成的植株，就没有显现出杂色的叶子，植株或呈绿色，或呈白色。与此相反，从茎尖培养出来的植株，则表现典型的杂色。

3. 胚状体发育途径　　胚状体发育途径是指由植物的体细胞经诱导产生的体细胞胚，

图 14.4　百合愈伤组织的诱导和植株再生（Chen et al.，2000）

A．以小花作为诱导愈伤所用的外植体；B．在基础培养基附加 3 mg/L 2,4-D＋0.25 mg/L BA 培养 3 个月后的愈伤组织；
C．愈伤组织小鳞茎的发生；D．附加 0.1 mg/L NAA、1 g/L 活性炭和 170 mg/L NaH$_2$PO$_4$ 的基础培养基上诱导产生的大量
小鳞茎；E～G. 由鳞茎发育成的再生小植株；H．转移到温室培养的再生植株；I．组培苗正常开花

通过一系列胚状体发育最后形成完整小植株的过程。体细胞胚状体发生的特点具体见第六章。

通过体细胞胚状体发生来进行无性系繁殖具有极大的潜力，不仅成苗数量多而且速度快、结构完整。在高等植物中胚状体发生十分普遍，胡萝卜、苜蓿、仙客来、山茶花、百合、一品红等都有胚状体发生，如图 14.5（M～O）所示。

体细胞胚发育出的再生小植株与腋芽苗或不定芽苗的发育有显著差异。胚状体在形成的最初阶段，多来自单个细胞，很早就具有明显的根端与苗端的两极分化；而且由胚状体发育成的植株是独立形成的，较易彼此分开，并易与其他部分分离。而由腋芽或不定芽发育来的小植株，是由分生细胞团形成单极性的生长点发育为芽，然后再发育成为小植株的。通常它们与母体组织块或愈伤组织之间有一些维管束组织、皮层和表皮组织等较紧密的连接，因而不易分离。

4．原球茎的发育　　原球茎（protocorm）是一种缩短的、呈珠粒状的、由胚性细胞组成的类似嫩茎的器官，往往专指兰科等植物中的器官。在兰花的组织培养中，许多外植体如顶芽、侧芽及种子等都能诱导出原球茎。原球茎本身可以增殖，从一个原球茎的周围能产生几个到几十个原球茎，以后再萌发出小植株，如图 14.6 所示。

（三）培养物的快速增殖、壮苗生根与试管苗移栽

诱导外植体分化获得的芽、苗、胚状体等需要进一步培养增殖，才能发挥快速繁殖

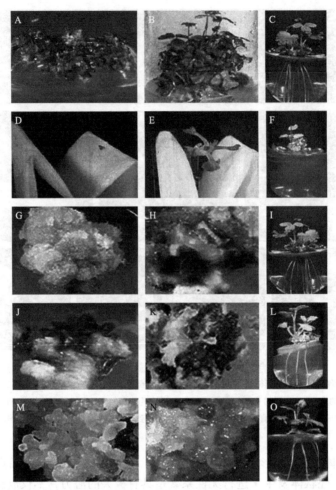

图 14.5　不同组织培养途径获得的草莓体细胞无性系（Biswas et al.，2009）

A～C. 以嫩芽为外植体进行的离体快繁；D～F. 以茎尖（0.3～0.5 mm）为外植体进行的离体快繁；

G～I. 愈伤组织来源的植株再生；J～L. 叶片直接再生小植株；M～O. 胚状体发生途径来源的植株再生

的优势。当材料增殖到一定数量后，还需进行壮苗与生根。一般认为矿物元素浓度较高时有利于发展茎叶，而较低时有利于生根，所以生根培养基多采用 1/2 或 1/4 MS 培养基，全部去掉或仅用很低的细胞分裂素，并加入适量的生长素如 NAA 等进行生根。随植物种类不同，一般 2～4 周即可生根。试管中小苗经过几个阶段的培养，已经生根成为完整的再生植株时，便可以进行移栽。

二、植物组织培养快繁的关键技术环节

（一）外植体

1. 外植体的年龄和生理时期的影响　　植物离体培养快速繁殖时，一般按照植物生长的最适时期取材，外植体灭菌容易，且易成活。对木本植物而言，从幼年材上采取外植体容易成功；从成年树上取的外植体不易成功。而且研究也表明，即使从成年树上取较易培养的材料，所繁殖的苗木的营养生长时间会缩短，不利于木本植物的生长。

一般来说，获取外植体的植株、器官和组织越幼嫩，或者生活力越旺盛，离体培养越易成功，如用不同生理状态的大蒜鳞茎进行茎尖培养时，外植体取自休眠鳞茎，成苗率仅 15% 左右，取自经 4℃ 处理打破休眠的鳞茎，成苗率可提高到 75% 左右。

2. 外植体的植株着生部位的影响 外植体的着生部位也很重要，尤其对多年生的木本植物，从树体的不同部位所取的外植体，其启动培养的难易程度不同。一般在较低部位的外植体容易培养成功；而在上部的外植体则较难启动和分化培养。而 Rout 等（1989）和 Bressan（1982）观察到，在玫瑰不同品种中，靠近顶点和茎基部的芽的发育速度最慢，而取自茎中部的芽的生长速度最快。其原因在于处于茎中部的腋芽具有较强的生长潜力，但在未离体的情况下它们的生长会受到顶端优势的抑制（Sato and Mori，2001）。

3. 外植体的大小 离体培养时，所采用外植体的大小应根据不同

图 14.6 通过体细胞胚状体发生途径获得蝴蝶兰（*Phalaenopsis amabilis*）离体快繁（Chugh et al.，2009）
A，B. 叶片离体培养 20 d 和 30 d 后获得的体细胞胚；C，D. 培养 45 d 后体细胞胚发育为原球茎；E. 原球茎部分发育成芽，部分形成次级胚（secondary embryo）；F，G. 叶片来源的原球茎上诱导出芽和再生小植株

植物材料而异。外植体太大易污染；太小又难以成活。一般选取外植体大小为 0.5～1.0 cm。而且，外植体的长度和直径对芽的增殖也有重要影响，如 Salehi 和 Khui（1997）发现从玫瑰枝条上选取的大小在 9.0～10.0 mm 和直径 3.0～3.5 mm 的外植体的芽的生长和增殖速度最快，但在风信子的鳞片培养时，接种长 1 cm 的鳞片基本上没有芽发生，2 cm 的鳞片 75% 长出 2～3 mm 小芽，而 3 cm 的鳞片则 100% 长出 1 cm 左右的大芽。因此，采用外植体的大小应根据不同植物材料而异。如果以快繁为目的，宜选择较大的外植体，但培养的外植体越大，虽易成活，但脱毒率低（见本章第三节）。因此外植体的大小应兼顾成苗率和脱毒率。

4. 植物基因型的影响 不同植物或同一植物的不同基因型对离体快繁的效果也有明显影响，如大蒜品种基因型与再生率有明显相关性。有些品种，接种单个茎尖 3～4 周后可产生 4 个左右的芽；而有些品种只产生 1.73 个芽；不同品种形成微鳞茎的能力也有很大差别，有的大蒜品种鳞茎形成率高达 100%，而有的几乎不能形成鳞茎。

（二）培养基

1. 基本培养基 不同培养基含有的无机盐浓度、铵态氮素、微量元素、维生素和

有机附加成分等略有不同（见第三章），应根据所培养的植物选择适合的培养基。例如，罗娅（2006年）发现梨的几个砧木品种在高盐培养基 MS 中产生的茎叶片大、叶色浓绿，茎健壮、生长速度快；在低盐培养基 WPM 中产生的叶片小、叶色黄绿、生长速度慢；在中盐培养基 QL 中产生的茎各项指标均介于 MS 与 WPM 培养基之间，茎较壮、叶色翠绿；在 AS 培养基中，试管苗叶片发黄、卷曲、生长非常缓慢。

2. 植物生长激素　　培养基中植物生长激素的种类及配比对离体快繁极为重要（见第三章）。在基本培养基上添加不同生长调节剂对腋芽诱导、丛生芽诱导、丛生芽增殖和试管苗生根都有明显影响。例如，3 年生连香树（我国珍稀濒危树种，具有较高的经济价值和观赏价值）的带芽茎段在离体培养时（麦苗苗，2006），BA/2,4-D 组合的芽增殖效果高于 BA/NAA 组合。当 BA 浓度一定时，随着 2,4-D 浓度的升高，芽的增殖倍数降低。而 IBA 和 NAA 对连香树试管苗生根的诱导均有明显的促进作用。不同浓度的 IBA 对生根的影响作用要强于 NAA。

3. 糖的种类和浓度　　不同种类的糖对某些植物分化和生长有影响，如蔗糖是植物离体培养中常用的碳素来源和能量物质，同时对保持培养基的渗透压有重要的作用（曹孜义和刘国民，1999；陈彪等，2000）。徐强兴（2003）也报道含糖量对甘蔗丛生芽继代增殖有明显影响。不加蔗糖的培养基中，芽全部枯死，这很可能与培养基水势过高，造成芽吸水过多有关。而蔗糖的质量浓度在 10～50 g/L 时，丛生芽增殖倍数随糖质量浓度的升高而增加，当蔗糖质量浓度为 50 g/L 时，增殖倍数达到 7.2 倍，而且芽生长健壮，色浓绿。当蔗糖的质量浓度在 60～100 g/L 时，增殖倍数与糖质量浓度成反比，而且培养基褐化程度越来越严重，苗的长势也越来越差。

（三）温度、湿度、光照和通气状况

植物离体快繁的温度依不同植物基因型和生长阶段的要求而异，大多采用（25±2）℃。低于 15℃培养的组织生长停滞，而高于 35℃对生长不利。有些植物的花芽形成、种子发芽或不定根诱导需要相对的低温（5℃左右），而有的植物如非洲紫罗兰等则需要25～29℃的适当高温。培养环境中的湿度会影响培养基湿度。培养室湿度太低，培养基易失水、干裂，影响生长；过高则易造成污染，培养基在 60% 的相对湿度下较好。光照强度对提高植物多苗率和鳞茎形成有显著作用。13～18 h/d 的光照有利于大蒜鳞茎形成（75%～95%），而 8 h/d 的光照下，有的品种根本不形成鳞茎。光谱对有些植物的生长有重要作用，如红光和绿光下培养的烟草加入 IAA 促进生长效果比蓝光好，因为蓝光可分解 IAA。但这一情况却不适用于柳、菊和大丽菊。试管苗生长和繁殖需要氧气，进行固体培养时，如果瓶塞密闭或将芽埋入培养基中会影响其生长和繁殖，液体培养时，需进行振荡和旋转或浅层培养以保证氧气供应。

（四）继代培养时间长短

有的材料经过一定时间继代培养后，才有分化再生能力。有的经长期继代培养还可保持原来的再生能力和增殖率，如葡萄、黑穗醋栗、月季等。而有些材料，继代时间加长会降低分化、再生能力。同时，增殖体大小与继代培养的时间长短也有关。一般增殖体大的继代培养时间短（3～4 周）；而增殖体小的继代培养时间则长（5～6 周）。需要通过具体试验找出最适的增殖体大小与培养时间之间的参数，以获得更多的有效繁殖体。

三、增殖过程中应注意的事项

目前，离体快繁技术已在很多植物中实现，但还存在一些问题，如培养材料污染、褐变、组培苗玻璃化和遗传稳定性等问题，直接影响组培育苗的商业化生产。

（一）组培快繁植株的遗传稳定性

虽然植物组织培养中可获得大量形态、生理特性一致的植株，但通过愈伤组织或悬浮培养诱导的苗木，经常会出现一些体细胞变异的个体，虽然其中有些是有益变异，但更多的是不良变异，给生产造成很大损失。

1. 与遗传稳定性有关的因素　离体器官发生方式与遗传稳定性密切相关。以茎尖、茎段等发生不定芽的方式繁殖，不易发生变异或变异率较低。而通过愈伤组织和悬浮培养分化不定芽的方式，获得的再生植株变异率则较高。通过胚状体途径再生植株变异较少，通过茎尖或分生组织培养增殖侧芽则可以保持基因型基本不变。

另外，试管苗的继代培养次数和时间也是影响植物遗传稳定性的重要因素。一般来说，随继代次数和培养时间的增加，变异频率提高的可能性也不断增加。培养基成分也对材料的遗传稳定性有一定影响，如在高浓度的激素作用下，细胞分裂和生长加快，不正常分裂频率增高，再生植株变异也增多。

总之，在进行植物离体快繁时，为减少或避免植物个体或细胞发生变异，应尽量采用不易发生体细胞变异的增殖途径，如采用生长点、腋芽生枝、胚状体繁殖方式，同时缩短继代时间、限制继代次数，或每隔一定继代次数后，重新开始接外植体进行新的继代培养；取幼年的外植体材料；采用适当的生长调节物质种类和较低的浓度；减少或不使用培养基中容易引起诱变的化学物质。

2. 遗传稳定性的鉴定方法　鉴定组织培养快繁植物遗传稳定性的方法主要可以从农艺学性状观察、染色体数目检查和分子水平检测等多方面入手。

将快繁的植物后代与其大田繁殖的对照比较，如果性状稳定、整齐一致，则鉴定为遗传稳定，反之则遗传不稳定。如果是通过愈伤组织分化成不定芽途径而得到的快繁后代，有时会存在体细胞无性系变异（图 14.7），这时进行染色体数目检查就十分必要。若观察到试管苗染色体数与大田繁殖的对照相同，则遗传稳定。若出现染色体数目差异，或多倍体、非整倍体等则遗传不稳定，如图 14.8 所示。目前随着分子生物学技术的发展，RAPD 及 ISSR 等分子标记技术因其快速、准确的特点，也逐步成为鉴定组织培养快繁植株遗传稳定性的常规方法，如图 14.9 所示。

（二）外植体的褐变

褐变（browning）是指外植体在诱导脱分化或再分化过程中，自身组织从表面向培养基释放褐色物质，以至培养基逐渐变成褐色，外植体也变褐死亡的现象。褐变在植物组织培养过程中普遍存在。在培养初期，外植体的褐变常是诱导脱分化及再生的重大障碍。

褐变包括酶促褐变和非酶促褐变。目前认为植物组织培养中的褐变主要是前者引起

图 14.7　草莓的 3 个无性系变异株与对照的性状比较（Biswas et al.，2009）
A~D. 株高变化；E~H. 叶片形状上变化；I~L. 花簇的多样性；M~P. 果实形状的多样性

的。引起褐变的酶有多酚氧化酶（PPO）、过氧化物酶（POD）、苯丙氨酸解氨酶等，但最主要的是 PPO。多种植物尤其是木本植物都含有较多的酚类化合物，在正常的组织细胞内，多酚类物质分布在细胞的液泡内，而 PPO 则分布在各种质体或细胞质内，这种区域性分布使底物与 PPO 不能接触，因而比较稳定。在切割外植体时，切口附近的细胞受到伤害，酚类化合物外溢，与多酚氧化酶接触，在其催化下酚类物质氧化成醌，进行一系列的脱水、聚合反应，最后形成黑褐色物质，从而引起褐变。

1. 影响褐变的因素　影响外植体褐变的因子是复杂的，随植物的基因型、外植体生理状态及大小、取材时期、外植物组织受伤害程度及培养条件等不同而不同。

（1）基因型　不同种植物、同种植物不同类型、不同品种在组织培养中褐变发生的频率、严重程度有很大差别。一般木本植物因单宁或色素含量较高，比草本植物容易

图 14.8 剪秋罗（*Lychnis senno*）离体快繁和有丝分裂中期染色体数目观察（Chen et al., 2006）

A. 不定芽的增殖；B. 试管内花芽的形成；C. 试管苗生根；D. 移栽后开花；

E. 试管苗染色体，$2n=24$

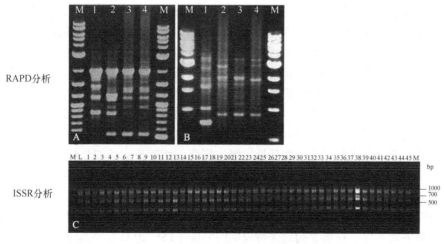

图 14.9 RAPD 和 ISSR 技术检测组培快繁植株的遗传变异

A，B. 不同 RAPD 引物分析草莓无性系变异（M. 分子质量大小标记；1～3. 3 个不同无性系；

4. 对照，引自 Biswas et al., 2009）；C. ISSR 引物分析离体快繁非洲菊的无性系遗传稳定性

（M. 分子质量大小标记；L. 母株样品；1～45. 离体快繁无性系，引自 Bhatia et al., 2009）

发生褐变。例如，核桃单宁含量很高，形成愈伤组织后会因严重褐变而导致无法存活。同种植物不同品系褐变程度也存在差别，Dalal 等比较 2 个葡萄品种‘Pusa Seedless’和‘Beauty Seedless’的褐变时，发现后者比前者严重，酚类化合物含量也是后者明显高。

在进行离体快繁时，应注意对不同基因型的筛选，用褐变程度轻的品种进行培养。

（2）外植体生理状态及大小　　一般来说，随着外植体年龄和组织木质化程度增加，褐变加强，如在小金海棠刚长成的实生苗上切取茎尖进行培养，接种后褐变很轻，随着苗龄增长，褐变逐渐加重。用油棕的幼嫩外植体（如胚）培养较少出现褐变，而用高度分化的叶片接种后则容易褐变。幼龄材料褐变较轻与其酚类化合物含量较少有关。外植体小的材料更容易发生褐变，较大的材料则褐变的程度较轻。蒋迪军和牛建新报道'金冠'苹果茎尖小于 0.5 mm 时褐变严重；茎尖长度在 5~15 mm 时褐变较轻，成活率可达 85%。

（3）取材时期　　王绫衍和林秦碧（1988）对 24 个苹果品种进行茎尖培养时发现，在冬春季取材时褐变死亡率最低，在其他季节取材时褐变死亡率较高。Wang 等也报道'富士'苹果和'金华'桃在 9 月至翌年 2 月取材褐变轻，5~8 月取材则褐变严重。这种季节性差异主要是由植物体内酚类含量和多酚氧化酶活性的季节性变化所致。植物在生长季节都含有较多的酚类化合物，多酚氧化酶活性和酚类含量基本是对应的，春季较弱，随着生长季节的到来，酶活性逐渐增强，因而适合的取材时期对减轻褐变非常重要。

（4）外植体组织受伤害程度　　为了减轻褐变，在切取外植体时，应尽量减小其伤口面积，伤口剪切尽可能平整些。除了机械伤害外，接种时各种化学灭菌剂对外植体的伤害也会引起褐变，如用 0.3% 氯化汞代替次氯酸钙进行灭菌，可明显减轻鹤望兰的褐变。而且，外植体灭菌时间越长，褐变也越严重，因而，灭菌时间在允许的范围内应尽量缩短，以保证较高的外植体存活率。

（5）培养条件　　外植体培养时，选择适合的光照、温度、培养基成分等对减轻褐变也有明显影响。例如，取自田间自然光照下的苹果、桃、葡萄等植物的外植体枝条，接种后易褐变。若事先对取材母株或枝条进行遮光处理，然后再切取外植体，因暗处理条件可减少与褐变有关的酶，则可有效控制褐变。温度对褐变影响也很大，高温能促进酚类氧化，而低温可以抑制酚类化合物的合成，降低多酚氧化酶的活性，减少酚类氧化，从而减轻褐变。培养基中过高的无机盐浓度也会引起某些植物外植体酚类物质的氧化。生长调节物质使用不当，培养材料也容易褐变，如 6-苄氨基腺嘌呤或激动素可促进酚类化合物合成，且刺激多酚氧化酶的活性，增加褐变；而生长素类如 2,4-D 和 NAA 可延缓多酚合成，减轻褐变。液体培养可有效克服外植体褐变，因为在液体培养基中，外植体溢出的有毒物质可以很快扩散，因而对外植体造成的危害较轻。

2. 克服外植体褐变的措施　　选择适当的外植体并建立最佳的培养条件是克服材料褐变的最主要手段。在培养初期保持较低的温度（15~20℃），黑暗或弱光下培养，可减轻培养材料的褐变。对于易褐变的材料，应注意改善培养条件，并进行连续转接，勤换新鲜培养基，或利用液体培养方法，这些措施均可以减轻醌类物质对培养材料的毒害作用。

在培养基中加入抗氧化剂如维生素 C、聚乙烯吡咯烷酮（PVP）和牛血清白蛋白等进行材料预处理或预培养，可预防醌类物质的形成。活性炭是一种较强的吸附剂，可吸附培养物分泌到培养基中的酚、醌等有害物质，从而有效地减轻褐变。但活性炭同时也吸附培养基中的生长调节物质，而使其失去作用，影响外植体的正常发育。因此，在加入活性炭的培养基中应适当改变激素配比，保证外植体能够正常发育。

（三）组培快繁中的玻璃化现象

植物组织培养时，常会发现试管苗的叶片或嫩梢呈水浸状、透明或半透明；整株矮小肿胀、失绿、叶片皱缩卷曲，脆弱易碎，这种试管苗生长异常的现象称为"玻璃化"（vitrification）现象。它是植物组织培养过程中所特有的一种生理失调或生理病变。玻璃苗很难继续用作继代培养和扩大繁殖的材料；并且生根困难，移栽后也很难成活。自从1981年Debergh等明确提出"玻璃化"概念以来，人们发现玻璃化现象已成为离体培养中的一种普遍的现象，严重影响繁殖率的提高。

研究表明，玻璃苗的发生可能是植物材料对培养基内水分状态不适应的一种生理变态反应，如培养基中琼脂和蔗糖浓度高，玻璃苗的比例则相对较低；而培养基水势高易形成玻璃苗，液体培养是导致玻璃化的主要原因。同样，降低培养容器中的相对湿度也可以降低玻璃苗的比例。

控制玻璃化要从培养的环境条件和培养材料本身的生理生化状态等方面入手。

1）尽量采用固体培养方法。因添加一定量的琼脂可降低培养基的衬质势，造成细胞吸水阻遏，从而降低玻璃化现象。另外，适当提高培养基中蔗糖含量或添加一些马铃薯汁、活性炭等物质，也可有效地减轻或防治玻璃化。

2）适当低温处理和增加自然光照强度和时间，减少人工光照比例，可降低玻璃化现象。

3）改善培养容器的通风换气条件，如用棉塞或通气好的封口膜封口，可以在一定程度上克服玻璃化现象的发生。Rossetto等（1992）报道改善组织培养中通气条件可以有效克服多种澳大利亚稀有植物在培养过程中的玻璃化现象。

第三节 植物脱毒的原理与植物脱毒的程序

植物病毒病（virus disease）对植物的危害十分严重。尤其是靠无性繁殖的作物，病毒通过营养体传播，可在母株内逐代积累，危害日益严重。病毒可引起作物产量降低、品质退化，给植物生产带来很大损失，如苹果可感染苹果花叶病毒、苹果锈果病毒、苹果绿皱果病毒等多种病毒。在花卉方而，有菊花斑萎病、百合从生病等病毒病。马铃薯病害则更多。目前国内外多用组织培养脱毒方法来阻止病毒病的继续传播，提高植物的质量产量。

病毒侵染植物叶片一段时间后，会以每小时几微米的速度向附近细胞缓慢增殖转移。当叶片内病毒浓度增大到一定量时，病毒就会转移到韧皮部，再通过维管束转移到其他部分。植物脱毒（virus elimination）就是指通过各种物理或化学方法将植物体内有害病毒和其他病原体去除，而获得无病毒植株的过程。通过脱毒处理而不再含有已知的特定病毒的种苗称为脱毒种苗或无毒种苗（virus-free plant or seeding）。植物脱毒常采用热处理脱毒、茎尖培养脱毒、热处理和茎尖培养相结合或化学药剂处理脱毒等方法。其中茎尖培养脱毒效果好，后代遗传性稳定，是目前植物无病毒苗培育应用最广泛、最重要的一个途径。

一、植物脱毒的方法

（一）热处理脱毒

热处理（heat treatment），也称为温热疗法（thermotherapy），是最早应用的植物脱毒方法之一。自从 1889 年印度尼西亚爪哇人发现将发生病毒病的甘蔗放在 50～52℃热水中保持 30 min 可去病且不影响生长后，在甘蔗栽种前把大量甘蔗用热水处理的方法得到了广泛应用。而采用温汤浸渍法和热空气处理法可去除马铃薯卷叶病毒（PLVX）和桃丛生病毒（peach roseue virus）等多种病毒。

1. 热处理脱毒的原理　　热处理脱毒利用病毒不耐高温的特点，通过热处理使病毒钝化后脱除，而寄主植物的组织很少受到伤害。同时由于在高温条件下，植物的生长加快，病毒的增殖速度和扩散速度跟不上植物的生长速度，因此植物的新生枝条顶端部分不带病毒。

2. 热处理脱毒的方法

（1）温汤浸渍法　　适用于离体的植物材料。把材料浸泡在 50～55℃的热水中一定时间（数分钟或数小时），直接使病毒钝化或失活。热水处理能有效地消除休眠芽中的病毒，对种子的处理也十分有效。但该方法对植物体的伤害较大，有时会导致植物组织窒息或呈水渍状，处理时应严格控制温度和处理时间。

（2）热空气处理法　　将带病毒的植物材料在 35～38℃热空气中暴露一定的时间，使病原钝化或使病毒的增殖速度和扩散速度跟不上植物的生长速度而脱除病毒，该法常用于生长的盆栽植物。为提高植物的耐热性，热空气处理时起点温度可稍低些，逐渐升至处理温度。一般在 27～35℃条件下先处理 1～2 周后才进行热处理。但连续的高温处理会对植物体造成损伤，近年来一些研究表明，变温热处理，不仅可减少连续高温对植物体的伤害，而且脱毒效果更好，如柑橘碎叶病毒，在 38℃处理 16 周不能脱毒，但改为白天 40℃、夜间 30℃处理 6 周和白天 44℃、夜间 30℃处理 2 周脱毒成功。在梨脱毒研究中，在 32℃和 38℃每隔 8 h 变换 1 次的变温处理比恒温处理植株死亡率低，脱毒效率高（洪霓等，1995）。

热处理温度与时间也因病毒种类而异。侵染百合等多种花卉的 CMV 在温度超过 25℃时就开始受到抑制；唐菖蒲的染病籽球在 42℃下，处理 1 d 的脱毒率可超过 70%，7 d 后的脱毒率可达 100%，而在 40℃和 38℃处理则分别需要 27 d 和 30 d 才能达到 100% 的脱毒水平（杨家书等，1995）。

3. 热处理法缺陷　　需要注意的是，热处理不能使病毒完全失活。热处理停止后，病毒的增殖和扩散速度会逐渐加快，最终扩散到整个植株。因此，热处理后应立即取新梢嫁接或扦插才能获得脱毒植株。另外，不是所有的病毒都对热处理敏感。一般而言，热处理对于球状病毒、类似纹状的病毒及类菌体所导致的病害有效，对杆状和线状病毒的作用不大。因此热处理需要与其他方法配合应用。

（二）茎尖培养脱毒

自从 White（1934）和 Limasset（1949）等相继发现植物的根尖和茎尖等顶端分生组织的病毒含量比其他部位少，甚至不存在病毒后，1952 年 Morel 等就从感染了花叶病毒和斑萎病毒的大丽花植株上切取茎尖，通过组织培养获得了无病毒的大丽花。现在采用茎尖培养（meristem culture）技术相继获得了马铃薯、菊花、百合、草莓、矮牵牛等多种植物的无病毒植株。茎尖培养脱毒，因其脱毒效果好、后代稳定，是目前培育无病毒苗最广泛和最重要的一个途径。

1. 茎尖培养脱毒原理　　因为病毒主要通过维管束和胞间连丝传播，在植物茎尖分生组织无维管束，且胞间连丝不发达，病毒运转速度慢；加之分生组织内细胞分裂和生长速度快，病毒扩散的速度赶不上细胞分裂和生长的速度，所以在茎尖生长点（0.1～1.0 mm区域）病毒数量极少，几乎检测不出。进行茎尖培养时，切取茎尖越小，带有病毒的可能性越小，脱毒效果越好，但实际操作中茎尖取太小则不易培养成活，过大又不能去毒。茎尖培养除可除去病毒外，还可除去其他病原体，如细菌、真菌等。

2. 茎尖培养脱毒的程序　　茎尖培养脱毒的程序与常规的组织培养相同，一般包括培养基的选择和制备；外植体表面消毒；茎尖的剥离、接种和培养；诱导芽分化和小植株的增殖；诱导生根和移栽 5 个步骤（图 14.10）。

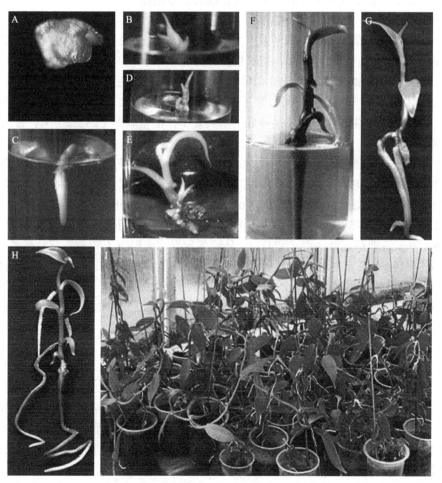

图 14.10　香草茎尖培养脱毒过程（Retheesh and Bhat，2010）
A. 叶原基上分离的茎尖；B. 诱导培养基上培养 30 d；C～F. 再生培养基上分别培养 45 d、60 d、75 d 和 90 d；
G，H. 获得的再生植株；I. 温室中脱毒苗

进行脱毒培养时，微小的茎尖组织很难靠肉眼分辨，需要在解剖镜下操作。用解剖刀剥取茎尖后应迅速放入培养基中，尽快接种，防止茎尖在空气中暴露时间过长而引起茎尖失水变干。

3. 影响茎尖培养脱毒的因素

（1）外植体大小　　培养时所取茎尖的大小，是获得无病毒植株的关键因素之一。一般而言，切取的茎尖长度与存活率呈正相关，与脱毒率呈负相关，如切取葡萄茎尖长度小于 0.5 mm 时，存活率只有 30%～40%，脱毒率却高达 90% 以上；当切取 0.5 mm 以上时，存活率明显提高，而脱毒率却下降到 70% 左右。同时研究也表明，茎尖过小，不仅操作难度大，培养成活率低，而且影响形成完整植株的能力。在木薯中，小于 0.2 mm 的茎尖只能形成愈伤组织或根，不能形成完整植株。

除了外植体的大小以外，叶原基的存在与否也影响分生组织形成植株的能力。一般认为，叶原基能向分生组织提供生长和分化所必需的生长素和细胞分裂素，如大黄的顶端分生组织必须带 2 或 3 个叶原基才能发育成为完整植株。

所以茎尖脱毒时，既要考虑脱毒效果，又要注意微茎尖离体培养的成活率和茎尖发育成为完整植株的能力。故一般切取 0.2～0.5 mm，带 1 或 2 个叶原基的茎尖作为培养材料，其脱毒效果好，且成活率高（赵军良，1995）。

（2）培养温度及光照　　低温和短日照可能会导致茎尖进入休眠，所以培养时应保证较高的温度和充足的光照时间。除了少数植物如天竺葵和一些木本植物，需要暗处理以减少酚类物质产生外，一般将接种好的茎尖置于标准室温即（25±2）℃，每天 16 h 的光照条件下培养。

（3）外植体的生理状态　　一般来说，由活跃生长的芽上切取的茎尖分生组织恢复生长和脱毒的效果较好，如在康乃馨和菊花茎尖培养中，取自顶芽的茎尖分生组织比取自腋芽的茎尖效果好（Stone，1963；Hollings and Stone，1968）。

4. 茎尖培养与热处理结合　　虽然茎尖分生组织通常不带病毒，但 Walkey 等（1976）曾报道烟草花叶病毒（TMV）、马铃薯病毒 X（PVX）和黄瓜花叶病毒（CMV）侵入某些植物茎尖分生组织的例子。在这种情况下，将茎尖培养与热处理结合就十分必要，因为单独使用茎尖培养或热处理都不易消除上述病毒。若切取茎尖前先对母株或茎尖进行热处理，使植株茎尖顶端分生组织的无毒区扩大，再采用茎尖组织培养法，可极大提高获得无病毒苗的概率。

（三）其他途径脱毒

1. 化学处理　　研究表明，一些化学物质如抗病毒醚（antiviral ether）和二氢尿嘧啶等对植物病毒的复制和扩散有一定的抑制作用。添加这些化学物质于植株生长的培养基上，能抑制病毒复制，从而提高产生无病毒植株的比例。目前采用病毒抑制剂与茎尖培养相结合的脱毒方法，可以较容易地脱除多种病毒，而且这种方法对取材要求不严，接种茎尖可大于 1 mm，易于分化出苗，提高存活率。

对有些比较难去除的病毒，将热处理、抗病毒药剂和茎尖培养相结合使用，效果更好，如 Deigratias 等（1989）把这三种方法结合起来，成功地脱除了甜樱桃上的樱桃矮化病毒、樱桃坏死环斑病毒和苹果褪绿叶斑病毒。

2. 愈伤组织培养脱毒　通过植物的器官和组织的培养诱导产生愈伤组织，再诱导分化成芽，长成小植株，可以得到无病毒苗。感染烟草花叶病毒的愈伤组织经机械分离后，仅有40%的单个细胞含有病毒。有些细胞不带病毒，可能是由于病毒的复制速度赶不上细胞的增殖速度；或者细胞通过突变获得了抗病毒的抗性，对病毒侵袭具有抗性的细胞可能与敏感的细胞共同存在于母体组织之中。刘文萍和曹有龙分别用唐菖蒲花蕾和枸杞花药进行离体培养，诱导出愈伤组织，从而脱毒。但是，愈伤组织脱毒的缺陷是植株遗传性不稳定，可能会产生变异植株，而且一些作物的愈伤组织再生植株较困难。Singh 等（2007）报道了对感染了大豆黄花叶病毒（bean yellow mosaic virus，BYMV）和黄瓜花叶病毒（cucumber mosaic virus，CMV）的唐菖蒲球茎进行愈伤组织培养，在添加适量病毒唑（virazole，利巴韦林）条件下培养6～8周，可有效去除病毒。

3. 微体嫁接脱毒　微体嫁接（micro-grafting）是将组织培养与嫁接技术相结合而获得无病毒种苗的一种方法，即在无菌条件下，将切取的茎尖嫁接到试管中培养的砧木上，然后将嫁接苗培养成完整植株的过程。一些农作物种类，尤其是多年生木本植物，启动分生组织培养困难，而且木本植物茎尖分生组织培养得到的再生苗常常不易生根，微体嫁接较好地解决了这一问题。微体嫁接概念来源于 Morel 和 Martin（1952）将茎尖分生组织嫁接到无病毒的实生苗上，再离体繁殖。Murashige 等（1972）首次成功进行了微体嫁接。目前在柑橘、杏、葡萄、桉树、山茶和桃等植物上均取得了成功（Edriss et al.，1984）。

4. 超低温冷冻脱毒　超低温冷冻技术（见第九章）不仅是一种新型的植物的低温保存技术，而且通过将茎尖在液氮中短暂处理还可以去除植物病毒及细菌等（bacteria），然后从存活的无病毒的茎尖材料诱导再生健康的植株（Wang and Valkonen，2009）。如图14.11

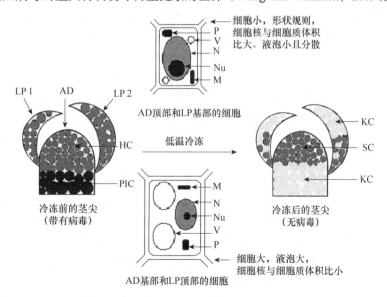

图14.11　茎顶端生长点（AD）与茎端其他已分化细胞的解剖结构上差异

（参考 Wang，2009）

AD. 顶端生长点的上层细胞（apical dome，top layer of cells of the apical meristem）；HC. 健康细胞（healthy cell）；KC. 被杀死的细胞（killed cell）；LP 1. 叶原基 1，最幼嫩的叶原基（leaf primordium 1，the youngest leaf primordium）；LP 2. 叶原基 2（leaf primordium 2）；M. 线粒体（mitochondria）；N. 核（nucleus）；Nu. 核仁（nucleolus）；P. 质体（proplastid）；PIC. 感染病毒的细胞（pathogen-infected cell）；SC. 存活细胞（surviving cell）；V. 液泡（vacuole）

所示，处于顶端生长点的细胞连接紧密，细胞间无空腔，细胞小且形状规则；核质比大（nucleo-cytoplasmic volume ratio），液泡小且分散；细胞质中含有大量细胞器如质体、线粒体、高尔基体和核糖体等。而在顶端生长点基部和叶原基顶部的细胞大且液泡大，核质比减少，在低温冷冻处理时所受的伤害远远大于处于顶端生长点的细胞。因此，通过低温冷冻的方法可以杀死处于顶端生长点以外的感染病毒的细胞，而处于顶端生长点的健康细胞却能够存活。这种方法可以方便地处理大量样品，而且不依赖茎尖的大小，是一种很有潜力的可以替代传统茎尖脱毒的方法。

二、脱毒苗的鉴定

通过不同途径脱毒处理而获得的材料必须经过严格的病毒检测，确认是无病毒苗后，才能在生产上应用。有时利用生长点培养无毒苗而获得的无毒株比例很低，只占千分之几。因此，每一茎尖分化产生的植株，在作为母本生产无病毒原种以前，必须进行特定病毒鉴定。由于植株中许多病毒具有延迟的恢复期，因此在最初 18 个月中每隔一定时间仍需进行鉴定。只有对待特定病毒显示持续阴性反应的无病毒株，才能进一步扩大繁殖。又因为无病毒株容易再被感染，所以在繁殖的不同时期仍需重复进行鉴定才可以提供给生产应用。病毒鉴定检测研究已从单一的生物学测定逐步发展为生物测定与电子显微镜诊断、血清学和分子病毒学相结合的快速灵敏可靠的系统测定。

（一）指示植物法

指示植物（indicating plant）法是利用病毒在植物上产生的枯斑作为鉴别病毒种类的方法。这种专用来产生症状的寄主称为指示植物或鉴别寄主。指示植物法最早是英国的病毒学家 Holmes（1929）发现的。这种方法条件简单、操作方便，是一种经济而有效的鉴定方法。

用草本指示植物检测病毒常用机械接种法，即将待鉴定植物的叶，加少量水及等量 0.1 mol/L 磷酸盐缓冲液（pH 7.0），磨成匀浆液后，吸取少量抹在指示植物叶片上涂有 500~600 目金刚砂的部分，轻轻摩擦，使浆液能侵入叶片表皮细胞但又不损伤叶片。5 min 后用水冲洗叶面。将被接种的指示植物置于温室内，几天到几周后在接种的植物上观察是否表现出枯斑、褪绿点或花叶等症状，以此断定病毒是否存在。

病毒的寄主范围不同，应根据不同的病毒选择适合的指示植物，如携带烟草环斑病毒（TRSV）的百合脱毒培养苗的鉴定可选用心叶烟、白烟、三生烟、曼陀罗、番茄等作为指示植物。但并非所有的病毒都可以通过汁液摩擦接种到草本指示植物上，如柑橘速衰病毒还未发现其草本寄主。能够适合于指示植物检测的病毒多为花叶病毒或环斑型病毒，而黄化型病毒不易通过机械法接种。同时因为大多数草本指示植物对多种病毒都很敏感，因此试验应于防虫温室中进行，所用器具、土壤均经灭菌处理。病毒在指示植物上的症状表现受温度影响，温度过高，有的病毒症状会隐退，不易判别，故需掌握好季节进行观察记载。

（二）抗血清鉴定法

植物病毒是由蛋白质和核酸组成的核蛋白，因而是一种较好的抗原。给动物注射会产生抗体。抗体存在于血清之中，称为抗血清（antiserum）。不同病毒产生的抗血清有各自的特异性。用已知的纯病毒免疫动物（鼠、家兔等），抽出血液制取抗血清，再与感病植株的病毒提取液进行免疫反应，可以鉴定未知病毒的种类。这种方法特异性高，测定速度快，一般几小时甚至几分钟就可以完成，所以抗血清鉴定法成为植物病毒鉴定中最有用的方法之一。

（三）酶联免疫吸附测定法

百合、水仙、朱顶红、风信子等鳞茎花卉和唐菖蒲、小苍兰等球茎花卉体内的病毒含量较低，且不稳定，用经典的血清学方法难以检测植株粗提取液中的病毒，而酶联免疫吸附测定法（ELISA法）具有灵敏度高，特异性强，安全、快速和容易观察结果的优点。目前，球根花卉病毒的检测主要应用这种方法。

酶联免疫吸附测定法是20世纪70年代在荧光抗体和组织化学基础上发展起来的一种新的免疫测定技术，是一种采用酶标记抗原或抗体的定量测定法。将抗原固定在支持物上，加入待检血清，然后加入酶（过氧化物酶或碱性磷酸酶）标记的抗体，使待检血清中与对应抗原的特异性抗体结合，来检测病毒的存在。ELISA法依据支持物的不同，可分为双抗体夹心法（DAS）-ELISA和乙酸纤维素膜（NCM）-ELISA。

双抗体夹心法-ELISA可检测出1～10 ng/mL的抗原浓度，特异性强，非常适合于大规模的检测，现在被普遍应用于各种植物的病毒检测上。

乙酸纤维素膜（NCM）-ELISA又称为Dot-ELISA，测定所需的最低病毒量低于常规ELISA。运用此技术，孟清等对马铃薯脱毒苗进行了检测，结果表明这种技术比DAS-ELISA灵敏度高，而且经济简便，快速直观。

ELISA也存在一定的缺点，如抗体的制备所需时间长，一次只能检测一种病毒，检测多种病毒时灵敏度降低，且检测病毒时常存在假阳性反应等，给脱毒苗的检测带来困难。

（四）电子显微镜鉴定法

电子显微镜鉴定法是将待检测的材料制成超薄切片，在电子显微镜下直接观察细胞中的病毒颗粒形态和细胞病变；或用物理及化学方法，将病毒从花卉组织中提取出来，经浓缩、纯化后再进行观察，但这种方法费时，不适于快速检测。

血清学与电镜相结合的免疫电镜技术（ISEM），集中了两种方法的灵敏性和直观性，已广泛应用于植物病毒检测。利用植物病毒特异性的抗体，使它包被病毒粒体，产生免疫吸附反应。将此程序制备的载网，放到电子显微镜下观察。赵玖华等用此法鉴定了甘薯脱毒苗病毒，快速准确，反应灵敏。但是该方法的缺点是受条件限制，操作要求严格，不适于普及应用。

另外，利用最近建立的胶体金免疫电镜技术（把胶体金作为在电镜下示踪的标志）已成功地快速检测和鉴定了病汁液中的线状病毒、棒状病毒及球状病毒，并可大幅度提高同源抗血清对病毒的捕获能力。

（五）分子生物学方法

随着分子生物学技术的发展，一些核酸杂交技术、聚合酶链反应等分子生物学检测方法在检测病毒的灵敏度、特异性和检测速度等方面都与普遍采用的抗血清鉴定法相当，并可克服抗血清鉴定法对没有外壳蛋白的病原性核糖核酸如类病毒无法进行检测的弊端。

核酸斑点杂交技术（nucleic acid spot hybridization，NASH）是根据互补的核酸单链可以相互结合的原理，将一段核酸单链以某种方式加以标记，制成探针，与互补的待测病原核酸杂交，带探针的杂交物指示病原的存在的一种技术。近年来，核酸斑点杂交技术已广泛用于植物病毒检测。Singh 等（1998）利用此技术检测了马铃薯休眠块茎中的 PVY 病毒，发现 NASH 比 ELISA 更灵敏、更可靠。

反转录聚合酶链反应（RT-PCR）是以所需检测的病毒 RNA 为模板，反转录合成 cDNA，从而使极微量的病毒核酸扩增上万倍，以便于分析检测。RT-PCR 技术与免疫学方法相比较不需要制备抗体，而且检测所需的病毒量少，具有灵敏、快速、特异性强等优点。自 1990 年起，国外已用此技术检测了大豆黄叶病毒、马铃薯卷叶病毒（PLRV）、马铃薯 A 病毒（PVA）等多种植物病毒。

三、无病毒苗的保存繁殖与利用

无病毒植株并没有获得额外的抗病性，所以应将其很好地隔离与保存，否则有可能很快又被重新感染。无病毒苗应种植在隔虫网内，消毒栽培用的土壤，及时喷施农药防治虫害，以保证植物材料在与病毒严密隔离的条件下栽培。更简便的方法是把经过脱毒检验的植物通过离体培养的方法进行繁殖和保持。脱病毒种苗一般每月继代一次，需长期保存时可在培养基中加生长延缓剂，如在 MS 培养基中除去全部植物生长调节剂，加入少量的 B9 或矮壮剂。培养基的量应比平时稍多，每瓶 3 或 4 个幼苗，保存在 1000 lx 弱光和 5～25℃低温下，隔 2～3 个月再继代一次。脱病毒苗也可在液氮下长期保存。

━本 章 小 结━

植物离体快速繁殖技术是植物生物技术的一个重要组成部分。植物组培快繁受植物基因型及外植体的年龄、着生部位和生理时期、基本培养基的种类及附加的植物生长调节剂类型、配比及环境条件等关键多种因素的影响。

植物脱毒是指通过各种物理或化学方法将植物体内有害病毒和其他病原体去除，而获得无病毒植株的过程。通过脱毒处理而不再含有已知的特定病毒的种苗称为脱毒种苗或无毒种苗。植物脱毒常用的方法有热处理脱毒、茎尖培养脱毒、化学药剂处理脱毒和微体嫁接等。其中热处理脱毒和茎尖培养脱毒是目前植物无病毒苗培育应用最广泛、最重要的两条途径。通过不同途径脱毒处理而获得的材料必须经过严格的病毒检测，确认是无病毒苗后，才能在生产上应用。

━复习思考题━

1. 离体快繁的基本程序和对植物实施离体快速繁殖技术的目的与意义是什么？

2. 离体快繁时，诱导外植体生长分化的途径有哪些？

3. 影响植物组织培养快繁的关键技术环节有哪些？

4. 在离体快繁过程中，褐化现象是如何发生的？可采取哪些措施减轻或避免褐化现象的发生？

5．影响离体快繁材料遗传稳定性的因素有哪些？可采用哪些措施来增强遗传稳定性？

6．什么叫作玻璃化现象？在离体快繁过程中如何减轻或避免玻璃化发生？

7．什么叫作脱毒种苗？常用的脱毒方法有哪些？

8．为什么用热处理和茎尖培养可以去除部分植物病毒？

9．如何验证脱毒苗？常用的检测病毒的方法有哪些？

— 主要参考文献 —

曹有龙，唐琳，颜钫，等．2001．枸杞脱毒苗的诱导及光合特性的分析研究．四川大学学报（自然科学版），38（4）：550-553．

曹孜义，刘国民．1996．实用植物组织培养教程．兰州：甘肃科学技术出版社：13-17．

陈彪，梁钾贤，陈伟栋，等．2001．甘蔗组织培养配方中不同激素效应的应用．华南农业大学学报，2（1）：60-62．

崔堂兵，郭勇，张长远．2001．植物组织培养中褐变现象的产生机理及克服方法．广东农业科学，（3）：16-18．

符国芳，李青．2007．植物组织培养脱毒方法综述．福建林业科技，34（3）：255-258．

高国训．1999．植物组织培养中的褐变问题．植物生理学通讯，35（6）：501-506．

高尚士．1994．花卉病毒病的检疫及其消除方法．植物检疫，（6）：340-341．

巩振辉，申书兴．2007．植物组织培养．北京：化学工业出版社．

韩玉芹．1997．香石竹茎尖培养规模化繁殖技术．北方园艺，（4）：31．

何俊彦．1996．鹤望兰组织培养与工厂化快繁程序的研究．西北植物学报，16（4）：407-411．

洪霓，王国平，张尊平，等．1995．梨病毒脱除技术研究．中国果树，（4）：5-71．

蒋迪军，牛建新．1992．苹果茎尖快速繁殖研究．新疆农业科学，（4）：171-173．

刘文萍，于世选，韩玉琴，等．1992．唐菖蒲组织培养脱除病毒研究．北方园艺，86（6）：41-42．

罗娅．2006．梨矮化中间砧 S2、S5 和 PDR54 的离体培养研究．园艺学报，33（5）：1063-1066．

麦苗苗．2006．连香树离体快繁初步研究．园艺学报，33（1）：186-189．

孟清，张鹤玲，宋伯符．1993．应用 Dot-ELISA 检测 PVX、PVY 和 PVS．中国病毒学，8（4）：366-372．

平吉成．1994．苹果属几个种的组织培养繁殖技术及其组培苗缺铁胁迫反应的研究．北京：北京农业大学．

王凤兰，周厚高，宁云芬，等．2001．球根花卉病毒病及脱毒的研究进展．广西农业生物科学，20（3）：215-220．

王绪衍，林秦碧．1988．苹果组织培养研究简报．四川农业大学学报，3（1）：46-48．

王昇星．1991．荔枝细胞培养的初步研究．暨南大学学报，18（5）：84-85．

徐强兴．2003．甘蔗腋芽组培快繁不同阶段蔗糖用量的研究．海南大学学报自然科学版，21（1）：65-68．

杨家书，刘丹红，俞孕珍，等．1995．热处理结合茎尖组织培养脱除唐菖蒲病毒的研究．沈阳农业大学学报，26（4）：342-347．

杨云龙，齐力旺．1996．重瓣满天星的组织培养和快速繁殖．植物生理学通讯，32（6）：428-429．

张光楚．1993．麻竹离体快速繁殖技术的研究．竹子研究汇刊，12（4）：7-15．

张健．2002．植物组培技术的发展历程．中国花卉园艺，（5）：24-25．

赵玖华，杨崇良，尚佑芬，等．1995．甘薯脱毒苗的检测研究．山东农业科学，5：15-17．

赵军良．1995．植物茎尖培养与无毒种苗生产．北方园艺，（6）：110-111．

周秀涛，邓晓梅，姚文岳，等．1996．风信子鳞茎带毒率测定及无毒苗繁殖方法．上海农业学报，12（1）：28-31．

Bag N, Chandra S. 2000. Micropropagation of Dev-ringal [*Thamnocalamus spathiflorus* (Trin.) Munro] — a temperate bamboo, and comparison between *in vitro* propagated plants and seedlings. Plant Science, 156: 125-135.

Bhatia R, Singh K P, Jhang T, et al. 2009. Assessment of clonal fidelity of micropropagated gerbera plants by ISSR markers. Scientia Horticulturae, 119: 208-211.

Biswas M K, Dutt M, Roy U K, et al. 2009. Development and evaluation of *in vitro* somaclonal variation in strawberry for improved horticultural traits. Scientia Horticulturae, 122: 409-416.

Bressan P H. 1982. Factors affecting *in vitro* propagation of rose. J Am Soc Hortic Sci, 107: 979-990.

Chen L P, Wang Y, Xu C X, et al. 2006. *In vitro* propagation of *Lychnis senno* Siebold et Zucc., a rare plant with potential ornamental value. Scientia Horticulturae, 107: 183-186.

Chen L, Zhu X. 2000. A tissue culture protocol for propagation of a rare plant, *Lilium speciosum* Thumb. var. *gloriosoides* Baker. Bot Bull Acad Sin, 41: 139-142.

Chugh S, Guha S, Rao I U. 2009. Micropropagation of orchids: A review on the potential of different explants. Scientia Horticulturae, 122: 507-520.

Dalal M, Sharma B B, Rao M S. 1992. Studies on stock plant treatment and initiation culture of oxidative browning in *in vitro* cultures of grapevine. Sci Hortic, 51: 35-41.

Dubois L A.1988. Comparison of the growth and development of dwarf rose cultivars propagated *in vitro* and *in vivo* by softwood cuttings. Sci Hortic, 35:293-299.

Edriss M H, Burger D W. 1984. Micro-grafting shoot-tip culture of citrus on three trifoliolate rootstocks. Sci Hortic, 23(3): 255-259.

Hollings M, Stone O M. 1968. Techniques and problems in the production of virus tested planting material. Sci Hortic, 20: 57-72.

Khosh-Khui M, Sink K C. 1982. Micropropagation of new and old world rose species. J Hortic Sci, 57(3): 315-319.

Martin C. 1985. Plant breeding *in vitro*. Endeavour, 9: 81-86.

Misra P, Chakrabarty D. 2009. Clonal propagation of *Rosa clinophylla* Thory. through axillary bud culture. Sci Hortic, 119: 212-216.

Retheesh S T, Bhat A I. 2010. Simultaneous elimination of *Cucumber mosaic virus* and *Cymbidium mosaic virus* infecting vanilla planifolia through meristem culture. Crop Protection, 29 (10): 1214-1217.

Rossetto M, Dixon K W, Bunn E. 1992. Aeration: A simple method to control vitrification and improve *in vitro* culture of rare australian plants. *In Vitro* Cellular & Developmental Biology-Plant, 28(4): 192-196.

Rout G R, Debata B K, Das P. 1989. *In vitro* mass-scale propagation of *Rosa hybrida* L. cv Landora. Curr Sci, 58: 876-878.

Salehi H, Khosh-Khui M. 1997. Effects of explant length and diameter on *in vitro* shoot growth and proliferation rate of miniature roses. J Hortic Sci, 72: 673-676.

Sato S S, Mori H. 2001. Control of outgrowth and dormancy in axillary buds. Plant Physiol, 127: 1405-1413.

Singh B R, Dubey V K. 2007. Inhibition of mosaic disease of *Gladiolus* caused by bean yellow mosaic- and *Cucumber mosaic viruses* by virazole. Sci Hortic, 114: 54-58.

Singh M. 1998. Evaluation of NASH and RT-PCR for the detection of PVY in the dormant tubers and its comparison with visual symptoms and ELISA in plants. Amer J Potato Res, 76(2): 61-66.

Stone, O M. 1963. Factors affecting the growth of carnation plants from shoot apices. Ann Appl Bio, 52: 199-209.

Walkey D G A, Cooper J. 1976. Heat inactivation of *Cucumber mosaic virus* in cultured tissues of *Stellaria media*. Ann Appl Biol, 84: 425-428.

Wang Q, Valkonen J P T. 2009. Cryotherapy of shoot tips: novel pathogen eradication method. Trends in Plant Science, 14(3): 119-122.

附录一　基本实验技术

实验一　培养基母液配制

一、实验目的

在按培养基配方配制培养基前，为使用方便和用量准确，常将大量元素、微量元素、铁盐、有机物、激素分别配制成比培养基配方需要量多若干倍的母液，然后按照预先计算好的量吸取母液配制培养基。

二、实验仪器及用具

电子天平（感量为 1 mg、0.1 mg 或 0.01 mg）、烧杯（50 mL、100 mL、200 mL）、容量瓶（500 mL、200 mL、100 mL、50 mL、25 mL）、细口瓶（1000 mL、500 mL、100 mL、50 mL）、药匙、小玻璃棒等。

三、实验药品

按培养基配方准备。

四、操作步骤与方法

1. 大量元素母液配制　　无机盐中大量元素母液配制成 10 倍液，即按照培养基配方把各种化合物用量扩大 10 倍，以 MS 配方为例（附表 1）。用感量为 1 mg 的电子天平，称取除 $CaCl_2$ 以外的各种大量化合物于 200 mL 烧杯中，用去离子水溶解，溶解后倒入 1000 mL 容量瓶。将 200 mL 烧杯用少量去离子水冲洗 3 次，每次冲洗液全部倒入容量瓶。再加入单独溶解的 $CaCl_2$（因为 $CaCl_2$ 与 KH_2PO_4 反应形成磷酸钙等不溶于水的沉淀），然后用去离子水定容到 1000 mL。将配好的混合液倒入 1000 mL 细口瓶，贴好标签于 4℃冰箱中保存。按照培养基配方配制培养基时，每配 1000 mL 培养基取此液 100 mL。

附表 1　MS 培养基大量元素母液配制

培养基成分	培养基配方用量 /（mg/L）	扩大为 10 倍用量 /（mg/L）
KNO_3	1 900	19 000
NH_4NO_3	1 650	16 500
$CaCl_2 \cdot 2H_2O$	440	4 400
$MgSO_4 \cdot 7H_2O$	370	3 700
KH_2PO_4	170	1 700

2. 微量元素母液配制　无机盐中微量元素母液配制成 100 倍液，即按照培养基配方把各种化合物用量扩大 100 倍，以 MS 配方为例（附表 2）。用感量为 0.01 mg 或 0.01 mg 的电子天平，称取各种化合物于 100 mL 烧杯中，用去离子水溶解，溶解后倒入 500 mL 容量瓶。将 100 mL 烧杯用少量去离子水冲洗 3 次，每次冲洗液全部倒入容量瓶。然后用去离子水定容至 500 mL，倒入 500 mL 细口瓶，贴好标签于 4℃冰箱中保存。按照培养基配方配制培养基时，每配 1000 mL 培养基取此液 10 mL。

附表 2　MS 培养基微量元素母液配制

培养基成分	培养基配方用量 / (mg/L)	扩大为 100 倍用量 / (mg/500 mL)
$MnSO_4 \cdot 4H_2O$	22.3	1115
$ZnSO_4 \cdot 7H_2O$	8.6	430
H_3BO_3	6.2	310
KI	0.83	41.5
$Na_2MoO_4 \cdot 2H_2O$	0.25	12.5
$CuSO_4 \cdot 5H_2O$	0.025	1.25
$CoCl_2 \cdot 6H_2O$	0.025	1.25

3. 铁盐母液配制　无机盐中 $FeSO_4$ 和 EDTA-Na_2 合配成 200 倍母液，以 MS 配方为例（附表 3）。用感量为 1 mg 的电子天平称取 27.9 mg $FeSO_4$ 和 3.73 g EDTA，分别用去离子水溶解，然后倒入 500 mL 容量瓶，定容至 500 mL，再倒入 500 mL 棕色细口瓶，贴好标签于 4℃冰箱中保存。配制培养基时，每配 1000 mL 培养基取此液 5 mL。

附表 3　MS 培养基铁盐母液配制

培养基成分	培养基配方用量 / (mg/L)	扩大为 200 倍用量 / (mg/500 mL)
$FeSO_4 \cdot 7H_2O$	27.9	2790
EDTA-$Na_2 \cdot 2H_2O$	37.3	3730

4. 有机物母液配制　维生素类及用量较小的有机物类配成 100 倍母液，以 MS 配方为例（附表 4）。用感量为 0.1 mg 的电子天平称取各种有机物于 100 mL 烧杯中，用去离子水溶解，然后倒入 500 mL 容量瓶。将 100 mL 烧杯用少量去离子水冲洗 3 次，每次冲洗液全部倒入容量瓶，最后定容至 500 mL，倒入 500 mL 细口瓶，贴好标签于 4℃冰箱中保存。配制培养基时，每配 1000 mL 培养基取此液 10 mL。

附表 4　MS 培养基有机物母液配制

培养基成分	培养基配方用量 / (mg/L)	扩大为 100 倍用量 / (mg/500 mL)
氨基乙酸	2	100
维生素 B_1	0.4	20
维生素 B_6	0.5	25
烟酸	0.5	25
肌醇	100	5000

5. 激素类母液配制 激素类母液浓度按培养基配方的需要量灵活确定。经常使用的母液浓度为 0.2~2 mg/mL。该类物质必须单独配制，而且用感量为 0.1 mg 或 0.01 mg 的电子天平称量。配制好的激素类母液存放于 4℃ 冰箱中，可保存几个月。若发现母液中出现沉淀或霉团，则不能继续使用。

提示：溶解各种激素类物质所用的溶剂不同。生长素类物质，如 2,4-D、萘乙酸、吲哚乙酸等，应先用少量 1~2 mL 无水乙醇溶解，然后用去离子水定容；细胞分裂素先用少量的 1 mol/L HCl 或 1 mol/L NaOH 溶解，再用去离子水定容；叶酸先用少量稀氨水溶解，再用去离子水定容。

五、作业

根据所给母液浓度、蔗糖、琼脂用量和 pH，按 Murashige 和 Skoog（1962）配方计算各种母液吸取量，并填入附表 5。

附表 5 按 MS 配方需要量和母液浓度计算各种母液吸取量

药品名称	MS 配方需要量 /（g/L）	母液浓度	配制 1000 mL 培养基母液吸取量 /mL	配制 500 mL 培养基母液吸取量 /mL	配制 100 mL 培养基母液吸取量 /mL
大量元素		10 倍液			
微量元素		100 倍液			
有机物		100 倍液			
铁盐		200 倍液			
2,4-D		0.5 mg/L			
KT		0.5 mg/L			
蔗糖	30				
琼脂	8				
pH	5.8				

实验二 培养基制备与灭菌

一、实验目的

学习培养基配制与灭菌方法。

二、实验仪器及用具

电子天平（感量为 0.01 g）、高温高压灭菌锅、烧杯（100 mL、500 mL）、容量瓶（500 mL）锥形瓶（50 mL）、量筒（10 mL、50 mL）、移液管（刻度 0.2 mL、0.5 mL、1 mL、2 mL、5 mL、10 mL）、玻璃漏斗、玻璃棒、记号笔、pH 计、洗耳球、橡皮胶套、封口纸、小药匙等。

三、实验药品

蔗糖、琼脂、1 mol/L NaOH、1 mol/L HCl、各种培养基母液。

四、操作步骤与方法

1. 培养基配制　　每组按照实验一附表 5 配制 MS 培养基 500 mL。

1）每组取 1 个 500 mL 容量瓶，用 50 mL 量筒取大量元素母液 50 mL，再分别用移液管吸取微量元素母液 5 mL、有机物母液 5 mL、铁盐母液 2.5 mL、激素类母液（其浓度临时确定）置于 500 mL 容量瓶中（注意：移液管不能混用）。称取 15 g 蔗糖于 100 mL 烧杯内，用去离子水溶解后再倒入 500 mL 容量瓶，定容至 500 mL，然后倒入 500 mL 烧杯中，准备调 pH。

2）pH 计校对后，用 1 mol/L NaOH 或 1 mol/L HCl 将培养基 pH 调至 5.8。调制时应用玻璃棒不断搅动。

3）称琼脂 4 g，倒入已经调好 pH 的培养基中。然后将烧杯放在煮沸的水中进行消煮，煮时常用玻璃棒搅动。待琼脂熔化后，用 10 mL 量筒将培养基分装于 50 mL 锥形瓶内，每瓶约 10 mL，用封口纸和橡皮胶套将瓶封好，并在纸上写明培养基代号，准备高压灭菌。

2. 培养基的灭菌　　培养基中含有大量有机物，尤其是含糖量较高，为各种微生物滋生和繁殖提供了极好的场所。因此，需对培养基进行灭菌，以保证植物组织培养的顺利进行。固体培养基灭菌的方法一般采用高压蒸汽灭菌法，即把分装好的培养基放入高压灭菌锅的消毒桶内，在外层锅内加水，水位高度不超过支柱高度，盖好锅盖，上好螺丝。加热后，锅上压力表指针开始移动。当指针移至 0.5 kgf/cm^2 时，扭开放气阀门，排出冷空气，使压力表指针回复零位。关好放气阀门继续加热，当指针移至 1.1～1.2 kgf/cm^2 时，保持该压力 14～20 min（在 122～124℃下），即可达到灭菌目的。

使用高压蒸气灭菌锅应注意如下两点。

1）锅内冷气必须排尽，以保证灭菌效果。否则，压力表指针虽指到一定压力，但由于锅内冷空气的存在而达不到要求的温度，很难达到彻底灭菌。

2）当达到一定压力后，要严格遵守灭菌时间。时间过长会使一些化学物质遭到破坏，影响培养基成分；时间短则达不到彻底灭菌的目的。

五、作业

在制备基本培养基过程中，应注意哪些事项？

实验三　幼胚或成熟胚愈伤组织诱导培养与植株再生

一、实验目的

学习和掌握植物幼胚或成熟胚离体诱导和培养愈伤组织与植株再生的操作技术与方法。

二、实验仪器及用具

超净工作台、恒温培养室、高压蒸汽灭菌锅、pH 值计、胚钩、放大镜、直径为 9 cm 的培养皿、50 mL 与 500 mL（或 250 mL）锥形瓶、50 mL 与 500 mL 烧杯、酒精灯、枪形镊子、封口纸等。

三、实验药品

按照培养基要求准备药品；材料表面消毒剂——70% 乙醇和 0.1% $HgCl_2$；无菌水等。

四、实验材料

植物未成熟种子或成熟种子。

五、操作步骤与方法

以小麦为例，培养基为改良 MS 培养基。

1. 小麦未成熟胚愈伤组织诱导与培养

1）取小麦受精后 15～20 d 未成熟籽粒，用自来水清洗干净，在超净工作台上用 70% 乙醇浸泡 30 s，弃掉 70% 乙醇，用无菌水冲洗 3 次，再用 0.1% $HgCl_2$ 灭菌 8 min，弃掉 0.1% $HgCl_2$，用无菌水反复冲洗 5 或 6 次后备用。

2）在超净工作台上，用灭菌的胚钩在灭菌的培养皿内将胚取出（如果很难取出幼胚，可以在放大镜下操作），然后用无菌镊子将其置于灭菌的诱导愈伤组织固体培养基上（含有 2 mg/L 2,4-D 和 0.5 mg/L KT，蔗糖浓度为 3%，pH 为 5.8）。

3）将培养瓶用封口纸包好，放在 25℃ 的培养室内培养。一般先暗培养 5～7 d，然后在正常光照下诱导培养。光照与正常组织培养要求的光照相同，光照长度为 8～10 h/d。

4）接种后，如果发现有芽形成，可以在超净工作台上用灭菌剪刀将芽去掉，再将胚接种于诱导愈伤组织培养基上，继续进行诱导培养。

5）在愈伤组织诱导培养过程中，要及时对愈伤组织进行继代培养。

6）将一部分愈伤组织转移到配制好的分化培养基上或继续在原来诱导愈伤组织培养基上，诱导植株再生。

2. 小麦成熟胚愈伤组织诱导与培养

1）取小麦成熟种子，用自来水清洗干净后放在 50 mL 烧杯中，加入温水浸泡种子，并将烧杯置于 25～28℃ 的恒温培养箱中 12～16 h。然后取出用干净温水冲洗 3～5 次，在超净工作台上用 70% 乙醇浸泡 30 s，弃掉 70% 乙醇，用无菌水冲洗 3 次，再用 0.1% $HgCl_2$ 灭菌 8 min，弃掉 0.1% $HgCl_2$，用无菌水反复冲洗 5 或 6 次后备用。

2）其他操作步骤同未成熟胚。

六、作业

每人接种幼胚或成熟胚 10 瓶，观察并记录愈伤组织诱导情况，对愈伤组织生长进行分析，做出生长曲线。

实验四　幼穗愈伤组织诱导

一、实验目的

学习和掌握植物幼穗离体诱导和愈伤组织培养的操作技术与方法。

二、实验仪器及用具

超净工作台、恒温培养室、高压蒸汽灭菌锅、直径为 9 cm 的培养皿、50 mL 与 500 mL 锥形瓶、50 mL 与 500 mL 烧杯、酒精灯、枪形镊子、眼科剪等。

三、实验药品

按照培养基要求准备药品；材料表面消毒剂——70% 乙醇和 0.1% $HgCl_2$；无菌水等。

四、实验材料

植物幼穗。

五、操作步骤与方法

以小麦为例，培养基为改良 MS 培养基。

1）取孕穗时期的小麦穗（外部形态为旗叶叶耳和旗下叶叶耳，间距为 5～8 cm），用自来水清洗干净。将叶片剪掉，只留下包裹穗子的叶鞘，在超净工作台上用 70% 乙醇浸泡 30 s，弃掉 70% 乙醇，用无菌水冲洗 3 次，再用 0.1% $HgCl_2$ 灭菌 8 min，弃掉 0.1% $HgCl_2$，用无菌水反复冲洗 5 或 6 次后备用。

2）在超净工作台上，于灭菌的培养皿上用无菌镊子将小麦幼穗从叶鞘内取出，用无菌眼科小剪刀将幼穗分割成 1～2 mm 的小段，接种于诱导愈伤组织的固体培养基上（含有 2 mg/L 2,4-D 和 0.5 mg/L KT，蔗糖浓度为 3%，pH 为 5.8），再用无菌镊子将其分散开。

3）将培养瓶用封口纸包好，放在培养室内培养。昼夜温度为 25℃/18℃。光照与正常组织培养要求的光照相同，光照长度为 8～10 h/d。

4）在愈伤组织诱导培养过程中，要及时对愈伤组织进行继代培养。

六、作业

每人接种幼穗 10 瓶，观察并记录幼穗愈伤组织诱导情况，对愈伤组织生长进行分析，做出生长曲线。

实验五　植物茎尖离体培养

一、实验目的

掌握植物茎尖离体诱导培养的方法。

二、实验仪器及用具

超净工作台、放大镜、不锈钢镊子、解剖针、解剖刀、恒温培养室、高压蒸汽灭菌锅、直径为 9 cm 的培养皿、50 mL 与 500 mL 锥形瓶、50 mL 与 500 mL 烧杯、酒精灯等。

三、实验药品

按照培养基要求准备药品；材料表面消毒剂——70% 乙醇和 0.1% $HgCl_2$；无菌水等。

四、实验材料

迎春花茎尖。

五、操作步骤与方法

1）70% 乙醇喷洒净化工作台并擦洗干净，将接种所用的材料、工具、培养基等放入工作台。打开紫外线灯和风机，15 min 后关闭紫外线灯，方可开始操作。

2）在自来水管下将手洗净，用 70% 乙醇喷洒手和所穿的衣服，进行消毒，然后再进入超净工作台开始接种操作。

3）点燃酒精灯，将镊子、解剖针和解剖刀用酒精棉球擦拭后再在酒精灯下灼烧。

4）以迎春花为外植体，在超净工作台上用 70% 乙醇浸泡 30 s，弃掉 70% 乙醇，用无菌水冲洗 3 次，再用 0.1% $HgCl_2$ 灭菌 5 min，弃掉 0.1% $HgCl_2$，用无菌水反复冲洗 5 或 6 次后备用。

5）在超净工作台上，于灭菌的培养皿上用无菌镊子和解剖针在放大镜下将茎尖拨出，用无菌解剖刀将其切下，接种于诱导愈伤组织固体培养基上（含有 2 mg/L 2,4-D 和 0.5 mg/L KT，蔗糖浓度为 3%，pH 为 5.8），一般每瓶接种 5 或 6 个。

6）将培养瓶用封口纸包好，用记号笔写上姓名和接种日期，放在培养室内 25℃ 条件下黑暗培养一周，然后光照培养，昼夜温度为 25℃/18℃。光照与正常组织培养要求的光照相同，光照长度为 8～10 h/d，直至愈伤组织形成。调查愈伤组织诱导情况和出愈率。

六、作业

每人接种迎春花茎尖 10 瓶，观察并记录愈伤组织诱导情况，统计愈伤组织出愈率。

实验六　子房离体培养

一、实验目的

学习和掌握植物子房离体诱导和愈伤组织诱导的操作技术与方法。

二、实验仪器及用具

超净工作台、恒温培养室、高压蒸汽灭菌锅、解剖刀、放大镜、直径为 9 cm 的培养皿、50 mL 与 500 mL（或 250 mL）锥形瓶、50 mL 与 500 mL 烧杯、酒精灯、枪形镊子等。

三、实验药品

按照培养基要求准备药品；材料表面消毒剂——70% 乙醇和饱和漂白粉；无菌水等。

四、实验材料

植物未成熟或成熟的子房。

五、操作步骤与方法

以玉米为例，培养基为 N_6 培养基。

1）玉米雌穗抽丝前套袋。分别在雄穗的花粉发育到单核靠边期（也称子房未成熟期）或子房成熟时（花丝已抽出 5～10 cm）取下套袋的雌穗。

2）在室内除掉套袋后，用 70% 乙醇擦洗每层苞叶直至最后 3～5 层。

3）在超净工作台上用 70% 乙醇浸泡 30 s，弃掉 70% 乙醇，用无菌水冲洗 3 次，去除剩余苞叶。

4）用饱和漂白粉上清液消毒 15 min，用无菌水冲洗 3～5 次（一定冲洗干净），在消毒过的培养皿内用解剖刀切下穗子中部的子房，用无菌镊子将其置于灭菌的诱导愈伤组织的固体培养基上 [N_6 + 0～3 mg/L NAA + 0～2 mg/L 激动素 + 5% 蔗糖 + 0.08% 琼脂（pH 5.8）]。

5）将培养瓶用封口纸包好，放在 25℃ 的培养室内培养，光照长度为 12 h/d。

在愈伤组织诱导培养过程中，要及时对愈伤组织进行观察和继代培养。

将一部分愈伤组织转移到配制好的分化培养基上或继续在原来诱导愈伤组织培养基上，诱导植株再生。

六、作业

每人接种未成熟或成熟子房 5 皿，观察并记录愈伤组织诱导情况，对愈伤组织生长进行分析，做出生长曲线。

实验七　花药离体培养

一、实验目的

学习和掌握植物花药离体培养的操作技术与方法。

二、实验仪器及用具

超净工作台、恒温培养室、高压蒸汽灭菌锅、冰箱、恒温培养箱、培养瓶、500 mL 锥形瓶、50 mL 与 500 mL 烧杯、酒精灯、枪形镊子、剪刀、纱布、塑料袋、塑料薄膜等。

三、实验药品

按照培养基要求准备药品；材料表面消毒剂——70% 乙醇和 0.1% $HgCl_2$；无菌水；醋酸洋红；含 1.5% 二甲基亚砜的 0.04% 秋水仙碱溶液。

四、实验材料

植物花药。

五、操作步骤与方法

1. 小麦花药培养实例（孙敬三，1995）

1）用醋酸洋红涂片镜检，选取花粉处于单核中期的小麦穗（一般外部形态为旗叶叶耳和旗下叶叶耳间距 8~10 cm，叶耳间距因品种的不同和气温的高低而异），将叶子剪掉，只留下包裹穗子的叶鞘，用湿纱布包好并罩上塑料袋，放在 3~5℃的冰箱内冷藏处理 3~5 d。

2）用脱脂棉球蘸 70% 乙醇擦拭叶鞘两遍，在无菌条件下除去叶鞘，剥取花药，接种到含有 2 mg/L 2,4-D 和 0.5 mg/L KT 的 N_6 固体培养基上。蔗糖浓度为 10%。

3）接种好的花药置于 28~30℃培养室培养，或先在 32℃的温箱中培养 6 d，再转移到 28~30℃培养室培养。培养室内可以不加光照或只给弱光。

4）当愈伤组织生长到 1.5~2.0 mm 时，将其转移到含有 0.5 mg/L NAA、0.5 mg/L KT 和 3% 蔗糖的 N_6 培养基上，进行根芽分化。转移后的愈伤组织置于加有人工照明的培养室内，每天给以 10 h 光照，培养温度为 25℃。

5）在幼苗长出 2 或 3 片真叶时，将其转入含有 3 mg/L 多效唑、0.5 mg/L NAA、0.5 mg/L KT 和 8% 蔗糖的 MS 培养基中，在 22~25℃下培养诱导生根。然后及时将培养物转入 3~8℃低温、弱光下蹲苗越夏。

6）当室外气温降至 6℃时，将试管苗移至室外苗床，在自然条件下炼苗 5~7 d，然后洗净琼脂，栽于苗床。移栽后在苗床上搭盖塑料薄膜，严冬时加盖苇帘等，使麦苗处于不低于 0℃条件下越冬。

7）第二年早春气温回升到 2~3℃时，揭去塑料薄膜。

8）早春花粉植株处于分蘖盛期时，用根尖细胞染色体计数方法确定花粉植株的倍性。

9）将单倍性植株从土中挖出，洗去泥土，再将根部浸入含有 1.5% 二甲基亚砜的 0.04% 秋水仙碱溶液中，于 18℃下处理 8 h（注意一定要使药液没过分蘖节），然后洗净药液，栽回土壤。

2. 烟草花药培养实例（孙敬三，1995）

1）取花萼与花冠等长的烟草花蕾，用醋酸洋红涂片确定花粉发育时期。选用花粉处于单核晚期—双核初期的花药进行接种。

2）将花蕾剥去萼片，先用 70% 乙醇浸泡 10 s，再于 0.1% $HgCl_2$ 中灭菌 10 min，最后用无菌水清洗 3 次。

3）在无菌条件下剥去花冠，将花药接种到不含任何激素只附加 1% 活性炭的 H 培养基上，培养基中蔗糖浓度为 3%。如果在培养基中加入 0.1~0.5 mg/L IAA，有利于花粉胚状体的形成。接种好的花药在 26~28℃和适当光照的培养室内培养。

4）接种后 3 周左右药室开裂，在裂口处可见乳黄色胚状体，见光后很快见绿，然后逐渐发育成单倍体小苗。当小苗长有 3 或 4 片真叶时，进行染色体加倍。将经过灭菌的 0.4% 秋水仙碱溶液在超净工作台上倒入培养瓶，浸泡小苗 24~48 h。倒出药液，用无菌水清洗 3 次，再将小苗分株移栽到 T 培养基上（Bourgin et al.，1967）。

5）在 T 培养基上，小苗生长很快。当小苗长出发达的根系时，即可移出试管，小心洗去琼脂，移栽到花盆中。移栽后一周内用烧杯将小苗罩起，保持湿度，有利成活。

3．水稻花药培养实例（向珣朝，2006）

1）取材：经显微镜检后，选取主茎或第1分蘖小孢子处于单核中期的稻穗，此时其颖片颜色黄绿，面对光源透视颖壳，花药顶部正长到颖壳长度的1/2～2/3，花药呈淡黄绿色。

2）预处理：将稻穗用湿纱布包好，套在塑料袋内，置于7～10℃冰箱中，低温预处理10～15 d。

3）接种：经70%乙醇喷洒或擦拭后，将叶鞘剥除，取出穗子进行花药接种，或再将穗子浸于饱和漂白粉上清液中8～10 min，用无菌水冲洗干净，然后接种。接种时用镊子小心地将花药取出，或者是先放在无菌纸上，再倒入培养瓶中，或是边取花药边接种在愈伤组织诱导培养基（N_6＋2 mg/L 2,4-D＋1.5 mg/L NAA＋5%蔗糖＋0.8%琼脂）上。接种后将材料置于27℃下暗培养，诱导愈伤组织。

4）分化：愈伤组织出现后10 d左右即可长到小米粒大小，这时应把它们及时转入分化培养基（MS＋1 mg/L NAA＋0.5 mg/L IAA＋2 mg/L KT＋3%蔗糖＋0.8%琼脂）上诱导植株分化。分化培养的最初3～5 d在暗中进行，然后转入光强1000～2000 lx光照条件下培养，每天14 h光照，温度27℃左右。

5）壮苗培养和移栽：将在分化培养基上陆续出现的绿苗分批转至壮苗培养基（1/2 MS大量元素＋全量铁盐和MS其他成分＋0.2 mg/L IAA）上。当试管苗长到3片叶以上，并有发达的根系时，炼苗移栽。

六、作业

每人接种花药10瓶，观察并记录花药离体培养情况。

实验八　甘蓝型油菜小孢子培养

一、实验目的

学习和掌握小孢子培养的操作方法，观察小孢子从配子体转换成孢子体的形态变化过程和各时期的特征。

二、实验仪器及用具

超净工作台、恒温培养室、高压蒸汽灭菌锅、研钵、冰箱、恒温培养箱、离心机、250 mL锥形瓶、烧杯、酒精灯、枪形镊子、血细胞计数器、剪刀、纱布、塑料袋、Parafilm封口膜、培养皿、尼龙网等。

三、实验药品

70%乙醇、0.1% $HgCl_2$、B_5液体培养基、B_5固体培养基、NLN213悬浮液培养基、MS培养基、6-BA、NAA、KT、蔗糖、秋水仙碱、多效唑、无菌水等。

四、实验材料

现蕾的甘蓝型油菜花序。

五、操作步骤与方法

1. 花蕾采集和处理　　在甘蓝种株生殖生长期，于晴日上午 9:00 选取每一供试材料植株花薹的主花序或一级侧花序上长 2.5～4.0 mm 的饱满花蕾，每次取蕾 20 个，然后放置在 0～4℃下处理 2～3 d，取出后用 70% 乙醇消毒 15 s，0.1% $HgCl_2$ 消毒 10 min，无菌水冲洗 3～5 次，每次 5 min。

2. 小孢子游离　　将消过毒的花蕾置于灭过菌的研钵中，加入少量 B_5 液体培养基，用研棒轻轻挤压花蕾，挤出小孢子，然后用 300 目的双层尼龙网过滤，收集滤液，滤液在 800 r/min 的速度下离心 3 次，每次 5 min，最后一次用 NLN213 悬浮液培养基清洗。清洗后的小孢子悬浮在 NLN213 的液体培养基中，用血细胞计数器调整小孢子密度为 $(1～2) \times 10^5$ 个 /mL。

3. 培养　　将悬浮在不加任何激素的 NLN213 培养基中的供试材料的小孢子经 24 h 的 33℃热激处理后诱导培养，高温处理能显著提高小孢子培养的出胚率。对不同熟性甘蓝基因型材料，选用在 NLN213 液体培养基，以不添加 6-BA 和 NAA 或只添加 6-BA 0.05 mg/L 为甘蓝游离小孢子培养的最适激素浓度。每处理 5 皿，重复 3 次，每皿以 2 mL 小孢子悬浮液装入直径为 60 mm 的玻璃培养皿中，封口膜封口。处理后在 25℃下暗培养 14 d 后统计胚状体的数目，并将胚状体转入 2% 蔗糖浓度的 B_5 固体培养基，在 25℃ 14～16 h 光照下继续培养，当胚状体有一定大小时转移到蔗糖浓度为 2.0%、pH 5.8 的 1/2 MS＋1.0 mg/L 6-BA＋1.0 mg/L KT＋0.1 mg/L NAA 分化培养基上进行分化培养。

4. 加倍　　以 50 mg/L 秋水仙碱处理游离小孢子 48 h 为最佳，并且能够获得较高的加倍效率。其次是在小植株上用秋水仙碱液切根处理加倍。其方法是切除根部，转至附加 100 mg/L 的秋水仙碱的 B_5 固体培养基上处理 20 d。

5. 再生苗的继代　　成苗后，在 B_5 固体培养基中加入 4.5 mg/L 多效唑 B_5 培养基，再生苗可不需继代。

6. 再生苗的直接移栽　　在 B_5 固体培养基或者补充养分的 B_5 液体培养基中加入低浓度的 0.5 mg/L NAA＋0.1 mg/L 6-BA，直接移栽到大田的再生苗成活率可以达到 90% 以上。

六、作业

每人接种 10 皿，以 5 皿为一个处理，观察并记录小孢子离体培养各阶段的培养情况，根据所得数据，分析自己本实验的得失。

实验九　植物细胞悬浮培养

一、实验目的

学习和掌握植物细胞悬浮培养的操作技术与方法。

二、实验仪器及用具

超净工作台、恒温培养室、高压蒸汽灭菌锅、冰箱、培养瓶、50 mL 锥形瓶、50 mL 与 500 mL 烧杯、0.2 mm 微孔过滤器和滤膜、酒精灯、枪形镊子、剪刀、培养皿、针头注射器、无菌封口膜、40～80 目尼龙网、吸管、塑料钵等。

三、实验药品

按照培养基要求准备药品；材料表面消毒剂——70% 乙醇和 0.1% $HgCl_2$；无菌水等。

四、实验材料

悬浮培养细胞来自离体诱导的愈伤组织。

五、操作步骤与方法

1. 小麦单细胞培养与植株再生

（1）愈伤组织诱导

1）取孕穗时期的小麦穗（外部形态为旗叶叶耳和旗下叶叶耳间距 5～8 cm），用自来水清洗干净，将叶片剪掉，只留下包裹穗子的叶鞘，在超净工作台上用 70% 乙醇浸泡 30 s，弃掉 70% 乙醇，用无菌水冲洗 3 次，再用 0.1% $HgCl_2$ 灭菌 8 min，弃掉 0.1% $HgCl_2$，用无菌水反复冲洗 5 或 6 次后备用。

2）在超净工作台上，于灭菌的培养皿上用无菌镊子将小麦幼穗从叶鞘内取出，然后用无菌小剪刀将幼穗分割成 1～2 mm 的小段，接种于含有 2 mg/L 2,4-D、蔗糖浓度为 3%、pH 为 5.8 的 MS 固体培养基上，再用无菌镊子将其分散开。

3）将培养瓶用封口纸包好，放在培养室内暗培养，昼夜温度为 25℃/18℃。出愈转弱光（<2000 lx，10 h），每两周继代一次。继代过程中淘汰生长慢和易老化的愈伤组织。

（2）胚性愈伤组织的振荡悬浮培养　　选取生长速度快、颜色浅黄或乳白的胚性愈伤组织，按愈伤组织与液体培养基（MS）1∶5 的比例，每瓶 20 mL 混合于 50 mL 锥形瓶中，封口膜封口，置于摇床上以 120～140 r/min、（25±0.5）℃及散射光条件下，进行振荡悬浮培养。每周更换新鲜液体培养基两次，每次更换 1/3。

（3）单细胞培养　　悬浮细胞培养物经 40～80 目尼龙网分离出单细胞，更换新鲜液体培养基，悬浮培养。每两周更换一次培养基。细胞核变大、细胞质变浓后，按培养物与液体培养基等比例加入培养基，均匀混合后滴于半固体培养基上，或将培养物按等比例与固体培养基均匀混合，进行双层培养。散射光，昼夜温度为 23℃/18℃。经多次分裂后形成细胞团和愈伤组织。

（4）根芽分化与植株再生　　愈伤组织体积大于 2 mm^3 后，转移到分化培养基上诱导分化根芽。当分化苗具有 3 条以上幼根时，洗去根部琼脂，移栽于直径为 5 cm 的塑料钵中，置散射光下直至发生新根和新叶，然后带土移栽于直径为 25 cm 的塑料钵中至成熟。

2. 胡萝卜悬浮细胞的同步化

1）将胡萝卜悬浮细胞培养物摇匀后倒入孔径较大的尼龙网或不锈钢网漏斗内（孔径为 47 mm、81 mm 或更大）。如果网眼被细胞团堵塞，用无菌吸管反复吸吹，再用培养基冲洗残留在尼龙网上的细胞团。

2）将通过较大孔径的细胞悬浮液再通过较小孔径的尼龙网过滤，并用无菌吸管反复吸吹，用新鲜培养基冲洗残留在尼龙网上的细胞团。

3）经过分级过滤的"同步化"细胞离心（50 g，5 min）收集后，进行培养或进一步同步化。

六、作业

每人培养小麦或胡萝卜悬浮细胞 1 瓶。

实验十　植物原生质体分离与培养

一、实验目的

学习和掌握植物原生质体分离与培养的基本操作技术与方法。

二、实验仪器及用具

倒置显微镜、超净工作台、恒温培养室、高压蒸汽灭菌锅、冰箱、培养皿、500 mL 锥形瓶、50 mL 与 500 mL 烧杯、50 mL 容量瓶、酒精灯、枪形镊子、手术刀、40～80 mm 尼龙网等。

三、实验药品

按照培养基要求准备药品；无菌水；纤维素酶和果胶酶等。

四、实验材料

以烟草为例（Nagy et al.，1976），材料为烟草无菌苗幼叶叶片。

五、操作步骤与方法

1）取烟草无菌苗幼叶叶片，用镊子撕去表皮，然后用锋利手术刀片切成 3～5 mm 见方的小块，并将其与 K_3 培养基以 1∶10（m/V）比例混合，置于 28℃黑暗条件下，进行质壁分离 3 h。

2）将经质壁分离处理后的烟草叶片以 1∶10（m/V）比例与酶液混合，在 28℃黑暗条件下黑暗酶解 3～4 h。酶液组成为 2% 纤维素酶 R-10 和 0.5% 果胶酶（溶于 K_3 培养基中）。

3）酶解混合物经 63 mm 的筛网过滤后，10 g 下离心 3 min，原生质体在液面处形成一条带。去掉酶液，将原生质体重新悬浮于 K_3 培养基中，10 g 下离心 3 min。去掉培养基，再重新悬浮，共重复 3 次。

4）洗涤后的原生质体，以（1～4）×10^4 个原生质体/mL 的密度悬浮于 K_3 培养基中。然后取 4 mL 原生质体悬浮液于直径为 6 cm 的培养皿中，在 28℃下培养。前 3 天光照强度为 300 lx，以后为 1500 lx。

5）在倒置显微镜下检查培养物。一般培养 3 d 后的原生质体即发生分裂。培养 2 周后向培养皿中添加 1~1.5 mL 糖浓度减半的原生质体培养基。再培养 1~2 周后，将再生愈伤组织转移到含 1 mg/L 的 BA 和 1 mg/L 的维生素 B_1 固体分化培养 RM 上（Linsmaier et al.，1965），诱导愈伤组织分化成苗。诱导 3 周后即形成再生苗。

6）将分化的再生苗转移到生根培养基上（Nitsch et al.，1972）或不含激素或含 0.2 mg/L 的 IAA 的 MS 培养基上，生长 4 周后即形成完整植株。

六、作业

每组分离 1 瓶烟草原生质体并进行培养。

实验十一　植物抗盐细胞突变体的筛选

一、实验目的

学习和掌握植物抗盐细胞突变体筛选的操作技术与方法。

二、实验仪器及用具

超净工作台、恒温培养室、高压蒸汽灭菌锅、冰箱、γ 射线辐射源、培养瓶、500 mL 锥形瓶、50 mL 与 500 mL 烧杯、酒精灯、枪形镊子、剪刀等。

三、实验药品和培养基

按照培养基要求准备药品；材料表面消毒剂——70% 乙醇和 0.1% $HgCl_2$；秋水仙碱；无菌水等。

培养基：用于小麦花粉愈伤组织诱导和继代的培养基为 N_6 基本培养基，附加 2 mg/L 2,4-D 和 0.5 mg/L 激动素。愈伤组织分化成植株时，改激素为 1 mg/L NAA 和 1 mg/L 激动素。

四、实验材料

材料：以小麦为例（王敬驹，1995），取小麦幼穗（小孢子处于单核中晚期）用于花粉愈伤组织诱导。

五、操作步骤与方法

1）取小孢子处于单核中后期的小麦幼穗，用 100 拉德（rad）的 γ 射线作辐射诱变。

2）将辐射诱变的花药接种在含有 0.3% NaCl 的花粉愈伤组织诱导培养基上，以不含 NaCl 的培养基作诱导率对照。

3）将在含盐培养基上诱导出的花粉愈伤组织转移到去盐的继代培养基上继代培养 1~3 次，每 3 周继代 1 次。以不含 NaCl 的培养基上诱导出的花粉愈伤组织为对照。

4）将继代增殖的愈伤组织转移到含 0.3% NaCl 的分化培养基上诱导成苗，以不含 NaCl 的培养基上诱导出的花粉愈伤组织为对照。

5）将在含盐分化培养基上获得的再生植株转移到与自然盐渍土相似含盐量的试验池中，检测再生植株抗盐性表现。对抗盐性表现良好的植株，在分蘖盛期进行秋水仙碱染色体加倍处理。

6）对抗性植株后代进行抗盐性稳定性测定和遗传分析，并对其在育种上的应用加以评价。

六、作业

每人于抗盐培养基上接种用于抗盐筛选的材料2瓶，并观察组织生长情况。

实验十二　植物抗病细胞突变体的筛选

一、实验目的

学习和掌握植物抗病细胞突变体筛选的操作技术与方法。

二、实验仪器及用具

超净工作台、恒温培养室、高压灭菌器、冰箱、培养瓶、500 mL 锥形瓶、50 mL 与500 mL 烧杯、酒精灯、枪形镊子、剪刀等。

三、实验药品和培养基

按照培养基要求准备药品；材料表面消毒剂——70% 乙醇和 0.1% $HgCl_2$；无菌水；α-吡啶羧酸；化学诱变剂——甲基磺酸乙酯（EMS）等。

培养基：用于建立水稻花粉愈伤组织及其继代培养用的培养基为 N_6 培养基（朱至清等，1975），附加 2 mg/L 2,4-D。诱导愈伤组织分化植株时采用 N_6 培养基，附加 0.5～1 mg/L NAA 和 1 mg/L 激动素。用于保存和繁殖稻瘟病菌的培养基为煮熟的大麦粒或液体配方（KH_2PO_4、K_2HPO_4、$MgSO_4$ 各 0.5 g，酵母提浸膏 5 g，葡萄糖 20 g，蒸馏水 1 L，pH 为 5.8）。

四、实验材料

以水稻为例（王敬驹，1995），材料为来自花药培养的水稻花粉愈伤组织。

稻瘟菌种：单生理小种或混合生理小种。

五、操作步骤与方法

1. 水稻花粉愈伤组织的培养与诱导　　经继代培养基增殖的来自花药培养的花粉愈伤组织继代 1 或 2 次，每 3 周继代 1 次。细胞诱变时，可采用化学诱变或辐射诱变。采用化学诱变时，溶解 EMS（先用少量乙醇溶解）于继代培养液中，使诱变液最终浓度为 0.1%（V/V），转入愈伤组织于 26℃ 培养 24 h。之后用无诱变剂的培养液洗涤 3 次，转入继代培养基缓冲培养几天，等待突变体筛选。

2. 稻瘟菌培养与粗毒素提浸液制备

1）用煮熟的大麦粒繁殖菌种，在 28℃ 培养箱中培养，使其长满菌丝和孢子。

2）用一倍量的蒸馏水浸泡长满菌丝的大麦粒，振荡 10 min，在低倍显微镜下计数视野内的孢子数以作为重复实验时的相对参数，在 160 倍视野内最好不少于 50 个孢子数。静止 8 h 后用滤纸滤出毒素浸提液，继续用细菌滤膜抽滤，制成无菌毒素粗提液。

也可用液体培养液接种稻瘟菌，在 25℃下振荡培养 20 d。培养液用 160 mm 尼龙纱网过滤，4000 r/min 离心 10 min。上清液用细菌滤膜过滤制成无菌毒素粗提液。两种方法制备的粗提液均可作为抗性细胞筛选剂。

3）把无菌毒素粗提液用培养液稀释成 2 倍、5 倍、10 倍等各种浓度。粗提物是固体时，则稀释成 10 倍、50 倍、500 倍等各种浓度。用稻瘟菌致病毒素（主要成分为 α-吡啶羧酸）作为筛选剂，并配成 0.002%、0.004%、0.008% 或 0.016% 等各种浓度。

3．细胞突变体筛选

1）以微注射针注射不同浓度的毒素制备液于水稻植株叶片上，充分保湿，数天后观察病灶细胞坏死情况。以注清水的作为对照，比较病斑发展情况。也可以用毒素制备液萌发稻种，根据幼根及幼芽抑制与坏死情况，确定毒素的致病力和便于调整合适的处理浓度。

2）将经诱变并经缓冲培养的愈伤组织放在不同浓度的毒素培养液中，振荡培养 48 h，转入含有相同毒素浓度的固体培养基上培养。

3）30～40 d 后观察愈伤组织存活情况。将细胞存活率在 5% 以内的愈伤组织块，置于不含毒素的培养基上加速增殖。淘汰半数以上细胞存活的培养物。将培养瓶内剩余的培养物转入提高浓度的多步筛选培养基培养，直至 95% 以上细胞致死。多步培养法的最终毒素浓度略高于一步培养法。

4）对去压增殖 1 或 2 次继代的培养物恢复选择压力培养。用略高于原最高选择浓度的毒素淘汰掉混杂的正常型细胞。

5）转移抗性愈伤组织到分化培养基上分化成苗。

6）抗性细胞的分化苗田间抗性鉴定，用毒素注叶法及按常规植保方法接菌测定。

7）抗性花粉植株的染色体加倍及后代的抗性稳定性测定。

六、作业

每人于抗性培养基上接种用于抗病筛选的材料 2 瓶，并观察组织生长情况。

实验十三　植物快速繁殖技术

一、实验目的

应用组织培养技术，快速繁殖名优特新品种，使其在较短时间内繁衍较多的植株，快速繁衍珍稀濒危植物，使物种得以保存。

二、实验仪器及用具

超净工作台、恒温培养室、高压灭菌锅、冰箱、培养瓶、500 mL 锥形瓶、50 mL 与 500 mL 烧杯、酒精灯、枪形镊子、剪刀等。

三、实验药品和培养基

MS、N_6 或 B_5 培养基；生长调节剂（如 NAA、6-BA、GA3、KT 等，依据不同的植株选择不同的生长调节剂）等。

四、实验材料

组织培养所用的材料非常广泛，可采取根、茎、叶、花、芽和种子的子叶，有时也利用花粉粒和花药，其中根尖不易灭菌，一般很少采用。在快速繁殖中，最常用的培养材料是茎尖，通常切块在 0.5 cm 左右，如果为培养无病毒苗而采用的培养材料通常仅取茎尖的分生组织部分，其长度在 0.1 mm 以下。

五、操作步骤与方法

1. 培养材料的采集　　采集根、茎、叶、花、芽、种子的子叶、花粉粒和花药等材料。

2. 培养材料的消毒

1）先将材料用流水冲洗干净，最后一遍用蒸馏水冲洗，再用无菌纱布或吸水纸将材料上的水分吸干，并用消毒刀片切成小块。

2）在无菌环境中将材料放入 70% 乙醇中浸泡 30～60 s。

3）再将材料移入漂白粉饱和液或 0.01% $HgCl_2$ 水中消毒 10 min。

4）取出后用无菌水冲洗 3 或 4 次。

3. 制备外植体　　将已消毒的材料，用无菌刀、剪、镊等，在无菌的环境下，剥去芽的鳞片、嫩枝的外皮和种皮胚乳等，叶片则不需剥皮。然后切成 0.2～0.5 cm 厚的小片，即得外植体。在操作中严禁用手触动材料。

4. 接种和培养

1）接种。在无菌环境下，将切好的外植体立即接在培养基上，每瓶接种 4～10 个。

2）封口。接种后，瓶、管用无菌药棉或盖封口，培养皿用无菌胶带封口。

3）温度。培养基大多应保持在 25℃左右，但要因花卉种类及材料部位的不同而区别对待。

4）增殖。外植体的增殖是组培的关键阶段，在新梢等形成后为了扩大繁殖系数，需要继代培养。把材料分株或切段转入增殖培养基中，增殖培养基一般在分化培养基上加以改良，以利于增殖率的提高。增殖 1 个月左右后，可视情况进行再增殖。

5）根的诱导。继代培养形成的不定芽和侧芽等一般没有根，必须转到生根培养基上进行生根培养。1 个月后即可获得健壮根系。

5. 组培苗的炼苗移栽　　试管苗从无菌到光、温、湿稳定的环境进入自然环境，必须进行炼苗。一般移植前，先将培养容器打开，于室内自然光照下放 3 d，然后取出小苗，用自来水把根系上的营养基冲洗干净，再栽入已准备好的基质中，基质使用前最好消毒。移栽前要适当遮阴，加强水分管理，保持较高的空气湿度（相对湿度 98% 左右），但基质不宜过湿，以防烂苗。

六、作业

每人使用植物材料的茎尖组织诱导成苗，并进行移栽，观察植株生长变化。

实验十四　外源基因农杆菌介导的植物遗传转化

一、实验目的

学习和掌握植物外源基因农杆菌介导的遗传转化操作技术与方法。

二、实验仪器及用具

超净工作台、恒温培养室、高压蒸汽灭菌锅、冰箱、培养瓶、滤纸、500 mL 锥形瓶、50 mL 与 500 mL 烧杯、酒精灯、枪形镊子、手术刀、打孔器等。

三、实验药品

按照培养基要求准备药品；材料表面消毒剂——70% 乙醇和 0.1% $HgCl_2$；无菌水；10 mmol/L 乙酰丁香酮、精氨酸、潮霉素、羧苄青霉素；农杆菌 pMON404 等。

四、实验材料

以普通烟草的叶圆片转化法（Horsch et al., 1985；Loyd et al., 1986）为例。材料为普通烟草无菌苗叶片。

五、操作步骤与方法

1）取普通烟草无菌苗叶片，用锋利手术刀切成 0.5 cm 见方的小块（使四周均有伤口）或用打孔器打取叶圆片，并接种在含有 1.0 mg/L BA、1.0 mg/L NAA 的 MS 固体培养基上，预培养 2 d。

2）取培养过夜的农杆菌 pMON404（含胭脂碱合成酶基因及潮霉素抗性基因）菌液 1~2 mL，不稀释或稀释数倍。

3）将预培养或未经预培养的叶圆片在菌液中感染 1~2 min 后，用无菌滤纸吸干叶圆片表面菌液后，再将叶圆片平放在底层有烟草悬浮细胞作为滋养细胞的无菌滤纸上，或直接接种于 MS 培养基上，共培养 2 d。可添加终浓度 100 μmol/L 乙酰丁香酮促进转化效率提高。

4）将叶圆片经无菌蒸馏水洗 3 次或直接接种于含 1.0 mg/L BA、1.0 mg/L NAA、500 mg/L 羧苄青霉素、2.5 mg/L 精氨酸及浓度分别为 10 mg/L、20 mg/L、30 mg/L 潮霉素的 MS 培养基上（选择培养基）。

5）在上述培养基上每隔 20 d 继代 1 次，共继代 3 次。继代 2~3 个月后分化出苗，这些苗即为初获的转基因植株。

6）将这些苗切下来接种于含 1.0 mg/L NAA 的 1/2 MS 固体培养基上生根。

7）利用生物化学和分子生物学方法检测这些转基因植株。

六、作业

每人用农杆菌介导法接种烟草叶片 1 瓶。

实验十五　植物外源基因基因枪遗传转化

一、实验目的

学习和掌握植物外源基因基因枪遗传转化操作技术与方法。

二、实验仪器及用具

基因枪、超净工作台、恒温培养室、高压蒸汽灭菌锅、冰箱、培养皿、500 mL 锥形瓶、50 mL 与 500 mL 烧杯、酒精灯、枪形镊子、手术刀、打孔器等。

三、实验药品

按照培养基要求准备药品；材料表面消毒剂——70% 乙醇和 0.1% $HgCl_2$；无菌水；L-PPT（草丁膦）等。

四、实验材料

以小麦抗除草剂 *BAR* 基因的基因枪遗传转化法为例。材料为春小麦开花后 15 d 左右的幼胚。

供试质粒 DNA 为 pBARGUS，含 Adh-1 启动子调控下的 *GUS* 基因和 CaMV35S 启动子调控下的 *BAR* 基因。

五、操作步骤与方法

1）受体材料的诱导。取开花 15 d 左右（大田条件下）、直径为 1.0～1.5 mm 的幼胚，置于改良 MS 诱导培养基（MS 培养基中含有 2 mg/L 2,4-D 和 0.5 mg/L KT）上，25℃暗培养 4～7 d 或 20～22 d，转入含有 0.2 mol/L 甘露醇与 0.2 mol/L 山梨醇的相同培养基上。在轰击前和轰击后分别进行 4 h 和 16 h 的渗透处理。

2）微弹的制备与轰击。所用基因枪为 Bio-Rad 公司 PDS-1000/He 型。以每枪 0.5 mg 质粒 DNA 附着 80 mg / 枪金粉颗粒，在不同轰击距离（6 cm、9 cm、12 cm）下轰击。微粒子弹的制备参照 Perl 等（1992）的方法。

3）抗性愈伤组织筛选与植株再生。轰击幼胚经过渡培养（非筛选条件下 25℃暗培养 6～7 d）后或直接在筛选培养基上进行抗性筛选。筛选剂 L-PPT 的起始浓度为 5 mg/L，最终抗性筛选浓度为 10 mg/L。将抗性愈伤组织转移到无 2,4-D 的 MS 分化培养基上，诱导植株再生。初获的转基因植株移栽到小营养钵，成活后移栽到直径为 25 cm 的塑料钵中至成熟。

4）利用生物化学和分子生物学方法检测这些转基因植株。

六、作业

每组通过基因枪遗传转化法转化小麦幼胚 1 瓶。

实验十六　转基因植物的检测与鉴定

一、实验目的

了解转基因植物的检测原理，学习和掌握转基因植物的基本检测技术和方法。

二、实验原理

植物外植体经过农杆菌等介导或 DNA 的直接转化后，大部分转化体包括细胞、组织、器官或植株是没有转化的，只有少数被转化，这就需要采用特定的方法将未转化的细胞、组织、器官或植株与转化的区分开来，淘汰未转化的。目前，应用于转基因植株的鉴定方法可分为外源基因整合水平的鉴定、外源基因转录水平的鉴定和外源基因表达蛋白的检测三大类，现作简要介绍。

1. 外源基因整合水平的鉴定　　检测外源基因是否转化成功，首先是对报告基因进行检测，必要时再进行目的基因的检测，检测目的基因需要采用分子杂交方法。

（1）报告基因　　报告基因必须具有两大特点：一是表达产物和产物的类似功能在未转化的植物细胞内并不存在；二是便于检测。目前植物基因工程中使用的报告基因一般是编码酶的基因，大致分为两类：抗性基因和编码催化人工底物产生颜色变化的酶基因。现在常用的报告基因主要有 *gus* 基因、*cat* 基因、冠瘿碱合成酶基因、*npt* II 基因、*gfp* 基因、*bar* 基因、荧光素酶基因、二氢叶酸还原酶基因等。近年来，绿色荧光蛋白基因作为一种新型的报告基因在植物基因转化及基因表达调控中得到应用，并显示出较其他几个报告基因更大的优越性。

1）*gfp* 基因的检测。*gfp* 基因具有以下优点：①适用于各种生物的基因转化；②检测方法简便，不需要底物、酶、辅因子等物质，只要有紫外光或蓝光照射，其表达产物就可以发出绿色荧光，这对转化细胞的检测极为有利；③便于活体检测，十分有利于活体内基因表达调控的研究；④检测时可获得直观信息，有利于转基因植物安全性问题的研究及防范。若此报告基因通过自然杂交扩散到其他栽培植物或杂草中时，很容易通过光照获得直观信息。

2）*gus* 基因的检测。*gus* 基因也是广泛用作转基因植物、细菌和真菌的报告基因，尤其是在研究外源基因瞬时表达的转化试验中，*gus* 基因应用得最多。*gus* 基因 3′ 端与其他结构形成的融合基因能正常表达，所产生的融合蛋白仍具有 gus 活性，这为研究外源基因表达的具体细胞部位及组织部位提供了条件，这是它的一大优点。但是在实验过程中要设定严格的阴性对照。*gus* 活性的检测方法有很多，包括组织化学法、色谱法、荧光法等，其中植物切片 *gus* 组织化学定位分析是分辨组织中不同细胞个体和不同的细胞类型基因表达差异的一种有效方法。

（2）转基因植株的 PCR 检测　　PCR 是首选的转基因产品检测方法。PCR 技术能够有效地扩增低拷贝的靶片段 DNA，可以检测到每克样品含有 20 pg～10 ng 的转化基因成分，对转基因产品大分子质量 DNA 检测的灵敏度可以达到样品含量的 0.0001%。因为 PCR 的高度特异性及检测所需的模板量仅在 10 ng 以内，所以为外源基因整合的检测提供了便利条件，尤其是在转化材料少又需及早检测的时候，其是转基因植物鉴定中最简单、最常用的方法。PCR 检测具有 DNA 用量少，操作简单，成本低，耗时少，不需要同位素等优点，但 PCR 检测也存在缺点，由于 PCR 扩增十分灵敏，有时会出现假阳性扩增，因此检测只能作为初步结果。

（3）Southern 杂交　　证明外源基因在植物染色体上整合情况的最可靠方法是 Southern 杂交，只有经过分子杂交鉴定为阳性的植株才可以称为转基因植物。利用 Southern 杂交，可以确定外源基因在植物中的组织结构和整合位置、拷贝数及转基因植株 F_1 世代外源基因的稳定性。分子杂交是进行核酸序列分析、重组子鉴定及检测外源基因整合表达的强有力手段，它具有灵敏性高、特异性强的特点，是当前鉴定外源基因整合及表达的权威方法。Southern 杂交可以清除操作过程中的污染及转化愈伤组织中质粒残留所引起的假阳性信号，准确度高，但 Southern 杂交程序复杂，成本高，且对实验技术条件要求较高。根据杂交时所用的方法，核酸分子杂交又可分为印迹杂交（blot）、斑点（dot）杂交或狭缝（slot）杂交和细胞原位（*in situ*）杂交等。

2. 外源基因转录水平的鉴定　　转录水平上的检测方法主要就是 Northern 杂交，它以 RNA 和探针杂交的技术检测基因在转录水平上的表达。

（1）Northern 杂交　　Northern 杂交和 Southern 杂交相比，更接近性状表现，更具有现实意义，被广泛用于转基因植物的检测。但 RNA 提取条件严格，在材料内含量不如 DNA 高，不适于大批量样品的检测。

（2）RT-PCR 检测　　RT-PCR（reverse transcribed PCR）也是检测外源 DNA 在植物体内转录表达的一种方法。如果从细胞总 RNA 提取物中得到特异的 cDNA 扩增条带，则表明外源基因实现了转录。此法简单、快速，但对外源基因转录的最后决定，还需与 Northern 杂交的实验结果结合。

3. 外源基因表达蛋白的检测　　外源基因编码的蛋白质在转基因植物中能够正常表达并表现出应有的功能，这是植物基因工程的最终目的。

（1）Western 杂交　　Western 杂交是集蛋白质电泳、印迹和免疫测定为一体的检测方法。它具有很高的灵敏性，可以从植物细胞总蛋白中检出 50 ng 的特异蛋白质，若是提纯的蛋白质，可检出 1～5 ng。Western 杂交检测目的基因在翻译水平的表达结果，可得知被检植物细胞内目的蛋白是否表达、表达的浓度大小及大致的分子质量。能直接显示目的基因在转化体中是否经过转录、翻译最终合成蛋白质而影响植株的性状表现。一般来讲，Western 杂交的结果与性状表现有直接关系。

（2）ELISA 检测　　ELISA（enzyme-linked immuno-sorbent assay）是一种利用免疫学原理检测抗原、抗体的技术。由于酶的放大作用，测定的灵敏度极高，可检测出 1 pg 的目的物，同时酶反应还具有很强的特异性。除了可溶性抗原（抗体）之外，ELISA 还可以检测含表面抗原的细胞。ELISA 的检测虽然很灵敏，但容易出现本底过高的问题，应予以充分的注意。

（3）蛋白检测试纸　　蛋白检测试纸是一种基于 ELISA 的改进方法 Quick Stix Strip 或者 Lateral Flow Strip，用于转基因植物表达量的检测。先将特异性抗体吸附在膜上，将膜蘸入样品溶液，蛋白质随着液相扩散，遇到抗体，发生抗原-抗体反应，通过阴性对照筛选阳性结果，给出转基因成分含量的大致范围。此方法操作简单，费用低，耗时少

（5~10 min）。

4. 原位杂交检测 原位杂交技术目前在植物基因工程研究中已成为外源基因在染色体上整合定位及在组织细胞内表达定位的主要方法。原位杂交技术主要有同位素原位杂交和荧光原位杂交（FISH），使用放射性同位素标记，放射自显影检出。该方法灵敏性强，对于单拷贝的 DNA 序列检出非常有效。原位杂交可以分为三个层次：①染色体 DNA 原位杂交，可以确定外源基因在染色体上的整合位置及整合方式，还可以研究外源基因的整合方式对外源基因遗传稳定性、外源基因表达的影响，以及不同的转化方式与外源基因整合方式的关系等重大机理问题；②组织细胞 mRNA 原位杂交，对特定的基因表达的 mRNA 进行组织细胞分布的空间定位，获得外源基因在植物组织细胞内表达情况（是否表达，表达位置，表达量等）；③外源基因表达蛋白的组织细胞免疫定位，是指利用外源基因表达蛋白的抗体，通过免疫反应确定表达蛋白在转基因植物组织及细胞中的分布。该方法也是研究转基因植物中外源基因功能、外源蛋白稳定性及功能蛋白含量的重要手段。

5. 检测方法的评估 用 DNA 提取方法对目的基因进行检测方法简便，适合大批量样品的分析，又能检测目的基的完整性，是早期检测的较好方法。Southern、Northern、Western 杂交分别从整合、转录、翻译水平检测外源基因，是检测外源基因最经典、最可靠的方法。虽然现在出现了一些 PCR-Southern、RT-PCR-Northern 等功能类似、方便快捷的检测技术，然而由于其技术本身的原因，还不能取代以上技术在转基因植物检测和鉴定上的权威地位。每种检测方法都有其自身的优点和不足，应该根据不同的检测目的和要求，选择合适的方法。在实际工作中把几种方法结合运用，可获得外源基因不同表达水平的信息，这是准确检测转基因植物产品的合理策略。

三、实验仪器及用具

PCR 仪、凝胶成像系统、电泳系统、电泳仪、电泳槽、塑料盆、真空烤箱、放射自显影盒、X光片、杂交袋、硝酸纤维素滤膜或尼龙膜、滤纸、分离胶及积层胶溶液、电泳装置及夹子、玻璃板、灌胶支架、缓冲液槽等附件、0.75 mm 封边垫片、0.75 mm 样品梳子、50 μL 微量进样器、恒流电源、恒温水浴箱、真空转移仪、真空泵、UV 交联仪、杂交炉、恒温摇床、脱色摇床、漩涡振荡器、分光光度计、微量移液器、电炉（或微波炉）、离心管、烧杯、量筒、锥形瓶等。

四、实验药品

DNA 提取试剂盒、RNA 提取试剂盒、10 mg/mL 溴化乙锭（EB）；50×Denhardt's 溶液、1×BLOTTO、预杂交溶液、杂交溶液、变性溶液、中和溶液、30% 丙烯酰胺或 0.8% N,N'-亚甲丙烯酰胺、4×Tris·Cl SDS（pH 8.8）、4×Tris·Cl SDS（pH 6.8）、4×SDS 电泳缓冲液、TEMED（N,N,N',N'-四甲基乙二胺）、10% 过硫酸铵、Northern Max Kit（Cat. # 1940，Ambion，Inc.）、琼脂糖、DEPC、Random Primer、dNTP Mixture、111 TBq/mmol［a-32P］dCTP、Exo-free Klenow Fragment 和 10×Buffer、Sephadex G-50、SDS、双氧水、水饱和异丁醇、1×Tris·Cl SDS（pH 8.8）、1×SDS 电泳缓冲液、灭菌水及配制培养基所用的各种药品。

五、实验材料

转基因植物材料、探针模板 DNA（25 ng）、尼龙膜、蛋白质分子质量标准混合物等。

六、操作步骤与方法

以农杆菌转化获得转 *Bt* 基因水稻的生物学鉴定为例。

水稻是世界上最重要的粮食作物之一，栽培广泛，品种繁多。多年来水稻一直受到二化螟、三化螟、纵卷叶螟和稻飞虱等害虫的危害，产量和质量受到严重影响。化学杀虫剂的使用对人和其他动物都有害。通过遗传转化技术将外源苏云金芽孢杆菌杀虫晶体蛋白基因（*Bt* 基因）导入水稻，以获得转基因植株并从中选育出水稻新品种，可能是解决水稻虫害的一个经济而且有效的途径。自 Hiei 等（1994）利用农杆菌介导法转化粳稻获得可育的转基因水稻植株后，利用该法在多种粳稻、籼稻和爪哇稻等的品种转化上也取得成功。这一结果对于通过基因工程技术改良水稻品种将具有重要意义。

1. 植物材料 任选一水稻（*Oryza sativa* L.）品种。将水稻未成熟种子去壳，经 70% 乙醇处理 1 min 后用 6% 次氯酸钠溶液浸泡 15 min，再用无菌水漂洗 3 遍，接种到 N_6（朱至清等，1975）+2.0 mg/L 2,4-D 的培养基上。在黑暗条件下培养 4 d。选取 12 mm 黄白色致密的愈伤组织用作农杆菌转化。

2. 质粒与菌株 购买携带质粒 pGBI4A2B 的农杆菌菌株 LBA4404。质粒 T-DNA 区含有双向 CaMV 35S 启动子所驱动的 *npt* II 基因、*gus* 基因和两个人工合成的 *Bt* 杀虫晶体蛋白基因，末端插入 4 个 Poly A。

3. 培养基 ①愈伤组织诱导培养基：N_6+2.0 mg/L 2,4-D（简称 N6D2）。②选择培养基：N6D2+25 mg/L G-418（或 50 mg/L）（简称 N6D2G）。③预分化培养基：MS+2.0 mg/L BAP+0.25 mg/L NAA+20 g/L 山梨醇+30 g/L 蔗糖+1.0 g/L 水解酪蛋白（CH）+2.2 g/L 细菌胶（gelrite），pH 5.8（简称 RE-1）。④分化培养基：MS+2.0 mg/L BAP+0.5 mg/L NAA+10 g/L 山梨醇+30 g/L 蔗糖+1.0 g/L CH+2.2 g/L 细菌胶，pH 5.8（简称 RE-2）。⑤生根培养基：1/2MS+0.5 mg/L NAA。

4. 测试昆虫材料 二龄纵卷叶螟（*Cnaphalocrocis medinalis*）和二化螟（*Chilo suppressalis*）可野外采集或室内人工培养，也可向专门机构购买。

5. 农杆菌转化和筛选 从培养平板上挑取农杆菌 LBA4404 单菌落，接种到含 50 mg/L 卡那霉素（Kan）+50 mg/L 利福平的 YEP 培养基中，28℃振荡培养至指数期，OD_{600} 约 0.5。865 *g* 离心 10 min 后，取沉淀用等体积的 AA（Toriyama and Hinata，1985）+1 mg/L 2,4-D+100 μmol/L AS（简称 AAD1-AS）培养基悬浮。将愈伤组织浸入菌液 20 min，用无菌滤纸吸干后转移到 N6D2+100 μmol/L AS 的培养基上，25℃黑暗条件下共培养 3 d（在培养基表面铺一张无菌滤纸，并在愈伤组织周围滴加 1 mL AAD1-AS 培养液）。将愈伤组织用无菌水洗涤 5 次，再用含 250 mg/L 羧苄青霉素（Cb）和 100 mg/L 头孢霉素（Cef）的无菌水浸泡 30 min，无菌滤纸吸干后转至选择培养基（N6D2G）上进行筛选。每两周继代一次。

6. 抗性植株的再生 挑选 12 mm 生长良好、结构致密的抗性愈伤组织，先转到含 50 mg/L G-418 的预分化培养基（RE-1）上培养 2 周，然后转至含 50 mg/L G-418 的分化培养基（RE-2）上分化，得到 G-418 抗性水稻幼苗或植株。将幼苗转至含 50 mg/L Kan 的生根培养基上再次筛选并使其生根长成完整植株（未经转化处理的对照幼苗在上述培养基上完全不能生根）。

7. *gus* 活性检测　转基因水稻细胞中的 *gus* 基因的表达基本按 Jefferson（1987）的方法测定。将经农杆菌转化后产生的抗性愈伤组织及转化植株的叶片和根段放到 X-Gluc（5-溴-4-氯-3-吲哚-β-D-葡萄糖苷酸酯）（50 mmol/L 磷酸钠缓冲液，pH 7.0，0.1% Triton X-100，10 mmol/L EDTA，0.5 mmol/L 亚铁氰化钾，0.5 mmol/L 高铁氰化钾，0.5 mg/ mL X-Gluc）反应溶液中，37℃保温 320 h，观察蓝色反应。

8. 转基因水稻的 PCR 和 Southern 杂交分析

（1）DNA 提取　取水稻植株幼嫩叶片 0.21 g，按 CTAB 法（Murray and Thompson，1980）或 SDS 法提取基因组 DNA。

（2）PCR 检测　引物 1 序列为 5′-AGAGGCGGCTATGACTGG-3′；引物 2 序列为 5′-ATCGCCATGGGACGAGAT-3′。扩增产物为 521 bp 的 *npt II* 片段。每个反应体积为 30 μL，其中含 2 种引物各 20 pmol、4 种 dNTP 各 200 μmol/L、10×*Taq* DNA 聚合酶缓冲液 3 μL、模板 DNA 1 μL、0.5 U *Taq* DNA 聚合酶。每个反应体系以 30 μL 矿物油覆盖，在 PCR 仪上进行 PCR 反应。PCR 反应参数为：① 94℃ 5 min；② 94℃ 45 s，62℃ 1 min，72℃ 1 min，35 个循环；③ 72℃ 10 min。取 PCR 产物各 5 μL 经 1.2% 琼脂糖凝胶电泳分离并观察。

（3）Southern 检测　取 510 μg 植物基因组 DNA 用 *Hin*d III 酶切后，在 0.7% 琼脂糖凝胶上电泳。将 DNA 转移到 Hybond™-N+ 尼龙膜（Amersham）上。探针为 pGBI4A2B 经 *Hin*d III 酶切后回收的含 *Bt* 基因的小片段（约 2.8 kb）。采用北京亚辉生物医学工程公司生产的 NT-AC 缺口平移试剂盒进行标记。分子杂交按 Sambrook 等（1989）的方法进行。

9. 转基因水稻的饲虫试验　选取经 50 mg/L Kan 筛选和 Southern 杂交检测为阳性的 T0 代及 T1 代转 *Bt* 基因水稻的叶片或植株，在室内和室外进行螟蛾科中的纵卷叶螟和二化螟的饲喂试验。纵卷叶螟每单株接虫 15 头，二化螟每单株接虫 30 头，每种试验设置 2 或 3 次重复。以未经转化处理的水稻作为对照。在饲喂或接虫后的一定时期，记载幼虫死亡率及水稻叶片受损程度（纵卷叶螟）或接虫（二化螟）1 个月后的抽穗情况。

七、作业

根据各自的操作原理，评价外源基因整合水平的鉴定、外源基因转录水平的鉴定和外源基因表达蛋白鉴定的准确性。

实验十七　白桦细胞悬浮培养与次生代谢产物检测

一、实验目的

学习和掌握白桦细胞悬浮培养的方法及次生代谢产物含量的检测技术。

二、实验仪器及用具

超净工作台、恒温培养室、高压蒸汽灭菌锅、冰箱、培养瓶、100 mL 锥形瓶、4.5 mm 微孔过滤器和滤膜、酒精灯、镊子、剪刀、针头注射器、无菌封口膜、5 mL 容量瓶、摇床、高效液相色谱（HPLC）系统等。

三、实验药品

乙腈（色谱纯）、95% 乙醇（分析纯）、无水乙醇（分析纯）、去离子水、IS 培养基、B_5 培养基、激素 6-BA、NAA 和 TDZ 等。

四、实验材料

白桦组培苗及其茎段诱导的愈伤组织。

五、操作步骤与方法

1. 白桦愈伤组织诱导

1）选择生长状态良好的白桦无菌苗（以白桦种子在 WPM＋1 mg/L BA 培养基培养成苗），在超净工作台上，用无菌刀取其茎段。

2）去掉茎段上的叶片及侧芽，切成 1 cm 左右，接种于 IS 培养基，附加 0.8 mg/L 6-BA＋0.6 mg/L NAA［或 NT 培养基，附加 0.01 mg/L TDZ（噻苯隆，thidiazuron）＋0.1 mg/L BA］诱导愈伤组织，每瓶 3 个外植体。培养温度为 23～26℃，光照强度为 40 μmol/（$m^2 \cdot s$），光照时间为 16 h/d，湿度为 65% 左右。

3）在与诱导愈伤组织相同的固体培养基上继代，每 25 d 为一个继代周期，稳定继代 3 次后，获得松散的愈伤组织进行悬浮培养。

2. 白桦细胞悬浮培养

1）将配制好的液体 B_5 培养基，加 0.4 mg/L 6-BA＋0.2 mg/L TDZ，30 mL 分装在 100 mL 锥形瓶中，pH 为 6.0～6.5，以 121℃高压蒸汽灭菌 20 min。

2）在超净工作台上，用镊子将白桦愈伤组织破碎后，称量 1 g 松散的白桦愈伤组织，接种于液体培养基中。

3）悬浮培养温度为 23～26℃，光照强度为 40 μmol/（$m^2 \cdot s$），光照时间为 16 h/d，湿度为 65% 左右，摇床转速为 120 r/min。

4）培养 14 d 进行继代一次，共继代两次后，过滤，收获白桦细胞。

5）将白桦细胞于 60℃恒温烘箱烘干 12 h，粉碎后进行三萜成分及含量检测。

3. 高效液相色谱（HPLC）法检测白桦细胞中三萜类化合物含量 齐墩果酸和白桦酯醇提取采用改进的超声波醇法（张泽和孙宏，2004）。分别称取 3 份 0.2 g 干燥的白桦样品，加入 95% 分析乙醇并定容 5 mL 容量瓶中，于室温过夜浸提，然后用强度为 10 kHz 的超声波超声 40 min，取上清液，并将其用 0.45 μm 滤膜过滤，制成样品检测液。

白桦酯醇和齐墩果酸标准品的纯度＞98%，购自中国药品生物制品检定所。准确称取干燥的标准样品 0.05 g，溶解于 95% 分析乙醇中，并定容至 50 mL，配制成浓度为

1 mg/mL 标准储备液，分别取出 0.1 mL、0.2 mL、0.3 mL、0.4 mL、0.5 mL、1 mL 标准液置于 5 mL 容量瓶中，以 95% 乙醇定容，利用 HPLC 进行标准样品的检测，并绘制标准曲线。

高效液相色谱（HPLC）检测条件：用 Water 公司 600-717-2487 色谱系统，色谱柱为 HiQ sil C18V 4.6 mm×250 mm；流动相为乙腈∶水＝4∶1；柱温为 25℃；灵敏度为 16 AUFS；流速为 1.0 mL/min；检测波长为 210 nm，进样 10 μL。

六、作业

每人培养白桦悬浮培养细胞 1 瓶，并利用 HPLC 法对细胞中次生代谢产物三萜物质成分进行检测。

实验十八　红豆杉细胞培养中筛选高产细胞株的方法

一、实验目的

学习和掌握红豆杉细胞培养中筛选高产细胞株的方法（李志良和黄巧明，2000）。

二、实验仪器及用具

超净工作台、恒温培养室、分析天平、高压蒸汽灭菌锅、冰箱、培养瓶、100 mL 锥形瓶、4.5 mm 微孔过滤器和滤膜、酒精灯、镊子、剪刀、针头注射器、无菌封口膜、5 mL 容量瓶、摇床、HPLC 系统、150 目筛子等。

三、实验药品

乙腈（色谱纯）、甲醇、95% 乙醇（分析纯）、70% 乙醇、次氯酸钠消毒液、二氯甲烷、去离子水、B_5 培养基、激素 6-BA、NAA 等。

四、实验材料

红豆杉幼嫩外植体（茎、叶）。

五、操作步骤与方法

1. 愈伤组织的诱导和初步筛选

1）供试材料为中国红豆杉幼嫩外植体（茎、叶），用自来水清洗干净后用 70% 乙醇消毒 1 min，再用次氯酸钠溶液消毒 30 min，随后用蒸馏水清洗 4 次，并截短至 1.5 cm 长，在其上划有伤痕后接种到固体培养基中培养 3～5 周以诱导所需的愈伤组织。

2）诱导获得的愈伤组织在固体培养基上每 22 d 继代一次，继代时比较培养物的外观性状（颜色、形态、含水量），选择生长快，颜色浅、颗粒较明显的（均匀小粒）细胞进行继代培养，并定期检测培养物的紫杉醇含量，从中选出含量高的继续培养。

2. 单细胞克隆

1）单细胞悬液的制备。经初步筛选获得的愈伤组织转移到锥形瓶中进行悬浮培养，每 10 d 继代一次。待第 3 代培养 7 d 后，取出静置片刻，在无菌条件下将上层含有单细胞或小细胞团的培养液用吸管吸取，过 150 目筛，滤液为单细胞或有少数 3～5 个细胞聚集的小细胞团的悬液。

2）看护培养。将在固体培养基上经 20 d 保温培养的同种红豆杉细胞接种到新鲜固体培养基上，上面铺上一层无菌滤纸，保温培养 5 d，然后将单细胞悬液稀释到密度为 5×10^3 个 /mL，接种到上述滤纸上（接种量为 500 个 /cm²）保温培养。20 d 以后，有肉眼可见的小细胞团长成，30 d 以后，陆续将肉眼可见的小细胞团转移至另一培养基上继续看护培养。待克隆细胞长至 2 mm³ 以上时，接种到新鲜固体培养基中扩大培养。

3）克隆细胞的继代扩大培养与进一步筛选。克隆细胞生长至一定程度时，依据上面所述的红豆杉细胞的外观特征与细胞中紫杉醇含量的关系进行筛选，选到的紫杉醇含量可能较高的每一克隆细胞分为两部分，一部分每 20 d 继代一次，另一部分培养 25 d 后进行定量分析（用 HPLC）并选出紫杉醇含量较高的优株。

3. 稳定性试验　　将筛选到的细胞株转移到锥形瓶中进行悬浮培养，每 14 d 继代一次，接种量为 4 g/L（干重），每隔 2～5 代取样测定一次细胞干重，胞内胞外紫杉醇含量。取样时间为接种后的第 27 天。

上述固体培养基是 B₅ 基本培养基添加 2% 蔗糖、1 g/L 水解酪蛋白、5 mg/L NAA、0.2 mg/L 6-BA 和 0.7% 琼脂，每 100 mL 锥形瓶中加 30 mL 培养基。所用液体培养基是 B₅ 基本培养基添加 2.5% 蔗糖、4 mg/L 6-BA，每 250 mL 锥形瓶盛 100 mL 培养基，摇床转速为 120 r/min，pH 为 5.8～6.0，25℃左右暗培养。

4. 紫杉醇提取和检测方法

1）固体培养细胞中紫杉醇的提取：收获经 20～25 d 培养的待测培养物，置 60℃烘干至恒重，研细过 80 目筛，称取 0.5 g，以甲醇浸提过夜，超声 15 min，静置后收集上层清液，重复 3 次。然后回收甲醇，用蒸馏水洗残渣，并用二氯甲烷萃取 3 次，合并二氯甲烷并回收，残渣用少量甲醇溶解并定容，待检测。

2）悬浮培养物中紫杉醇的提取：收获待测的悬浮培养物并用筛过滤，滤得细胞用蒸馏水洗干净，然后置 60℃烘干至恒重后称重，其他处理与固体培养细胞中紫杉醇的提取方法一致。所得滤液量取 10 mL，用二氯甲烷萃取 3 次，其他处理同上。

3）样品中紫杉醇含量的检测：样品检测采用 HPLC 系统，流动相为甲醇-乙腈-水（29∶27∶44），流速为 1.0 mL/min，检测波长为 227 nm，标准品产自 Sigma 公司。

六、作业

每人培养红豆杉悬浮培养细胞 1 瓶，并利用看护培养法筛选紫杉醇高产细胞株。

实验十九　氯化三苯基四氮唑（TTC）法测定细胞活力

一、实验目的

学习和掌握植物用于悬浮培养细胞活力测定的 TTC 法（刘华，2001）。

二、实验仪器及用具

10 mL 离心管、100 目钢筛、镊子、2.5 mL 移液管、5 mL 移液管、滤纸、紫外分光光度计、恒温水浴锅等。

三、实验药品

TTC 溶液：0.4%TTC 溶液；称取 0.4 g 红四氮唑，加少量乙醇溶解，再加 pH 为 7.0 的磷酸盐缓冲溶液定容至 100 mL。pH 为 7.0 的磷酸盐缓冲溶液：0.2 mol/L Na_2HPO_4 30.5 mL＋0.2 mol/L NaH_2PO_4 19.5 mL，定容至 100 mL。95% 乙醇，蒸馏水等。

四、实验材料

悬浮培养细胞来自离体诱导的白桦愈伤组织。

五、操作步骤与方法

1）取生长指数期（继代后 5~8 d）白桦悬浮培养细胞，过 100 目钢筛，蒸馏水冲洗以去除培养基。

2）用滤纸吸取细胞上的水分，称取 0.2 mg（鲜重）细胞置于 10 mL 离心管中。

3）向离心管中加入 2.5 mL 0.4%TTC 溶液，并加入 2.5 mL pH 为 7.0 的磷酸盐缓冲溶液混匀。

4）静置于 25℃暗处 13~16 h，细胞会变成红色。

5）去上清液，加入 5 mL 蒸馏水洗涤细胞，重复 3 次。

6）加入 5 mL 95% 乙醇，置 60℃水浴中 30 min，其间轻轻摇动试管 1 或 2 次，静置于室温下至细胞完全无色。

7）取上清液，在分光光度计上于 485 nm 处测吸光值（Abs），重复测定 3 次，各组实验均设平行对照组，记录数据。

六、作业

每人利用 TTC 法测定一瓶悬浮细胞活力，且每个样品重复测定 3 次。

附录二　植物细胞工程基本概念

植物组织培养（plant tissue culture）：植物细胞、组织、器官在无菌条件下进行离体人工培养，经过脱分化、再分化过程，重新形成完整植株的方法。

外植体（explant）：用于植物组织培养的一切材料。

愈伤组织（callus）：从植物各种器官取下的外植体经离体培养脱分化形成的一种无特定结构和功能的细胞团。

器官发生（organogenesis）：在组织培养和细胞悬浮培养中由培养物形成根和芽的现象。

体细胞胚（胚状体）（somatic embryo）：在离体培养过程中由外植体或愈伤组织产生与受精卵发育方式类似的胚状体结构。

脱分化（dedifferentiation）：已分化的细胞在一定因素作用下，重新恢复分裂机能，并改变其原来的发展方向而沿着一条新的途径发育的过程。

再分化（redifferentiation）：脱分化的细胞团或组织经重新分化而产生新的具有特定结构和功能的组织或器官的一种现象。

无性繁殖系（无性系）（clone）：是指当用母体培养物反复进行继代培养时，可以由同一外植体获得越来越多的无性繁殖后代，如根无性系、组织无性系、悬浮细胞无性系等。由同一无性系分离形成两个或更多的不同系列，称为无性系变异体（clone variant）。

体细胞无性系和体细胞无性系变异（somaclone and somaclonal variation）：植物细胞、组织、器官在无菌条件下进行离体人工培养，经过脱分化和再分化过程，重新形成愈伤组织和完整植株，称为体细胞无性系。其所产生的变异称为体细胞无性系变异。

单细胞无性系（single cell clone）：由单细胞形成的无性系。当此种单细胞无性系是由同一个组织无性系中分离出来，并表现出彼此不同时，称为单细胞变异体（single cell variant）。

细胞悬浮培养（cell suspension culture）：保持较好分散性的离体细胞或很小的细胞团的液体培养。

突变体（mutant）：通过离体诱变手段而产生的可遗传变异的新个体。

附录三 缩 略 语

ABA	abscisic acid（脱落酸）
BA 或 BAP	6-benzylaminopurine（6-苄基氨基嘌呤）
GA_3	gibberellin（赤霉素）
2,4-D	dichloro-phenoxyacetic acid（二氯苯氧基乙酸）
IAA	indol-3-acetic acid（吲哚乙酸）
IBA	indole butyric acid（吲哚丁酸）
KT	kinetin（激动素）
NAA	naphthalene acetic acid（萘乙酸）
VB_6	pyridoxine HCl（盐酸吡哆素）
VB_1	thiamine HCl（盐酸硫胺素）
VC	vitamin C（维生素 C）
Vpp	nicotinic acid（烟酸）
VBc	folic acid（叶酸）
CH	casein hydrolysate（水解酪蛋白）
AC	activated charcoal（活性炭）
CM	coconut milk（椰乳）
2-ip	isopentenyl-adenine（异戊烯腺嘌呤）
LH	lactctalbumin hydrolysate（乳蛋白水解物）
PEG	poly（ethylene glycol）（聚乙二醇）
ZT	zeatin（玉米素）
2,4,5-T	2,4,5-trichlorophenoxy acetic acid（2, 4, 5-三氯苯氧乙酸）
TIBA	2,3,5-triiodobenzoic acid（三苯碘甲酸）
p-CPA	para-chlorophenoxyacetic acid（对氯苯氧乙酸）
lx	lux（勒克斯）
YE	yeast extract（酵母提取物）
FDA	fluorescein diacetate（二乙酸荧光素）

附录四 有关名词对应英文名称

半纤维素酶（hemicellulase）
成批培养（batch culture）
大量元素（macroelement）
单细胞培养（single cell culture）
单细胞无性系（single cell clone）
低温保存（cryopreservation）
电融合（electric fusion）
对数生长期（exponential growth phase）
泛酸钙（Ca-pantothenate）
甘氨酸（glycine）
甘露醇（mannitol）
甘露糖（mannose 或 seminose）
感受态细胞（comptent cell）
谷氨酰胺（glutamine）
果胶酶（pectase）
果糖（fructose）
花粉培养（pollen culture）
花药培养（anther culture）
肌醇（inositol or inose）
基因转化（gene transformation）
茎尖培养（meristem culture）
聚合酶链反应（polymerase chain reaction, PCR）
看护培养（nurse culture）
连续培养（continuous culture）
麦芽糖（amylomaltose or maltose or malt sugar）
柠檬酸（citric acid）
胚培养（embryo culture）
胚乳培养（endosperm culture）
胚珠培养（ovule culture）

配子-体细胞杂交（gameto-somatic hybridization）
平板培养（plating culture）
器官发生（organogenesis）
球形胚（globular embryo）
全能性（totipotency）
人工种子（artificial seed）
山梨醇（sorbitol）
生物技术（biotechnology）
生物素（biotin）
生长素（auxins）
羧苄青霉素（carbenicillin）
体细胞胚状体发生（somatic embryogenesis）
体细胞无性系（somaclone）
体细胞无性系变异（somaclonal variation）
体细胞杂交（somatic hybridization）
突变体（mutant）
脱分化（dedifferentiation）
外源基因（foreign gene）
外植体（explant）
微原生质体（microprotoplasm）
无性繁殖系（无性系）（clone）
细胞分化（differentiation）
细胞分裂素（cytokinin）
细胞全能性（cell totipotency）
细胞悬浮培养（cell suspension culture）
纤维素酶（cellulase）
心形胚（heart-shape embryo）
叶状体（thallus）
遗传转化（genetic transformation）

乙烯利（ethrel）

蔗糖（sucrose）

有性繁殖（sexual propagation）

整合（recombination）

诱导融合（induced fusion embryo）

植物基因工程（plant gene engineering）

鱼雷形胚（torpedo-shape stage）

植物激素（plant hormone）

预培养（preculture）

植物细胞工程（plant cell engineering）

愈伤组织（callus）

植物细胞培养（plant cell culture）

原胚细胞（pro-embryogenic cell）

植物组织培养（plant tissue culture）

原生质体培养（protoplasm culture）

质粒（plasmid）

载体（vector）

转座子（transposon）

再分化（redifferentiation）

子房培养（ovary culture）

早熟萌发（early mature sprouting）

子叶形胚（cotyledinous stage embryo）